南怀瑾智慧全解

三千年读史,九万里悟道

王颖 / 著

时事出版社

图书在版编目（CIP）数据

南怀瑾智慧全解：三千年读史，九万里悟道 / 王颖著 .—北京：时事出版社，2018.2（2023.8 重印）
　ISBN 978-7-5195-0153-2

　Ⅰ. ①南… Ⅱ. ①王… Ⅲ. ①南怀瑾（1917-2012）- 人生哲学 - 通俗读物 Ⅳ. ① B821-49

中国版本图书馆 CIP 数据核字（2017）第 262330 号

出 版 发 行：时事出版社
地　　　　址：北京市海淀区彰化路 138 号西荣阁 B 座 G2 层
邮　　　　编：100097
发 行 热 线：（010）88869831　88869832
传　　　　真：（010）88869875
电 子 邮 箱：shishichubanshe@sina.com
网　　　　址：www.shishishe.com
印　　　　刷：大厂回族自治县德诚印务有限公司

开本：787×1092　1/16　印张：28　字数：450 千字
2018 年 2 月第 1 版　2023 年 8 月第 3 次印刷
定价：56.00 元
（如有印装质量问题，请与本社发行部联系调换）

前言

南怀瑾先生的一生堪称传奇，他是一代国学大师，亦是一代禅宗大师，还是出色的哲学家、诗人、教育家，他用尽毕生心力弘扬中华传统文化。先生幼时在私塾中接受最严格的传统教育，读遍诸子百家，兼顾剑道、拳法等各类功夫，同时在诗词曲赋、文学笔墨、天文历法等方面也造诣颇深。

先生之传奇，其一在于成就，其二在于经历。1918年，南怀瑾先生在浙江温州出生，自幼在私塾中接受教育，嗜书如命，17岁时就已精通四书五经，诸子百家也多有涉猎；自12岁开始习武，在拳术、剑道等方面有其独到见解；19岁那年，眼见国难当头，先生投笔从戎，考入军校，毕业后在军校执教；随后辞去教职，寄情于山水之间，在名山大川间寻访高僧奇士，在深山古刹闭关修习佛法；31岁那年，先生远走他乡，来到台湾地区，他的处女作《禅海蠡测》也在那里诞生。先生著作等身，是一位名副其实的著述名家，他的作品多诞生于20世纪50年代至90年代之间。目前，业已出版的南氏著作达三十多本，其中最为人们所熟知的就有《论语别裁》《老子他说》《易经杂说》《孟子旁通》《历史的经验》《易经系传别讲》和《金刚经说什么》等，他对儒、释、道等各家学说进行比较与提炼，精辟的见解极具大智慧。

这个庞大的著作群构成了一个关于中华传统文化的宏大世界，内容涉及儒、释、道、中庸、易经等各家思想学说，乃至古代历史、哲学、文学等，可谓面面俱到。虽然先生的著作每每以传统文化为主题徐徐展开，但却丝毫没有古板晦涩的学究之气，可谓深入浅出、触类旁通，以其流畅的文笔和独到的见解终成一家之言。早在20世纪70年代，先生的著述就在台湾地区和海外流行开来，从90年代初期起，他的著作在大陆也陆续得以出版，光是《论语别裁》一书的销量就在短短几年间突破了百万册。

关于国家与文化之间的关系这一问题，南怀瑾先生有着独到的看法：纵观中国源远流长的古代历史，中国历经数朝乃至经受外来统治而不亡，究其根本，是因为中国文化有着蓬勃的生命力。正如先生所说："这是一个很严肃的问题，国家不怕亡国，国家亡了，还有办法复国，但是，一旦文化亡了，就会永世不得翻身。不妨回顾一下古今中外的历史，无论哪个民族，如果文化亡了，就再无能翻身的前例。"寥寥数语间，先生将文化对历史和社会的深刻影响点明、点透。

儒、释、道三种思想发祥于同一时代，经过两千多年的融合，最终共同构成了中华传统文化的核心内涵。三者堪称中国传统文化殿堂之中的瑰宝，对此，先生的一个比喻颇为生动："儒家是粮店，社会中的每个人每时每刻都离不开它；道家是药店，社会或个人有了什么问题，可以利用道论来调节、治疗；佛家是百货铺子，陈列的东西五花八门，让你看花了眼，你大可以进去走马观花，图个新鲜，也可以挑上一两件自己可心的。"

与此同时，先生传奇的一生也让他对人生有着独到的领悟，他熟谙人生的大智慧。先生一生好学，手不释卷，他的学识是一般人难以企及的；在修身养性、为人处世、求知教化等方面，他也有着别具一格的见解，他的成就与经历是我们漫步人生的灯塔。谈及人生在世的苦与乐、悲与欢，先生话语间充满智慧与禅趣。

如今，国学的活力再次焕发，先生在其著作中实现了人生智慧与中国传统文化中各种元素的融合与贯通。可以说，他就如一位德高望重的引路人，带领着更多人步入传统文化的殿堂，领略中华悠悠五千年文明的光辉与灿烂，同时启迪着他们的人生之路。

本书以南怀瑾先生其人、其事以及他对各种古典著作进行分析与讲解时阐述的自家观点为出发点，并与现实生活的各个方面相结合，以期给广大读者以启示，让阅读本书的每一位读者都能拥有更美满的智慧人生。

目录
contents

第一篇
南怀瑾的人生哲学

第一章　做人有方圆，做事有尺度
　　1. 学会尊重，远离他人禁区　/　003
　　2. 坚持原则，有所为有所不为　/　006
　　3. 变通者，识时务者也　/　008
　　4. 进退有度，走好下坡路　/　010
　　5. 性格是人生修养的镜子　/　013
　　6. 有勇无谋，只会种下苦果　/　015
　　7. 得意忘形，怎知失意也会忘形　/　017
　　8. 德薄而位尊，实乃人生大忌　/　020

第二章　慎言慎行，性格即自身
　　1. 言多必失，说话三分为妙　/　022
　　2. 感同身受，把话说进心窝里　/　024
　　3. 以利交友者，利尽而散　/　027
　　4. 益者三友，损者三友　/　029

5. 拒绝，也是朋友相处之道 / 031

6. 做有本事没脾气的人 / 034

7. 让人惧易，让人敬难 / 036

8. 失言在先，失人在后 / 038

第三章　不抱怨，包容是一种强大

1. 以德报怨是正道 / 041

2. 静坐修道，心神不老 / 043

3. 放下欲念，才能轻松快乐 / 045

4. 安之若素，顺其自然 / 047

5. 吃亏是福，消解纷争于无形 / 049

6. 剔除妄念，让幸福充盈内心 / 051

7. 少抱怨，才能与幸福结缘 / 053

8. 止于至善，颐养天年 / 056

第二篇

南怀瑾的国学智慧

第一章　生也有涯，知也有涯

1. 知识也有善恶之分 / 061

2. 小不忍则乱大谋 / 063

3. 非淡泊无以明志 / 065

4. 玩物容易丧志 / 067

5. 刺激与诱导"双管齐下" / 070

6. 以大事小，以小事大 / 072

7. 学有所用，用其所长 / 074

8. 不战而胜，轻敌致祸 / 076

9. 贤者任人，故智尽而不乱 / 079

第二章 运筹帷幄，决胜千里

1. 专注小事情，成为大赢家 / 082

2. 自助、人助、天助 / 084

3. 好事多磨，刚柔始交而难生 / 086

4. 站稳脚跟，伺机而动 / 088

5. 人情练达与食古不化 / 090

6. 从观身到观天下 / 093

7. 曲高和寡，水清无鱼 / 095

8. 道常无名，朴实无华 / 098

第三章 见贤思齐，见不贤而自省

1. 自立，两大之间难为小 / 100

2. 看似无情却有情 / 102

3. 先存己而后存人 / 105

4. 曲则全，方圆之道 / 107

5. 人不尊己，危辱及之 / 109

6. 得时者昌，失时者亡 / 111

7. 行到有功即是德 / 113

8. 释放内心才是真正的解脱 / 115

9. 嗔念，一剂穿肠的毒药 / 117

第三篇

南怀瑾的经商之道

第一章 经商需用智，善谋方应市

1. 奇迹多是在逆境中出现的 / 123
2. 胸怀公众，实干先行 / 126
3. 赚钱与花钱都是一门学问 / 128
4. 把"逆耳忠言"听进心里 / 130
5. 在其位，善谋且只谋其政 / 133
6. 企业管理的藩篱：水至清则无鱼 / 135
7. 洞察人性，打开管理之门的钥匙 / 138
8. 管理切忌好为人师 / 140

第二章 闲静治事，不亲小节

1. 居高位者，要超然于毁誉 / 143
2. 分寸之拿捏，是一门艺术 / 145
3. 要有推功揽过的气度 / 148
4. 常拭心镜，眼见也未必是真 / 150
5. 明罚、明赏，皆为学问 / 152
6. 推己及人，不要对下属吹毛求疵 / 155
7. 知人善任，皆为我用 / 157
8. 入门休问荣枯事，但看容颜便得知 / 160

第三章 宁可输事，不可输心

1. 当"商业伦理"遇见"社会责任" / 163

2. 勤俭，让传统美德来教导商界修为 / 166

3. 圣人之道，为而不争 / 168

4. 居安思危，方可立于不败之地 / 170

5. 事业无贵贱，从大处着眼，小处入手 / 173

6. 审时度势，事业成功的"敲门砖" / 175

7. 欲成大事者：见其所见，不见其所不见 / 178

8. 小企业做生意，大企业做人 / 180

第四篇

南怀瑾的儒学思想

第一章 世事洞明皆学问，人情练达即文章

1. 千古难明，唯有自知 / 185

2. 凡夫重利，圣人重义 / 187

3. 先安身，后立命 / 190

4. 月盈则亏，把握分寸 / 192

5. 君子求诸己，小人求诸人 / 194

6. 大小之间，能屈能伸 / 197

7. 仁者，其言也讱 / 199

8. 君子讷于言，敏于行 / 201

9. 生命的辩证法：光明来自黑暗 / 203

第二章 不争，天下莫能与之争

1. 有求皆苦，无欲则刚 / 206

2. 道不远人，人人皆可为道 / 209

3. "过"与"不及"，都是一种病 / 211

4. 不迁怒，不贰过 / 213

5. 治国难，齐家更难 / 217

6. 弗知而言为不知，知而不言为不忠 / 219

7. 苦中作乐，箪食瓢饮在陋巷 / 221

8. 量力而为之，谦虚好学之 / 224

第三章　学以聚之，问以辩之

1. 享受寂寞，为学问而学问 / 227

2. 尊师重道，人类文明的共性 / 229

3. 可逝而不可陷，此乃君子风骨 / 232

4. 唯淡泊以明志 / 234

5. 身心兼修，人身是一个小天地 / 237

6. 所谓宁静，无须用心去求 / 239

8. 仁者也，不忧不惧 / 243

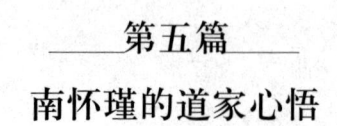

第五篇
南怀瑾的道家心悟

第一章　南怀瑾谈道学中的为人处世

1. 曲则全，枉则直 / 249

2. 持而盈之，不争故无忧 / 251

3. 大智若愚，智者的生存之道 / 253

4. 善者不辩，辩者不善 / 256

5. 轻诺者，必寡信 / 258

6. 上善若水，求教于水的人生艺术 / 261

7. 学会专注，意之所属着其行 / 263

8. 人生境界有大小：小知不及大知也 / 265

第二章　君子淡以亲，小人甘以绝

1. 名利上，不争天下先 / 268

2. 善言无瑕，滴水不漏 / 270

3. 安时处顺，哀乐不能入 / 273

4. 君子之交，亲疏有度 / 275

5. 开拓眼界，由观身到观天下 / 277

6. 不尚贤，则民不争也 / 280

7. 大道无为，无为而治 / 282

8. 天下有道，故知足之足 / 284

第三章　祛病延年，有道可修

1. 静的艺术：致虚极，守静笃 / 287

2. 养生至简：睡眠养生，少睡不困 / 290

3. 学会笑，以自得为功 / 292

4. 身病易治，心病难医 / 295

5. 阴阳四时，万物之始终，死生之根本 / 297

6. 喜怒哀乐，心态也，情态也 / 300

7. 相濡以沫，不如相忘于江湖 / 302

8. 难作于易，大作于细 / 305

第六篇
南怀瑾的易经杂说

第一章　五十以学易，可以无大过
　　1. 变易与变通　/　311
　　2. 守规矩而成方圆　/　313
　　3. 小事着手，成就大业　/　316
　　4. 刚柔相摩，八卦相荡　/　318
　　5. 至简至易，得天下之理　/　320
　　6. 千变万化，非进则退　/　323
　　7. 无咎者，善补过也　/　325
　　8. 刚柔相推，而生变化　/　328

第二章　君子以成德为行
　　1. 忠信，所进德也　/　331
　　2. 积善之家，必有余庆　/　333
　　3. 功在天下，而不傲慢　/　336
　　4. 知至至之，知终终之　/　338
　　5. 利贞者，性情也　/　341
　　6. 居上位而不骄，在下位而不忧　/　344
　　7. 学、问、宽、仁，领导人的修养　/　346
　　8. 学以聚之，仁以行之　/　348

第三章　过中道生活，是非不挂于心
　　1. 韬光养晦，假痴不癫　/　351

2. 无妄也，无贪妄之念 / 353

3. 困中生智，以困解困 / 357

4. 家和万事兴，治家"读"家人 / 359

5. 安土敦仁，而恒爱 / 362

6. 安心不易，安身更难 / 364

7. 天之道：功成，名遂，身退 / 366

8. 所谓运气，就是阶段 / 369

第七篇

南怀瑾的中庸之学

第一章　中庸内涵：不勉而中，不思而得，从容中庸

1. 君子中庸，小人反中庸 / 375

2. 戒惧谨独，执中之道 / 378

3. 人性本善，天命之谓性 / 379

4. 庸德之行，不敢不勉 / 381

5. 素隐行怪，不要哗众取宠 / 383

6. 修身则道立，尊贤则不惑 / 385

7. 知而修身，知而治人 / 387

8. 慎独中正，坦荡心安 / 390

第二章　为人处世：庸德之行，庸言之谨

1. 忠恕之道，推己及人 / 393

2. 留下退路，有余不敢尽 / 396

3. 言顾行，行顾言 / 398

4. 宽柔以教，注重文教 / 400

5. 学而知之，困而知之 / 403

6. 施恩，但要有度 / 405

7. 时中而立，摆正自身 / 409

8. 无信不立，威望源于以德服人 / 411

第三章　进退智慧：中规中矩，知进知退

1. 以静安身，才能自我更新 / 415

2. 顺逆安危，万物相辅相成 / 417

3. 盛极必衰，物极必反 / 420

4. 执满之道，过于圆满，得不偿失 / 422

5. 欲速则不达，合理把握节奏 / 425

6. 素位而行，乐天知命 / 427

7. 平衡，极端与中和之间的智慧 / 430

第一篇

南怀瑾的人生哲学

第一章

做人有方圆，做事有尺度

1. 学会尊重，远离他人禁区

大多数人认为，对人的尊重，就是对他无微不至的关怀和发自内心的仰望，更有甚者，认为对自己尊重的"偶像"，不仅要从心理上敬重，在生活中也要时时刻刻给予如潺潺流水一般的关注。

然而，尊重的含义，又有几人能够真正理解呢？南怀瑾大师就曾经说过："要尊重有钱人，那是人家的福报，要尊重他们的福报，因为慢慢就会有钱。那要会读书，首先要尊重知识，尊重老师，尊重读书人。也不要说，考上北大清华有什么了不起。不要有这个念头，这个就是不尊重知识，以后就得不到知识。婚姻也一样，千万不要说天下男人女人都是不好的，结婚是很苦的，然后相亲了一个又一个，常常看不起对方，这样以后婚姻就很难顺利。大家要去尊重家庭，尊重婚姻，尊重感情，尊重儿女，尊重对方，这样婚姻就会顺利。人心中要是傲慢、偏见，这个也是障碍。自己没钱，还看不起有钱人，骂人家是暴发户，这个就是大傲慢。自己没有文化，看不起读书人，也是大傲慢。遇不到好的人，就说天下没有好人，这个也是大傲慢。这个傲慢，是对命运最大的挫折。"

上面这段话透彻地解读了尊重的意义。尊重他人，不要迈过对方的人格底线，只有这样，才能让自己收获一份美好。

尊重，不要迈过他人的人格底线

有这样一个不太美好的爱情故事：男子疯狂地迷恋女神，为了俘获女神的芳心，他想尽了办法，只要是女神想要的，他赴汤蹈火都要奉上。然而，高傲的女神一直无法被痴情的男子打动，面对这个打"攻坚战"的追求者，她提出了一个近乎无理的要求：男子要每天在自己的窗边说100句"我爱你"，直到100天为止。如果男子做到了，那么她就考虑接受他的求爱。男子犹豫了一下，毅然答应了。

男子对于女神的爱慕果然深刻，连续99天，每天都在女神的窗下深情地大声喊100句"我爱你"，不管阴晴雷雨、风吹日晒。有过往的行人指着他的鼻子骂他神经病，有起哄的小孩围着他唱歌，有不堪其扰的邻居用凉水彻头彻尾地给他来了个"醍醐灌顶"，男子都不为所动，一直坚持着和女神之间的约定，用行动证明自己的真心。

女神每天看着男子的坚持，听着男子的表白，日渐收起了高傲的心态，终于到了第100天，女神一大早就起来梳洗打扮，把自己最美好的一面展现出来，准备迎接这个"久经考验"的伴侣。或许，他准备了让人意想不到的惊喜，又或许，他会准备一枚大钻戒。

然而，到了男子每天表白的时间，他却没有出现。女神慌了，她看到男子每天站立的地方摆放着一束盛开的玫瑰花，上面插着一张卡片："女神，我走了。100天的考验我做到了。只是，我用前99天的坚守证明我的真心，用最后一天的离去捍卫我的尊严，祝你幸福！"

故事的结局看起来令人惋惜，其源头在于女神对于尊重的淡漠。即使是再谦卑的人，也有自己的人格底线，对于这条线，任何人都不应该去碰触，因为这是每一个人内心最柔软的部分，是会拼尽所有去捍卫的。因此，要学会尊重，不要迈过他人的人格底线。

尊重他人，让自己也有所收获

学会尊重，不仅是对他人的一种友好和善，自己的人生道路也会因此越来越宽，未来才会充满各种可能。

强生作为世界500强企业，其产品种类非常多，定位也比较广，但是大多数还是针对普通百姓的日常产品，公司组织的很多营销活动也都是针对食品市场和日常廉价商店而设定的。在这样的背景下，很多业务员都较难开展营销业务，因为一些定位高端甚至是中高端的商店都不愿意销售强生产品。

有一个业务员就有过这样的遭遇。他几经努力，终于拿下一个药品杂货铺的销售权，却突然遭到了店主的拒绝：因为强生产品的定位问题，这家店的店主决定以后都不再销售强生的产品了。业务员非常沮丧，但他还是和这家商店的营业员亲切地打过招呼之后才离开的。

业务员漫无目的地在大街上走了几圈，仍不死心，决定返回商店再进行一次营销。回到店里，他一如既往地和营业员打招呼，然后到里面去见店主。让他没有想到的是，迎接他的店主不但同意继续销售强生产品，还增加了订单，并不住地称赞他。业务员十分不解，店主笑着跟他说，自己被他的"美言"打动了。"他们都说，你是唯一一个会跟他们亲切打招呼的业务员，这么多品牌推销商，只有你最值得合作！"

源自内心的关心和尊重，也让自己成为大家关心和尊重的对象，这样的循环，才是美好的社会关系循环。相对地，不尊重他人，也会受到别人的奚落和嘲讽。

纪晓岚有一天游五台山，走进庙里，方丈对他上下打量一番，见他衣履还算整洁，仪态也一般，便招呼一声："坐。"又叫一声："茶。"意思是端一杯一般的茶来。寒暄几句，知他是京城来的客人，方丈赶忙站起来，面带笑容，把他领进内厅，忙着招呼说："请坐。"又吩咐道："泡茶。"意思是单独沏一杯茶来。经过细谈，当得知来者是有名的学者、诗文大家、礼部尚书纪晓岚时，方丈立即恭恭敬敬地站起来，满脸赔笑，将他请进禅房，连声招呼："请上坐。"又大声吆喝："泡好茶。"他又很快拿出纸和笔，请纪晓岚留下墨宝，以光禅院。纪晓岚提笔，一挥而就，写下一副对联：坐，请坐，请上坐；茶，泡茶，泡好茶。方丈看了非常尴尬。

请尊重他人，给人最基本的关爱和祝福，为社会的和谐贡献一份力量；尊重他人，让自己的心灵美丽起来，相信你我都会收获一份纯真的美好。

2. 坚持原则，有所为有所不为

当今社会，越来越多的人似乎都不知道自己应该做什么，应该坚持什么，应该维护什么。这样的社会现象其实是一种很危险的信号，尤其是对于年轻人来说，他们失去了自己的行为准则，那么日后的发展必然是令人担忧的。因此，明白自己的行为准则，坚持原则不动摇，做到有所为，有所不为，这是我们应该谨记的道理。

南怀瑾大师曾经就做学问讲述过坚持原则的概念：要有所为，有所不为。该做的一定要做，不该做的杀头也不干，所谓"仁之所至，义所当然"的事，牺牲自己也要做。事实上，老师的这一论述在我们为人处事的过程中也是至关重要的。

有所为，为则极致

生活中，我们不难发现这样的情况：盲人的听力比一般人要强；老会计的心算能力非常差，甚至连"2+3"这样的算数都要拨拉算盘才能得出来。这正是因为，当你把一种能力发挥到极致的时候，其他能力就有可能随之退化，相对地，即使你某方面有一些缺陷，但是只要善于利用自己的优势，把它发挥到极致，那么你也能够收获属于自己的成功。

提到男高音歌唱家帕瓦罗蒂，他的一首《我的太阳》让全世界都为之倾倒。然而，他在毕业的时候，却也面临着自己的人生抉择。当时的帕瓦罗蒂酷爱唱歌，但由于就读的是师范学校，他毕业的时候非常纠结——到底是从事自己更喜欢的歌唱事业，还是当一名专职教师。后来，帕瓦罗蒂决定先做着老师，业余时间坚持自己的歌唱爱好，看情况再决定自己未来的发展方向。

当帕瓦罗蒂把这个想法告诉父亲后，父亲没有过多地评论什么，只是让他看了看面前两把距离很远的椅子。父亲问帕瓦罗蒂："这两把椅子都很舒服，但是你能同时坐上去吗？"帕瓦罗蒂摇了摇头，他肯定不能。父亲说："是啊，想同时坐上两把舒服的椅子，最终的结果就是狠狠地掉到地上。"

帕瓦罗蒂听从了父亲的教诲，从此在歌唱事业上拼尽全力，最终成为一代男高音大师，享誉世界。

有所为，不仅是要瞄准一个方向，重要的是还要把自己的选择坚持到底，做到极致。

电影《阿甘正传》相信很多人都非常熟悉，影片中被大家认为是"傻子"的执拗的阿甘，却用自己的实际行动证明了自己的价值。他或许"愚笨"，甚至是有点"呆"，但却做成了很多常人无法做成的事情。他打球成为国手且被总统接见，完成了全国旅行，经商能够富甲一方……如果说阿甘有成功的秘诀，那么就是他能够心无旁骛、竭尽所能，有所为的阿甘，为则极致。

有所不为，独善其身

有所为是修得一份坚持的成功，而有所不为则是修得一份独善其身的淡然。

至圣先师孔子在所处时代的社会影响力是巨大的。当时中国的人口只有几百万，而孔子的徒众数千，且每一位都是精英人物。如果把这些徒众聚集起来，那完全就是大一统的政治力量，可以说孔子拿到国家权位是易如反掌的事。在孔子的这些弟子中，子路甚至可以做到揭竿起义，拥护自己的老师为主的程度。然而，孔子并不看重权力和荣华富贵，他深刻地体会到，社会发展中，教育是第一等的大事，即使社会再太平，教育没有成体系，其他的建设都将是没有未来的。

孔子的有所不为，让中华民族的文化得到了长足的发展，他也因此成为万世敬仰的至圣先师。

所谓有所不为，而后有为，说的就是通过坚守原则的"不为"而独善其身，最后达到更高层次的成功。周国平就在自己的文章中说，这个世界是无限广阔的，"诱惑永无止境，但属于每一个人的现实可能性终究是有限的"。因此，面对花花世界，要善于分清善恶，坚持原则和底线。

"君子有所为，有所不为，所谓防微杜渐，自己渐渐建立一道堤防，自我限制行为以达到净化内心，这就是戒。"南怀瑾大师曾经用"戒"来归结"为"与"不为"的辩证关系。他说，宋明理学的标准，对于自律，甚为严谨，深受佛学律宗的影响。儒家所谓"非礼勿视，非礼勿言，非礼勿听"之类，就是戒的意思。"戒"是遵守内心具有的道德标准，守戒以善化自己之内心，进而达到内心的宁静。所以，有所为，为则极致；有所不为，独善其身。正如大师所讲述的那样，坚守住自己的心理防线，用"戒"约束自己，那么控制这"为"与"不为"的力道，就算拿捏好了。

3. 变通者，识时务者也

俗语有言，识时务者为俊杰。清楚认识时运，然后把握住时运，并不是见风使舵的小人伎俩，而是既懂得把握时势，又懂得随遇而安的君子处世之道。

认识时势，给自己回旋的余地

对于"时"与"存"二者之间的关系，南怀瑾大师曾做过精辟的论述。他从古老的《易经》智慧中得出，无论做什么事情都要注意"时"和"位"两个问题，这里的"时"指的便是时势，"位"就是存在的位置，二者构成了"存"的要素。据此，南怀瑾大师进一步提出："很好的东西，很好的人才，如果生不逢时，一切都没有用；同样的道理，一件东西，很好的也好，很坏的也好，如果适得其时，看来是一件很坏的东西，也会有它很大的价值。"先生此言甚为精辟。一台精良的打字机或者一卷品质最好的菲林在今日的数码时代都不能发挥其价值，因为它们已经过时，随着科技的发展而被时代淘汰了；而一粒无用的沙子，如果恰巧进入蚌中，也有变成珍珠的一天。

南怀瑾大师在关于"时"与"存"的论述中既言及物的处境，也论及人的境遇，时势对人的重要性不言自明。君不见孔丘周游列国终无所适从，君不见苏轼被一贬再贬客死他乡。孔子终生碌碌也不为君主所赏识,"富而可求也,虽执鞭之士,吾亦为之;如不可求,则从吾所好"。执掌权力推行仁政是孔子的人生追求,但当他认识到富贵不可求的时势,认识到君主一心攻伐兼并而无意于仁政时,他并没有吊死在从政这棵树上,而是给自己提供了"从吾所好"的另一条道路,也就是教学授徒,著书立说。对于苏东坡而言,政治上的不得意已成常态,他也没有因此郁郁寡欢,而是豁达地吟诵出"归去,也无风雨也无晴"和"小舟从此逝,江海寄余生"这样的千古名句,尽抒胸怀,使人对其神采遐想不已。春秋时的孔子、北宋时的苏东坡,他们的人生都处在逆水行舟的状态中,但他们都正确地认识了时势,给了自己回旋的空间和从容的余地。

把握时机,读懂人生大智慧

认识时机是一种很高的智慧,南怀瑾先生举了王安石变法不懂得"知至至之"和老子骑牛西行"知终终之"两个古人的例子进行对比论证。认识和把握时机关系到人如何在这世界生存。

个人的进取精神固然可贵,然而个人无法脱离社会,始终与他人产生交集、与时代同步存在。凭借个人的勇猛或许能闯出一片天地,可是个人的智与勇不足以支撑进一步的开拓。一旦"时"发生改变,如何认识和把握时机就成为一件极其重要的事情。

楚霸王项羽的故事便是极好的例证。项羽生来勇猛,据《史记》记载,他"力能扛鼎",且素有大志。从跟随项梁征战到驻军灞上,项羽凭其勇猛之力战无不胜,他的军队令刘邦胆寒不已。可惜的是,项羽不懂得时务,不懂得人心。手下有韩信如此善于领军打仗之人却将其逼到刘邦帐中,手握刘邦性命可断绝后患却因妇人之仁痛失良机,唯一亲信的谋士范增也被敌方成功离间,此类事件积微成著,最终导致他四面楚歌、兵败垓下、自刎乌江的悲惨结局。就项羽的经历来看,他有着非凡的自由意志,并不缺乏自强不息的奋斗精神,而有勇无谋的他缺少的就是认识时势的智慧。个人之勇在二军对垒的情况下可能会起到激励士兵和震慑敌方的作用,破釜沉舟的决心也确实让他获得了百二秦关;但当形势发生改变,二军对阵不只是在战场上拼战斗力时，他没有认识到潜在的危机，反而一意孤行，一步一步丧失了人心。这绝不是天欲亡他，而是他不懂得把握时机改变战略。由此看来，自强不息的勇者精神不可忽视，可是懂得变通也是极为关键的人生智慧。在辅佐刘邦登上皇位的开国功臣中，韩信虽有偌大功勋，却不识时务，没有认清自己的位置，终招来杀身之祸。而张良在辅佐刘邦登上皇位之后急流勇退，终老乡野。他们截然不同的结局无疑说明了正确把握时势的重要性。

　　孟子有言："达则兼济天下，穷则独善其身"，这种无论"穷""达"都能安置自身的思想正是后世士人借以处世的原则，也是南怀瑾大师所提出的处理好"时"和"存"二者关系具体化的阐述。人生有顺境逆境，有时候处境并不能尽如人意，甚至全然身不由己，我们要做的就是正确认识所处的境遇，懂得在其中回旋的智慧，而不能妄想凭浑身蛮力硬闯天下，这便是南怀瑾大师所强调的"变通"与"识时务"。识时务者，为世之俊杰也！

4. 进退有度，走好下坡路

　　"进退有度，左右有局"是出自西汉戴圣的《礼记·曲礼》中的一句话。南怀瑾大师常以此来教育身旁的弟子，人生就是一场进进退退的旅程，无论前进还是后退，都有既定的规律，其中也蕴含了丰富的学问。在走上坡路时，该进则进，但要始终保持平常心。人生处于巅峰时要有当退则退的心态，退并不是懦弱，而是一种处世之道。急莽冒进之人，成事不足，败事有余。只有能屈能伸、能退能进者，才能成就一番大事。

　　有弟子在失意之时请教南怀瑾大师，大师让他仔细品读《周易·乾卦》中的这句话："终日乾乾，反复道也。"

　　南怀瑾大师认为，正所谓"祸兮福之所倚，福兮祸之所伏"，人生就是在福祸中相互转换，而决定人生状态的则是自己的心态。

得意勿忘形，张弛有度

事事顺遂、春风得意是每个人都希望的人生状态，但得意者绝对不能得意忘形，要始终提醒自己，福祸相倚，要时不时地回头看看自己来时的路。处于山顶高峰，前后都是下坡路，一时松懈，随时都会滚落山脚，到那时可能连"落水狗"的命运都不如。

在20世纪60年代的小学课本上，有一篇寓言故事讲的是狮子和蚊子之间发生的一场大战。按道理来讲，威风凛凛的狮子应该可以轻而易举地战胜蚊子，可是蚊子凭借自己小巧灵活的身子，咬得狮子满身是包，狮子有力却使不上，只能眼睁睁地看着蚊子耀武扬威却又无可奈何。蚊子战胜了狮子后，风光无限，得意忘形，到处宣扬自己的战绩，却一不小心撞到蜘蛛网上，成了蜘蛛的美食。

人在顺境的时候很容易忘乎所以，忘记本分，恃才傲物，盛势凌人，居功自傲，结果反而招来祸患。所以，做人贵在以超然之心看待自己的得与失，要做到得意时不忘形，失意时不失态。

南怀瑾大师对此有着深切的体会，他每次都在仕途的最高峰选择退隐。年轻的时候他曾组织自卫团并担任总指挥，在他的带领下，自卫团人数达到3万多人，好不风光，此时他认为自己可以功成身退了，就放弃了总指挥的位子，转而去军校做了一名普通的教官。在任教期间，他不仅攻读了研究生，同时教授政治学，前途一片光明，可他发现自己的教育理念与军校不符，又毅然决然地辞去教职，随袁焕仙先生在成都成立维摩精舍，并成为其开山弟子。

南怀瑾大师这两次退隐，如果换做普通人，可能无法做到，甚至会认为，自己风华正茂，有了权力，有了手下，前途无限，只差一步就能到达巅峰，这样退隐是一种怯懦。实则不然，能做到说退就退、说隐就隐，这才是懂得进退的处世智慧与哲学。真正毁掉英雄人物的不是别人，而是志得意满、狂放不羁的自我。

失意不失态，进退有方

漫漫人生路，平坦之途少之又少，上坡路与下坡路荆棘交织、坎坷纵横，这成为贯穿人生之旅的一道独特风景。有了成功，就会有失败。失败不重要，重要的是不要失去再爬起来的勇气，愈是处于人生的低谷，愈是处于应该努力。

每个处于失意之时的人都会觉得自己曾经的努力全泡汤了，特别容易想到放弃，可一旦放弃，可能连翻身的机会都没有了。我们要做的反而应该是加倍地努力，从谷底站起来，积蓄能量，慢慢地爬坡上路，只有不断地坚持，才能找到新的登顶机会。

"汉初三杰"之一的韩信就经历了祸福转化的一生。韩信未发迹之前，一直磨砺意志，忍辱负重，希望终有一日能够出人头地。有一回，几个地痞流氓把他堵住，让他从其中一个的胯下钻过去，韩信忍受了胯下之辱。天下大乱之后，韩信投靠项羽不得重用，后转而投靠刘邦，依然没有被重用。幸好遇上了萧何，在萧何的帮助下，韩信被刘邦拜为大将军，从此开始了他辉煌的一生。

坚持努力的人是最难能可贵的。那些不能坚持的人，当他的目标达不到的时候，他有可能中途就会放弃，可是坚持的人就能拼到底。台湾明星罗志祥曾经因家庭贫困而受到同学的冷眼和嘲讽，不得不靠出道唱歌挣钱养家，却始终不红，媒体也常常对他冷嘲热讽。但他没有放弃，每天都拼命地学习跳舞、练习唱歌，后来他靠自己出色的才华和独特的搞笑风格，被媒体封为三冠王，成为收视率的保证。

人生有因果，事出总有因，当你失意之时，不要怨天尤人，轻易放弃，而是要冷静下来，认真地剖析自己，做出新的人生规划，把失败当做成功的缓冲，明白停顿是为了更有力地起跳。走上坡路时，要低调而不得意忘形，要有山重水复多险滩的忧患；走下坡路时，要坚持而不自暴自弃，要有峰回路转别有洞天的信念。

低头走好上坡路，昂首走好下坡路，常回头看看自己走过的路，以一种自省的方式拣起散落在人生路上的多彩珍珠，给自己一个警示和希望！

5. 性格是人生修养的镜子

性格决定命运，可见性格的重要性。通常人们都认为性格是天生的，是无法改变的。南怀瑾大师认为，从人的性格中可以看出一个人的修养，虽然人的性格有部分是先天注定的，但是良好的修养却可以逐步完善人的性格。

南怀瑾大师还强调，人所处的环境往往主导着人性格的形成，也决定着一个人的修养和品味，正如"孟母三迁"中，孟轲的母亲为了给他选择良好的成长环境，煞费苦心地两迁三地，可见完善的性格和良好的修养是需要从小培养的。

性格决定和制约着人的修养

人的性格千差万别：有的温和，有的暴躁；有的强势，有的懦弱；有的开朗，有的内向；有的果断，有的迟疑。都说"江山易改，本性难移"，这里说的本性就是指人的性格。

南怀瑾大师认为，一个人的性格就如同内功一般，外在的各种行为都是靠内力支撑，而外在的行为就是一个人修养的体现。人生的圆满需要好的性格，好性格造就好的修养，拥有好性格的人会下意识地约束自己的行为，控制自己的欲望，实现身心和谐发展。

从前有三个兄弟跋山涉水地找到智者，想要获知自己未来的命运如何，智者听了他们的来意后说："在遥远的天竺大国寺里，有一颗价值连城的夜明珠，如果叫你们去取，你们会怎么做呢？"

大哥首先说："在我眼里，夜明珠只是一颗普通的珠子，所以我不会去取。"

二哥紧接着说道："我不怕困难和阻力，我一定会把夜明珠拿回来的！"

三弟却愁眉苦脸地说："天竺位置险要，路途遥远，我担心半路上会遇到危险啊。"

他们说完，智者微笑着说："你们的性格决定了你们的行为，也决定了你们的命运。老大生性淡泊，不求名利，自然不会将荣华富贵放在心上，这样的心性会得到很多人的帮助和照顾；老二性格坚定果断，意志刚强，不惧困难，你将前途无量，必成大器；老三性格懦弱胆怯，遇事犹豫不决，恐怕这辈子只会碌碌无为。"

智者所言与南怀瑾大师的理论不谋而合，人的性格在很大程度上决定和影响着一个人的成长，性格如同一粒种子，而人的做人做事修养则是果实，正所谓"积行成习，积习成性，积性成命"，不同的性格决定了不同的命运。

屈原敢于直谏的性格让他成为身居重位的辅政大臣，然而他孤傲与执拗的性格却让他高处不胜寒。屈原具有典型的浪漫主义诗人气质，他那标新立异的穿着打扮，无不体现出他的与众不同。而他自负又悲观的性格所养成的傲气修养，不允许他独活，最后导致了自杀的悲剧。这就是性格决定命运。

修养影响和改变人的性格

虽然性格有一部分来源于遗传，但是南怀瑾大师也强调，性格离不开后天的塑造，外界优质因素以及身边榜样的积极影响，会促使人不断提升内在的修养，而良好的修养有助于完善自身的性格。修养是对内心思想和行为改造后表现出的一种状态，这种状态是一种无形的力量，约束着我们的行为，古人所说的"修身养性"就是这个意思。

晋朝有一个叫周处的人，年轻时力大过人，但是早年丧父，缺乏管教，常常与人打架，闹得乡里乡间鸡犬不宁。当时，长桥下有条独角蛟，南山有只白额虎，一起危害百姓，大家就将周处和独角蛟、白额虎并称为"三害"。

后来，有乡亲劝说周处去除掉独角蛟和白额虎，实际上是希望借此除掉周处这个最大的祸害。周处先是进入南山，凭借自己过人的力气除掉了那只白额虎，后又下长河，与独角蛟大战三天三夜仍未分出胜负。乡亲们都误以为周处和独角蛟同归于尽了，无不拍手叫好。谁料想，周处胜利而归时，却看见乡亲们都以为自己死了而奔走庆祝，这个时候他才知道自己原来的行为有多可恶。

周处下决心想改变自己，却不知道从何做起，于是他找到当时有名的学者陆机、陆云兄弟，说明了来意，也表达了自己的担忧："我的性格天生就是这个样子，恐怕现在有悔改之意，也无法改变了吧！"陆云回答说："一个人的修养是可以靠后天积累的，只要你肯改变自己，就一定能成功。"

从此之后，周处跟随陆云两兄弟饱读诗书，开阔眼界，反省自己，不断提升内在修养，改掉了冲动暴躁的性格，最终成为晋朝一代名臣。

人人都有性格，性格的好坏决定了修养的高低，修养的深浅反过来也影响着性格的提升。内在的修养就像修炼内功一样，不容易看出痕迹，却在不知不觉间影响着性格的改变。南怀瑾大师就常说，不要以个性待人，必须以修养影响人，若要做个真正有性格的人，就必须从心性上着手，学会完善自己的性格，做一个有修养的人。

6. 有勇无谋，只会种下苦果

著名的成功学大师戴尔·卡耐基一直很强调勇气的重要性。他认为，一个人胆子大才能有所作为；畏怯、懦弱的人，只听到危险到来前的恐慌传言就被吓得不知所措，试问这样的人会有什么建树呢？然而，需要注意的是，勇气很多时候是盲目的、冲动的、不加思考的。正如凯瑟琳·雷恩所言，鲁莽往往以勇敢的名义出现，但它是另一回事，并不属于美德；勇敢直接来源于谨慎，而鲁莽则出于愚蠢和想当然。有勇无谋，则与鲁莽无异。培根也说，对于有勇无谋的人，只能让他们做帮手，而绝不能当领袖，因为他们无法预见潜伏的危险与困难。所以，南怀瑾大师才说，"有勇无谋，只会种下苦果"。

南怀瑾大师强调领导者必须是勇敢的，要有开拓创新的勇气、身先士卒的勇气、改革突破的勇气、背水一战的勇气、壮士断腕的勇气……但只有勇气是远远不够的。有勇无谋，忧患无穷；有勇有谋，方可所向披靡。

勇而无谋，咫尺之痛

西楚霸王项羽的勇猛无人能及，但他有勇无谋，优柔寡断，最终与成功失之交臂。韩信在被刘邦拜为大将后，曾与刘邦谈论天下大势，承认论兵力的英勇、强悍、精良，自己都不如项羽，项羽一声怒喝，众人皆吓得胆颤腿软。但项羽不能放手任用贤将，只能算匹夫之勇。项羽待人恭敬慈爱，言语温和，人有疾病，同情落泪，把自己的饮食分给他们。可是等到部下有功应当封爵时，他把官印的棱角都磨光滑了也舍不得给，这就是缺少谋的表现。后来的事实也证明的确如此，唯一的谋士范增一怒而走。汉军用计谋把项羽耍得团团转，刘邦正面与项羽相击，韩信千里迂回，彭越在项羽后院打游击，项羽像无头苍蝇一样疲于奔命，按倒葫芦起了瓢，最终被汉军合围，其霸业以失败而告终。

郭嘉对此评价："昔项籍七十馀战，未尝败北，一朝失势而身死国亡者，恃勇无谋故也。"苏洵则认为："项籍有取天下之才，而无取天下之虑。"范浚对项羽的失败有更详细的分析："若籍则无能有是，得范增不能用，得陈平不能用，得韩信不能用，皆使之怨愤弃去，徒以匹夫小勇，欲决雄雌于挑战间，至力蹙势穷，犹将驰杀一二汉将，以见枝能，此楚所以失天下也。"表述虽不尽相同，但核心思想一致，即项羽败在谋略上，而非能力或人品上。

缺少谋略，错失良机

吕布是东汉末期的著名将领，《三国志》中记载："布便弓马，膂力过人，号为飞将。"他曾单挑凉州将领郭汜，在征讨黑山军张燕时，他身先士卒，依靠勇力取得胜利。谋士陈宫因吕布的武勇而迎他为兖州牧，在拥有天下为之侧目的绝世勇力的同时，吕布却有着悲剧的一生。他指挥作战败多胜少，拥兵起事以完败告终，为人处事更是令人所不齿。陈寿有云"吕布有虓虎之勇，而无英奇之略"；荀攸评价"吕布勇而无谋"；皇甫郦认为"吕布受恩而反图之，斯须之间，头县竿端，此有勇而无谋也"。吕布因为缺少谋略，屡次错失良机。

初平三年，青州黄巾作乱兖州，鲍信迎曹操平定叛乱，因而曹操获得了兖州。兴平元年，曹操借口报父仇东征徐州陶谦，在兖州留下荀彧、程昱、夏侯惇、陈宫等人，而张邈也是曹操的后盾。随后，张邈与陈宫联手反叛曹操，并迎吕布为兖州牧，"吕布壮士，善战无前"，各郡县迫于压力投降。这样，曹操就丧失了大部分根据地，而有这样的绝对优势、包围之势，吕布竟没有攻下甄城。

随后，吕布又做了一个战术上愚蠢至极的决定，竟然去占据兖州西北部夏侯惇暂离的濮阳城，而不去迅速占领兖州东部的东平郡，以拉近战线并就近断掉曹操的后路。结果，原本处于绝对劣势的曹操竟使占尽优势的吕布退出濮阳城。

吕布拥有超乎常人的能力，作战时却只会逞匹夫之勇，结果痛失良机。

孔子曾言："勇而好问必胜，智而好谋必成。"可见，勇气与智谋需相辅相成才能成就大事，有谋无勇可以，但有勇无谋终将一事无成。拥有勇气可以迈出开拓性的第一步，而拥有智谋才可以正确掌控方向，有勇气的人很多，但懂得谋略的人却相对有限。对于没有谋略思维的人来说，无论其多么骁勇善战也都只是匹夫之勇。无论占据多么有利的条件，即使是天时地利人和都具备，若不会合理调配资源，也可能被敌人抢占先机，反败为胜，这些都有历史上的真实例子佐证。

7. 得意忘形，怎知失意也会忘形

有些人得意之后忘乎所以，目中无人，也有一些人因为失意，精神不振，郁郁寡欢，迷失初心。人之所以得意或失意，是相比较而产生的。《围炉夜话》说："常思某人境界不及我，某人命运不及我，则可以自足矣；常思某人德业胜于我，某人学问胜于我，则可以自惭矣。"南怀瑾大师告诉我们，无论得意失意，都要不忘本相，与人比较，最好从自身需要出发，需要自惭就跟高人比，需要自足就跟弱者比。人行于社会，情绪不受个人境遇的影响是不可能的。但我们应该想到，目前的处境只是人生的一个驿站，成功才是最终的目的地。无论现状多么糟糕，那都不是我们长久停留的地方。要相信自己终会成功，满怀信心地向未来进发。当然，顺利的境况同样只是一个驿站，你迟早会离开的。你可以享受这个驿站的舒适，得意却大可不必。范仲淹的"不以物喜，不以己悲"表达的也是这层意思。

宠辱不惊，闲看花开花落

林则徐是清朝时的政治家，官至一品，因销毁鸦片而被誉为民族英雄。但清政府在第一次鸦片战争中失利，为了讨好英国殖民者，林则徐作为牺牲品被流放，然而他并没有抱怨，"苟利国家生死以，岂因祸福避趋之"，彰显了他宠辱不惊、以民族利益为先的人格魅力。季羡林先生为世人所敬仰，不仅因为他的学识，还因为他的品格。他说自己即使在最困难的时候，也没有丢掉良知。他曾偷偷地翻译印度史诗《罗摩衍那》，又完成了《牛棚杂忆》一书，凝结了很多人性的思考。他得以平反后，他的成就和贡献得到公认，却坚决拒绝接受国学大师的称号。无论是顺境还是逆境，季老始终如一，不为世俗利益所动。

真正能做到宠辱不惊的人一定清楚地明白自己想要什么，而且拥有真正的自信。就像南怀瑾大师说的，当一个人真正认清自己之后，无论得意还是失意，都不会迷失本相。

重整心情，又见柳暗花明

"人有悲欢离合，月有阴晴圆缺"，人生不如意事十有八九，没有谁会永远顺风顺水。就像一块铁，必须经过打磨，才可成为利器。一个人只有经得住考验，才能担得起重任。倘若遇到一点小风小浪就一蹶不振、自暴自弃，人生才会真正悲惨。人生最大的敌人是自己，也只有靠自己才可以走出失意。我们鼓起勇气，重新出发，才能体会到"山重水复疑无路，柳暗花明又一村"的喜悦。

周杰伦在乐坛可以说是神一样的存在，然而他的成功也沾满了心酸的汗水和泪水。他从小痴迷于音乐，却因为偏科没有考上大学，之后他到一家餐厅做服务生，一次偶然的机会，吴宗宪发现了他，邀请他做自己的音乐助理。作为唱片制作助理，在负责唱片公司所有人的盒饭之余，周杰伦在一间几平方米的隔音间里开始了自己的创作生涯。半年下来，他写的歌不少，但曲风奇怪，没有一个歌手愿意接受。吴宗宪有些着急，决定给这个年轻人一些打击。他让周杰伦来到自己的办公室，告诉他写的歌曲很烂，还当面把乐谱揉成一团，丢进废纸篓里。周杰伦还是每天坚持写歌，终于打动了吴宗宪。1999年12月的一天，吴宗宪把周杰伦叫到房间，说："如果你可以在10天之内拿出50首新歌。我就从里面挑出10首，做成专辑。既然没有人喜欢唱你的歌，你就自己唱吧。"10天之后，周杰伦拿出了50首歌，于是就有了他一举成名的专辑《JAY》。从这张专辑开始，周杰伦的音乐成就一发而不可收拾。

如果周杰伦因外界持续不断的否定而怀疑自己，甚至放弃写歌，那么他也就不可能有如今的成就。那段时间的周杰伦无疑是失意的，但他没有忘记自己的梦想和追求，从不停下追梦的脚步，所以他等来了机遇，等来了成功。

最后以南怀瑾大师的话结束此篇：人生在世，虽然不是命运天定，但也不能勉强为之。只能依自己的努力和机缘，能上则上，当下则下，进退俯仰，顺其自然。身处顺境时，不得意忘形；身处逆境时，不自轻自贱，把任何境遇都看成一种正常状态，因为它本来就是一种正常状态。没有谁天生注定应该心想事成，为什么得意的就一定是自己呢？为什么失意的就一定是别人呢？没有这个道理。如果做人能做到有虚有实，无滞无碍，无可无不可，无求无不求，也就称得上顺其自然、与道相合了！

8. 德薄而位尊，实乃人生大忌

南怀瑾大师曾经指出，人有三个基本错误是绝对不能犯的，一是德薄而位尊，二是智小而谋大，三是力小而任重。但是现实中常常遇到的情况是：德薄位尊者都以为自己德厚无边，智小谋大者都以为自己智大若海，力小任重者都以为自己力可擎天。南怀瑾大师的话甚有道理。有很多人以为自己德行出众，心安理得地居于高位，丝毫不受约束地胡作非为。却不知，德薄而位尊是人生大忌，如果不谨言慎行，修养德行，终会让自己摔个粉碎。

修行养德，求真求实

我们可以看到，现代社会中许多人行事并不符合南怀瑾大师提出的原则。他们追求声色犬马、虚假声誉，欲望无限膨胀，并在与自己实际能力不符的位置上逞强。社会风气所至，即使在本应严谨踏实的文化学术界，也有很多浮夸的知识分子，假学历、假文凭、假论文大行其道，泛滥成灾。德行微薄却身处高位就像行走在钢丝上，根基不稳，脚底打滑。身处高位的人具有很大的影响力，如果没有很好的德行，可能不单单是不能服众那么简单，还可能会跌得粉身碎骨。

举个例子来说，2013年，南京大学的院士候选人王牧教授在科学网的个人博客上发表博文称，他的课题组发现以闻海虎教授为通讯作者、发表于 Nature Commun 刊物上的一篇论文涉嫌造假，并于9月15日向中科院数理学部实名举报。王牧教授还在博客中提出，"10月13日教育部委托南京大学进行调查；10月14日科学院进行了独立调查。至此该事件调查程序正式启动。10月16日我向几位推荐人发了关于退出院士增选的信件"，并同时退出了院士的增选。闻海虎在这件事中没有冤屈，他确实是弄错了实验数据。这件事情带来很大的社会影响，在网民中激起千层浪。闻海虎作为物理学界的知名学者，却没有严谨遵守科学道德，最终造成了极坏的社会影响，由此可见处于高位时坚守德行是多么重要。

名为公器，不为私利

"名为公器"是十分严肃的行规，南怀瑾先生曾经引用《庄子·天运》中的一段话来论述这个问题："名，公器也，不可多取。仁义，先王之蘧庐也，止可以一宿而不可久处。"也就是说，名声是公共的东西，不可以多取；仁义是先王留下来的供休息的房子，只可以住一个晚上，不可以久久停留。唐代诗人白居易对此也有自己的感悟，他写过一首名为《感兴》的诗，说："名为公器无多取，利是身灾合少求。"他认为利益不宜贪求，否则会招致灾祸。

中国古人是讲"人本"的，庄子说"人一生与忧俱生"，认为"人是同忧患一起降生到世上的"；还有一句俗话说"人生不满百，常怀千岁忧"，可惜很少有人能真正思考借鉴这些警言并认真对待。从这个方面来说，孔子虽然没有如自己所希望的那样最终获得高位，但是他自有高明之处。早年孔子周游列国，有志于为官治理天下，施行仁义，却到处碰壁。在那个诸侯混战的年代，没有哪个君主真正关心仁义，他的才学终究没能得到施展。他自惕于名位，最终还是退下来讲学，并为此叹息："手无斧柯，奈龟山何！欲望鲁而不见，归而任教。"孔子会有这番叹息，是因为清楚地知道自己无名正言顺的职位，想在鲁国从政而不可得，只好回头从事教育，以培养教化年轻的学生。最后在他培养的三千弟子和七十二个贤人中，有不少是治国、治商、治学的良才。他所主张的政治和学术思想也随之传播开来，遍地开花。

人贵有自知之明，要对自己的能力、德行以及所处的位置有一个清醒的认识。一个人如果有幸得以居于高位的话，就要懂得体恤下属、自我收敛、尊重规范，而不是利欲熏心、贪得无厌，最终把自己送上不归路。正所谓厚德载物，对于身处高位的人尤其如是，因为一个身处高位的人的一举一动都会被放大，任何有失于德的小举动都会带来不可预见的影响。比如国家领导人礼貌待人这些小小的举动，可能会被上升到国家形象的层次，更会影响到一个国家的风气。空穴不来风，一个人如果没有问题的话，公众和媒体是不会对之纠缠不休的，只有谨言慎行，才能真正地安处高位。

第二章

慎言慎行，性格即自身

1. 言多必失，说话三分为妙

南怀瑾大师认为做人要说话有度，做事有方。正所谓大智若愚，真正有学问、有内涵的人不会信口开河，只有那些胸无点墨而又争强好胜的人才会夸夸其谈。俗话说"病从口入，祸从口出"，凡事都要低调而行，只有少说多做，才是避免犯错的最佳途径。南怀瑾大师就常教育弟子："君子耻其言而过其行，君子欲讷于言而敏于行。"

祸从口出，沉默是金

卡莱尔的名言"沉默是金，雄辩是银"，和孔子的警句"巧言令色，鲜矣仁"不谋而合。南怀瑾大师认为，沉默是说话的另一种艺术的表达，同时也是在保护自己，因为沉默永远不会出卖你。多门之室生风，多言之人生祸。如果你仅仅想通过言语上的咄咄逼人而获得胜利，那你说得越多，错的就越多。而且，说出去的话如同泼出去的水，一旦说出口就无法收回，一旦造成失误也就很难避免，所以控制好自己的言语才是成功的第一步。

明代开国皇帝朱元璋，出身贫寒，少年时就放牛，给有钱人家做工，甚至一度为了果腹而出家为僧。但朱元璋却胸有大志，风云际会，终于成就一代霸业。朱元璋当了皇帝以后，一日，他年轻时候的穷伙伴前来求见。朱元璋是个念旧情的人，就传他进来。这个穷伙伴见到朱元璋高兴坏了，生怕皇帝忘了自己，还没站稳就指手画脚地在金殿上说道："我主万岁！你不记得吗？那时候咱俩都给人家放牛，有一次我们在芦苇荡里，把偷来的豆子放在瓦罐里煮着吃，还没等煮熟，大家就抢着吃，把罐子都打破了，撒下一地的豆子，汤都泼在泥地里，你只顾从地下抓豆子吃，结果把红草根卡在喉咙里，还是我出的主意，叫你用一把青菜吞下，才把那红草根带进肚子里。"

当着文武百官的面，"真命天子"朱元璋又气又恼，哭笑不得，只有喝令左右："哪里来的疯子，来人，快把他拖出去砍了！"

有时候面对事情，肆意的侃侃而谈并不是最好的选择，会给人带来言而不实的感觉，甚至会给自己带来杀身之祸。辩不如讷，语不如默。要善用沉默的力量，避免语言的意气之争。

智者寡言，言多必失

墨子有个学生叫子禽，有一次，他问老师："多说话到底有没有好处呢？"墨子回答说："话说得太多是没有好处的。池塘里的青蛙整日整夜地叫，弄得口干舌燥，但是从来也没有人去注意它。而报晓的雄鸡每天只是在天亮时叫上两三遍，人们却对它很在意，因为听到鸡鸣，就知道天快亮了。所以，话一定要说到有用处，废话还是少说为好。"

战国名将赵奢之子赵括，从小就饱读兵书，每次一说起用兵之道，他都口若悬河、头头是道，甚至连他的父亲都自愧不如。因此，大家都觉得赵括日后必将成为一位优秀的军事家。然而，赵括只能算是一个军事理论家，当他代替廉颇成为长平战役的最高指挥官后，却被打得落花流水，四十万大军全军覆没，本人也死于战场。经此一战，赵国元气大伤，最终亡于秦国。

与赵括不同，不善表达的苏轼始终徘徊在新旧两党之间，屡遭迫害。虽然他不会说，但是他的行动却赢得了老百姓的认可。在杭州为官期间，他深入民间了解百姓疾苦，看到了兴修水利的重要性，并多次上书朝廷请求拨款赈灾，却没有受到重视。后来他通过义卖字画进行筹款，疏通西湖，为后世保留了西湖如画的美景，并用挖出的泥土在西湖旁建筑了一道长堤，这便是著名的"苏堤"。

交浅言深，君子所戒。君子话简而实，小人话杂而虚。不必说而说，这是多说，多说要招怨；不当说而说，这是瞎说，瞎说要惹祸。措辞用得恰当，是宝贵的工具；随意乱用，则甚为危险。

说话三分为妙，则是只说有用处的话，多思考，少发言。真正的智者是知道得多，而说出来的少，他们说而有度，话而有寸。真诚者寡言，虚伪者多辩。我们因说话所树立的敌人，远比因做事所结交的朋友要来得多。宁因寡言被人谴责，毋因多言为人责怪。多言不如多知。言语如箭，一发难收。

"逢人只说三分话，未可全抛一片心。"细察老于世故的人，他们凡事只说三分，并非事事对人言，正所谓话留半句，不该说的、做不到的话不必说出来。人大致分为两种：一种是光说不会做的人，他们将事情说得很大，表现出事半功倍的样子，最终却往往失信于人；另一种是光做不会说的人，他们往往不受待见，却始终坚持自己的原则，用结果证明自己。南怀瑾大师则希望大家能做第三种人，那就是"会做又会说的人"，做事用全力，说话收七分，因为失足犹可追，失言难挽回。

2. 感同身受，把话说进心窝里

南怀瑾大师常教育弟子，语言的交流是保持和增进人与人之间感情的桥梁，有时候，一句体己知心的话能胜过行动上的关怀，暖人心窝。正所谓"酒逢知己千杯少，话不投机半句多"，这一古语道出了说话要说到点上的道理。同样一句话，换一种方式说，意思就会完全改变。大师常说，要学会推己及人，把坏话好说、狠话柔说、重话轻说、急话缓说，把话说进心窝里，才能拉近人与人之间的距离。

换位思考，才能对他人冷暖设身处地

人与人之间的沟通交流少不了换位思考，正如南怀瑾大师所说，我们每说一句话之前，都应该先站在对方立场去想一想，这样说出来的话才不会引起别人的反感，也不会导致矛盾的产生，为相互理解和沟通架起一座桥梁。

《圣经》里有这样一个故事：有一次，人们要处死一个犯了错误的妇人。耶稣说："可以，可是你们每个人都要扪心自问，谁没有犯过错误，那他就可以动手。"那些人都自觉心中有愧，想到自己也会犯错，便不愿再去指责和惩罚那位妇人，妇人最后免于行刑。

这与孔子的"己所不欲，勿施于人"是一个道理。正如南怀瑾大师所说："你们希望别人如何对待你，那你就要这样去对待别人，学会换位思考，推己及人。"

有这样一则寓言故事：有一头猪、一只绵羊和一头乳牛被关在同一个畜栏里。有一天早上，牧人进来捉猪，猪大声地嚎叫，猛烈地反抗。绵羊和乳牛很讨厌猪的嚎叫，便一起责备猪："你吵什么啊，他常常捉我们，我们都没大呼小叫的。"猪听了回答道："他捉你们和捉我完全是两回事，他捉你们只是要你们的毛和乳汁，但是捉我却是要我的命啊！"

绵羊和乳牛没有考虑到猪的感受就加以抱怨，却不知猪挣扎在死亡边缘，这则寓言形象地说明了一个道理，那就是说话之前先要理解对方。现实生活中，每个人都有自己的社会经历和处事方式，会习惯性地从自己的角度出发去想问题，说话时不假思索就脱口而出，这样就造成了交际障碍。

《论语》说："未见颜色而言谓之瞽"，这个"瞽"字说得很严厉，就是说一个人说话不去看别人的脸色，那就叫睁眼瞎。说话前要多了解对方的想法，看看什么话能说，什么话不能说，这也是基本的尊敬和顾忌。

在日常生活和工作中，将换位思考变成一种习惯，你就能感受到沟通带给你的益处，将话说进别人的心坎里，让别人因你而开心，日积月累，最后就会像老子所说的，"非以其无私耶，是以成其私"。

将心比心，才能对他人关切感同身受

会说话的背后其实就是将心比心，能够真的理解他人的所求所想，这样才能真正发挥语言的力量。南怀瑾大师说，换位思考是将自己当做别人，不要"站着说话不腰疼"，要从别人的角度出发，而将心比心则是把别人当做

自己，别人任何的行为都能找到理所当然的地方，这样我们说出的话才是真正为他人着想，从而在心理和情感上得到别人的认可。

有一次，南怀瑾大师的内侄王先生从上海给他带了一盒酱猪肘。这个上海话叫做"酱蹄膀"的带骨酱猪肘，外观齐整，酱色美观，就是火候欠缺，里外偏生，肉丝显得老而粗硬，嚼着实在费劲。就餐时，南怀瑾只尝了一口，确实咬不动，只得搁置一旁。其他人一尝，也有同感。然而，他并未就此加以品评，而是借别的话题将这事岔了过去。

酱猪肘之所以品质不佳，皆因王先生临赴港前比较匆忙，没时间到好一点的商店去购买，只是从附近的小店临时购来。南怀瑾大师深知侄儿一定也想带上好佳肴来看望自己，出现这样的情况也是无心之过，而此时他心里也必定深感愧疚。所以，万不可再"火上浇油"，让他更加难堪。

将心比心，这是老百姓常说的一句善解人意的俗语。如果我们能做到将心比心，多说一些理解的话，少说一些指责的话，那么人与人之间就会多一些宽容和理解，少一些计较和猜疑。

生活中，我们之所以常常抱怨别人，有时甚至恶语伤人，往往就是因为我们只从自己的角度考虑问题，说出来的话自然也充满了自私和无情。即使是最没本事的人，在责备别人时往往也能够大发议论；即使是最聪明的人，在对待自己缺陷时也往往糊涂。如果我们能用指责别人的话来反问自己，用对别人的要求来规范自己，把自己摆到对方的位置，对事物进行再认识、再把握，如此感同身受，才能真正把话说到别人的心窝里。

曾国藩也说过："事亲以媚字为要。"从世俗的角度看，这样说他们会高兴，干嘛不这样说呢？所以，说话要感同身受，正所谓"世事洞明皆学问，人情练达即文章"。

3. 以利交友者，利尽而散

俗谚有言："以利相交，利尽则散；以势相交，势去则倾；以权相交，权失则弃；以情相交，情逝人伤；唯以心相交，淡泊明志，友不失矣"，此言道破了交友的真谛。其中摆在交友禁忌第一位的就是"以利交友"，就是在交朋友的时候按他人的钱财多少来定夺是否与对方建立交往关系。需要注意的是，人不能唯利是图，因爱慕虚荣而交利益之友，也不能将此等唯利是图的小人纳入自己的朋友范围中。

不以利交友，不以财评人

南怀瑾大师在讨论交友问题的时候引用了《孟子·万章》中万章与孟子二人的问答。万章问曰："敢问友。"孟子曰："不挟长，不挟贵，不挟兄弟而友；友也者，友其德也，不可以有挟也。"这里所说的"不挟贵"和"不以利交友"的意思是相近的，即因自己有钱、有地位而在交友的时候总是看不起别人，这并非交友之道。

印象派大师毕加索有一段广为人知的交友故事。

毕加索的的理发师叫阿里亚斯，1909 年出生在距离西班牙马德里不远的布伊特拉戈村，在弗朗哥专制时期逃到法国瓦洛里，靠理发为生。在那里，他与毕加索交上了朋友。

阿里亚斯和毕加索可以说得上是一对"忘年交"，他比毕加索整整小 28 岁，然而他们俩却志趣相投，无话不谈。作为毕加索家里的常客，阿里亚斯经常在毕加索的画室里给他剪头发、刮胡子，所有这些都是在极其融洽的气氛中进行的，两人总有说不完的话。一天，毕加索发现阿里亚斯徒步而来，就送给他一辆小轿车。

阿里亚斯是毕加索名誉的坚定捍卫者。他在自己的回忆录里面说，毕加索来店里理发,其他顾客都起身对他说:"大师,您先理。"但毕加索从来不愿享受这种特殊待遇。

有人说阿里亚斯和毕加索能建立友谊是因为悬殊的社会地位,阿里亚斯是贪图毕加索的名气,并且一直在占画家的小便宜。

听到这种谣言,阿里亚斯从来都不反驳,但是在毕加索去世之后,他却用自己的实际行动证明着他们的友谊。阿里亚斯说,毕加索一共送给他50多幅作品,其中包括一幅妻子雅克琳的肖像画。理发师将这些画都捐给了西班牙政府,并在家乡布伊特拉戈建了一个博物馆。博物馆中还陈列了一个放理发工具的盒子,上面有毕加索烙的一幅《斗牛图》和"赠给我的朋友阿里亚斯"的亲笔题词。一位日本收藏家曾想购买这个盒子,他给了阿里亚斯一张空白银行支票,说数目他随便填。可收藏家没想到,他竟遭到了理发师的拒绝。阿里亚斯说:"不论你用多少钱,都无法买走我对毕加索的友情和尊敬。"

杜绝贪利之友

南怀瑾大师在谈到友与利的关系时引用了孔子的两则名言。子曰:"士志于道,而耻恶衣恶食者,未足与议也。"子曰:"可与共学,未可与适道;可与适道,未可与立;可与立,未可与权。"也就是说,如果一个人的意志会被物质环境引诱、转移的话,那么或许可以与他一同学习,却无法与他谈道,更不能将权力交给他。

南怀瑾大师道破了以利交友的弊端:与唯利是图的小人交朋友,怎么知道他会不会为了更大的利益出卖你呢?对于利己主义者来说,利益永远是排在第一位的,面对利益的诱惑,友情微小如草芥。对于这个道理,汉朝末期的管宁可谓是理解得最为透彻。他和华歆是同学,有一天他们一起在园中劳作,突然发现菜地上有块金子。管宁看到金子之后面不改色,依旧挥锄,把金子视做普通的瓦石;华歆则十分高兴地把金子捡起来,放在手上把玩,久久不忍丢弃。又有一次,二人同席读书,有华车经过门前,管宁心无旁骛而专心念书,华歆却急急忙忙丢下书,出去观望华车。见此状,管宁将二人读书的席子割开,与华歆分席而坐,并宣布华歆不再是自己的朋友。管宁之所以要与华歆割席而坐，从此一刀两断，就是认清了华歆唯利是图的嘴脸，正直的他不想与这样的朋友继续交往下去。好利者可能在很长时间内都会是一个合格的朋友，但他早晚会露出丑陋的嘴脸，早些与这种人结束友谊，才是杜绝后患的明智之举。

"以利交友者，利尽而散"，在交友时不应选择富贵之友而趋炎附势，须知此等小人角色对富贵者来说也是无足轻重的；另外还需注意，不要结交趋炎附势的小人甚至引为知己，要充分认识小人的真实面目，万一哪天钱财散尽，也不至于为"树倒猢狲散"的世事而伤感不已。

4. 益者三友，损者三友

南怀瑾大师常说，在这个世界上每个人都需要朋友，是益友还是损友需要自己去仔细辨别。所谓的益友，就是能对个人成长起到积极作用的朋友，能在你遇到困难时伸出援手，自满之时口出真言，伤心难过时陪伴左右的朋友。所谓损友，则是任何事都只考虑到利益的朋友，他们遇到好事会主动跑来分一杯羹，遇到困难却第一时间跑掉，平时只会用虚伪的美言来维持友谊。

结交益友，你不仅可以获得珍贵的情谊，更可以开阔眼界、排忧解难。交友需要睿智的眼光，交友不慎，往往是快乐一时，烦扰一生。

益者三友亲而近

南怀瑾大师一直强调，真正对你好的朋友，第一种是肯对你直言真话的人，第二种是心胸宽广的人，第三种是知识渊博的人，这样的好友一定要多加亲近。

春秋时期的燕国人羊角哀和左伯桃都是非常有才华、有抱负的人，两人因为共同的理想成了好朋友。听说楚庄王是一个明君，于是二人决定到楚国寻找施展才能的机会，不料途中遇到暴风雪，陷于茫茫荒原。左伯桃不抵寒冷、饥饿,病倒了,羊角哀不肯放弃自己的朋友,誓言要死就死在一块。几天后,羊角哀也精疲力竭,好不容易才把左伯桃扶到一处悬崖的空洞里,暂避风雨。左伯桃眼看自己命不久矣,便气若游丝地哀求羊角哀,希望他能放弃自己,一人前往楚国实现抱负。羊角哀说:"我不可能放弃你,我背也要把你背到楚国去。"左伯桃举起双手,搭在羊角哀的双肩上深情地说:"你的心意我领了,救民于水火之中是我俩的共同理想,不论这个理想是咱俩共同实现,还是你一个人去实现,都算达到目的了,你说是不是?"最后左伯桃说服了羊角哀,羊角哀独自前往楚国。羊角哀到楚国用自己的才华赢得了楚王的信任后,带人去找寻左伯桃的尸体,并施以厚葬。他痛哭而别,立志一定要实现他们共同的理想。

其实,有一位志趣相投的好友相伴,人生便增添了很多意义。人生道路漫长而曲折,成功的人生更是难以轻易实现,如果有一位益友引路人,那么人生便有了转折。善交益友,终身受益。

损者三友敬而远

南怀瑾大师特别指出不要与这三类损友交朋友:一是虚伪的人,他们利益至上、表里不一、口是心非,会误导你做出错误的判断;二是诌媚的人,他们浮于表面的奉承,心里却有自己的小算盘,用糖衣炮弹迷惑人心;三是夸夸其谈的人,他们只会吹牛却没有内涵,只会传播负能量。

孙膑、庞涓一同师从于鬼谷子学习兵法,庞涓心性浮躁,追求名利,还未学成就去魏国做官,并答应成名后一定会举荐孙膑。

庞涓到魏国后通过打通关系,顺利赢得了魏惠王的欢心,被封为将军。后来,庞涓领军在与宋国的战争中多次打胜仗,从此成为魏国上下皆知的大人物。庞涓春风得意,却陷入苦恼:原来他和孙膑同是鬼谷子的得意门生,又都擅长兵法,若是按照原来的约定,将孙膑推荐给魏惠王,孙膑没准哪天就会超越他;反之,若是孙膑投靠到其他国家,施展才华,他同样不是对手。庞涓寝食不安,日夜思谋着对策。

某日,仍在山中攻读兵书的孙膑收到庞涓的密信,信上说他已经履行诺言,向魏惠王推荐了孙膑,并极力夸赞他的盖世才华,邀请他出山来魏国任将军一职。孙膑看到信后,心中大喜,深感庞涓是重情重义之人,即刻下山赶往魏国。

孙膑到了魏国后,受到了庞涓的盛情款待,却一直没有得到魏惠王的召见,庞涓也不提此事,孙膑便不好多问,只好耐心等待。一日,孙膑正闲来无事看书,突然闯进来一批士兵将他捆绑起来,扒去他的衣裤,砍了他的双脚,并在他脸上刺上罪犯的标志。原来,庞涓嫉妒孙膑的才华,向魏惠王诬陷孙膑有私通齐国之罪,魏惠王大怒,下令对孙膑施以膑足、黥脸之刑。此时,孙膑才醒悟过来,原来自己遭到了所谓好友庞涓的陷害,却已无力辩解。

孙膑是一位不可多得的军事天才,却在知人识人方面有重大缺陷,对于这样的损友,丝毫不怀疑,结果铸成大错,几乎毁了自己的一生。孔子曾经打过一个比喻,说与好人交朋友,就像进到花房里,久而不闻其香,因为你全身都沾满了花香;与坏人交朋友,就像进到卖咸鱼的铺子,久而不闻其臭,因为你已满身都是腥臭味了。由此可见,朋友对自己的影响之深。

5. 拒绝,也是朋友相处之道

人类是群体性动物,一生都需要与人打交道,往来应拒的事情也时有发生。朋友之间有事相托相求很常见,但有些往往超出了原则范围,超出了你的客观能力或违背了你的客观意愿。

面对这种让人为难的朋友交往局面,南怀瑾先生让我们仔细品读这番话:"或曰:'以德报怨,何如?'子曰:'何以报德?以直报怨,以德报德。'"

南怀瑾先生还借用"微生借醋"的典故来让我们明白"以直报怨"的交友之道。故事里,有人跟微生借醋,微生自己没有醋,就向邻居借来给朋友。对于微生的做法,孔子很不认同,认为有则借之,无则不妨辞之。微生的举动难免有曲意示恩的嫌疑,说明他不够正直。孔子认为,人应该学会拒绝朋友。

现实生活中，面对朋友的殷切期望和请求，有时候我们只能以拒绝来面对，拒绝有时也不失为朋友间的一种相处之道。

婉拒，将伤害程度降到最低

对一般的点头之交，如果对方提出自己能力之外或不和自己心意的请求，我们可以干脆地拒绝。然而当好朋友提出请求，你又无法满足对方时，难免会陷入左右为难的境地。面对朋友令你为难的请求，应该采取巧妙的"拒绝"方法。

富兰克林·罗斯福曾经在海军相关部门工作。他有一位私交甚笃的杂志社朋友，一次，这位朋友向他打听有关美国潜艇基地的秘密。罗斯福微笑着问好友："你保证保守秘密吗？"朋友以为已经成功说服了罗斯福，不假思索地承诺道："能！"不料罗斯福听了朋友的保证，只说了三个字："我也能。"面对朋友的请求，罗斯福没有一丝犹豫或推诿，没有让朋友抱有希望和幻想。对超出自己原则范围的事情，他干脆地拒绝，态度却并不生硬，而且讲究策略。罗斯福通过巧妙的引导，幽默地与朋友"达成了"共识，从而拒绝了朋友不合理的请求。

南怀瑾大师说，君子处世要讲究策略，面对朋友让你为难的请求，可以耐心劝诫，说明利害关系；可以迂回婉转地处理，巧妙地通过其他方式帮助朋友；也可以言明现实情况，让朋友了解你的难处。

拒绝有时是一种美德

与朋友相处中，拒绝是一门最棘手的艺术。它经常被认为是一种不友好的行为，但其实有时候它恰恰是一种美德。适当而适时的拒绝能让朋友明白你的底线和原则，从而不轻易冒犯，保持彼此间的尊重。那些懂得在适当的时候拒绝的人，才能活得更洒脱，更有尊严。

一位名叫罗斯恰尔的犹太人在耶路撒冷开了一家酒吧，名为"芬克斯"。这家面积不足30平方米的酒吧在当地非常有名，每天顾客络绎不绝。罗斯恰尔有一位好朋友，是当地有名的广告商。

一日，罗斯恰尔接到朋友的电话，朋友用很委婉的口气和他商量说："我有一位从美国远道而来的朋友，他身份很特殊，有个随从将和我们一同去你的酒吧。为了方便，你能暂停营业，谢绝其他客人吗？"罗斯恰尔礼貌得体地拒绝道："我欢迎你们来，但很抱歉，我不能谢绝其他顾客。"朋友提到的身份特殊的贵客不是别人，正是美国时任国务卿基辛格。

原来基辛格当时出访中东，议程即将结束时有人向他强烈推荐"芬克斯"酒吧。广告商朋友在罗斯恰尔处"碰壁"后，基辛格亲自给罗斯恰尔打了电话，坦言道："我是出访中东的美国国务卿，我非常希望你能再考虑一下我的要求。"罗斯恰尔礼貌而不亢不卑地说道："国务卿先生，您愿意光临小店我深感荣幸，但是我无论如何也不能因您的缘故而将其他客人拒之门外，这不符合我开店的宗旨。"

最终基辛格接受了罗斯恰尔的意见，他没有摆出阵势，带着十个随从去酒吧，而是在第二天傍晚时与广告商朋友身着便装，非常低调惬意地来到酒吧。罗斯恰尔非常热情地接待了基辛格，亲自为他调制了几杯最拿手的鸡尾酒，其中甘醇的"长岛"最受基辛格喜欢。几杯鸡尾酒下肚，广告商拍着罗斯恰尔的肩膀笑着说："你比基辛格国务卿更倔啊！"

这家开在陋巷的"芬克斯"酒吧很有格调，连续好几年被美国《新闻周刊》列入世界最佳酒吧的前15名。罗斯恰尔面对好朋友的请求，面对基辛格那样位高权重的人物，仍选择坚持自己开门迎客的做生意原则。

拒绝是朋友相处的必修课，中国人崇尚中庸之道，在拒绝他人尤其是朋友时很容易在内心产生一些障碍，加之受当今社会从众心理的影响，很多人不善于拒绝朋友。不懂得拒绝的人，在生活中总是戴着"假面具"，活得很累，也容易迷失自我。为了摆脱事后自责而无力的情绪，适时的拒绝是最合适的。

6. 做有本事没脾气的人

南怀瑾大师有一位老朋友，虽然读书不多，却有着丰富的人生经验，他在一次与大师的交流中说道："上等人，有本事没有脾气；中等人，有本事也有脾气；末等人，没有本事而脾气却大。"这就是做人的学问。

南怀瑾大师本身就是一个好脾气的文化人，常常在演讲的时候自嘲以调节气氛。他常说，只有那些既有学问又有品德的人，才是一流人才，这种人已经将自省变为习惯，遇到事往往会先从自身寻找原因，而不是只顾对人发脾气。

做有本事没脾气的人

有本事的人没脾气，并不意味着没有自己的判断，而是有修养，坚持自己的底线，能屈能伸者才能成就大事。

真正的上等人，并不是说拥有多少财富，而是拥有一个好的心态，乐于接受别人的意见，同时会管理自己的情绪，不会强求改变别人，而是不断地去修炼自己的内心。

东汉名臣刘宽素以好脾气著称，被老百姓尊称为儒士。有一次刘宽乘坐牛车外出，恰巧遇到有人丢了牛，那个人说刘宽拉车的牛是他的。刘宽并没有辩解，而是下车自己走路回了家。

没过多久，丢牛的人找到刘宽，将牛又还给了他。原来，他在回家的路上找到了自己丢失的那头牛。丢牛的人感到非常不好意思，向刘宽不停地磕头谢罪，恳请刘宽原谅他的污蔑。

刘宽只是笑了笑，说道："东西有类似的，做事情有失误是正常的。已经麻烦你送回来了，又有什么好谢罪的呢？"方圆百里的老百姓听闻此事，都非常敬佩刘宽宽宏大量的气度。

刘宽的性情如他的名字一般宽容温良，几乎从未发过脾气，即便遇到急事，也未见过他严声厉色，就连他的夫人也惊讶于他的好脾气，突发奇想地想试探他一下。有一次，刘宽正要上朝，已收拾整齐，仆人奉夫人之命端了一碗肉羹给他，却故意将肉羹打翻弄脏了刘宽的朝服。本以为刘宽会勃然大怒，可他却关心仆人是否被肉羹烫伤了手，他宽宏大量的气度就此得名，天下的人都尊称他为宽厚的长者。

古今中外都一样，有本事的人通常会很有个性。但是真正的大领袖，因为能容纳一切，所以看起来没有一点脾气。南怀瑾大师就是这样一个有本事没脾气的人，外表温文儒雅，宽以待人的做人态度让他有了包容三教九流的本事。

成功人士都有一个共通点，就是不会喜怒形于色，拥有好脾气。古人有云"宰相肚里能撑船"，就是说要想成就一番大事业，就必须拥有大气度，心胸宽阔如海。善于跟不同的人打交道，容人之短，用人所长，才能群策群力，从而获得成功。

与有本事没脾气的人交朋友

南怀瑾大师常教育学生要擦亮双眼，多与上等人交朋友，这样才能不断成长。唐人孟郊的《审交》诗云："种树须择地，恶土变木根。结交若失人，中道生谤言。君子芳桂性，春荣冬更繁。小人槿花心，朝在夕不存。莫蹑冬冰坚，中有潜浪翻。唯当金石交，可以贤达论。"这首诗强调了交友的重要性，若与没本事有脾气的人结交，就如同花期短暂的槿花，早晨开放，晚上就会凋谢；而与有本事没脾气的人结交，则如同那陈年佳酿，就算天气寒冷，也盖不住香醇酒香。与有本事没脾气的人交往，自己也会成为一个上等人，会结交更多优秀的朋友。

南怀瑾大师说过，与有本事没脾气的人结交，在一定意义上就是在经营自己，是不断完善自己的过程。有这样一则寓言故事：有一个年轻人想戒烟，于是找到医生表明了自己的诉求。医生听后，对症下药，开了一个方子递给他。年轻人一看，方子上只写了一句话：多去探望戒烟的朋友，早、中、晚各一次。医生并没有开任何药物给年轻人，只是告诉他要戒除烟瘾，没有任何药能比得上一个良友的作用大。

我们在选择朋友的时候，首先要看这个人的脾气秉性。没有本事只会夸夸其谈的人，很容易影响到你，使你也陷入无尽的消极抱怨中无法自拔；有一点小本事就耍性子的人，容易让你也跟着骄傲自满起来；而那些有本事又有大海般胸襟的人，能带给你积极向上的影响。

在现实生活中，和谁在一起的确很重要，甚至能改变你的成长轨迹，决定你的人生成败。和什么样的人在一起，就会有什么样的人生。和勤奋的人在一起，你不会懒惰；和积极的人在一起，你不会消沉；与智者同行，你会不同凡响；与高人为伍，你能登上巅峰。

有人说，人生有三大幸运：上学时遇到一位上等老师，生活中交到一个上等朋友，成家时遇到一个上等伴侣。如果你想像雄鹰一样翱翔天空，那你就要和群鹰一起飞翔，而不要与燕雀为伍；如果你想像野狼一样驰骋大地，那你就要和狼群一起奔跑，而不能与鹿羊同行；如果你想变得优秀，就要与有本事没脾气的上等人相交，这样才会变得出类拔萃。

7. 让人惧易，让人敬难

南怀瑾大师指出，所谓的"畏敬"问题包括两种成分，一是"畏"，二是"敬"。《大学》里把这两种内涵合在一起，等于是由"畏"而"敬"。实际上，让人感觉畏惧很容易，拥有权力或别人需要却得不到的资源都可以做到，而想要得到别人发自内心的尊重却并非易事。人们可能会因为你的权力威慑或财富对你唯命是从，但他们对你的顺从或夸赞未必是真心的，当有一个权势比你更大，或者能给他们带来更大发展的人出现时，谁能保证他们还会忠心耿耿地拥护你？所以有"畏"未必得"敬"。

为人所畏的烦恼

明主者有三惧：一曰处尊位而恐不闻其过；二曰得意而恐骄；三曰闻天

下之至言而恐不能行。在君臣之间存在一种不宣自明的"默契"——"臣闻之，君好之，则臣服之。君嗜之，则臣食之"。晏婴去世后，有一天齐景公宴请诸大夫，席间高兴起来，自己起来射箭，但并没有射中箭靶上的红心，可大家却一致叫好。齐景公一听，变了脸色，叹了一口气，挂上弓箭回宫去了。齐景公感叹："自从晏子舍我而去十七年，再也没有一个人对我说真心话，没有人能够当面指出我的过错。"

齐景公是懂得自省的明君，会因为臣子畏惧自己不敢吐露真言而神伤，但更多的帝王将相沉浸在下臣编制的理想世界里而不自知，如商纣王在妲己的魅惑下残忍暴力，不允许臣子有反对意见，听不得逆耳忠言，最终落得众叛亲离、民心向背、家破国亡的结局。

臣子为了博君主欢心而阿谀奉承不说真话，如此君主怎能发现问题，改进对国家的治理呢？其实不仅仅是君臣之间，普通人之间的交往仅靠畏惧联系也是不堪一击的，一个人如果被蒙蔽了视听，心灵也难以保持澄澈。以史为例，隋文帝杨坚害怕独孤皇后而不敢反对她，结果夫妻二人都受了二儿子杨广的欺骗，一手创建的统一国家就此灭亡。

得人尊敬有原则

南怀瑾大师说：人的一生，几乎随时随地都活在畏惧中，但世界上最可怕的并不是鬼神，上帝、佛祖、菩萨也不可怕，天堂和极乐世界都离我们太远，更可怕的是"人"，最可怕的是"自己"，尤其可怕的是人自己所造成的"人"神。"人"神是受人敬畏，为人膜拜的。

能够得到人们真心敬仰的人，身上往往闪耀着一些特质，他们充满正能量，勇于代表和号召人们为正义而战，为自由而战，为幸福而战。他们胸怀天下，拥有悲天悯人的人道主义情怀，不会为自己谋私利，更重要的一点，他们懂得要想得到别人的尊重，就需要先尊重别人。

英国维多利亚女王招待印度客人，餐后印度客人把端上来的洗手水喝了，女王面不改色地也将其喝了。大臣们见状后纷纷效仿，一时成为美谈。美国前总统哈里斯有一次和孙子一起乘坐马车。路上一个黑人奴隶看到后站在路边向他们脱帽致敬，哈里斯总统也向他脱帽还礼。孙子看到后非常不解，问道:"爷爷你怎么能向一个奴隶致意?"哈里斯笑着说:"孩子,你怎么能让一个奴隶都比你有礼貌?"

尊重是一种品质,也是一种习惯,不仅体现在大场合,在自己家中,对身边的人尤其是孩子也要做到尊重,这对他们健全人格的培养会产生非常重要的影响。鲁迅先生就非常注重这一点。有一次,先生在家中宴客,儿子海婴同席。在吃鱼圆时,客人均说新鲜可口,唯独海婴说:"妈妈,鱼圆是酸的!"以为孩子胡说乱闹的妈妈便责备了几句,海婴很不高兴。鲁迅听后,夹起儿子咬过的那只鱼圆尝了尝,果然不怎么新鲜,便颇有感慨地说:"孩子说不新鲜,我们不加以查看就否定是不对的,看来我们也得尊重孩子说的话啊!"

让人惧易,让人敬难。通过权力、财富和暴力压制可以得到别人的顺从,但没有心灵的触动而建立的联系是冷冰冰的,没有生命的。只有通过人格魅力,通过爱与奉献征服人心,才可以得到人们的尊敬与爱戴。从受众角度而言,真正地尊敬一个人,是听从自己内心声音的自愿行为,这种尊敬往往是持久的;而畏惧一个人,是受制于外部环境采取的不得已、不情愿的举动,没有人愿意维持这种违背自己内心意愿的关系。

8. 失言在先,失人在后

《论语》中有这样一段话:"可与言不与之言,失人;不可与言而与之言,失言。知者不失人,亦不失言。"

南怀瑾大师认为,孔子的这番话强调的是说话的时机点。可以跟他讲的时候叫"可与言",但是我们却没有掌握,即"而不与之言",这样就对不起人,即为"失人"。时机还没到,"不可与言",却急着要跟他讲,"而与之言",就讲错话了,即"失言"。孔子说,"知者",有智慧的人,"不失人",不会对不住人、对不起人,"亦不失言",也不会讲错话。该你提醒别人的时候,你没有把话说到,这是失人。不应该你说的时候,你却跟人家说了,这就是失言。一个智者，既不会失言也不会失人。无论是失言还是失人，都不是一件令人愉快的事，因而有人把说话当做社交中最难的事。

真正的智者，对人生、社会看得全面、透彻，在人际交往中审时度势，因人而异，谈吐得当，不会错失人才和朋友；也不会喋喋不休，甚至对牛弹琴，发生"失言"的事。人与人之间的谈话，就像一场又一场的谈判，必须掌握说话的技巧。选择合适的时机，找准正确的突破口，选择适当的表达方式，方可收到事半功倍的效果。

说话前，想想再开口

南怀瑾大师常说，语言的力量是非常强大的，"三寸不烂之舌，强于百万雄师"。会说话的人，更容易说服对方，会促进事情圆满完成；相反，话说得不好，则会招来祸患。

帝乙死后，纣王即位，比干全力辅佐纣王治理国家。当比干看到纣王沉迷声色、荒于政事时，多次直言进谏，还以先王艰辛创业的历史来激励纣王，纣王心中不快，表面点头称是，却仍旧荒淫暴虐。于是，比干连续三天进宫进谏，直言不讳地抨击纣王惨无人道的暴政。纣王恼羞成怒，决定要拔掉比干这颗眼中钉，遂命人剖开比干的肚子，取出心肝，并向全国下令说："少师比干妖言惑众，赐死摘其心。"

千古名臣魏征也曾因直言不讳而差点死于非命。有一次，他因为军粮的事进谏皇帝李世民，大胆指出他的种种专政，皇帝大怒，骂道："君臣体统何在？"魏征见皇帝动怒，唯唯退下。皇帝非常生气，大骂魏征，并与长孙皇后说要杀掉魏征这个土老帽（魏征瓦岗军出身），好在长孙皇后知人善用，说服皇帝饶了魏征一命。

说话直爽可以说是一个人豪爽的表现，但是在纷繁复杂的社会里，却免不了要吃亏。说话看似很简单，上下嘴唇一碰就出来了，但是能够把握好度，才是掌握说话的真正艺术。在我们的生活中，无论和什么人说话，都要看清楚情况再说。如果不假思索地脱口而出，往往会引起歧义，甚至得罪了别人都不知道。智者会审时度势，用委婉的方式将道理讲出来，既能起到警示别人的作用，又不至于得罪人。

言行一致，方是真君子

南怀瑾大师认为，人们都希望得到别人的认可。很多时候，人们会通过夸大其词来获得别人的注意，但是这样很难得到真正的认可。要想取得别人的信任和认可，就要舍弃说空话大话的毛病，多做一些实事。只有这样，别人才放心把更重要的任务交给我们，我们才有机会取得更大的成绩。

孔子曾说，古代有德之人从不轻易承诺，因为他们认为实现不了诺言是最大的耻辱。他还说，"君子欲讷于言而敏于行"。可以看出，孔子对君子的要求是言行一致。

言行一致者，古也有之。秦孝公即位后，为了加强对国家的统治，决定进行变法，并命商鞅担此重任。而要推行变法，首先得立信于民。为此，商鞅在城东门立了一根柱子，并张贴写有"谁能把柱子从东门移到西门，就赏赐一百两银子"的告示。告示张贴之后，人们议论纷纷，认为这么简单就能换得一百两银子，显然是骗人的。过了几天，都没有人去移动柱子。一位老实人抱着试一试的心态把柱子从东门移到了西门，结果真的获得了一百两银子的赏赐。商鞅靠"一诺千金"在百姓心中树立了威信，新法使秦国渐渐强盛，最终一统天下。

言过其行者，古也有之。三国时期，蜀国大将马谡常与军师诸葛亮谈用兵之法，可谓对答如流。诸葛亮不听其父的劝阻，把守街亭的重任交予马谡，导致街亭失守，蜀国危在旦夕。诸葛亮挥泪斩马谡，演绎出"纸上谈兵"的故事。

吃饭吃个半饱才有助于健康，饮酒饮到微醺才能体会到饮酒的快乐。世上的任何事物都是一样，必须保持在一个度上，一旦超过那个度，就会损及自身。说话也是一样，话不能说得太满，给自己留下缓冲的余地，才能随时调整，做到进退自如。

说话是一种艺术，话说好了，可以事半功倍。因此，我们不仅要具有做事的能力，还要培养说话的能力。仅仅具有做事的能力，只能成为一头默默无闻的孺子牛；仅仅会在嘴皮子上下功夫，没有真本领，也不会走得太远。只有把两者有机地结合起来，踏踏实实做事，小心翼翼说话，有功则显，无功则隐，才能让自己的人生路成为坦途。

第三章

不抱怨，包容是一种强大

1. 以德报怨是正道

以德报怨是道家的思想，出自《老子》。南怀瑾大师说过，以怨报怨是下策，以德报怨才是上上之策。智者能做到以德报怨，从而赢得对手的尊重；愚者只会以怨报怨，输掉做人的底线。大师强调，遇到小人，不要"以其人之道，还治其人之身"，这样只会降低做人的品格，冤冤相报何时了，而是要用爱心去感化他，用胸怀去感动他。

以德报怨是做人之根本

《圣经》中带领以色列人出埃及的摩西曾说过"以牙还牙，以血还血"，然而这种以怨报怨的做法却导致了极端的后果。第一次世界大战之后，德国战败，英法乘机漫天要价，提出非常过分的索赔条款，激化了德国民族的怨恨之情，希特勒再次崛起，将民族的怨恨加倍施压给敌国，让整个欧洲都蒙受阴影。由此可见，以怨报怨是最不可取的，是被怨恨蒙蔽了双眼后的愚蠢做法。

耶稣曾说："有人打你的右脸，连左脸也转过来由他打。有人想要拿你的里衣，连外衣也由他拿去。人强逼你走一里路，你就同他走二里。"可见耶稣也是主张以德报怨的。

有一个卖砖的商人名叫卡尔，生意做得顺风顺水，竞争对手眼红，到处散播卡尔的谣言，告诉卡尔的客户说卡尔公司的砖存在质量问题，这样的恶意污蔑让卡尔的公司陷入困境。当卡尔得知是竞争对手刻意为之后，心中生出无名之火，真想"用一块砖来敲碎那人肥胖的脑袋作为发泄"。

陷入怨恨深渊的卡尔走进一家教堂，牧师正在讲述如何施恩给那些故意为难你的人。卡尔认真耐心地听了牧师的讲述，陷入了沉思。

恰巧此时，卡尔发现住在弗吉尼亚州的一位老客户正在盖一间办公大楼，需要一批砖，而指定的型号与竞争对手出售的产品类似。这使卡尔感到为难，是遵从牧师的忠告，告诉对手这个机会，还是按自己的意思去做，让对方永远也得不到这笔生意？卡尔的内心挣扎了，牧师的忠告一直盘踞在他心田，虽然竞争对手的谣言让他损失惨重，但牧师以德报怨的理念让他最终选择拿起电话拨到竞争对手家里。

当卡尔礼貌地告诉竞争对手有关弗吉尼亚州的那笔生意的消息时，竞争对手非常感激，甚至惭愧到一句话都说不出来。卡尔并没有指责竞争对手，却接到了竞争对手的道歉，竞争对手不仅停止散播谣言，更是将他接到的生意主动分享给卡尔。卡尔的心里也比以前好受多了，他与对手之间的阴霾也一扫而光。正是卡尔的以德报怨、化敌为友，才将竞争转换为共赢。

以德报怨亦是治国之道

古代贤者常常将以德报怨作为修身养性的重要内容。面对别人给予的恩惠，心怀感激地回报，这是常人都能做到的。南怀瑾大师就曾说过，真正的君子，是面对别人的中伤，仍然能做到心怀宽容地去感化。以德报怨不仅可以化解人与人之间的矛盾，也是历代圣明君王的治国之道。

梁国和楚国的边区都盛行种瓜，梁国人不怕辛苦，每天都起早贪黑地浇灌呵护，瓜长得特别好；而楚国人却因为偷懒，没有按时为瓜进行灌溉，导致瓜田颓废。楚国人非常嫉妒梁国人种瓜的技术，看不惯梁国瓜田丰收，就趁天黑偷偷地跑到梁国破坏瓜田。

梁国人发现所有的瓜田一夜之间全被毁掉，很生气，纷纷跑到县令那里告状，也想偷偷去破坏楚国的瓜田来报复他们。县令宋就严厉地呵斥了前来告状的梁国人，说道："如果我们也去破坏，那就是在结怨，别人做坏事，我们也去做，那我们不也成了气量狭隘的小人吗？"

宋县令命令梁国人每天夜里都去楚国瓜地浇灌。时日一长，楚国人发现瓜田越长越好，感到非常奇怪，就暗中观察，这才发现原来是梁国人在帮忙种瓜。

楚王知道此事后，面对梁国的暗中礼让感到非常惭愧，于是用优厚的礼物道歉，请求与梁王结交，两国的友好关系也由此开始。

这就是南怀瑾大师所说的，以德报怨，因祸得福。正所谓福祸相依，当面对伤害的时候，不要总想着如何去反击，如果能坦然面对，回报更多的宽容，反而能获得意外的收获，也就是"送我以木桃，报之以琼瑶"。

以德报怨不仅是一种美德，更是一种智慧，予人玫瑰，手有余香，正是如此。常以善待人，以德报怨，必会积累福报，悟出此番道理并付诸行动的人，必能受其益、知其妙。愿有造化之人沐浴在福光之中。

2. 静坐修道，心神不老

静坐修道是佛家弟子的必修功课，佛教讲"时时勤拂拭，勿使惹尘埃"，指的就是在修道的过程中要时时刻刻注意拂去心上的尘埃。对于凡俗弟子而言，静坐修道也是一门保持心灵纯洁和年轻的功课。

时时勤拂拭

修道的过程看似十分玄妙，其实说白了就是静静地坐着，抛弃一些世俗的念想，专心致志地思考一些不那么贴近生活的、形而上的问题，与冥想、玄想非常类似。修道的过程是让人摆脱日常琐碎事务的困扰，比如房子、车子等诸多现实问题，让心灵自由自在地徜徉，从而感悟生命的能量。抛弃日常琐事的思考是非常困难的，这些琐碎、世俗的东西就像苍蝇一样，一刻不停地给人带来烦忧，让人把大部分的光阴都耗在上面。但是如果一个人愿意停下忙碌的脚步，静坐修道，静默思考，就能有别样的收获。

南怀瑾大师在讲到禅修的问题时曾经提到，在宋代《高僧传》中记载了很多位名僧，他们入定七百多年而肉体不老，之所以能做到这一点，就是因为他们在静坐修道时参悟到了生命的真谛，从而保持心神的年轻，肉体也随之保持年轻。而根据科学实验，一个人在心平气和、心神宁静地静坐的时候，血压、心跳等各项指数都会降低，肉体会得到真正的放松。

然而，静修最大的意义还是对于心神而言的。如果一个人因为各种事务耗费心神过多，年纪轻轻就可能进入早衰状态，对什么事情都持以悲观的态度，丢失了最初的乐观。而静坐修道就是一个重拾内心平静和充盈的过程，它提供给人一个反省生活、反省内心的机会，也会让人发现藏而不露的能量，发现前进的信心和勇气。

静修问道

庄子曾经借孔子和颜回对于"道"的讨论来论述修道的方法：心斋。心斋指的就是静坐冥想，然后在此过程中忘掉人生的种种，诸如生死富贵等，最终达到一种内心纯然无物的境界。当然庄子所谈论的境界过高，一般人是无法达到的，但是他毕竟为我们指出了静修问道的几种不同的境界，给我们的静修提供了参考。一个人在世界行走，面对不同的人和事，逐渐会产生一些灰色的、不那么体面甚至卑鄙的想法，尤其是在竞争激烈的现代社会，这样的想法一旦在人的心中生根发芽，就会渐渐地改变人的属性和本质，人的内心也会逐渐被黑暗侵蚀。

问道的过程，简单来说，就是朝向人生的真善美的过程，就是回归一个人本真的、最初的赤子之心的过程。在这个过程中，一个人要逐一反省身上的坏毛病，例如不与人为善、对长辈不尊敬等等。当意识到必须要做出改变、以自己的行为为耻的时候，就是一个人取得自我超越和进步的时候。换句话来说，其实问道就是"吾日三省吾身"的过程。为什么要在静坐中反省自己呢？因为当耳边没有嘈杂的声响时，人更容易倾听自己内心的声音，更容易接近内心深处的想法，更容易发掘到本真的自我。

举个例子来说，为什么陶渊明最终选择归隐山林呢？"不向五斗米折腰"当然是一个理由，他不愿因为物质上的生存而牺牲自己内心的自由，但是更重要的是，他想要一片宁静的环境好好养心。"采菊东篱下，悠然见南山"，这就是一种静修的境界。因为内心安宁，他忘掉了时间，也在天地之间忘掉了自我，与万物同在。这样的境界不是一个侍奉权贵、流于世俗的人能够认识和感悟到的。因此，陶渊明即便到了晚年依然有丰富的灵感，写诗如赤子，写的都是一片磊落心怀，不掺杂半点的虚情假意。同样地，像宋代的林逋、明代的张岱，都出于相近的理由选择了归隐山林。山林既是隐居之地，也是安放心灵、让心神能够真正放松和宁静下来的地方。

在现实生活中，我们不能撒手隐居，抛开一切世事不管不顾。更多的时候，我们被杂事纠缠，同时又渴望喘息和放松的机会。真正放松心神的方式不是纵情娱乐、声色犬马，也不是蒙头大睡或者宿醉一场，而是通过静修来反省自己，帮助自己认清现状和做出选择，以获得面对未来的勇气和信念。因此，即便不信佛、不信道，普通人也可以通过静修的方式来放松自己、认识自己进而超越自己，也可以在繁忙拥挤、喧嚣聒噪的日常生活中获得一份别样的、深刻的宁静。

3. 放下欲念，才能轻松快乐

六祖慧能有偈："菩提本无树，明镜亦非台。本来无一物，何处惹尘埃。"人诞生之初两手空空，最后亦须两手空空地归去，被欲望缠绕的内心正如积灰太厚的镜子，反而让我们无法认清自己，人生在世不应有太多欲求。

天下熙熙皆为利来

南怀瑾大师在谈修行时说："勤修戒定慧，息灭贪嗔痴。"他提醒世人，贪嗔痴乃人生之大障碍，并给出了戒除的办法，即"用戒来治贪，用定来治嗔，用慧来治痴"，借此清除欲念，还内心一片宁静。

我国古代著名史学家司马迁说，"天下熙熙皆为利来，天下攘攘皆为名往"，一语道破世人追名逐利的面目。一求权倾朝野，二求富甲天下。千百年来，世人对名利趋之若鹜，甚至利欲熏心，迷失了内心真正的向往，错失了与亲人朋友的真挚感情。名利作为最大的欲念，让人们神经紧张，不得安宁。

法国文豪巴尔扎克小说中的人物葛朗台，就是利欲熏心的典型代表。葛朗台小气、贪婪、吝啬，在他眼里金钱高于一切，他对于金钱的渴望和占有欲几乎达到了病态的程度：半夜把自己一个人关在密室之中，"爱抚、把玩、欣赏他的金币，放进桶里，紧紧地箍好"，甚至弥留之际还让女儿把金币铺在桌上，紧盯着不放，如此才能感到暖和。但对钱财的执念给葛朗台带来的是什么呢？他没有享受到天伦之乐，甚至没让自己过上舒心快活的日子——对金钱的贪得无厌使葛朗台成为一个十足的吝啬鬼，尽管拥有万贯家财，却依旧住在阴暗、破烂的老房子中，每天亲自给家人派发有限的食物、蜡烛。对钱财的执念，让他的人生囿于狭隘、惨淡可悲。

南怀瑾大师有言："三千年读史，不外功名利禄；九万里悟道，终归诗酒田园。"竹林七贤深谙此理，他们隐而不仕，在竹林之中啸咏自得，谈笑风生，畅谈玄学，这种不受羁绊的生活带给他们思考哲学和创作文学的空间。嵇康言"游心太玄"，就是靠着游心，他们在天地之间畅游，成就一段关于魏晋风骨的佳话。

一念放下，万般自在

在非洲，当地土著用一种奇特的方法来捕获狒狒：在一个固定的小木盒子里放上狒狒爱吃的坚果，盒子上开一个小口，狒狒的前爪恰好能够伸进去，可当它一旦抓住坚果，爪子就再也拔不出来了。这个捕捉狒狒的方法屡试不爽。为什么会这样呢？因为狒狒有一种习性，不肯轻易放下已经到手的东西。人们嘲笑狒狒贪婪和愚蠢，为什么不松开爪子、放下坚果逃命？但是反观我们自身，这样的错误或许每个人都会犯。

狒狒手中的坚果，就是我们对于过去、痛苦、面子、尊严、地位等的执念，我们耿耿于怀、看不开、放不下的种种，其实无形中增添了生活的压力，让我们如同紧握坚果而不松手的狒狒，最后因执念而赔上了自己的人生。

　　南怀瑾大师的箴言或许能让执着的世人有所宽慰："一切现象本来随时在变，你还抓什么！"茶道蕴含了许多学问，其中喝茶的动作就值得我们深思。喝茶的两个动作分别是拿起和放下。喝茶时，人不会因为茶杯是黄金玉石制成的就一直紧握着不放，也不会因为是陶瓷杯或塑料杯而拒绝拿起。把茶喝下去是目的，拿起茶杯和放下茶杯都只是自然的动作而已。人生其实也分为两个动作——拿起和放下。拿起，是为了放下；放下，是为了更好地拿起。我们要的仅是茶杯里的水，茶杯仅仅是装水用的容器。容器必须用时拿起，不用时放下。我们从喝水中得到幸福，而不是拿着茶杯时享受幸福，人生亦如是。

　　"青山几度变黄山，世事纷飞总不干。眼内有尘三界窄，心头无事一床宽。"如果心头常缠欲念，则无论身处何方，皆似身陷囹圄；而如果心头无挂碍，即便屈居斗室，亦如置身星辰大海。放下不可求得的东西，放下已经失去的东西，放下仇恨、屈辱、欲念，我们才能卸下压在心头的重担，身轻如燕，走向更高远辽阔的世界。

4. 安之若素，顺其自然

　　昔日寒山问拾得曰："世间谤我、欺我、辱我、笑我、轻我、贱我、恶我、骗我，如何处治乎？"拾得云："只是忍他、让他、由他、避他、耐他、敬他、不要理他，再待几年你且看他。"这里的谤、欺、辱、笑、轻、贱、恶、骗，便是人生中种种失意的状态，而忍、让、由、避、耐、敬、不理，便是绝佳的回应态度，任尔狂风暴雨，我自岿然不动。

随遇而安，喜乐自生

　　人的一生当中会遭遇各种各样的境遇，无论是春风得意还是跌宕坎坷，都要以随遇而安的心态淡然处之。顺境的时候不骄纵放荡，逆境的时候不放任自流，始终清醒地认识和保持自身，就能感到人生平静的喜乐。

苏轼的好友王定国因为受到苏轼诗文一案的连累而被贬岭南。岭南是当时的瘴疠之地，被贬到彼处就代表着政治生涯基本告一段落，并且生活将非常艰辛。苏轼送别友人时，问其身边的歌女柔奴："广南风土，应是不好？"柔奴回答说："此心安处，便是吾乡。"苏轼感叹柔奴的豁达和洒脱，为之作词一首："常羡人间琢玉郎，天应乞与点酥娘。自作清歌传皓齿，风起，雪飞炎海变清凉。万里归来年愈少，微笑，时时犹带岭梅香。试问岭南应不好，却道，此心安处是吾乡。"其实苏轼自己也是一个豁达洒脱之人，要不然他也不会欣赏和领会柔奴的乐观心态。苏轼年少就有治国平天下的大志，通过科举考取官职的时候也是踌躇满志、春风得意，但是当他被朋党之争等裹挟而几番遭贬斥之后，他对于政治的热度最终消减。在这样的人生处境之下他并没有选择伤春悲秋，而是吟诵出"归去，也无风雨也无晴"和"小舟从此逝，江海寄余生"这样的诗句，吟咏出自己不惧人生艰险的胸怀和气魄。在这样的心态之下，人生顿时显得开阔，虽然道路不平坦，但是若能拥有随遇而安的心态，自然能展现自己的风采。

保持谦卑，得意失意皆不忘形

随遇而安还有另外一层意味，就是人在顺境的时候要懂得保持低调，不能因之而狂妄自大、迷失自我。这样的反例有很多，不胜枚举。一个出身贫寒的人通过自己的努力终于获得一官半职，但是做官后开始管不住自己的心，结果既毁了前途，也辜负了当年的一番努力。所以说在顺境时要随遇而安，时常保持一颗安宁的心。

南怀瑾大师说："我们都常听说'得意忘形'，但是据我个人几十年的人生经验，还要再加上一句'失意忘形'。有人本来蛮好的，当他发财、得意的时候，事情都处理得很得当，见人也彬彬有礼；但是一旦失意之后，就连人也不愿见，一副讨厌相、自卑感，种种烦恼都来了，人完全变了。"南怀瑾大师的话是什么意思呢？得意让人忘形，失意也让人忘形，这都是由于没有做到宠辱不惊。被得意之时的喜悦冲昏头脑的人，同样容易被失意之时的痛苦击垮。无论是得意忘形还是失意忘形，都是不懂得安之若素、随遇而安的表现。一个真正安之若素的人会明白，无论是顺境还是逆境，自己眼前的一切不过是过眼云烟，一切最终都会结束。在这样的心态之下，顺境的张狂和逆境的失落都会显得十分可笑，保持内心的宁静才是最重要的。

刘禹锡曾作《陋室铭》以表明心迹："山不在高，有仙则名；水不在深，有龙则灵。斯是陋室，惟吾德馨。"处在简陋的屋子里面也没有关系，因为陋室主人的气质若兰、德行出众，屋子的简陋完全不用放在心上。刘禹锡生平豁达，"沉舟侧畔千帆过，病树前头万木春""种桃道士归何处，前度刘郎今又来"，这些抒发情怀的名句都出自他的笔下，都体现了他在逆境和顺境当中来回转换而始终没有迷失自我的心态。

儒释道三家都认可"自然之道"，因为人在自然当中存立，要懂得顺应自然，一举一动都要符合自然规律，否则就会带来严重的后果。而安之若素、顺其自然的人生态度就是顺应自然的表现，也是一个人能够很好地在不同的处境之下珍视自己生命的体现。懂得顺其自然的人能在人生的风浪中获得幸福和满足，不会轻易陷入暴躁或者沮丧的情绪当中，而是会调整自己的心情，使得内心永远保持充盈和平静。因此，"安之若素，顺应自然"才是人生的大智慧。

5. 吃亏是福，消解纷争于无形

老人言，人生有三福：平安是福，健康是福，吃亏是福。吃亏是福，这是老祖宗留下的至理名言，经过漫长的洗涤和锤炼，流传至现在这个浮躁喧嚣、争端不断的时代，仍然为很多智者所推崇，成为他们的处事之道。

南怀瑾大师年轻时曾去学道，途中经常遇到被骗、被坑的事，但他说把吃亏当做一次福报，修行路上就成功了。真正心甘情愿吃亏的人，是不会吃亏的。不能不说，"吃亏是福"是跨越时代的智慧。人活着之所以觉得累，皆是因为不肯退让，如若不与人争，多多忍让，虽然看起来是吃了大亏，却在不知不觉间将烦恼舍弃，这就是在积累福报。若能有如此雅量，你就会发现这个世界很美好，没有让人头痛的纷争，因为所有的纷争到了我们这里，都被我们心甘情愿的"吃亏"化解掉了。

失之东隅，收之桑榆

在工作和生活中，我们经常会遇到一些冲突，在争论和吃亏的岔道口，很多人都选择图一时之快，因为他们觉得"吃亏是福"仅仅是一句玩笑话。常有人问，吃亏是福，那福又在哪里呢？

上天是公平的，他关上了一扇门，就会为你打开一扇。也就是说，你认为吃了亏，但是从别处必然能得到回报，古时候的"塞翁失马，焉知非福"就是这个意思。不要在意一时的小亏，若你有肚量能做到，那更大的福报将会降临。

有人问李嘉诚的儿子李泽楷："你父亲教了你一些成功赚钱的秘诀吗？"李泽楷说："赚钱的方法父亲什么也没有教，他只教了一些为人的道理。"李嘉诚曾经这样跟李泽楷说："我与别人合作，假如拿七分合理，八分也可以，那么李家拿六分就可以了，吃亏是福。"

李嘉诚一生与很多人进行过长、短期的合作，结束的时候，他总是愿意自己少分一点钱。如果生意做得不理想，他就什么也不要，宁愿吃亏。同时李嘉诚一生还热衷于慈善事业，乐施好助，救济穷苦。也正是这种风度和气量，使许多人乐于与他合作，他也就越做越大。所以李嘉诚的成功，得益于吃亏是福的为人理念。

也许某些时候你会觉得自己倒霉透顶，吃了大亏，但这些都是一种磨难和积累，会让你收获更多，这就是福报的因果。所以古人说，失之东隅，收之桑榆，舍得舍得，只有肯舍，才会有得，有时候你吃的亏比你得到的利还宝贵千百倍。

难得糊涂，吃亏是福

清代书画家、文学家郑板桥题过几副著名的匾额，其中最为脍炙人口的是"难得糊涂"与"吃亏是福"这两副。这里还有个典故：

据说，郑板桥祖居江苏兴化县，乾隆时考中进士在外做官。其弟郑墨继承祖业，居住在家乡。有一年，郑墨想把居住多年的祖屋翻修一下。可是，祖屋与邻居共用一墙，邻居不同意翻修。于是，其弟将邻居告上公堂，打起官司。其时，郑板桥正在山东潍县任知县，郑墨写信给他，让他致函兴化县吏，帮助其打赢这场官司。郑板桥接到书信后，便写了一封"吃亏是福"的回帖，并附诗一："千里告状只为墙，让他一墙又何妨。万里长城今犹在，不见当年秦始皇。"

郑墨看了之后，深受其兄宽厚、大度的感染，撤了官司，很好地处理了邻里间的纷争。邻居感激涕零，两家和好如初。后来郑板桥将"吃亏是福"写成条幅，并加了"满者损之机，亏者盈之渐。损于己则益于彼，外得人情之平，内得我心之安，即平且安。福即在是矣"的题跋。

有些亏吃得难受，你又何苦为难自己，不妨装装糊涂，一笑了之。吃亏不光是一种境界，更是一种睿智。能够吃亏的人，往往一生平安、幸福坦然。不能吃亏的人，喜欢在是非纷争中斤斤计较，只局限在不能让自己吃亏的狭隘思维中，这种心理会蒙蔽他的双眼，他势必要遭受更大的灾难，最终失去的反而更多。

我们要有吃亏是福的心态：若一个人处处不肯吃亏，处处想占便宜，于是骄狂之心日盛，难免会侵害别人的利益，于是纷争四起，又怎能不吃亏呢？其实幸福无所不在，吃亏是福，吃苦是福，平淡是福，傻人有傻福。

吃亏是福，关键在于心，在于不计较小小得失。只有从生活、为人处事中总结经验，反省自己，并有所改善，才是真正的智者。

6.剔除妄念，让幸福充盈内心

知足是接近内心幸福的捷径，而剔除内心的妄念，既与知足紧密相关，也是实现内心快乐的重要途径。所谓剔除妄念，就是把内心不实际的、狂妄的想法去掉。

扫除妄念，内心安宁

南怀瑾大师在谈及扫除内心的妄念时曾经以他写的一首诗来说明此理："秋风落叶乱为堆，扫尽还来千百回。一笑罢休闲处坐，任他着地自成灰。"大师指出，妄想用不着你自己去扫空它，因为扫是不可能扫空的，只要你不去想，它自然就空了。南怀瑾大师的这一段话比较玄妙，但其实道理很简单。人生一些狂妄的念头在一个人的脑子里纠缠不休，这些念头是没有任何用处的落叶，堆积在脑子里会渐渐腐朽。这些妄想使得人产生抑郁、狂躁等情绪，人意识到这些念头对自己有害，就会想着把这些妄念扫除。但是一旦开始扫除，又会发现妄念其实是不能清扫干净的，并因此而苦恼不堪，这时候又会有另一种狂躁的情绪袭来。

南怀瑾大师指出，一个人应该用正确的方式来扫除妄念，这种方式看似简单，事实上却十分玄妙。要想彻底扫除妄念，最根本的就是不去想它。比方说，当别人都有独立的大房子的时候，你们一家人还挤在小房子里，这时候就会产生羡慕、嫉妒等情绪。如果此时以"富贵在天"等道理来说服自己，其实会让人在这种烦躁的心情中越走越远。最好的方式就是这样想：既然自己还有房子可住，不至于流落街头，那就不用去想房子的事情了，多想一些其他更有意义的事情。所谓妄想，就是一些虚妄、狂妄的念头，一旦在人的心里生根发芽，就会逐渐改变人的性质和属性，只有真正剔除，才能腾出空间让心灵感受真正的幸福。

认清自我，甘于平常

南怀瑾大师在谈到扫除虚妄时还谈到很重要的一点，那就是一个人要甘于平常，不要把时间和精力浪费在不可能的事情上，不要把心力耗费在不可触及的幻想上。一个不曾学习过基础数学的人不要妄想马上能解出著名的难题，一个只学会英语音标的人不能急着去做英语翻译，人应该懂得守住本分，不追求不可能的东西，否则会给自己带来无谓的苦痛。追求的过程是一步一步地进阶，要认清自己在现阶段的水平和状态。

一个时代、一个行业只有那么几个耀眼的人物，大多数人都是平平淡淡地过自己的日子。这个世界不仅需要在舞台上表演的英雄，还需要在路边鼓掌的平凡人，甘于平常意味着知足常乐，意味着实现自己定义的幸福。把自己的生活过好其实是一种本事，能够剔除内心的妄念，才是真正的幸福。

　　举个例子来说，刘邦手下的几个臣子，张良和韩信就构成鲜明的对比。张良有运筹帷幄的才能，韩信则是带兵打仗的能手，但是他们都没有刘邦那样把天下掌握在手心中的能力和拉拢人才的吸引力。张良有自知之明，他明白自己已经尽到一个军师的职责了，他所得到的结局也是一个军师能够得到的最好的结局了，因此他在功成名就之后向刘邦请求告老还乡，从此远离朝野，"赢得生前身后名"。而韩信自从被招入刘邦麾下就一直想着封王，直到后来被鼓动叛乱，皆因心有妄念，想要取刘邦的位置而代之，结果还是功败垂成，不得善终。虽然拼搏和奋斗的精神被人反复强调，但是很重要的一点是，有些东西，比如说天生的才能、家庭、身体条件，包括一些机遇，这些都是打拼和奋斗无法超越的，一个人要是能清楚地认识到这些，就能把自己的精力转移到擅长的事情上，而不至于被妄想困扰而迷失方向。

　　剔除妄念说起来容易做起来很难，因为它需要一个人真正地认清自身，并且敢于承认和认可自己。另外，它还需要懂得知足常乐的心态，在熙熙攘攘的人潮中找到自己的方向，在物欲横流的社会中坚持自我，不做物质的奴隶。一个人只有真正剔除妄念，才能体会到内心的快乐，才能体会到功利主义者永远也体会不到的幸福。

7. 少抱怨，才能与幸福结缘

　　工作和生活中，难免会遇到或多或少不如意的事情。面对这些不如意，你是直面生活中的挑战，感谢命运对你的锤炼，豁达处理，笑对人生呢？还是一味地去怨天怨地，埋怨命运的不公，埋怨自己遇人不淑，从此一蹶不振呢？

面对生活中的不如意，南怀瑾大师明确地告诉我们："一个人经历得越多，他的抱怨就会越少。越是优秀的人越是努力，这一现象的根源在于，优秀的人总能看到比自己更好的，而平庸的人总能看到比自己更差的。真的努力后你会发现自己要比想象的优秀很多。"南大师指出，人生不是止水，总会出现许多出乎意料之事。泰山崩于前而色不变，风波骤起而泰然处之，就显得很重要。转危为安往往需要高超的心智，也需要好的心态。多思索少激动，多仁爱少仇恨，人生才能变得更加美丽。谁都愿意做自己喜欢的事情，可是做你该做的事情，那才叫成长。

少抱怨获得前进动力

南怀瑾大师这样说过：一个人的豁达，体现在落魄的时候；一个人的涵养，体现在愤怒的时候。遇到挫折和挑战时不自怨自艾，不怨天尤人，这样才能获得在困难面前勇往直前的不竭动力，才能做一个生活中的战士。

英国作家萨克雷说："生活就是一面镜子，你笑，它也笑；你哭，它也哭。"所以，当你以消极的态度去面对眼前发生的变动时，那么你收到的回馈也是消极的，如此恶性循环，最终获得的只是自己朝气的损耗。

因此，不要只顾着眼前的抱怨，要向前看，进而迈开腿，向前走。毛泽东和蒋介石都非常推崇曾国藩的治家哲学，因为他教育出来的孩子都非常优秀：儿子曾纪泽是清末著名的大外交家，孙子曾广钧是著名的文学家，他的后代人才辈出。被称为儒家最后一位圣人的曾国藩，将自己的书斋命名为"求缺斋"，意思就是希望事情不要太圆满，面对不圆满的人生，不抱怨，不蹉跎，勇往直前。曾国藩的思想影响了中国上百年，他对于不抱怨的理解已经深入到日常的生活。

阿里巴巴董事长马云的人生值得许多年轻人去研读。在前37年里，马云的人生可以说就是两个字：失败。然而，37岁之后的马云究竟是靠着什么一下子飞黄腾达的呢？其实马云的秘诀就是：永不抱怨。前37年的失败没有让他停下脚步，失败了再爬起来，他把所有的时间都花在自身的进步上，没有时间去抱怨社会、抱怨命运。马云之所以成功了，就是因为不去抱怨让他有了力量去迈向成功。

少抱怨，试着感恩

南怀瑾大师曾经对他的学生多次讲过，要用一颗感恩的心去面对这个世界，即使你可能遭遇困境，即使你一直命运多舛，如此你才能收获自己的幸福。

从心灵世界来说，会感恩的人才具有感受幸福的能力，或者说，越会感恩，就越能感受到这个世界的美好。即使是在我们的日常生活中，无论是在任何一个集体，抱怨的成员总是会给集体带来负面的影响。即使这种抱怨在一定程度上可以反映出集体出现的一些问题，但是一味地抱怨并不能为解决问题提供方向，只能是让集体的凝聚力变得涣散。换句话说，爱抱怨的人对于集体来说肯定不是一个优秀的成员，从本质上讲，他只是在推卸自己的责任，是一个不合格的员工。

因此，不要把自己陷入抱怨的深渊。少抱怨的人生，才是值得让人信任的人生，这样，你在未来的路上才会走得更远。学会感恩，你才能收获一份美好。

古语有云："怨招祸、满招损、谦受益。"科学试验也表明，一个人长期在抱怨的心态下工作和生活，体内会聚集很多毒素，进而心境就会浮躁，情商将会降低，反应将会变慢，思想将会僵化，静不下心来做任何事情，享受不到工作和生活带来的任何乐趣。

其实，不要把成功定位得太过于物质，成功是自己实实在在感受到的幸福。可能你并不富有，没有豪车豪宅，但是说不定在你羡慕别人的同时，别人也在羡慕你。你觉得自己不容易，或许别人比你更不容易。从根本上来说，没有一种生活是完美的，也没有哪一种工作是令人满意的，健全丰富的人生应该酸、甜、苦、辣、咸五味俱全。

因此，学会感恩吧。感恩和抱怨相比，不仅是一种积极的生存动力，更是一种强者的思维方式，感恩实际上是化解抱怨的一剂良药。当你面临挫折时，感恩会让你坚定信念；当你遇到困难时，感恩会让你找到朋友；当你奔向成功时，感恩会让你头脑冷静。感恩是一种心态，是一种强者勇往直前的锐气，是一种智者百折不挠的人生攻略。感恩者宽心、平心、虚心、潜心、定心、诚心。宽心能容天下之物，平心能论天下之事，虚心能纳天下之言，潜心能观天下之理，定心能应天下之变，诚心能待天下之人。

8. 止于至善，颐养天年

《大学》在开篇就开宗明义地写道："大学之道，在明明德，在亲民，在止于至善。知止而后有定，定而后能静，静而后能安，安而后能虑，虑而后能得。物有本末，事有终始。知所先后，则近道矣。"这段话的后半段，就是讲述"止于至善"的部分，说的是懂得停下来才能稳定，稳定后才能冷静，冷静后才能平心静气，平心静气后才能仔细考虑，仔细考虑后才能有所收获。也就是说，从"止于至善"到"有所得"，《大学》在这里论述的是调整心境和状态的细微过程。一个人的一生忙忙碌碌，要懂得止于至善的道理，才能颐养天年。从《大学》的论述中可以看到，"止于至善"的重点不在于"至善"，而在于"止"，因此它跟人生晚年颐养天年的状态是相符合的。

盈亏有道，懂得进退

正如"月有阴晴圆缺，花有朝开夕落"，每个人的人生都有起伏和波澜。人在年轻的时候为了远大的理想或者改善生活条件而奋斗不已，但是到了晚年，身体开始走下坡路，就会领悟到"止"的道理。如果前半辈子竭尽所能地奋斗过了，那么就会明白自己其实已经达到了所能达到的、至善的状态，即使重来一次，结果也不会比现在更让人满意。"至善"之下，要懂得"止"，就是不再奔忙劳碌、终日营营，而是停下脚步，舒心地过平静安宁的晚年生活。

以对中国文化影响最大的两位先贤为例。孔子的前半生一直奔走于列国之间，试图说服诸侯国的君主接受他的政治主张而把仁政推行至天下，然而在征战频繁的春秋时代，国君们虽然也会为仁爱的美好理想而心动，但是他们更渴望发展军事力量以获得更多的土地，因此孔子在各国碰了一鼻子灰之后又回到自己的家乡。但孔子是一个有大智慧的人，他明白自己其实在推行仁爱之说上已经尽了最大的努力，已然问心无愧。"至善"的关键其实不在于结果，毕竟结果牵涉到很多自身之外的因素，而在于自己是否竭尽全力去做到最好。孔子知道自己已经达到了"至善"的境界，因此便安安心心地在家乡教授弟子、著书立说，晚年也可谓过得有滋有味。而道家学派的创始人老子也是如此。尽管对于老子最终的归宿众说纷纭，流传最广的说法是他骑着青牛出关，从此逍遥人间，留下一部让后世捉摸不透的《道德经》。对于老子而言，"止于至善"指的是他意识到自己的智慧已经达到顶峰的状态，将自己桎梏在关内已经了然无趣，因此才选择"挥一挥衣袖"，只身出关。孔子与老子尽管在学术上有很大的分歧，但是在对晚年生活状态的选择上无疑都体现了大智慧。

天将厚其福而报之

南怀瑾大师在论述持与盈的关系时引用了儒家这句十分经典的话："天将厚其福而报之。"这句话和"厚德载福"的意思相近，即一个人如果一辈子做了很多善事，德行很好的话，那么上天就会给他很多的福气。如果结合"止于至善"来理解，就是人一辈子在行德的道路上要做到尽善尽美，才能得到上天的眷顾，从而获得幸福美满的晚年。这虽然有一点佛教因果论的意味，但其实是有道理的。中国人爱讲"积德"，一个人做善事做得比较多，即便不讲"人在做，天在看"，"人在做"的时候其实人也在看，行善事的过程也是积累人气、赢得别人的尊敬和信任的过程，这样当你需要帮忙的时候别人就会挺身而出。因此，能在善行上"止于至善"的人才能真正做到颐养天年。

举个例子来说，江苏的胡汉生老人一直以修车为生，收入菲薄，但他一直坚持捐款行善。每次修车他只能挣一块钱，每攒够一万块，他就把积蓄下来的钱捐出去。在他的感染之下，当地成立了"汉生爱心互助协会"，收到来自各方的捐款40多万，老人晚年也得到了来自社会的关爱。他用爱心辐射了社会，感动了社会，社会又反过来给予他回报，他的晚年得到照顾，而他一直萦绕于心的让更多的人受到关爱和帮助的心愿也得以实现。因此说，胡汉生老人在行善的道路上达到了"至善"的高度，因此得到了社会的尊重和认可。

"止于至善"是一种难能可贵的生命态度，一个人如果对自己的过往无憾于心，那么他当然值得过安宁祥和的一生。人生奋斗的目标应该定在"至善"上，但是在生命的最后时刻享受安宁的光阴也可以成为前半生拼搏的一种激励。

| 第二篇 |

南怀瑾的国学智慧

第一章

生也有涯，知也有涯

1. 知识也有善恶之分

老子说："有无相生，难易相成，长短相较，高下相倾，音声相和，前后相随，恒也。"意思是说，世界上万事万物都是由正反两面组成的，无一例外。南怀瑾先生在《论语别裁》中也提出"任何学问，都有正反两面"，并以五经来举例说明。比如，《礼》之教，在于恭俭庄敬也，即所谓的人格的修养、人品的熏陶，这是善的知识。而《礼》之失，在于烦。"礼"确实很重要，但是一旦过分地看重，那么"礼"就变成一种令人厌恶的东西了。同样的道理，假如我们完全按照医学的观点和理论去生活的话，那么两只手就不敢摸面包了；假如我们全听律师的话来行事的话，那么可能连路都不敢走了。所以，过去只有一些大家名门才会有繁缛的礼节教育和讲究，而普通的百姓家中根本没有。社会的管理阶层也不对他们做强制的要求，因为他们知道在小家之中并无必要。

善知识使人变得美好

什么是善知识呢？《大品般若经》中说：能说空、无相、无作、无生、无灭之法及一切种智，而使人欢喜信乐者，称为善知识。即正直而有德行、能教导正道之人的知识。所以，善的知识能使人变得美好。我们一生所要完成的任务就是利用善的知识完善自己。

  一位穷苦的学生为了凑足学费,决定硬着头皮靠乞食度日,以便尽可能节约每一分钱。他敲了一户人家的门,开门的是个小女孩,他一看便没了勇气,心想:自己向这么小的一个女孩要吃的,太难堪了。但是门已经开了,于是他便说自己只是想要一杯水解渴。

  小女孩看出他很饥饿,于是拿了几块面包与一杯水给他。他接过来,狼吞虎咽地吃起来。小女孩看到他这种吃法,在一旁笑了。

  这名学生很不好意思,吃完后,感激地对小女孩说:"谢谢你,我应该给你多少钱?"小女孩满脸开心地笑着说:"不用啦,我们家有很多食物。"

  很多年过去了,这名学生和小女孩都长大了,学生成了一位技术高超的医生,帮助很多贫苦的人恢复了健康,被很多人赞扬。而女孩患上了罕见的疾病,许多医生都没有办法,几乎已经回天无力了。女孩的家人听说有一位医术很高明的医生,找他治疗或许还有治愈的机会,便千辛万苦地带着女孩来接受治疗。在这位医生的全力医治下,女孩病情好转,并最终恢复了健康。

  出院那天,医院把医疗费账单交给女孩。女孩几乎没有勇气打开来看,因为她的病已经耗尽了家里的钱财,她知道这次一定是一个天文数字,自己估计穷极一生都无法还得起。最后,她还是打开了,而里面竟然什么也没有,只有这么一句话:"一杯水与几块面包,价值无限,足够偿还所有的医疗费。"女孩眼里含着泪水,原来这位主治医生就是当年那个穷学生。

  孔子说:"见贤思齐焉。"通过亲近善知识、善友,自己也将品行端正,心存善念。小女孩美丽的心灵感动了当年饥寒交迫的学生,他的内心被这种善良所感化,在后来的人生道路上懂得了用善的知识来帮助更多的人脱离疾病的魔爪。所以,善的知识教会我们施予和爱,我们应该亲近善的知识,从而使人生变得更加美好。

恶知识使人变坏

  恶知识在佛经中的解释是:为人险恶,居心不良,缺乏道德,教导邪道之坏人。古人有句俗语说:"近朱者赤,近墨者黑。"当我们亲近恶知识的时候,我们的心性也会慢慢堕落。

孟子三岁的时候父亲就去世了，留下他们母子俩相依为命。为了给父亲守坟，孟子与母亲把家搬到了坟墓附近。时间久了，孟子就和小朋友们学着哭坟、挖土、埋"死人"和办丧事。孟母看到后摇摇头，心想："不行，我不能让我的孩子住在这种地方。"于是，孟母就把家搬到集市附近。集市上整天吵吵嚷嚷地叫着买卖东西，孟子觉得很有趣，就跟邻居的小孩儿玩杀猪、宰羊、买卖肉的游戏，学猪羊死去的声音和讨价还价。孟母看到后皱起了眉头，心想："这种环境也不适合我的孩子。"于是，他们又搬到了一所学校的旁边。孟子天天都能听到学生们读书的声音，从此喜欢上了读书，便跟母亲说："我要去上学。"孟母听后很高兴，心里想"这才是孩子应该走的正路"，就爽快地答应了。

《孔子家语》中说："与善人居，如入兰芷之室，久而不闻其香，即与之化矣；与不善人居，如入鲍鱼之肆，久而不闻其臭，亦与之化矣。"当你亲近恶的知识多了，那么你就不会觉得那是使你心性堕落的知识了。就如儿时的孟子一般，久居在坏的环境中，根本意识不到玩"埋人""杀猪"的游戏会给自己的身心带来什么样的坏影响，如果没有他那智慧的母亲，恐怕中国历史上就少了一位启发民智的思想家！所以，我们要懂得及时观察周遭的环境，远离恶的知识，这样才不至于成为堕落平庸之辈。

2. 小不忍则乱大谋

班固的《汉书》中有这样一句话："水至清则无鱼，人至察则无徒。"班固在当时想要表达的是勉励君子独立特行之意，有些"大行不顾细谨，大礼不辞小让"的感觉。但是，我们现在对这句话已经重新进行了解读，即一个人对别人要宽容，不能太苛责，否则就会失去朋友，被孤立起来。正如南怀瑾先生所讲的，人要有包容之心，这样才能够拥有更多的朋友，成就大事业。

薄责于人，则成大事矣

孔子有言："薄责于人，则远怨矣。"就是说一个人如果对别人少苛责、多宽容，那么他就能避免别人的怨恨。现实生活中，能做到这一点的人往往能拥有良好的人际关系，而这些人在仕途上也能比别人走得更远一些。

汉宣帝时的丞相邴吉因知大节、识大体而闻名于世。在对待下属时，从不求全责备，表现好的下属，他大力表彰；对有过失的下属，只要是在原则底线之内，他都给予原谅和宽容，尽可能地谅解他们。

有一次，嗜好饮酒的车夫跟着邴吉出行，不料醉酒呕吐在车上。属官看到此景很是愤怒，将此事告诉了邴吉，并强烈要求将车夫赶走。而邴吉却温和地说："如果因此事而将他赶走，那么他以后的谋生之路必定更加艰难。你且容忍他一下，若他知悔改，便不再惩罚。车上的坐垫换一个就行了。"车夫得知邴吉对他的处置之后，心里很感激，并发誓悔改，在以后的工作之中兢兢业业，不再有任何差池。

后来，车夫在一次外出时，偶然碰到边郡发送紧急公文的人疾驰赶到。车夫从驿骑那里得知敌人已入侵云中、代郡，便急速回到相府将此消息报告给邴吉。没一会儿，宣帝就召见丞相和御史，告知敌人压境的情况，并询问他们该如何应对。御史大夫仓促之间不知该如何应对，而邴吉却能够深入分析并提出相关对策。宣帝见状，认为邴吉忠于职守，时刻忧虑边事，不像御史大夫那样只知享受安乐，于是给予邴吉大大的奖赏而对御史大夫加以责备。

邴吉感叹说："士没有不能容人之量，人的才能各有所长。如果我当初因小事而赶走了车夫，恐怕今天的我也会像御史大夫那样应对无措，不可能及时地给宣帝出言献策，挽回大局了！"

古今成大事者，莫不如邴吉一样，对不违反原则的小事持以忍耐之心，不会像常人一样乱发脾气。正如南怀瑾先生所言："人不能有'察察之明'，若是你不能容忍别人一丁点的缺点，那你的朋友就会越来越少，你的人生之路也会越走越窄。"《汉书·成帝纪》对帝王有这样一句训诫之话："崇宽大，长和睦，凡事恕己，毋行苛刻。"可见，越是成大事、居高位之人，越是需要懂得宽人克己这一原则。至于我们这样的普通人，若想要人生之路越走越宽敞，当然也需遵守这一原则。

忍小而谋大

南怀瑾先生说,"小不忍则乱大谋"的"忍"还应该包含"决断"之意。碰到一件事情时,能够做出决断,便可成事。不能够当机立断,反而姑息养奸,也是一种"小不忍"。孔子说"巧言乱德",所以当他在鲁国当上司寇之时,上台的第一件事就是杀了少正卯。这是为何呢?就是因为孔子认为他言伪而辩,不杀会乱正。一个没有基本道德修养的人的思想言论散布于社会之中,如果将其视为小事,任其发展下去,往往会误了大事。孔子就是明白少正卯的言论会扰乱人们的思想,所以才果断地杀了他。我们为人处事若能像孔子一般有决断力,不姑息养奸,那么就能够做到忍小而谋大。

鸿门宴的故事家喻户晓,有人为刘邦的机智逃脱而称赞不已,有人为项羽的犹豫不决而扼腕叹息,而最为项羽失天下叹息的人当属其亚夫范增。作为一个谋臣,范增深知其中的利弊要害之切,多次举玉玦示意项羽除掉刘邦以绝后患,而项羽却迟迟下不了决心,最终让刘邦伺机逃跑,而自己辛苦打下的江山也被刘邦一点点吞噬。项羽站在乌江回首往昔的时候,会不会为自己当初的"小不忍"而叹息呢?一时的姑息、稍许的犹豫让他最终落得如此地步,就算江东父老仍然希冀他称霸天下,帮助他成就霸业,可是他个人又怎么消受得起此番支持呢?于是,历史上又多了一曲悲凉的枭雄之歌。

南怀瑾先生说:"对人的时候,我们要对其忍耐、包容。而处事的时候,我们要做到当机立断,不姑息养奸。"所以,如果我们要想"谋大",必先学会"忍小"。

3. 非淡泊无以明志

"非淡泊无以明志,非宁静无以致远"出自诸葛亮的《诫子书》,是他在58岁时写给8岁儿子诸葛瞻的一句话。淡看名利,淡看世俗,无欲无求,也无所羁绊。正因心中无尘杂,志向才能明晰和坚定,不会被贪念侵蚀,也不会被虚荣蒙蔽。

南怀瑾先生在《论语别裁》中说，淡泊以明志就是一个人由绚烂归于平淡，即孔子所讲的"绘事后素"。一幅画的艺术价值不仅体现于所画的东西，更体现于画家在这幅画上的留白。如果一幅画，整个画面填得满满的，多半没有什么艺术价值。所以，南怀瑾先生认为人要注意"素"，即所谓的平淡。他说世界上最了不起的人看起来都很平凡，能做到最平凡的人也是最了不起的。

淡泊之人心中无贪泉

如果一个人品行高洁，心中没有贪婪，那么在他的眼中，万事万物并不会因世人的言语而有所改变。

古代有这样一个故事：广州二十里外的石门有一处泉水名为"贪泉"，传说凡是喝了"贪泉"之水的官员都会变得十分贪婪，因此那些经过石门的高官小吏没有一个人敢喝，即使天热口渴难当也竭力忍住，以保证自己的清正廉洁。

后来有一个叫吴隐之的人到广州做官，路过"贪泉"，听人说起有这样一个故事，便十分好奇地想去看看。他来到"贪泉"跟前，见那泉水并无特别，只是普通的山泉而已，于是就蹲下去手捧着泉水尽情畅饮。他的随从见状，大惊失色，赶紧上前阻拦："大人，这是贪泉，千万不能喝。"吴隐之听罢哈哈大笑，说道："什么贪泉？贪婪的人不喝也会贪，清廉的人就算喝了也能保持清廉。"

吴隐之上任之后，将所得的俸禄和赏赐仅留部分用做日常所需，其余的全都赈济当地穷苦百姓。吴隐之清廉节俭，率先垂范，不仅让当地的官员们严于律己，不敢贪赃枉法，而且使广州的民风日趋淳朴，百姓也都安居乐业。

德才兼备者以心绪宁静来涵养德性，以生活节俭来提高品德，并不会因一口泉水而变得贪婪，也不因不喝而保有清廉。所以，真正淡泊的人是在内心保持高洁和坚定，并不随世俗风潮而有所改变。

知足者更明己之志

俗语曰，知足常乐，事实上知足者更明己之志。南怀瑾先生说："弃天下如弊履，薄帝王将相而不为。"意思是说，一个人若做到对什么都没有特别的欲求，就不用担心受到诱惑和挟持，因为他没有任何需要。

惠子在梁国做宰相，庄子去探望这位老朋友，有人告诉惠子："庄子要来取代您的相位。"惠子心存疑惑，两人见面后，谈及此事，庄子说道："南方有一只鸟叫凤凰，非梧桐而不栖，非甘泉而不饮。有一次，一只猫头鹰正吃着腐烂的老鼠，见凤凰从头顶飞过，非常愤怒地问：'你来跟我抢鼠肉的吗？'所以，你的宰相之位，对我来说就像腐烂的老鼠一样。"

心存淡泊的人，看待功名利禄只是过眼云烟。而有的时候，正因为不刻意追寻，反而会得到意想不到的收获。

有一位年轻人去河边钓鱼，旁边一位老人也在钓鱼。两人钓了一整天，老人收获颇丰，年轻人却一条也没钓着。年轻人郁闷地问老人："我们在同一个地方钓鱼，用了一样的鱼钩和鱼饵，为什么你能钓着很多，我却一条也钓不着？"老人回答："你钓鱼的时候心浮气躁，一心想得到鱼，经常看鱼有没有上钩，鱼儿都被你吓跑了。我钓鱼的时候心中只有我，没有鱼，不焦躁不着急，鱼儿感知不到我的存在，也就不会被吓跑了。"

老人性情淡泊，鱼来我不喜，鱼去我不忧，心静如水，没有欲求，反能得鱼。所以，现实生活中的我们也需要有一种放弃欲望的清醒，保有明确的志向，这样才不至于被欲望所牵引。

4. 玩物容易丧志

《论语》有云："臧文仲居蔡，山节藻棁，何如其知也！"当臧文仲给自己喜欢的乌龟盖了一栋华丽奢侈的房子时，一般人都觉得他很智慧。而孔子却觉得这不算智，像臧文仲这么有影响力的人这样做只会传达给社会一种只顾私欲的思想，而将普济社会的志向抛之脑后。正如《尚书·旅獒》中说："玩人丧德，玩物丧志。"

生于忧患,死于安乐

南怀瑾先生曾经在一次演讲中说道:"你们只晓得开放发展,拼命搞建筑发财,每人都活得很高兴。但是注意孟子有两句话:'生于忧患,死于安乐。'这就是中国文化。孟子说,国家、个人、社会只有不断地克服困难,才能不断地兴盛健康起来;如果大家放松了,只向钱看,只谈享受,那么结果就可怕了。"

孔子曾在鲁国当司寇,但短短的3个月后就离开了。这是为什么呢?《论语》中有详细记载,说各国看到鲁国用了孔子,都非常担忧,尤其是想要攻打鲁国的齐国。于是齐国送给鲁定公很多漂亮的女乐,孔子坚决主张不能接受,担心这会使鲁定公沉迷。但当权的季桓子却开了先例,接受了齐国送来的女乐。孔子看到这种情形,预知鲁国将要灭亡,便离开了。果然,鲁定公此后沉迷女乐,荒废朝政,最终沦为亡国之君,悔之晚矣!

还有一个故事:春秋时期,卫懿公是卫国的第十四代君主,特别喜欢鹤,整天与鹤为伴,如痴如醉,丧失了进取之志,常常不理朝政、不问民情。他还让鹤乘坐高级豪华的马车,比大臣所乘的还要高级。为了养鹤,每年耗费大量钱财,引起大臣不满,百姓怨声载道。公元前659年,北狄部落侵入国境,卫懿公命军队前去抵抗。将士们气愤地说:"既然鹤享有很高的地位和待遇,现在就让它去打仗吧!"懿公没办法,只好亲自带兵出征,与狄人战于荥泽,但军心不齐,结果战败而死。

后人有诗云:"曾闻古训戒禽荒,一鹤谁知便丧邦。荥泽当时遍磷火,可能骑鹤返仙乡?"正如南怀瑾先生所说,安逸享乐的环境会消磨人的意志,使人耽于享乐,不思进取,坐以待毙。

曾经有人做过一个发人深省的实验:把一只青蛙猛地扔进滚烫的油锅中,它能靠本能的反应一跃而出,逃离险境;但将青蛙放进逐渐加热的水里,它却会觉得舒适惬意,没有危险意识,等到危险来临时已然欲跃无力,最终丧生锅底。

因此,过于安乐的境况也许正预示着危险的来临,清醒的忧患意识可以令人不断进取,不至于在毫无准备的安逸中走向灭亡。

业精于勤，荒于嬉

古今但凡有所成就之人，大都勤奋好学。王羲之苦练书法直至池水变成墨色，终成书法大家；苏秦锥刺于股内，发愤读书，终成政治名家；孔子生前无一日不读书，终成教育家；而一个人一旦沉迷他物，只顾享受玩乐，那么所拥有的一切都将被荒废。英国国王路易十六就是一个例子，他虽生于帝王之家，却对国家大事兴趣寥寥，反而喜欢摆弄机械，制造一些小玩意儿，终致国家被攻陷，自己被架上断头台，真是令后人为之叹息啊！

唐玄宗初登皇位之时，曾亲自探访民间，了解民间疾苦，深感自己责任重大，国家繁荣之路犹长，于是励精图治，每日批改奏折到深夜，第二天依然按时早朝。兢兢业业十几年，唐玄宗终于达成愿望，有了历史上记载的"开元盛世"的昌盛时期。他看到国家在自己的努力之下终于有条不紊地走上了繁荣的轨道后，心中卸下了许多负担，开始放松起来。他从一月一次的宴饮作乐到一周一次，当发现拥有倾国倾城美貌的杨玉环之后，心中的占有之欲兴起，在使用各种手段得到她之后，更是沉迷于美色而不能自拔。此时的他已经月月不早朝，终日与美人在后宫享乐，而他一手创造的繁荣盛世也被奸臣宦官所掌控，自此之后，民不聊生。唐玄宗终一步步走向灭亡，最终丢了江山也失了美人。

南怀瑾先生曾言，身为一国之君，当他花费在自己个人爱好上面的精力物力多过自己治理国家的心力之时，就不是一个明智的君王了。业精于勤，荒于嬉，唐玄宗的一生就很好地验证了这个道理。

欧阳修在《五代史伶官传序》中说："忧劳可以兴国，逸豫可以亡身。"所以，我们在享受安逸生活的时候，要时刻提醒自己不要过于沉迷于享乐，要时刻观察所处的环境，提高自己，这样才不会被安乐的生活渐渐消磨掉自己的意志。

5. 刺激与诱导"双管齐下"

子曰：不愤不启，不悱不发。南怀瑾先生在《论语别裁》中用大白话简单地解释了孔子的这一教育方法，认为在启发学生之前要先使他发愤。"所谓'愤'，就是激愤的心情。对于不知道的事，非知道不可，也是激愤心理的一种。如有一件事，对学生说，你不行，而他听了这句话，就非行不可，这是刺激他，把他激愤起来。'启'就是发，在启发之前，先使他发愤，然后再进一步启发他。"所以我们在教育孩子时，应当刺激与诱导兼施，这样才能使孩子的心智得到充分的发展。

智慧是激发出来的

我们看到很多小孩从小就喜欢问大人很多问题，比如"这个是什么""那个为什么是那样的"等等。小孩对世界的万事万物都抱有强烈的好奇心，他们的知识也如同骨骼一样日益成长。但是，有的孩子却天生顽劣，不听从父母老师的话，不服管教。遇到这种情况，我们就需要先激发出他的求知欲望，然后才能进行教育。

相传清代名将年羹尧幼时非常顽劣，他父亲前后为他请了好几个老师，都被他打跑了，后来再没人敢去应聘教他。最后有一位隐士，传说是顾炎武的兄弟，他自愿去年羹尧家应聘任教。年羹尧的父亲甚是感激，先向他说明自己儿子是如何顽劣、如何不开窍，但老师却很平淡地回答道："没关系。"年羹尧的父亲听到这句话后更是感动不已，便说："先生能够屈身教犬子，老夫感激涕零，有什么要求您尽管提，我会尽十二分的努力完成！"

老师沉默了一会儿，答道："只有一个条件，那就是给我一个较大的花园，围墙一定要加高，并且不要设门。"年羹尧的父亲满口答应。年羹尧又开始按照老套路想要将老师打跑，出乎意料的是，他打不过这位老师，每次两人都在花园中打得昏天暗地，而且老师轻功极高，打到最后就跃出围墙，让年羹尧有火发不出来，对他一点儿办法也没有。

老师什么也不教，只在花园中吹笛子，年羹尧听到优美婉转的笛声想要学习，于是与老师和解，并向其请教吹笛。老师用吹笛来慢慢教他养气，逐渐去除他身上的烦躁之气。就这样，年羹尧逐渐变得文武双全，后来成为平藏的名将。年羹尧感激老师的用心良苦，对有真本事并且因材施教的老师非常佩服尊敬，因此作了一副对联贴在家中："不敬师尊，天诛地灭；误人子弟，男盗女娼。"

上面这个故事就说明了孔子的教学原则，正如南怀瑾先生所讲："如果想要驯服一个顽劣的孩童，那么必先刺激他的思想，使他发愤，然后有了坚强的求知心，才能启发出他本有的智慧来。"如果这位老师仍像前面几位老师一般，那么年羹尧估计仍然不会被激发出学习的欲望，无法成为栋梁之才，那么后来平藏之时皇帝可能就缺了一只有力的臂膀。

当仁不让于师

学生在学习知识的时候，不能老师说什么就是什么，而不自己思考，对老师教授的知识不假思索地全盘接纳，这样永远也无法"青出于蓝而胜于蓝"。所以，孔子说，学生在学习的时候应该懂得思考老师所教授的知识，并对其存疑。正如韩昌黎所讲："师不比贤于弟子。"老师不一定就完全是对的。南怀瑾先生也曾讲："如果学生只一味呆板地服从接受，学问会越来越差的。多怀疑的学生才会去深刻地研究。"

有一次，学生们向苏格拉底请教怎样才能坚持真理，苏格拉底没有直接回答，而是让大家坐下来，拿着一个苹果，从每个学生身边走过，一边走一边说："同学们先不要说话，请先集中注意力，闻一下空气中是什么味道？"

走了一圈后，他回到讲台上，举起苹果左右晃了晃，问："哪位同学闻到了苹果的味道？"很快，有一位同学举起了手，激动地大声说："我闻到了，是地道的苹果香味，很香甜！"

苏格拉底什么也没有说，只是表情依旧地再一次走下讲台，再一次举起苹果从每一个学生的身旁走过，边走边叮嘱："请同学们再仔细闻一下空气中到底是什么气味？不要急着回答。"过了一会儿，苏格拉底第三次走到学生当中，把苹果拿到每位同学的鼻子下面，让他们嗅一嗅。这一次，除了一名学生，其他人都举起了手，苏格拉底微笑着看向那位学生，问道："这么大的一个鲜红的苹果在你的鼻子下面，你难道没有闻到它那香甜的味道吗？"苏格拉底的话音刚落，班里其他举手的同学都嘲笑他，还有人讥讽道："你是不是感冒了啊？哈哈。"那个同学望着周边庞大的反对阵容，不免有些害怕，但他还是慢慢地站起来，回答说："我没有感冒，我的确没有闻到苹果的味道。"有人甚至开始讥讽道："你不会连苹果的味道都不知道吧？"苏格拉底用手示意大家安静下来，说道："孩子，你是对的。这个苹果的确没有香甜的味道，因为它是一个假的苹果。"这个学生脸上绽放出了笑容，而其他人则一片愕然。

孔子曾说："当仁不让于师。"就是说学生内心要有怀疑、不赞同。苏格拉底在反问中试图引导那个学生选择错误的答案，但那个学生不但没有人云亦云，反而勇敢地说出了自己不同的观点，并没有被苏格拉底的话所套住，保有自己心中的疑惑，坚持自己。所以回归到现实生活中，我们在面对权威、面对老师的时候，要勇敢地去质疑，去表达自己的观点，这样才能让自己的知识得到长足的发展。

6. 以大事小，以小事大

《孟子》中提出了这样的政治外交观点："惟仁者为能以大事小，惟智者为能以小事大。以大事小者，乐天者也；以小事大者，畏天者也。乐天者保天下，畏天者保其国。"

南怀瑾对此做出了理性的分析："以大事小"是仁者的风范，虽然自己的国土大，国力强，但是仍旧愿意配合领土比他小、国力比他弱的小国的政策；"以小事大"是小国自保的策略，为了保持国家的强盛，屈从于强国，保持自己国家的尊严。

以大事小，具有现实意义

南怀瑾先生在解读《孟子》时提到，以自己的大国地位去尊重小国，不愿意欺负比自己弱小的国家，就是顺应"天地生万物"的乐天主义。天地间的规律，不容许大国肆意而为。凡是具有效法天地的博爱精神、不以强欺弱的大国，一定可以天下归心，保有天下；而弱小的国家如果能够畏天道，服从强者的领导，不怀叛逆之心，那么就可能保住自己的国家。

南怀瑾先生引据《诗经》来支持他的理论，《诗经·周颂·我将》篇中记载"畏天之感，于是保之"，意思是说，无论大国小国，都必须以谨慎敬畏的心理，顺应自然的大趋势，把握时间的契机，以维系自己的生存发展。

夏朝的时候，汤国以亳为都城，地大人众，国力强盛，它的邻国葛在领土、人口、财力上都不及汤。汤虽有专事讨伐的特权，但对葛仍然平等相待，客气尊敬，绝对不因自己权势大而去欺凌力量弱小的葛国。因而两国世代友好，百姓也能安居乐业。

商朝末期，西方的犬戎经常入侵接壤的周国。文王当时所统治的周国的文化、经济都非常发达，地广民众，比犬戎强盛许多倍。可是文王为了行仁政，不愿意生灵涂炭，百姓受苦，竭力避免用军事手段解决问题，在诸侯国内赢得了很高的声誉，为后来周朝的建立打下了牢固的政治基础。

这两则小故事与南怀瑾先生关于国家外交政治的观点不谋而合。他说，一个国家想生存发展，并不像山间明月那样遥不可及，这道理就在我们每一个人的身边，在普通的日子里，在琐碎的生活中。

以小事大，谦虚敬慎

国家以小事大，这属于明智之举。商朝末期时，姬周诸侯由太王当政，这时周国虽是小国，却正在励精图治。自五帝时期以来，北方的游牧民族非常强悍，常在边界上生事。周太王为了内政的发展，为了在安定中求进步，不去和游牧民族力争，而采取退让的态度，以免扩大战争，影响了内政建设。最后其国力变得强大起来，在周武王时期灭了商朝，建立了周王朝，而周边的游牧民族此时早已不是其对手。

还有一个"勾践伐吴"的故事，越王勾践被打败了以后，只好对吴国俯首称臣，一切听从吴王夫差的命令，十分恭敬谨慎，以便讨他欢心，能够回到自己的故国。他回国后，卧薪尝胆，"十年生聚，十年教训"，最后终于雪耻复国。自己力量不够的时候，就顺服强者以图生存，时机到了再做反击，这都是明智的外交原则。

"以小事大"保其国，"以大事小"保天下

南怀瑾先生的观点在当代也很有意义，从中国近几十年的政治外交史中我们便可管窥一二。当初邓小平的韬光养晦政策，就是一种"以小事大"的策略。当时我们国力有限，在国际事务中没有实力与美国、苏联抗衡，所以一心搞建设。如果我们天天胸怀全世界，事事都去管，美苏笃定会找我们麻烦。在三十多年的改革开放中，我们的韬光养晦策略很成功，蒙着头一心发展自己的经济，虽然在国际场面上有些"窝囊"，但是我们达到了"畏天者保其国"的效果。

现在也有人说，既然这"以小事大"政策这样好，那我们就继续这样干，永远不动摇不就行了。但是，这又进了另一个误区。随着国力的提高，我们的国家已从三十多年前的"小"变"大"了。孟子说过"以小事大"，并没有说"以大事大"。所以我们需要依据"以大事小，以小事大"的原则调整外交政策，要以大国的胸襟和姿态来看待国际问题。从"以小事大"保其国转到"以大事小"保天下，是随着国际形势与自身发展所做的必要调整。

7. 学有所用，用其所长

在《孟子·梁惠王下》中，孟子用建造宫殿选制木材和玉工琢玉作为事例告诫齐宣王，选用大臣要看他有没有治国才能，而不是会愚昧地忠于君主。

这时的孟子在齐国不得志已经好几年了,他与齐宣王多次谈话都没有说动其听取自己的建议施行仁政。这样没有收获的等待让孟子不能再淡定地谈论自己的思想,不得不以"琢玉"之事进谏,下了一剂猛药,希望借此机会走上政途。

南怀瑾先生在《孟子旁通》中以孟子的遭遇来讲国家整治的要理,虽然孟子的思想不被齐宣王看重,但他的理念却具有深刻的现实意义,大到国家,小到企业、家庭,都值得借鉴。孟子治国的理念之一就在于学有所用,用有所长。

学有所用,人尽其才

二战时期,同盟国与协约国之间的战争从一定程度上来说就是双方人才的竞争。战争的初期,两个阵营势均力敌,战得难舍难分。而后期,希特勒没有做到人尽其才,对隆美尔的功高盖主有所猜忌,导致隆美尔自杀;而美国总统罗斯福却用半身瘫痪的身体给予将军们极大权力,使得胜利的天平不断向盟国倾斜。同样在这场战争中,德国因排犹政策而驱逐了大量犹太裔的科学家,美国则对这些科学家极力营救和接收。这些人为美国的核技术带来了跨越式发展,最后才有了日本广岛、长崎两地的原子弹爆炸,二战也自此结束。

"学成文武艺,货与帝王家。"这是中国古人的文化、武艺学习到一定程度后,就用来换取政治地位的真实写照。那些有学问、有武艺的人,如果没有一个合适的机会或是际遇,好本事没法彰显出来,那就什么用也没有。这就如同一匹千里马需要伯乐的辨识,而人才则需要赏识者的挖掘。大到治国,小到管理企业,领导者的重要职责之一就是要发现人才,让人才发挥其才能。

人尽其才,用其所长

刘邦登基当了皇帝之后,有一次和手下的功臣将相一起讨论问题,刘邦问道:"请大家说一说,我和项羽争天下,为什么最后我胜了,而项羽却丢了天下?你们都说真话,不要有所隐瞒。"

这时候就有大臣说道:"我们认为,皇上您很傲慢,而且不太尊重人,项羽这个人却有爱心，非常仁厚，这就是实话。但是，皇上您得了天下，项羽却失了天下，原因就是您每次打下一座城池，就把地方分给功臣和手下，好处大家一起享受，所以我们乐意拥护您。"

这时刘邦说道："你们只说了其中一个原因，还有一个更重要的原因就是我比项羽更懂得用人。比如我任用张良做军师，他运筹帷幄，指挥部署战略方针，决胜于千里之外，最后取得决定性胜利。我重用萧何为相，因为他懂得管理国家，安抚体恤百姓，筹集粮饷，支援军队的战备军需，保证后勤供应。我还任命韩信为将军，他能统帅百万大军，战无不胜，攻无不克。这三个人都是杰出人才，因为我重用他们，让他们各显其才，所以我能够夺取天下。项羽呢？他只有一个范增，还没有加以重用，因而丢掉了天下。"

刘邦得了天下，治国安邦，成了大汉天子，他认为自己最重要的优点就是能够知人善任，人尽其才。管理企业也一样，一定要知晓团队的力量，只靠领导者一个人永远不能取得成功。

南怀瑾先生认为，孟子的思想在当时战乱的时代也许不能发扬，但其中蕴含的道理却是什么时候都不会过时的。知人善用，唯才是举，治国之道最难的不是选拔人才，而是怎样使用人才。历史上高明的君王都深谙此理：擅用人才的长处和优势，能用得恰到好处，就能不失时机，赢得最终的胜利。

8. 不战而胜，轻敌致祸

《道德经》里讲："攘无臂，执无兵，扔无敌。"南怀瑾先生在这里拿太极拳做了例子：太极拳看似柔和，但"攘无臂"，不用胳膊使劲，就能将对方挡开；"执无兵"，太极拳不需要使用兵器；"扔无敌"，可以轻易将人扔出去，而对方还茫然不知，这才是善于运用拳法。一挤一按之间，一转一扭之后，完全将对方的力量卸开，这才是真功夫，让人看不出来其中的道理，因而无人可敌。

从太极拳的对敌原理中，南怀瑾先生总结出，如果把敌人推开了，别人还没看到你用的手法，甚至不知道是如何被你推开、被你打败的，这就是功夫的最高境界，也是必胜的至高谋略。

以智执兵，不战而胜

太极拳的功法是一种高超的智慧，"执无兵"，"兵"是指武器，手里没有武器，却仿佛拿着武器一般，是一种无形武器。武侠小说中常出现一种"无影神剑"，没有影子，也没有痕迹。在现实中这种无形武器可以说就是聪明才智，凭借自己的机敏可以做到洞察人心，不战而胜。

三国时期，诸葛亮因错用马谡而失掉街亭，魏国大将司马懿乘势率领十五万大军向诸葛亮驻守的西城进军。当时，诸葛亮身边只有一班文官，城中驻守的士兵不过两千五百人。司马懿带兵前来的消息传来，所有人都大惊失色，纷纷建议弃城撤退。诸葛亮微微一笑告诉大家不必惊慌，两千人足矣，按计划行事，司马懿必退兵。

众人按照诸葛亮的命令，隐藏旌旗，又叫士兵把四个城门打开，每个城门口派二十名士兵扮成百姓模样，洒水扫街。诸葛亮自己披上鹤氅，戴上纶巾，领着两个小书童，燃香弹琴，静静等待司马懿的到来。

司马懿的先头部队到达城下，见了这阵仗，不敢轻易入城，于是急忙返回禀告司马懿。司马懿听后，笑着说："这怎么可能？"于是便令三军停下，自己飞马前去察看。到了离西城不远的地方，他果然看见诸葛亮端坐于城楼之上，面带笑容，悠闲地拨弄着琴弦。他的两个小书童一个持剑，一个拿拂尘。城门里外，二十多个百姓在低头洒扫，一派安宁祥和。司马懿看后，疑惑不已，命令大军撤退。他的二子司马昭说："莫非是诸葛亮家中无兵，所以故意弄出这个样子来？"司马懿说："诸葛亮一生谨慎，不曾冒险。现在城门大开，里面必有埋伏，我军如果进去，正好中了他们的计，还是快快撤退吧！"司马懿撤兵后，诸葛亮的士兵问道："司马懿乃魏之名将，今统十五万精兵到此，见了丞相，便速退去，何也？"诸葛亮回答说："兵法云，知己知彼，方可百战不殆。如果是司马昭和曹操的话，我是绝对不敢实施此计的。"

正是因为司马懿认为诸葛亮一生谨慎，不肯冒险，才会被诸葛亮反过来利用，摆了"空城计"。从这个故事来看，不战而胜的法门可以用两个字概括："攻心"。

祸莫大于轻敌

《老子》中提到"祸莫大于轻敌，轻敌几丧吾宝"。"祸莫大于轻敌"，这是对敌时的一个原则性要求，南怀瑾先生对此也有说明，他认为这个"敌"字并不一定指具体的敌人，外部的情况、干扰、条件等都是敌，所以对阵之时不能轻视任何人和任何事。

能够做到不轻敌，就不会丧失宝贵的东西。凡事谨慎处理，认真对待，这样渐渐就会培养出优良的品格，当品格达到一定境界，便能做到游刃有余、战无不胜。所以老子告诉我们"祸莫大于轻敌"，如果轻敌的话，"几丧吾宝"，最后连宝贵的生命都会丧失。

《三国演义》中记载了这样一个故事：诸葛亮进川的时候，把守卫荆州的重任交给了关羽，并嘱咐他一定要联孙抗曹。可关羽骄傲自满，目中无人，没有把诸葛亮的话放在心上。

早在刘备在汉中自立为王的时候，曹操就派人联络孙权，并商议共同夺取荆州。孙权不仅没有答应，反而愿与关羽结为儿女亲家。关羽听说后对使者说："我的虎女怎么能嫁给他那个犬子？"孙权因关羽的傲慢无礼而恼羞成怒，决定趁他与曹军交战之时夺回荆州。

孙权的大将吕蒙将战士伪装成商人的模样，骗过了关羽的江边守军，顺利渡江，趁关羽毫无防备之时，不费吹灰之力就占领了荆州。在吕蒙渡江的同时，曹操派大将徐晃带大队人马攻打关羽。关羽兵力不如徐晃，被曹军团团包围，他带着关平、廖化拼命冲杀出一条血路，退到荆州城外的麦城。

这时，攻克了荆州的吕蒙又把麦城紧紧围住。关羽派廖化找刘备的亲信刘封求救，刘封胆小怕事，不敢出兵。吕蒙派诸葛瑾作为使者进城劝说关羽投降，关羽拒绝道："你要不是诸葛亮的哥哥，我早就把你杀了！"

吕蒙看关羽拒不投降，于是加大兵力继续攻打。关羽知道麦城支撑不了多久，于是安排小部分人留守，自己带领两百名士兵从北门冲了出去，不久后在山谷里遭到袭击，成为孙权的俘虏。孙权想要招降关羽，反而被破口大骂。主薄左宪对孙权说："曹操当年如此礼待于他，他却无动于衷，一心辅佐刘备，你觉得你能留住他吗？不如除之而后快。"于是孙权听从了左宪的建议，将关羽处死，一代英雄就此陨落。

细查关羽的一生，极少有败绩，被称做忠勇英雄，颇受人爱戴敬仰。但他后期生出骄傲之心，刚愎自用，对战东吴时没有谨慎部署，屡次轻敌，以致走上了覆灭的道路。

因而，在军事对抗中，轻敌是最大的忌讳——将领若轻敌，军队便不战而败；君主若轻敌，国家则不战而亡。

9. 贤者任人，故智尽而不乱

列子曰："色盛者骄，力盛者奋，未可以语道也。故不班白语道失，而况行之乎？故自奋则人莫之告。人莫之告，则孤而无辅矣。贤者任人，故年老而不衰，智尽而不乱。故治国之难在于知贤而不在自贤。"

这段话的意思是说，有些骄傲的人，气势十分强盛；有些勇猛的人，力量十分强大，他们都觉得自己很厉害，没有耐心听别人讲道理。这种人往往刚愎自用，独断专行，不重视别人提出的建议，付诸行动时难免失败。一个自恃勇猛强大的人，别人不会告诉他道理，更没人会提醒他的错处，最终只能沦为没有人帮助的孤家寡人。因此，贤明的国君能知人善用，使自己年老时也不至于衰败，就算智力用尽了，力气没有了，也不会给国家造成混乱。所以治理国家的难处在于是否能任用贤人，而不只是自己贤能。

贤者任人，要有一双慧眼

南怀瑾先生在《列子臆说》中这样解释这一观点：贤者重用人才，年老的时候就不会因糊涂而犯错。因为任人恰当合适，就可以培养年轻一代，辅佐事业，即便年老也不担心。所以，所有贤能的领导者都拥有一双慧眼，能够充当"伯乐"角色的人才会成功。

正是因为千里马常有而伯乐罕见,故而南怀瑾先生在《列子臆说》中说道:"创业,做个领袖,成功的难处在哪里?在知贤,认得人,这人是不是人才,要看得准,拿得稳。"

刘邦在历史上是出了名的慧眼识人、明察秋毫,他对人才有敏锐的洞察力和判断力。楚汉之争后,他向大臣这样解释自己胜利的原因:"张良擅长运筹,定策帷帐之中,决胜千里之外。萧何擅长管理国家,安抚体恤百姓,供应馈饷,支援军队的后备。韩信是一个将才,统领百万大军,战无不胜,攻无不克。这三人都是贤能的人才,我有幸能重用他们,因而才取得天下。"刘邦任用张良、萧何和韩信,从定制谋略,到安抚百姓,再到上场打仗,全都安排得井然有序,发挥出每个人的长处和潜能。如果刘邦仅凭借自己的力量,很难对抗项羽大军,更不要说成为开国皇帝。他网罗天下英才,准确地判断出贤能人才的长处,使之各尽其才,从而形成了巨大的合力,并最终取得了楚汉之争的胜利。

贤者任人,要有大胸襟

一般与"贤者任人"相连的还有一句"无爱于士",意思是说对人才不要有吝啬之心、苛责之心和怀疑之心,更不要斤斤计较。南怀瑾先生认为,一个领袖完全信任属下,这是需要气度的,十分不易。这就好像一个老板听说属下偷了他一百块钱,气得一夜睡不着觉,第二天就将属下开除,这样的老板很难成功。毫无证据就怀疑人已是不对,即便属下真的做错事,也应宽容待之。成大事者,要有足够的气度和胸襟。

韩信很小的时候父母就去世了,因为贫穷,他常常遭到周围人的歧视和冷遇。有一次,一群恶霸当众羞辱韩信。其中一个屠夫说:"你虽然长得高大,但其实胆子小得很。你要是真有胆子,就用剑来刺我吧,你敢吗?如果不敢,就从我的裤裆下钻过去。"韩信自知势单力薄,要是硬拼肯定会吃亏。于是他当着许多围观人的面,从那个屠夫的裤裆下钻了过去。韩信成了将军之后,有一次遇到那个屠夫,屠夫很害怕,以为韩信会杀他报仇。没想到韩信不仅没有杀他,反而封他为护军卫,他对屠夫说,没有当年的"胯下之辱",就没有今天的韩信。

　　南怀瑾先生认为，人才并不是道德家，任用人才不必事事都追求完美，挑剔所有的方面。对人才应该有大胸襟，宽容而不苛责，这样的话就可以任用鸡鸣狗盗之徒去做普通人做不成的大事。为什么能这样呢？因为"士为知己者死"，一些有小缺点的人，如果能够得到重用，就会怀有感激之情，这是他们前进的最大动力。所以找到人才，留住人才，是作为领袖最基本的素养，也是贤者用人的根本之道。

第二章

运筹帷幄，决胜千里

1. 专注小事情，成为大赢家

《易经》坎卦载："九二，坎有险，求小得。象曰，求小得，未出中也。"意思是说，陷阱中处处都有危险，如果从小事情着手，慢慢谋求脱离险境的办法，就一定会有所得。

南怀瑾先生也认为，对于想要成功的人来说，表面上每天经历的都是小事，但实际上事业中并无小事。很多时候，一件看起来微不足道或者毫不起眼的事却能影响一生，成为成功的关键。因此，从小处做起，慢慢积累经验和能力，再小的溪水也能汇成大河。

专注平常生活中的点滴

从前有两个和尚，他们分别住在相邻两座山上的庙里。两个和尚每天都在同一时间下山砍柴，久而久之成了好朋友。他们每天砍柴，不知不觉过了20年。有一天，左边山上的和尚没有下山，右边山上的和尚以为他睡过头了，便不以为意。哪知道第二天左边山上的和尚还是没有下山，第三天也一样。直到过了一个月，右边山上的和尚终于受不了了，心想："我的朋友可能生病了，我要过去拜访他，看看能帮上什么忙。"

于是，他爬上左边的山去探望朋友。等他到了庙里，看到老友之后大吃一惊，因为老友正悠哉地打坐念经，一点也不像生病的样子。他很好奇地问："你已经一个月没有下山砍柴了，难道你不用柴火做饭吗？""来来来，我带你去看，"朋友带着他走到后院，指着一大片树林和灌木丛林说，"这20年来，我每天下山砍柴时，都会从山底带回来一些小树苗，把它们栽种到后院里，这些小树苗慢慢长大，我再从大树上分出小树苗，就这样不停地栽树，庙里的后山上都是我栽的树。如今这些树已经长大了，我就不用再下山砍柴，可以有更多时间念经修佛了。"

这个故事讲的就是，小事积累，时间一久，就成就了一件大事。故事中左边山上的和尚很聪明，每天将一些时间专注在一件小事上。冰冻三尺，非一日之寒；水滴石穿，非一日之功。常年积累下来，再微不足道的事也会变得有意义。

一次做好一件事

南怀瑾先生说，《易经》的原则通常是渐变，很少有突变的事情发生。那些看起来是突然产生变化的现象，其实也是慢慢得来的。所以说，不管做什么事，都不能操之过急，正所谓欲速则不达，每次做好一件事情，就朝成功迈进了一大步。

有一个很著名的寓言故事：一只猴子下山去玩，它来到一片玉米地，看玉米又大又甜，于是掰下很多，抱在怀中，高兴地上路了。很快，它又来到一片桃园，见树上结了鲜美的桃子，心想："玉米没有桃子好吃，我要桃子。"于是赶忙扔了玉米，爬上桃树去摘了很多桃子。紧接着，猴子又看见西瓜，心想："西瓜更大更甜，我还是要西瓜吧。"猴子又把桃子扔了，抱了一个西瓜往回走。途中突然看见一只白兔，跑得非常快，猴子很不服气，想要去追，因此把西瓜也扔了。到最后它没有追上白兔，而且已经精疲力尽，只好两手空空回家了。

动摇不定、三心二意都是成功的大忌。歌德曾经说："一个人不能同时骑两匹马，骑上这匹，就得舍弃那匹。聪明人会把凡是分散精力的事情抛到一边，只专心致志做一件事，并且做到最好。"的确，很多人不能成功的原因就是难以专注于一件事，尤其是面对小事，更不愿花费时间精力去认真做南怀瑾先生说，一次做好一件事，就要把精力集中在一个目标上，不能轻易被其他的事情所诱惑，如果经常改变目标，或者把精力分摊到许多事情上，最后往往不会有满意的结果。对于追求成功的人来说，见异思迁和四面出击都是不明智的，把有效的时间和精力集中在当前所做的一件事情上，集中解决问题和困难，就能提高效率，获得成功。

因此，当我们做一件事不能竭尽全力而是三心二意的时候，就好像挖井一样，花了很多时间挖很多的井，倒不如花同样的时间挖一口井，最后一定能喝到甘甜的井水。

2. 自助、人助、天助

千百年来中国人都愿意相信自己，《易经》中说："是以自天佑之，吉往不利。"表面上看来，这是说天保佑了，做什么都无往不利，好像跟人的努力没有关系。但其实关系不浅，南怀瑾先生在《易经杂说》中阐述这两句话的意思是，"懂了《易经》这些道理，上天就会保佑你。上天怎么个保佑法？就需要你自己照《易经》的道理，做得合情合理，天人合一，要你的修养到达这个境界，就可以天人合一。"从某种意义来说，这里所说的"天"并不是另外一种力量，而是自己的内心。

懂得《易经》的道理，用这个道理做人做事，就是无往不利，其中自己努力做事非常重要，学习正确的哲学观念，发挥主观能动性，引导个人的发展和社会的进步，就一定会欣欣向荣。所谓"自助者人恒助之，自助者天亦助之"，都是重要的处世哲学。因而当人生遇到困难时，首先要自己努力，依照某种方法渡过难关。

自弃者，天弃之

从前有一位神父，有一次他居住的小镇上发洪水，洪水迅速淹没了他的小屋。为了逃生，他只好爬上屋顶，并不断祈求上帝保佑："快来救救我。"

不久有一艘小木船向他划来，船上的年轻人大喊："神父，快上来。"没想到神父大声应道："年轻人，你去救别人吧，上帝会来救我的。"小木船走了，神父继续祈祷，而水已涨过屋顶。

这时又有一艘摩托艇快速向他驶来。艇上的人大喊："神父，快点走，要不就真的来不及了。"神父一脸安详地说："年轻人，快去救别人吧，上帝一定会来救我的。"摩托艇也走了，神父继续祈祷。

又过了一阵，水涨到神父的胸口。此时，不远处一架直升飞机快速朝神父飞来，机上的人狂喊："神父，神父，快上来，要不然就真的没命啦。"没想到，神父依然一脸安详地说："快去救别人吧，上帝肯定会来救我的。"飞机飞走了，水还在上涨，很快神父就被淹死了。

死后，一生虔诚的神父的灵魂升到天堂。见到上帝，他非常生气："上帝，你真是不够意思，我一生对你如此虔诚，为什么在我快要被淹死的时候你不来救我？"这时，只见上帝一脸安详地对神父说："我的孩子，当水淹到你屋子的时候，我不是派了一艘小木船去救你吗？你不上来。当水淹到你屋顶的时候，我不是又派了一艘摩托艇去救你吗？你还不上来。当水淹到你胸口的时候，我看到情况万分危急，派了一架直升飞机去救你，你还是不上来，你真的不能怪我呀！"

这则小故事说的道理也正是南怀瑾先生的观点，如果你自己放弃，只等着上天来救你，那你放弃的就是上天救你的机会。所谓自助，是不求天、不求地，以自己的努力顺应天意。我们遇到困难时，往往首先抱怨天不公平，怨天尤人。试想，如果自己都放弃了，上天会帮忙吗？正所谓自弃者，天弃之！

自助者，天助之

南怀瑾先生认为，遇到难事的时候，先求自助，努力到极限了，再求人助，最后再求天助，若能做到这样，没有什么难关是渡不过去的。"天"是什么，有时候就是一种人心力量，强大的自我信念可以改变事情的结果，进而趋向于遵循客观的天道。

一名虔诚的佛教徒遇到了难事，便去寺庙里求拜观音。他走进寺庙，意外地发现观音像前已有一人在拜，那人长得和观音一模一样。教徒问道："你是观音吗？"那人答道："是。""那你为何还拜自己？"教徒不解地问。观音说："因为我也遇到了难事。我知道，求人不如求己，所以我来拜自己。"

　　小故事大道理。遇到困难，我们首先要学会求己，会自助，不要放弃，坦然面对生活中的一切打击和挫折，努力解决。因为这是一种生活态度，也是一种乐观向上并且充满自信的活法。保持积极健康的人生态度，拥有坚定的生活信念，努力改善所处的不利局面，最终自会人佑之，天佑之，吉无不利。

　　现实生活中，每个人都难免会深陷困境，或者遭遇人情危机，南怀瑾先生讲《易经》就是要告诉我们一个道理，为人处世，不要处处求人，即使现在能求到，以后也总有求不到的时候。善于自助者，明了事理，能权衡利弊，计算得失，面面俱到，这就借了天势，自然天也助你。

3. 好事多磨，刚柔始交而难生

　　"象曰：屯。刚柔始交而难生，动乎险中，大亨贞，雷雨之动满盈，天造草昧，宜建侯而不宁。"南怀瑾先生用这个卦象来说明创业中的道理，好事来的时候都有困难和阻碍，不经过困难就轻易成功的，绝对不是好事，轻易得到的东西通常很快就会失去。因此，真正成功的事业必定好事多磨，定要经过困难。

　　中国自古就有好事多磨的说法，不经一番寒彻骨，怎得梅花扑鼻香。欲成就一番大事业，就不得不经历千辛万苦、百般险阻。南怀瑾先生在《易经杂说》中讲，创业就好比一种事物的新生，刚柔相交产生矛盾，矛盾推动新事物的发展。刚柔始交而难生，创业者必须有开拓精神，做好迎接种种困难、克服艰难险阻的准备。

好事多磨

创业并不是一件简单的事，它需要各种能力的发挥。我们都希望创业成功，最后品尝到甜美的果实，但是要想摘取果实，必须得忍受辛劳与痛苦。南怀瑾先生认为，"刚柔始交"就像一对男女谈恋爱，其间会遇到很多矛盾与问题，因此困难就产生了。"刚柔始交而难生"这句话让我们明白，一件好事的产生并不简单，一个好局面的形成更不容易，不知道要经过多少艰难困苦。

有这样一个小故事：有一名工匠，别人请他帮忙，将一块木板钉在树上当隔板，那人说："你应该先把木板一头锯掉些再钉上去。"工匠找来锯子，还没锯两下，发现锯子生锈了，得磨快一些。于是他又去找锉刀，接着又发现必须先在锉刀上安一个顺手的手柄。于是他又去灌木丛中寻找小树，可砍树又得先磨快斧头。磨快斧头需将磨石固定好，这又免不了要制作支撑磨石的木条。制作木条少不了木匠用的长凳，可这没有一套齐全的工具是不行的。于是，他到各处去寻找所需要的工具，这一件事花费了他不少时间和精力，最后他终于把一切都准备好，顺利地将隔板钉到了树上，而通过这一番努力，他自己也成为一名厉害能干的工匠，赚了不少钱。

村里另外一个人看见工匠很赚钱，也想做这份工作，恰好也有人请他钉木板，可他忙碌了一圈，发现无论哪个环节都非常困难，没有一件事是十分顺利的。他抱怨道："为什么别人赚钱容易，我一做的时候就变得困难了？"因此他很快就放弃了，什么钱也没赚到。

从这个故事可以看出，成功看似容易，其实创业之路非常艰难，每一个创业者都要遭遇无数的困难，遭遇穷困的生活、被人误解甚至不平等对待。但好事多磨，成功必定是无数次失败堆积而成的。艰难的经历给予他们的不仅仅是痛苦，还有让他们不断成长的良药。

因而，只有磨难才能催生成功的意志，我们要懂得这个道理，要坦然并积极地接受。

经历考验，坦然以对

"天降大任于斯人也，必先苦其心志，劳其筋骨，饿其体肤！空乏其身，行拂乱其所为，所以动心忍性，曾益其所不能。"生于忧患死于安乐，没有困难在面前，人是不会真正努力，获得成功的。南怀瑾先生说："新开创的一项事业，动起来是动在危险当中，从象上来看，如在海底，要用力冲上来，冲破上面巨大的压力是十分困难的，但是人没有危险在前面是不会努力的，有困难、有危险，则反而促进人努力争取成功。"

美国总统罗斯福在政坛也不是一帆风顺的，1920年他竞选总统失败，暂时退出政坛。有一次游泳，他双腿突然麻痹，从此卧床不起，成了一个什么事也做不了的残疾人，精神和身体的痛苦同时折磨着他。最初罗斯福几乎绝望了，认为永远都不可能返回政坛，但最后他以顽强的意志力坚持下来，治病期间仍然读书思考，努力学习。经过一场疾病的折磨，罗斯福变得更加坚强，他的口号是"无所畏惧"，并告诉自己："我们唯一值得恐惧的就是恐惧本身。"他终于战胜了病魔，恢复了健康。12年之后，他重新竞选总统，成为连续四次登上美国总统宝座的伟大人物。

所以，在未成功之前，所有的磨难都是考验和资粮，是我们向成功前进的动力之基。施利华是商界拥有亿万资产的风云人物，但1997年的金融危机使他破产了，面对失败，他只说了一句："好哇，又可以从头再来了！"他从容地走进街头小贩的行列叫卖三明治，一年后靠此实现了东山再起的梦想。1998年，泰国《民族报》评选"泰国十大杰出企业家"，施利华名列榜首。

想创业就必须要有这种坦然面对、毫不气馁的精神，创业途中的种种磨难都是考验与成全。我们要明白好事多磨、"刚柔始交而难生"的规律，勇敢面对，坚持不懈。

4. 站稳脚跟，伺机而动

《易经》屯卦第一爻讲"初九，磐桓，利居贞，利建侯。象曰：虽磐桓，志行正也，以贵下贱，大得民也。"南怀瑾先生在《易经杂说》中描述了屯卦第一爻，以此来分析对时机的把握。磐是大石头，桓是草木，这个现象是说一块大石头压在土地上，那么土地就不能利用了，但土地上的草木怎么办呢？草木有生发之根，虽有那么多大石头压在上面，可是生发之根永远压不住，终会破土而出。

这个道理告诉我们，在外界种种艰难险阻的困扰下要先立足，先生根，只有脚跟站稳了，才有更进一步的可能与机会，接下来便是伺机而动，一飞冲天。

站稳脚跟，积蓄力量

南怀瑾先生对于站稳脚跟有这样的看法：草木的根芽发出来是好事情，可是需要时间，也需要等待，不可急躁，不能动歪脑筋，不能走邪路。事业也好，生活也好，都讲求一个稳，合抱之木生于毫末，九层之台起于累土，凡事都讲求根基。

"卧薪尝胆"的故事可谓尽人皆知。春秋时期，吴国攻打越国，越国兵败后，勾践与吴国讲和。他把国家大事托付给文种，自己带着夫人和范蠡去吴国。到了吴国，夫差让勾践夫妇住在阖闾大坟旁边的一间石屋里，并叫勾践给他喂马，而范蠡则跟着做奴仆的工作。夫差每次坐车出去，勾践就给他拉马，这样过了两年，夫差认为勾践真心归顺了，便放他回国。

勾践回到越国后，立志报仇雪耻。他与百姓一起种地，发展经济，积累财富和军备，委托范蠡建城作都，扩大国力，并和群臣一起谋划攻吴之计。他唯恐眼前的安逸消磨了志气，因此在房顶上挂了一个苦胆，每次饭前、睡前先尝一尝苦味，自问："你忘了会稽的耻辱吗？"他还把席子撤去，睡在柴草上头。这就是后人传诵的"卧薪尝胆"。

当勾践发现越国还不足以对抗吴国时，就继续讨好吴王，不断送去美女香料，让吴王夜夜笙歌，过着奢靡的生活，以削弱吴国的国力。经过多年的忍辱负重，他已经站稳脚跟，只待合适的时机，并最终如愿以偿，消灭了吴国。

要生发的根是永远压不住的，勾践卧薪尝胆正如同小草扎根，在土地下的根扎得越牢，时机来临时力量就会越强。"金麟岂是池中物，一遇风云便化龙。"把握时机，前提就是要积蓄力量，站稳脚跟。

伺机而动，一击必胜

时机如同春雷，当没有雨水的时候，潜龙在渊，必须先潜伏，暗藏力量。

等春雷一响，大雨磅礴，龙就可以跃出渊底，飞龙在天。也就是说，如果想要做成某一件事情，必须先做好准备，静待最佳时机的到来。南怀瑾先生在《易经杂说》中提及把握时机，不可轻举妄动，一旦抓住了时机，就会一击必胜。同时，时机并不是想要便有的，可能需要漫长的等待。

若问谁是《三国演义》中最受欢迎的人物，绝大多数人都会想到诸葛亮，而他就是一个懂得把握时机的人。起初诸葛亮在南阳隐居，亲身耕种，只是乡间一介草民。但他博览群书，上能知天文，下能晓地理，日日躬耕不辍，读书不息，积蓄了经天纬地的才华、治国安邦的能力，自比管仲乐毅，号称卧龙，可谓是天下的大才。同时，他仰观政治风云，通晓天下之形势，又结交了很多南阳名士，这一切都是在积蓄力量，为走出隆中做了充分的准备。

虽然诸葛亮立足于偏僻的茅庐，却已是盛誉满天下。当时有一些人请他出山做军师，但他都拒绝了。他虽然胸有韬略，能运筹帷幄，却一直不出仕，是因为在等待最合适的时机到来。

后来一代明主刘备三顾茅庐，诸葛亮充分发挥了自己的才华，表达了对时局的真知灼见，使刘备连连感叹："孤之有孔明，犹鱼之有水也！"随后，诸葛亮离开隐居之地，大才横空出世，推动了三国鼎立之势，辅佐刘备建立王朝。这期间火烧博望坡、新野之战、赤壁之战等更令诸葛亮名扬天下，连东吴英才周瑜都要感慨，"既生瑜，何生亮！"

诸葛亮的成功可谓后世之典范，他把握时机，不出则已，一出必定一鸣惊人。在当今社会，我们更应该收起浮躁的情绪，切忌贪功冒进，急于求成，一定要站稳脚跟，伺机而动，这样方可成就大事。

5. 人情练达与食古不化

《易经》中有关于泰卦的吉凶卦象，说："小往大来，吉亨。"泰卦象征着人情通达，弱势过去，强盛来临，就是吉祥亨通。但如何能改变弱势，迎来强势？泰卦之象是上乾下坤，天之气下降，地之气上升，阴阳二气相互交合，自然顺畅通达。

南怀瑾先生在《易经杂说》中说，乾代表君王和领导者，坤就是广大百姓，上下要经常沟通调和，化解矛盾，以阴阳交泰之道治理国家，就能产生亨通之象。人情之间的交流需要通达，不能一味地墨守成规、食古不化，要依照具体的环境和对象处理人情世故。在人际问题上，不能千篇一律地坚持某种原则，事事都坚持讲原则，就会破坏人际关系。因为"大贞则凶"，贞是讲原则，大贞就是做过头了，定会走向凶兆。

人情练达

南怀瑾先生说，六十四卦都要人走正路，摆得正，走得正，则样样都好，偏差了终归会出毛病，所以小吉是贞是吉，但是过了这个度就是所谓的"大贞凶"。他解释说："什么都死死板板的很正，像学理学的人，在这个时代，还是言行呆呆板板，矫枉过正，并不是好事，所以大贞则凶。"因此人情最讲究练达，要谨言慎行，也要能看懂眼色，化解危机。

明朝时，明英宗听从宦官王振的馊主意而御驾亲征，不幸在土木堡兵败被俘，后来虽被释放，但朝中已有新帝，他只能被尊为"太上皇"，既没权又没钱，过了好几年郁郁寡欢的日子。后来在大将军石亨的协助下，他重新夺回政权，当上皇帝。

帮助英宗重新登上帝位，当然是大功一件。石亨从此恃宠而骄，目中无人，不懂得结交众臣，反倒总是将自己的功劳放在嘴边，若有人不服气，就肆意欺压排挤。许多朝臣认为他很不像话，但没有人愿意提醒他，因为大家都知道，这样不懂人情世故的人，即便地位再高，早晚也有倒霉的一天。

有一天，明英宗在恭顺侯吴瑾的陪同下，登上宫廷内的最高建筑翔凤楼散心，走着走着，放眼一望，突然看见宫廷外有一座新建的宅楼，相当宽广华丽。于是，英宗便问那是谁盖的。吴瑾当然知道这是当朝大红人石亨的新宅，不过他最懂得察言观色，故意装糊涂地回答说："这一定是王府。"

心中有数的英宗说道："不对。"眼看英宗心中自有定论，吴瑾立刻补上一句："这不是王府，难道有谁敢这么嚣张，修建这么一座气势逼人的豪宅？"

事实上，石亨建造宅院并没有功高震主之意，但是他在朝中树敌太多，没人愿意维护他。时间一久，英宗也对他信心动摇，不久便将他罢官下狱处死。

石亨与吴瑾的言行对比惹人深思，我们不得说人情练达十分重要。小贞吉大贞凶，处世之道并不仅仅是个人的能力发挥，人生一定要通达，知进退，懂是非，不能刻板地循规蹈矩。南怀瑾先生认为，每个人的智力都差不多，头脑好使的人只是比别人反应快几分钟。而真正聪明的人懂得人情世故，知道如何与他人相处，善于沟通，能及时化解矛盾，适时向别人学习，借鉴成功者的经验。

所以，人活在社会中，不能像孤岛一样，要时刻与周围的人交流。人情世故就是要懂得与人结交，明白通达的道理，这对于成功来说非常重要。

能变则通

南怀瑾先生认为，人生路途波折，磨难重重，并不是一帆风顺的。我们在人生道路上总会遇到形形色色的拦路之虎，时代瞬息万变，机会也是稍纵即逝，而我们每个人都渴望走上坦途，迈向人生的成功之路，因而会不自觉地遵循一些规律和成功的范例。但是，并非每一种范例都是适合自己的，食古不化、不懂变通的人是很难成功施展抱负的。

乌鸦喝水的故事我们都听过：一只乌鸦口渴了，到处找水喝，突然看见一个瓶子里有水，可是水太少了怎么也喝不着。它看见旁边有小石子，就一颗一颗地放到瓶子里，瓶子里的水慢慢地升高，乌鸦就喝着水了。自从它用小石子填满瓶子，美美地喝了一顿水之后，回去就大肆宣扬自己喝水的方法，于是伙伴们都牢牢地记住了这个妙法。

一只乌鸦出了趟远门，飞到一片沙漠，感到口渴难耐，就想找些水来喝，恰巧看见地上有一个瓶子，瓶子里有半瓶水，乌鸦高兴地落在瓶子旁边。可是，瓶子附近一颗石子也没有，没有石子就意味着喝不着水，这可急坏了乌鸦，它到处找石子，可是只有满地的黄沙。最后，这只又累又渴的乌鸦死在了瓶子旁，化成了一堆白骨。

又有一只乌鸦刚好经过瓶子上空，也感到口渴，就落了下来，当它看到地上的瓶子和死去的乌鸦时，心里知道发生了什么事。这只乌鸦不再找石子了，而是用爪子在瓶底挖坑，当坑挖到一定深度时，瓶子开始慢慢地倾斜，等水涌到瓶口，乌鸦把嘴伸进瓶子，喝了个痛快。可见学会变通是多么重要，不变通可能会付出生命的代价，而变通就是赢得了生命。

故事虽小，其中蕴含的道理却很深刻——世事洞明皆学问，人情练达即文章。南怀瑾先生说，人生要通达，食古不化就不对了，不知道变就是大贞凶。人情世故正如水中行船，顺风时一路高歌，逆风时小心谨慎，行正道，不同流合污，不贪功冒进，遇礁石时及时变通。人情是一门通达的学问，值得琢磨。

6. 从观身到观天下

《道德经》第四十五章提到："善建者不拔，善抱者不脱，子孙以祭祀不辍。修之于身，其德乃真；修之于家，其德乃余；修之于乡，其德乃长；修之于邦，其德乃丰；修之于天下，其德乃普。故以身观身，以家观家，以乡观乡，以邦观邦，以天下观天下，吾何以知天下然哉。"

这段话的意思是，有能力为自己量身定做道德规范的人，永远不会动摇；能够按照自己认定的原则行事的人，不轻易气馁。一个人以这样的原则修身，那么他的德行就会很淳真；用这样的原则持家，德行必然是出众的；用这样的原则处理乡务，德行必然成为他人学习的榜样；用这样的原则安邦立国，德行将会更加丰硕；用这样的原则治理天下，德行便会被普及世间。

所以，从自身的修身之道来观察别人，从自家的持家之道来观察别家，从自乡的治乡之道来观察别乡，从自邦的安定之法来观察他邦，最后用平天下的道理来观察天下。一个人之所以了解天下，正是运用了以上的道理。

眼界决定见识

南怀瑾先生在《老子他说》里这样解释，一个人如果能够创立伟业，他的意志必然是坚韧不拔的。因为人的悟性由天地秉承而来，并反映到自身的修养和行动上，这是一种客观存在的事实。所以，智慧通常表现为多种目标和多个层面：以自身为目标的人，一生着眼于自己；以家庭为目标的人，一辈子为家庭忙碌；还有以乡里、国家、天下为己任的，他的视野和眼界就会在乡里、国家和天下。因此，许多伟人明白天下之理，而一般人不行，就是因为眼界不同。

他用通俗的语言总结了这样一个道理：眼界决定高度，眼界决定见识，眼界决定处理事情的方法，从而决定事情的结果。不沉迷面前的小利益，着眼于千秋万代的幸福，这样的人往往可以用一个词来形容——高瞻远瞩。

"以身观身，以家观家，以乡观乡，以邦观邦，以天下观天下"，从一身讲到天下，与儒家经典之一的《大学》中所讲的"格物、致知、诚意、正心、修身、齐家、治国、平天下"十分相似。而后来的庄子也说，"道之真，以治身，其余绪，以为国"。所谓为家为国，应该是充实自我，修持自我以后的自然发展，提高自己的眼界，这样才能有更高的境界。

高眼界还要脚踏实地

有这样一个故事：很久以前，在一个古老的村庄里住着一群人，由于村子里没有可以饮用的水源，他们需要到很远的河里去挑水，生活十分不便。于是，村长发出通知，全村拿出一定的报酬，招募两个年轻人专门为大家挑水。这份工作很辛苦，但是由于报酬可观，他们干得很卖力。

其中一个年轻人想，等自己攒够了钱，就可以盖一所房子，娶妻生子，那将会是多么幸福的生活啊。另一个年轻人想，每天翻山越岭，负重而行，毫无自由和乐趣可言，根本不是长久之计，要是能将外面的河水引到山谷里来，岂不是不用挑水了吗？

一个夏日的傍晚，年轻人收工后对村长说，想开凿河，将外面的水引进村子，并希望他号召全体村民集资修建，彻底解决饮水问题。然而让他意想不到的是，他的建议遭到了绝大部分村民的反对，他们不屑地说："这儿的人世世代代都是靠挑水生活，从未想过从外面引水，这太不现实了。"他的同伴也好言相劝："你还是老老实实地挑水吧。你这样异想天开，岂不是断了自己的生路。"

虽然年轻人的提议没有得到大家的采纳，但他并没有气馁。他利用空闲时间，联络了几个支持他的人，一起悄悄修建管道。几年后，与他一起挑水的那个年轻人攒够了钱，盖了新房，娶了妻子，后院里堆满了粮食。而他仍然孤身一人，住在简陋的小房子里，因为他把所有的钱都投入到修建管道中。

就这样过了三年，他修建的管道终于连通了整个村子，河水汩汩而流，源源不断，大家喜出望外，纷纷出钱买水。没过多久，他的同伴就失业了，不得不去别的地方继续挑水挣钱；而修建管道的那个年轻人每天不用工作也有一份可观的收入。

所以，一个人的眼界决定了他的未来，眼界宽者其成就必大，眼界窄者其作为必小。在我们的现实生活中，有的人缺乏理想，不敢规划美好的未来，结果只能守着自己的"一亩三分地"勉强度日；而有的人好高骛远，不切实际，想要一蹴而就，结果四处碰壁，前途暗淡。这两种心态都不应该有。我们应该像修管道的年轻人那样，拓宽眼界，同时踏实努力地奋斗，那么事业自然会水到渠成，瓜熟蒂落。

7. 曲高和寡，水清无鱼

《论语》中，子曰："己所不欲，勿施于人。"意思就是说，自己不愿意做的事情，也不要强迫别人去做。将心比心，以己推人。"己欲立而立人，己欲达而达人"，讲的就是自己要立足，也要让别人立足，自己要通达，也要让别人通达。这与南怀瑾先生的"曲高和寡、水清无鱼"是一个道理，从自己的内心出发，多去理解他人、宽容他人，设身处地地为他人着想，我们才能更好地生活在这个世界上。

宽容他人

《易经》中的智慧引导人们学会适应变易，这些道理看似简单，但是付诸行动却是非常困难的，这需要我们有广阔的胸怀和宽容的心态。我们都知道，心胸狭隘的人，容不得他人，也永远不懂得宽容，只会斤斤计较，而他们在大动干戈、不宽容别人的时候，也苛待了自己，令自己陷入愤怒和痛苦当中。中国有句古话，"水至清则无鱼，人至察则无徒"，意思是水太清了，鱼就无法生存，对别人要求太高了，就会没有朋友。所以，在纷繁的尘世中，我们更多地要用宽容之心对待他人。宽容是一种海纳百川的气度，拥有宽容他人的美德，你的人生才会从容、潇洒、美好。

林肯在一次参加竞选的演讲上遭到了一个参议员的羞辱，那个人讽刺他："林肯先生，在开始你的演讲之前，我希望你知道你是一个修鞋匠的儿子。"林肯听后，微微一笑，回答道："非常高兴您能记起我的父亲，现在他过世了，我一定会记住你的忠告，我做总统无法像我父亲做鞋匠一样优秀。"整个参议院沉默了好久。林肯又缓缓地说："据我所知，我的父亲曾经给你的家人做过鞋子，如果鞋子不合脚，拿过来，我可以给您免费修。虽然我可能没有我父亲的好手艺，但是，我以前跟着父亲还是学过修鞋技术的。"之后，他又对着所有参议员说："在座的每一位，如果你们的鞋子是我父亲做的，他们需要修补，都可以拿给我，我一定尽可能帮忙。但是有一点大家要知道，我父亲的手艺无人能及。"说到这里，场下响起了大家真诚的掌声。有人不理解，问他："你为什么要将政敌化为朋友呢？你应该以强硬的打击、消灭他们才对呀。"林肯温和地回答："难道我们没有在消灭敌人吗？当我们变成了朋友，敌人还会存在吗？"

这就是林肯消灭敌人的办法，以宽容之心将敌人变成朋友，对任何人不怀恶意，对一切事以宽容之心处之。也正是因为宽容、忍让、大度、不斤斤计较，林肯最终取得了巨大的成功。

南怀瑾先生说过："心态好，世界才会美好，凡事不要只考虑自己，要为对方考虑。只有去掉了自私、自利、自爱，你才能够自在。你怎样对待别人，别人也会怎样对待你，不要总是怨天尤人，不要总是挑剔别人的毛病，看别人不顺眼，不要总想着去改变别人，先调整好自己的心态，修好自己的心，一切都会随心转动。"是啊，世界上的事，世界上的人，乃至宇宙万物，没有一样东西是不变的，就算是敌人也可以成为朋友，应时刻谨记，宽容变通，海纳百川，有容乃大。拥有好的心态，我们才能拥有更好、更有意义、更快乐的生活。

追求平凡之乐

南怀瑾先生一直十分推崇诸葛亮的千古名言：淡泊明志，宁静致远。他认为，首先需要甘于淡泊和平凡，甚至是享受淡泊与平凡，能够做到"不义而富且贵，于我如浮云"，才能真正体会到宁静，体会到真正的生活之乐。

陶渊明是一个用一生追求平凡的诗人。他喜欢"采菊东篱下，悠然见南山"的怡然自得，果断地以山为友，以水为酒，返璞归真，享受"晨兴理荒秽，戴月荷锄归"的田园之乐。他远离昏暗无比的朝廷，远离满朝文武的勾心斗角，远离珠光宝气、钱财万贯，远离佳肴美人、纸醉金迷，毅然决然地选择与世隔绝的桃源深处，享受芳草鲜美，落英缤纷。看着满园春色，看着那一只只飞翔的小鸟，望着那潺潺的清泉，他得到的是心灵的宁静、内心无限的满足和平凡中的快乐。

所以，做人一定要学会享受平凡，学会乐观淡然，洒脱地过好每一天。南怀瑾大师也是这样数十年如一日地享受着平凡的生活。作为一代大师，南怀瑾先生白天在慈善基金会工作，晚上则给学生或者客人讲课，深夜则读一些当日学生搜集来的书籍，有时还要写点东西。就这样，南怀瑾的生活保持着数十年如一日的淡泊和朴素，他在周而复始的平凡生活里用潇洒的态度享受人生、感悟人生，这样潇洒自得的态度怎能不惹人羡慕呢？

只有平凡的人生才是真正的人生，远离尘世的喧嚣，远离矫揉造作，远离虚伪，体会平凡中真实的快乐。就像南怀瑾先生所认同的，真正的伟人往往都是平凡的，只有平凡才最真实，只有平凡才最快乐。在我们现实的生活中，因为平凡，我们才可以轻松悠闲。因为平凡，我们不用体会商场的沉浮，不用体会政坛的尔虞我诈。平凡的人生，自会有一番别样的美丽与快乐。

8. 道常无名，朴实无华

老子说："有物混成，先天地生。寂兮！寥兮！独立而不改，周行而不殆。可以为天下母，吾不知其名，字之曰道。""道"清虚寂静，广阔无边，没有形象和声色，永远看不见也摸不着。它超越一切万有之外，悄然自立，不动声色，不因自然的变化而变化，不因世界的生灭而生灭。

南怀瑾先生在《老子他说》中讲："有物混成"，这个"物"字并不同于现代人所了解的"物质"的"物"字，而是"道"的同义字。这个"道"的内涵，先于天地的存在，宇宙万物的本来就是它，包括了物质与非物质。老子用"朴"来形容"道"原始的"无名"状态。"朴"是原始质朴的"道"，是自然万物发展变化的规律。它是无形的，是隐而不可见的，人们无法用感官证明它的存在。它一直默默无闻，甚至不被人重视，但天地万物都受到它的支配。

道法自然，法尔如是

所谓"道法自然"，就是自自然然即谓之道，若不如此，便不是道了。普通的人，照修炼神仙的人来看，都是凡夫俗子。然而凡夫俗子只要能做到在日常生活中一切听从自然，便不离道了。

有这样一个故事：一个农民从洪水中救起了他的妻子，他的孩子却被淹死了。事后，人们议论纷纷。有人说他做得对，因为孩子可以再生，妻子却不能死而复活。有人说他做错了，因为妻子可以另娶，孩子却没法死而复活。

哲学家听说了这个故事，感到疑惑不解，就去问农民。农民告诉他，他救人时什么也没想，洪水袭来，妻子在他身边，他抓起妻子就往山上跑，待返回时，孩子已被洪水冲走了。

自然是一种最睿智的生活方式，这个农民如果进行一番抉择的话，事情的结果会是怎样的呢？洪水袭来，妻子和孩子被卷进旋涡，片刻之间就会失去性命，哪有时间进行抉择？这与南怀瑾先生的看法是一致的，"道法自然"，道本来就是如此，正如佛家的名词"法尔如是"，说明诸法本身就是这个样子。为什么这样选择呢？因为一切本来如此，一切法便是一切法的理由。

人心随着年龄、阅历的增长而越来越复杂，但生活其实十分简单。保持自然的生活方式，不因外在的影响而痛苦，便会懂得生命简单的快乐。许多时候，我们并没有机会和时间进行抉择。人生的抉择是最困难的，也是最简单的，困难在于你总是把抉择当做抉择，简单在于你不去考虑抉择问题，遵循生命自然的方式，答案自会浮现。

道朴实而无华

"道"存在于万事万物的本性之中，朴实无华。而人们往往茫然地苦苦寻找，但却不知，众里寻他千百度，蓦然回首，那"道"却在灯火阑珊处。

一个人被烦恼缠身，于是四处寻找解脱的秘诀。有一天，这个人来到山脚下，看见绿草丛中有一个牧童骑在牛背上，吹着横笛，逍遥自在。他走上前去问道："你看起来很快活，能教给我摆脱烦恼的方法吗？"牧童说："骑在牛背上，笛子一吹，什么烦恼也没有了。"他试了试，却无济于事。于是，他又开始继续寻找。不久，他来到一个山洞里，看见有一个老人独坐洞中，面带满足的微笑。他深鞠了一个躬，向老人说明来意。老人问道："这么说你是来寻求解脱的？"他说："是的！恳请不吝赐教。"老人笑着问："有什么东西捆住你了吗？""没有。""既然没有，何谈解脱呢？"这人蓦然醒悟。

很多时候，我们何尝不像故事里的这个人一样，四处寻找解脱的途径。殊不知，并没有东西捆住你的手脚，真正难以摆脱的是困于心中的那个瓶颈。我们需要做的不是向外寻找解脱之"道"，而是向内打破自己心中的瓶颈，清除内在的污浊，这样就可以看到一片蔚蓝的天空。

所以，不要刻意追求什么，不要向生命索取什么，不要给自己设置障碍，简单而自然，那么我们本性中的"道"就会引导我们走向幸福的殿堂。

第三章

见贤思齐，见不贤而自省

1. 自立，两大之间难为小

生活当中，人们倾向于寻求一个强大的依靠，以此来获取安全感，然而我们也要看到，在大树庇护下的小树苗是不可能长成参天大树的。此道理同样适用于人类，一个人要想成才，先得自立。南怀瑾先生认为，只有自立，才能找到最适合自己的出路。

自立，为自己寻找出路

自立对于任何人而言都是非常重要的，一个人只有自立了，才有了发展的可能。古今中外，多少仁人志士皆如此。世界著名的发明家爱迪生从小就有很强的自立意识，十三四岁时，为了建造属于自己的实验室，他常常到车站卖报，还在自家后院里种植蔬菜，收获后拿到市场上去卖，以此筹措资金。他用赚来的钱建造了一间实验室，在这里，改变人类发展进程的发明层出不穷。由此可见，自立对一个人的成功是多么重要。

与此相反的是，一个人如果不自立，处处依赖别人，那么成功的可能性将大大降低。球王贝利曾说过："我能成为球王，而我的儿子是不会成为球王的。"乍一听会觉得不可思议，但细想之下他说的话是有道理的。贝利能成为球王，源于他从小养成的自立本领，以及对足球追求的孜孜不倦。而他的儿子却在父亲创造的富足环境中产生了依赖和享乐心理，缺乏自立吃苦的精神，这就决定了球王的儿子也许成不了球王。

贝利认识到了这一点，可是在我们现实生活中，父母庇护子女的现象却屡见不鲜。含辛茹苦的家长们为子女操碎了心，尽心尽力，想尽一切办法为子女减轻负担。可怜天下父母心，本是一腔热情，却使不少孩子养成过度依赖的坏习惯。殊不知我们当代的年轻人，肩负着历史和未来的重任，视子如宝的家长们应该还子女一份自由，让他们自立，为建设祖国打下坚实基础。

南怀瑾先生在《孟子旁通》中提到，滕文公向孟子请教，滕国是一个小国，东边的齐国和南边的楚国都是超级大国，滕国应该向齐国靠拢，还是向楚国示好？孟子回答说，两大之间难为小，你应该加强防御设施，挖深护城河，加厚城墙，全国上下齐心合力，保卫自己的国家。记住，要自立自强，宁可亡国，也不向任何一个大国谄媚投降。如果有这样的准备和心志，一定能有所作为。

从国家政治来说，"两大之间难为小"是基本原则，只有自强自立才是出路。做人也是一样，不自强，不自立，不从自身想办法，整日怨天尤人，希望得到别人的同情来为自己解决困难，天下不会有这样的好事。正因为如此，南怀瑾先生认为，"个人事、国家事、天下事的原则皆是一样，自强自立才是唯一的生存之道"。

为国家民族的未来自强不息

什么是自立？有人会说：流自己的汗，吃自己的饭，依靠自己的力量，这就是自立；不伸手向家里要钱，自己料理生活，这也是自立。如果认为这些就是自立的全部内涵，那我们对自立的理解就未免太肤浅、太狭隘了。

究竟什么才是"自立"呢？南怀瑾先生认为，每个人都生活在复杂而充满挑战的社会里，它瞬息万变，竞争异常激烈。在这样的社会环境中，我们都必须有胆识积极参与竞争，从容处理各种人际关系，并且有承受人生逆境的勇气以及蓬勃向上的精神面貌。从这一方面来说，仅仅是衣食住行的自立显然是不够的。

年轻人不应只满足于狭隘的生存，还要有更高的人生目标，为这个世界做出一些贡献，从而实现自己的人生价值。对于人类而言，除了生存之外，还要通过劳动和创造实现人生价值。如果只有父母的呵护，只让其他人替我们承受风险与逆境，没有冲杀一番的劲头，没有坚强的意志，碰上困难就会被击倒，哪里还谈得上劳动和创造？哪里还谈得上真正的自立？

如果一个人立志成为对社会有杰出贡献的人，那么自立就更不能只表现在行为上，还应包括勇于坚持己见，不随波逐流。由此可见，自立的本质是一种精神，是为社会创造价值的主观能动性。它不仅包含意志、信心和不屈不饶的心理素质，还包括勇敢独立的行为准则，有了这种精神，才能称得上"自立"。

不仅个人需要自立，一个国家、一个民族也需要自立，而主权的保障则是自立的一种体现，年轻人的自立更是国家和民族精神状态的标志。这样看来，对于一个国家和民族来说，自立是有更深内涵的。只有充分理解了自立的内涵，才能明白自己肩负的任务。由于自立是重要的精神素质，我们不仅要生活自立，也应完善自己的心理与性格。同时，因为年轻人的自立标志着民族未来的精神状态，我们必须把个人同民族振兴与祖国发展联系起来，树立不畏艰难、自强进取的精神。

2. 看似无情却有情

"杨柳青青江水平，闻郎江上唱歌声。东边日出西边雨，道似无情却有情。"唐朝诗人刘禹锡的《竹枝词》道出了男欢女爱、柔情蜜意的感情。人类喜怒哀乐的感情最为自然，亲情、爱情、友情、悲悯之情是我们天生具有的感情，因而我们都是"有情"之人。

对于人的有情与无情，庄子则另有高论。在《庄子·德充符》中，庄子和惠子一起讨论人的情性问题。惠子问庄子："人是不是无情的？"庄子回答"是"。惠子又问："人如果没有感情，又怎能叫人呢？"庄子说："生命本体给了我们人的形貌，老天给了我们人的形体，怎么不叫人呢？"

庄子的意思是，一个人若想超凡脱俗，必定在外表上具备普通人的样子，而内在没有普通人的感情。外表拥有人的模样，才可以与别人和睦相处，而内在抛却人的喜怒哀乐，才不会沾染人间是非，不受凡俗琐事所累。从渺小的外表来说，属于人；从伟大的内在去讲，是能与天为友的圣人。因而，"有情之人"是庸碌之人，而"无情之人"是得道之人。

人之生也，非情之所生也

庄子谈论理想中的人格与人情，惠子未能理解，认为只要是人，就不可能做到无情。庄子解答道："我讲的无情，是指人如果无喜无悲，便可无欲无伤，能够遵循自然而然，并非有意培植感情。道给予人以相貌，天赋予人以形状，人不应该刻意追逐外在的东西，惹出烦恼、忧虑和悲伤，伤害到自己的身体和心灵。当人追逐外物，精神和身体都处于劳顿，心力交瘁，无精打采地呻吟、打瞌睡，岂不是伤害了自己。"

"人之生也，非情之所生也。生之所知，岂情之所知哉！"南怀瑾在《庄子讲记》中解释这番话，认为人的生命不是因情而生。我们生来便具有一点灵知之性，这种灵知之性可以跨越日常琐碎，超脱喜怒哀乐，让我们做一些光明而伟大的事情。灵知之性所追求的崇高是无法用情感来解释和取代的，因为人之所以成为人，与动物有所区别，不在于有"感情"，而在于拥有灵知之性。

一个有情之人容易被喜怒哀乐、悲伤欢爱所困扰，因而那个光明、伟大的灵知之性就困在一个微小的点上。虽然人们努力想要豁达，希望心境伟大，思想伟大，操守伟大，但却永远做不到。如果我们的修养和心境能够离开感情的困扰，就会变得非常旷达逍遥，那就是一种圣人境界。普通人终日为情所困，要达到圣人境界，永远无法成功。而圣人抛开世俗情感，一心做"无情"之人，方可达到伟大的境界。

无情之人最是有情人

南怀瑾先生指出，庄子的"无情"论是为了让人追求崇高，实现自然的超脱，一个人修养到心中没有杂想，没有妄念，恢复到婴儿般清净无为的状态，生命的伟大就会展现出来。而这世上庸碌的人整日惦念鸡鸣狗盗之事，心里放不下七情六欲，心灵空间越来越狭小。但这等人却妄想跳出三界外，不在五行中，当一个活神仙，享受人间清净富贵。

世人的感情也要，圣人的名声也要，便以为自己的感情十分伟大。事实上，就如六世达赖所说："世间哪得双全法，不负如来不负卿。"想追求大慈大悲之情，便要舍弃世俗小情，伟大崇高的人和事，永远要超越庸俗的情欲。

看似无情却有情，这是一种卓绝的情绪管理。只有理性地看待情感，以"无情"之心做"有情"之事，才是接近圣贤的情感，而非世间的琐碎俗情。

南宋时期的道济和尚，本名为李修缘，家中曾是书香门第、当地望族。李修缘是家中独子，后来出家灵隐寺当了和尚，法号道济。道济时常疯疯癫癫，行为举止异于常人，但对百姓却扶危济困、医治疾病，受到世人的爱戴，被称做"活佛济公"。

有人曾问道济："你抛开族中亲人出家为僧，对李氏祖先不孝不义，对李氏后人不亲不养，明明是一个无情之人，怎能称为活佛？"道济回答说："灵花皆散尽，菩提子落根。舍去万般念，方可度众生。"他的意思是，灵花菩提落叶飘零，是为了有更多灵花和菩提长出来，他将自己的感情抛舍出去，是为了让世间更多的人归于善念。

当小情感与大慈悲产生冲突，道济和尚选择了普度众生。他出家为僧，对亲人看似无情无义，对百姓而言却是有情之人。

无情之人最有情，道家老庄如是，佛家菩萨如是，基督耶稣如是。无情只是不纠结于世间的小情小爱，而去追求大慈大悲的大爱，南怀瑾先生也正是这个意思。

3. 先存己而后存人

在中国的传统文化中,"先存己而后存人"这一点非常重要,它出自《庄子·人间世》,意思是自己先站起来,才能去辅助别人站起来。《人间世》所讨论的核心是处世之道,不仅阐述了庄子主张的处人和自处的人生态度,还揭示了庄子处世的哲学观点。庄子的人生态度是"虚无",但这种"虚无"是相对的、客观的,并且在特定的环境当中会有所转化,归结到一点就是先"存己",后"存人",最后达到"虚己忘人"的境界。

先存己,而后方能存人

南怀瑾在《庄子南华》中赞同庄子的说法,认为一个人如果连自己都救不了,又怎能去救别人呢？如果自己都没有正确的方向,又怎能去引导别人走正确的方向？

有一次,颜回去拜见孔子,请求同意他出远门。孔子问:"你要到哪里去呢？"颜回答道:"我听说卫国的国君办事轻率专断,看不到自己的过失,肆意奴役百姓,造成大量人口死亡。老师曾经说过,我们这样的人要去指出昏君的过失,教导治国的办法,就像医生要去给病人治病一样。"

孔子说:"古时,许多道德高尚的圣贤总是先让自己思想成熟了,才去辅助别人。而你现在在道德修养方面还没什么建树,怎能到暴君那儿去推行大道呢？"颜回说:"我外表端庄,内心虚豁,勤奋努力,始终如一,这样就行了吧？"孔子摇头说:"这样也不够,因为你还没有学会自保的本领,如何去卫国保护百姓？以前,夏桀杀害敢于直谏的关龙逢,商纣杀害力谏的比干,这些贤臣都非常注重自身的道德修养,而且爱护百姓,但他们都遭受杀身之祸,原因就在于他们不懂得如何保住自己的性命。连性命都丢了,也不必谈劝诫君王和治国之道了。"

颜回继续说道:"那么我就外表委婉,为人圆滑一些,但内心持守正道,这样可以了吧。"孔子说："这样也不够，卫国的国君脾气暴戾，并且喜怒无常，人们都不敢违背他，他借此来放纵自己的欲望，所以无法用温和的手段感化他，更不可用大道理规劝他。"颜回说："那我真的没有更好的方法了，冒昧向老师求教。"孔子说："你必须专心致志，加强修养和智慧，摒弃一切杂念利诱，以己度人，以人律己。直到忘记自我，达到天人合一的境界，就可以去暴君面前推行你的治国之道了。"

颜回是孔子的得意门生，为人十分好学勤谨，品性端正，但并不深谙人情世故，他想以仁义道德去感化暴君，是一种"名闻不争，未达人心"的做法。他不了解自己的优缺点，更不知道卫国暴君的具体情况，试图用道德感化对方，这不切合实际，也很危险。

南怀瑾认为，"人微言轻"是一个非常重要的处世经验，自己没有正确的发展方向，就不会在所在领域有知名度，没有知名度，说的话就没有分量，提出的建议也起不了作用。因此，庄子借颜回的故事告诫人们，面对凶险的人生，必须要注重自身的修养，找准正确的人生方向，只有自己爬上了高峰，足够优秀，才能去教导别人。

把别人当成自己

南怀瑾先生认为，"先存己而后存人"是一种人情世故，不谙世事，不通人情，即便自身道德修养很高，也是一种失败的人生。一个人处事不偏执、不狭隘，首先要学会处理好与别人的关系。

有一位少年去见一位年长的智者，问道："如何使自己变成一个愉快的人，而且能给别人带来愉快？"智者笑着说道："我送你四句话，第一是把自己当成别人。只要能这样做，当你痛苦悲伤时，痛苦就能减轻很多；当你陷入狂喜时，情绪也会平复下来，避免乐极生悲。第二是把别人当成自己，这样做就可以真正同情别人的不幸，明白别人的需求，分担别人的痛苦，对人给予恰当的帮助。第三是把别人当成别人，这样做是尊重别人的生活和选择，不介入别人的生活，不侵犯干扰别人的生活空间。第四是把自己当成自己，看到自己的个性和独立性，不依附他人，不随波逐流，不阿谀奉承，朝着自己的方向前行。"少年说："这四句话很难，我用什么将这些原则统一起来，做到游刃有余？"智者说："用你的真心和你一生的时间，就一定能做到。"这个故事讲述了人生在世应该如何处理自己与别人的关系。庄子倡导先"存己"，后"存人"，最后"虚己忘人"，达到这样的境界，也就能深刻地理解人情世故了。

4. 曲则全，方圆之道

先秦道家思想提出"曲则全"，"曲"是为了减少阻力，是为人处世的方法，以弯曲和旋转求得全面认识，是合乎道和自然规律的。庄子建议做人要外圆内方，讲究合适的度。这不仅是道家倡导的法则，也符合儒家思想的中庸适度之道。

南怀瑾先生认为，外圆内方，不是老谋深算和老奸巨猾，人生好像在大海中航行，时时遇见波涛阻力，因此船头不能做成方形，而应做成尖圆形，就是为了减少阻力。遇事时斤斤计较，力争摩擦，这样做很难与人相处，更难成就大事。

方圆之道，深浅有度

在庄子看来，事物本身就包含着对立关系，因此人的行为要保持"有方有圆"，恰到好处地运用方圆之道，讲究一个"度"。如果一个人急功近利，不理会深浅程度，这未必是件好事。庄子告诫人们，要开阔视野、虚怀若谷、外圆内方，不能一味地蛮干。在"曲"中有"全"的道理，在"不争"中有"争"的原则。

娄师德身处武则天的时代，是一位智勇双全的臣子，在保卫和巩固西北边防上卓有建树。但是当时酷吏横行，罗织诬告成风，许多忠贞的大臣都横遭不测，死于非命，所以他在做宰相的时候极其小心谨慎。有一次，他的弟弟被任命为代州刺史，即将赴任的时候，娄师德问他："如今我当了宰相，而你又做了刺史,荣宠实在太盛,最容易遭人嫉恨,你如何才能避免呢?"弟弟跪着答道:"从今天开始,即便有人朝我脸上吐唾沫,我也不会生气,自己擦掉就好,以免兄长为我担忧。"娄师德听后,更加忧心地说:"这正是我所担忧的。别人向你脸上吐唾沫,是生你的气,如果你擦掉了,不是更让人生气吗?向你吐唾沫,即便不擦也会干的,应该笑着接受。这样一来,你无争而笑纳,是德行高洁的表现,会令人生出敬佩之心,你的刺史就当得更稳妥了。"

南怀瑾先生在《庄子南华》中阐述"曲则全"的含义,建议为人处事要讲求艺术,善于言辞的人说话婉转,更容易达到目的,而直来直去有时是行不通的。外面圆融,内心方正,是大智慧和大容忍的统一,既有含蓄的平和,又有斗士的刚猛,这样遇事才能审时度势、泰然处之。

外圆内方是通达

古人认为,身处太平盛世,为人处世应当刚直严正;身处纷争乱世,为人应该圆滑老练,随机应变。而在一个发展上升的国家里,待人接物要方圆并济、外圆内方、交相运用,这才是一种通达之法。

庄子认为,所谓的外圆内方,就是外表沉默圆融,但是内心不能跟随,更不能人云亦云,随时改变。自己要坚守立场和原则,不能别人做坏事,你就赞成。过于锋芒毕露难容于世,过于委曲求全又是一种懦弱的表现,外圆内方,恰到好处,这样才能在纷繁复杂的社会中游刃有余。

古时有个叫颜阖的人,奉命当卫灵公太子的老师。太子是个不聪明且十分暴戾的人,所以对颜阖来说,这个职位不仅责任重大,而且让他心里很害怕,于是他前去请教好朋友蘧伯玉。颜阖对他说:"卫国太子个性凶残粗暴,动不动就发脾气杀人,但他注定是要当君王的。假如我做一个挂名的太子老师,什么事都不管,这样的话,太子不往正路上走,国家的未来会很危险,会在他手中灭亡。如果我采用严格的教育方法,要求他改正错误,他将来一定会恨我,我也很危险,说不定会被杀掉。我该怎么办呢?"蘧伯玉说了四个字:"戒之,慎之。"意思就是,你随时要警戒自己,说话做事都要谨慎。蘧伯玉又告诉颜阖:"你表面上可以迎合他,跟他永远站在同一立场,但是自己要有内在的道德标准。太子未来肯定要当君王,你要教育他成为一个好国君，对国家有所贡献。他做事幼稚，你在表面上要跟他一样幼稚，只是无论做什么事，都比他好一点，都要清醒一点，这样就可以将太子引向正路，你自己也不会有生命危险。"

所以说，做人做事都要通达，要圆融，不要过于古板，但同时又不能太圆滑，不然就会变得滑而不实，成为伪善之人了。只有外圆内方，才是合适的人生处事原则。

5. 人不尊己，危辱及之

《列子·说符》："人不尊己，则危辱及之矣。"这是说如果人得不到别人的尊重，那就会受到屈辱。南怀瑾先生在《列子臆说》中说："人能够牺牲自我，帮助别人，爱护别人，更要帮助危难中人，才能够得到别人的尊敬。所以尊敬得来不易，代价也不小。拿佛家讲就是慈悲，儒家来讲就是仁义。"

想要别人尊重自己，首先要自尊

古代饥荒年头，一位富人设摊施舍粥饭，看见不远处一个男子步履跟跄，就叫喊道："喂！过来吃点东西吧！"那男子的确饥寒交迫，硬撑着走过来后，却昂然道："我就是由于不接受施舍，才落到如此地步，现在已然如此，我还会吃这个吗？"说着，他决然地踽踽独行而去。

关于自尊心，南怀瑾先生还有这样的观点："自尊心的反应，应该是'自重'，就是孔子讲的'君子不重则不威'，自己尊重自己才是自尊！"所以，要想得到别人的尊重，首先要自尊、自重。

陶渊明为了养家糊口，来到离家乡不远的彭泽当县令。一年冬天，郡太守派一名督邮到彭泽县来督察。这名督邮是个粗俗而傲慢的人，一到彭泽就差县吏去叫县令来见他。陶渊明平时蔑视功名富贵，不肯趋炎附势，对这种假借上司名义发号施令的人很瞧不起，但也不得不去见一见，于是马上动身。

不料县吏拦住陶渊明说："大人，参见督邮要穿官服，并且束上大带，不然有失体统，督邮要乘机大做文章，会对大人不利的！"这下陶渊明再也无法忍受，长叹一声道："我不能为五斗米向乡里小人折腰！"说罢，他索性取出官印封好，写了封辞职信，随即离开只当了80多天县令的彭泽。

要人敬者，必先自敬

一个人如果连自己都不尊重自己，又何谈获得别人的尊重？俗话说："山自重，不失之威峻；海自重，不失之雄浑；人自重，不失之尊严。"自重是做人的关键品质，是健全人格形成的重要因素，应该作为人生修养的重要准则。

20世纪初期，画家徐悲鸿在欧洲留学。由于当时的中国政治动荡、经济落后，在世界上很没有地位，中国的留学生经常受到歧视。

有一次，在一个人多的场合，一个外国留学生站起来向徐悲鸿挑衅，说："中国人愚昧无知，生而就是当亡国奴的材料，即使送到天堂深造，也成不了材！"徐悲鸿听了十分愤怒，走到这个外国留学生面前，郑重地说："那好，从现在开始，我代表我的国家，你代表你的国家，等结业时，看到底谁是人才，谁是蠢材！"

无论是为了国家还是自己，徐悲鸿都下定决心，一定要勤奋学习。从此之后，他经常到巴黎各大博物馆去临摹世界著名画家的作品，去的时候带上干粮，一待就是一天时间，直到闭馆才回去休息。在巴黎美术界享有盛誉的法国画家达仰·布弗莱感动于徐悲鸿这股刻苦劲儿和毅力，主动邀请他去家里做客，并亲自指导他画画。

就这样，经过长时间的不懈努力，徐悲鸿在法国逐渐小有名气，并多次在各大高校之间的竞赛中获得第一名。他的油画在巴黎展出时，轰动了整个巴黎美术界。此时，和徐悲鸿取得的成就相比，那个大骂中国人无能的外国留学生并没有什么值得一提的成绩。

徐悲鸿之所以能够在外人不看好自己的时候取得如此大的成绩，就在于他明白"只有自己先尊重自己，别人才会尊重你"的道理，也正是内心那份对自己的尊重，对自己人格的维护，促使他奋发向上，立志图强，终于在美术界赢得了一席之地，最终赢得了别人的尊重。

6. 得时者昌，失时者亡

"得时者昌，失时者亡"，这句话出自《列子·说符》，意思是说待人处事一定要看准时机，认清对象，假如自恃本领而没有找准对象，不仅无法发挥自己的特长，反而会带来严重的后果。

把握顺应时机

古时，鲁国一户姓施的人家有两个儿子，一个喜好儒学，另一个崇尚兵法。最后喜爱儒学的到齐侯那儿获得了重用，成为公子们的老师；而崇尚兵法的担任了楚王军队的长官，亲戚们为此感到非常荣耀。

施家的邻居孟家也有两个儿子，于是他们就效仿施家，让一个儿子学习儒学，另一个儿子学习兵法。一天，学儒学的儿子跑去觐见秦王，秦王说："当今诸侯力争，所务兵食而已。若用仁义治吾国，是灭亡之道。"意思是说，如今各国诸侯以武力争夺天下，当务之急是预备兵马粮草。如果用仁义道德来治理国家，是自取灭亡。于是，秦王把这个学儒学的儿子处以宫刑，然后驱逐出境。而孟家另一个学兵法的儿子前去游说卫侯，卫侯说道："吾弱国也，而摄乎大国之间。大国吾事之，小国吾扰之，是求安之道。若赖兵权，灭亡可待矣。若全而归之，适于他国，为吾之患不轻矣。"意思是说，我们是一个弱国，夹在几个大国之间勉强生存，强大的国家我们要侍奉，弱小的国家我们要安抚，如果依赖军事策略，亡国的事便指日可待了。像你这样的人才，要是被别国利用，肯定会是我国非常严重的祸害。于是，卫侯赐其刖足之刑，之后放回鲁国。

回家以后，孟父悲愤不已，捶胸顿足去找施家算账。施家父子解释说："凡是顺应时机的就昌盛，违逆时势的便灭亡。你们所学的东西与我们相同，可是结果却大不相同，这是因为违背了时宜，并非是学错了东西。何况天下并没有永远正确的道理，也没有永远错误的事情。之前所使用的方法，今天有可能被废弃；今天所废弃的东西，未来也可能会被采纳。用和不用，并没有一定的对或错。只有迎合时机，抓住机遇，应对事变，不拘成法，才是智慧的表现。假如智慧不足，即便博学好似孔丘，计谋好似吕尚，也终会穷困潦倒，抑郁不得志。"孟家父子听后，恍然大悟。

南怀瑾先生在《列子臆说》中说："得时者昌，失时者亡。"时间不对，便得不到机会；即便有相同的本事，眼光不对，机会也把握不住。机会到了要知道把握，还要把握得对，这样才能成功。无论是天下大事还是个人小事，只要机会错过了，即使在后面不停地追赶也不会成功。正如上面所说的孟家两兄弟，他们和施家兄弟学的一样，为什么别人成功了，而自己却失败了呢？主要原因在于他们不懂得看准时机，把握机会，对环境和机运并不了解。

随时机而变

南怀瑾先生在解释"得时者昌，失时者亡"时，也强调凡事要随时机而变，以精准的眼光抓住当前的时机，千万不能墨守成规。

从前，宋国有位行走江湖的卖艺人，他凭借自己的杂技获得了宋元君的赞赏，得到了许多金银财宝。另外一个走江湖的人听说之后，也前去求见宋元君。可是万万没想到，宋元君不但没有奖赏，反而勃然大怒，说道："上次有一个耍杂技的来，其实他的杂技也没什么特别，恰好赶上我心情很好，于是就赏赐给他很多东西。这个人肯定是听说这件事才跑来的，一定是想获得我的奖赏。"

最后，宋元君下令将这个走江湖的抓起来，监禁了一个月才将其释放。此人觉得自己非常倒霉，回家之后反思了几天，在上元节这一天又跑去宋元君跟前表演最拿手的轻功，获得大臣们的赞赏。宋元君心情大好，于是给了他很多奖赏，并指派他留在宫中继续表演。

这个故事说明了把握时机的重要性。一个人如果随波追流，见有人成功便立刻模仿，不顾一切追随，十有八九不会成功。但只要用心分析变动的时机，找准机会并把握住，或许就成功了一半。人要懂得处世，懂得"得时"的重要性，南怀瑾大师所要阐述的也正是这个道理。

7. 行到有功即是德

谈到功德，南怀瑾先生非常重视"果行"，就是行为产生好的结果，保持言行一致，知行合一。一个知识广博、学问极大的人讲求"为国为民"，如果他没有行动，就不算成功，也就不是果行。果行最后落在一个"德"字上，就是佛学所讲的"功德"。

莫以恶小而为之

果行的"德"的体现，即一个人在行为上保持操守，实践品行，有果才有功德，有功德才有贡献，成为一个有用的人，获得别人的信任和重用，才有可能走向成功。

一个学习优秀的大学生，在德国留学时发现当地的公共交通售票处都是开放的，不设检票口，也没有检票员。于是他很庆幸不用买票就可以坐车，甚至因自己的小聪明而窃喜。在留学的几年间，他因逃票被抓了三次。毕业时，他填好了简历，准备进入跨国大公司发展。他本以为自己非常符合要求，一定可以被录取，结果却一次又一次被拒。最后他愤怒地冲进公司询问原因，经理很平静地告诉他："你来求职的时候，我们对你的教育背景和学术水平很感兴趣，老实说，就工作能力而言，你就是我们要找的人。但是我们查了你的信用记录，发现你有三次乘公车逃票被处罚。"

留学生很不理解："为了这点小事，你们就放弃一个有才华的人？"经理说："我们并不认为这是小事。此事证明了两点：第一，你不尊重规则，而且你善于发现规则中的漏洞并恶意利用。第二，你不值得信任，而我们公司的许多工作是必须依靠信任进行的，如果你负责某个地区的市场，公司将赋予你许多职权。我们没有复杂的监督机构，正如我们的公共交通系统一样。"

在这位学生眼里，逃票只是一件微不足道的小事，但它却反映出一个人的本质。生活中也是这样的，千万不要看到坏事很小，就满不在乎地去做，也同样不要因为好事很小，就不屑一顾。很多时候，成也小事，败也小事。

久要不忘平生之言

以果行而见功德，在很大程度上要实践诺言，这才是真正的功德圆满。《论语·宪问》中有这样的描述：子路问如何成人。子曰："见利思义，见危授命，久要不忘平生之言，亦可以为成人矣。"孔子所说的"久要不忘平生之言"，意思是说一个人要坚守承诺，不能因为时间久了就忘记了以往的诺言。

相信大家都听过曾子杀猪的故事，妻子出门前，应付孩子说："你在家等我，不要淘气，回来给你杀猪炖肉吃。"这本来是骗孩子的话，目的是不让孩子跟着自己上街，可是在曾子看来这就是承诺，为了教会孩子勿忘平生之言这个道理，他毅然决定磨刀杀猪。因为曾子知道，一言承诺，一行实践，都是非常重要的。既然有承诺，就一定要兑现，否则孩子长大以后很难成为践行诺言的人。

英国街头，一个衣衫褴褛的男孩在卖火柴，一位绅士买下了全部的火柴，男孩很感激，但同时也很为难，因为绅士所给的钱太大了，男孩没有零钱找给他。思索之下，男孩让绅士等一会，自己去其他地方换零钱。绅士等了一会儿，不见男孩回来，以为男孩是骗子，径自走了。第二天，绅士在办公室见到一个寒酸的男孩，询问后得知他是卖火柴男孩的弟弟，来这是为了送还绅士的零钱。小男孩昨天在换零钱的过程中不幸被车撞了，进了医院，因而没有及时送还零钱，今天一早醒来，就赶忙让弟弟打听了绅士的地址，送还零钱。绅士非常感动，愿意聘任男孩在公司里打杂，并将他培养成一名得力的助手。这是一个坚守承诺的故事，男孩实践诺言，因果行而成就功德。

所以，生活中，一定要信守承诺，坚持不懈，小事不小，有了果行，即可成就功德。

8. 释放内心才是真正的解脱

《心经》中观自在菩萨关于"度人、度己"有一个般若波罗密多的无上大咒："故说般若波罗密多咒，即说咒曰，揭谛揭谛，波罗揭谛，波罗僧揭谛，菩提萨婆诃。"

南怀瑾先生在《定慧初修》一文中用大白话解释了这个咒语："揭谛揭谛，波罗揭谛"即是菩萨劝诫大家"自度，自度，快快自度"，"波罗僧揭谛"即是"大家快快自度，并度大家"。南怀瑾先生读经讲法，认为菩萨传世人这个法，就是让人们自我承担，不要再自欺欺人。人贵在自立，先自助，才能得天助。唯有自度，才是正法。南怀瑾先生讲法道："光死皮活赖，向佛、菩萨求这求那，终究不是办法。各人生死各人了，自己业障自己消。任何法门修到最后，都要依般若波罗密多，才能悟入自性如来大光明藏。"所以，佛祖领进门，修行在个人。想要度人，度天下苍生，先要度己；想要度己，则要释放心灵，才能得到真正的解脱。

释放内心，佛在心间

南怀瑾先生在《定慧初修》中提到，般若正观修行之路是洒脱的，是直截了当的。他劝诫自己寒假禅修班的学生，让大家把手头的密法、净土等各种修法都暂时放在一旁，专注于内心的释放。因为自度并非形式上的故作姿态，只有从心入手，才能顺理成章，水到渠成，做到心中有佛，进入"度一切苦厄，观自在菩萨心"。

有一个小故事，讲的是兄弟二人皆立志要远游修道，奈何双亲年迈体弱，弟妹年幼，哥哥家中还有娇妻弱子，所以一直没能成行。一日，一位高僧路过，兄弟俩都想拜高僧为师，并跟他诉说家中种种难处。高僧双手合十，低声喃喃道："舍得舍得，没有舍就不会有得。你们的悟性都不够，我十年以后再来。"哥哥听了高僧的一席话，手持经书绝尘而去。而弟弟念及家中亲人，心中不忍，终不能舍弃。十年光阴转瞬而逝，哥哥游历山川归来，道骨仙风，口诵佛经。弟弟则容颜衰老，神情呆滞，两鬓斑白。高僧如期而至，询问二人十年光阴有何收获。哥哥说："我寻遍寺庙道观，游遍大好河川，诵读经书万卷，心中已有顿悟。"弟弟说："我扶持弟妹成家立业，照顾病嫂康复，送走老父老母。但我已经劳累体弱，无暇诵读经书，恐怕已与佛祖无缘。"高僧听罢一笑，收下弟弟为徒。哥哥心中大感，在他的一再追问下，高僧回答道："佛在心中，不在名山大川。心中有善，胜过读万卷真经。父母尚且不爱，又何谈普度苍生？"

这则小故事与南怀瑾先生关于佛的观点不谋而合，他说，佛并不像山间明月那样遥不可及，他就在我们每一个人的身边，在普通的日子里，在琐碎的生活中。

现实生活中，能有慧根明白这一点的人并不多，很多人偏偏要绞尽脑汁去寻佛。他们寻访名寺古刹，踏遍幽谷密林，仿佛唯有这些地方才能沾染佛性。其实，度己就是修心，修炼自己的内心并不一定要遁世，提升灵魂的质量也不一定非要与青灯古钟为伴，只要内心开怀，心怀明月，佛自在心中。

放下，就是解脱

度己，追求的是一种解脱。现实生活如此浮躁，世人如果随波逐流，只去追求物质上的享受，就要面对无穷无尽的生活和精神上的压力。要想度己，就要达到一个轻松自在的思想境界，懂得凡事随遇而安，不必苛求。求佛度己不要有功利心，就像南怀瑾先生在《定慧初修》中所言："以无所求之心，一心一意，虔诚恭敬；敬重佛，敬重僧，自己才能得益。"

相传释迦摩尼佛在世时，一位名为黑指的婆罗门来到了他面前，手拿两个花瓶，前来献给佛陀。佛陀大声对黑指婆罗门说道："放下！"于是婆罗门放下了左手拿的那个花瓶。佛陀又大声说："放下！"婆罗门把右手拿着的那个花瓶也放在了地上。然而佛陀仍接着说："放下！"婆罗门心生困惑，只能回答说："我已两手空空，再没有什么可以放下了，您为何还要我放下呢？"佛陀摇摇头道："我并不是让你放下花瓶，而是放下六根、六尘和六识。只有把这一切都放下,你才能从生死轮回中解脱出来。"

在现代社会,人们应该放下浮躁,多些安静的思考,少些追名逐利的功利之心,多给自己的心灵一些空间。看看天上的流云,听听耳畔的清风,让心充盈诗意的宁静,佛性自然就会在我们心间,我们也会在度己的漫漫长路上走得更远、更平和。

笛卡尔曾说过:"我思,故我在。"只要用心去感受这个婆娑世界,抛开心中的欲望、嗔痴和贪婪,多一些纯净,多一些慈善,佛就会像一轮明月,在你心中照映。

9. 嗔念,一剂穿肠的毒药

佛家有"贪嗔痴慢疑"五毒的说法,而嗔排名第二,是指生气,生闷气,生大气,内心责怪别人,口语埋怨人、事、物等等。在现实生活中,人们难免会遭遇一些不如意,或者与别人产生矛盾,于是便无法抑制情绪,引起生气。这就是佛教所说的"嗔心"。

难以克制的嗔念

南怀瑾先生认为,世上许多人都存在嗔念,只不过有些人没有意识到而已。脾气大、怨恨别人、怨天尤人都属于嗔,都是由嗔念而引发的行为。有时,人们突然之间没有任何理由地对一些事物感到厌恶,这也是嗔念的一种。嗔念好像一剂穿肠毒药,让人们难以克制。

从前,有一个婆罗门教徒谒见舍利弗尊者时说:"尊者,我听说您发大心,行菩萨道,因此我特意来请您布施一只眼睛给我,因为我母亲生病了,必须要修行人的眼睛做药,才可以治疗。"舍利弗听后,毫不犹豫地挖下了自己的左眼给他。但是教徒却说:"啊!我搞错了,医生说是要右眼。"于是舍利弗又挖出了自己的右眼给他。

舍利弗身为佛门子弟，只要众生脱离苦难，即便自己痛苦，也在所不惜，因此将自己的眼睛全挖了施舍出去。可那人拿了舍利弗的眼睛之后，不仅没有道谢，反而闻了闻说："呦！这样腥臭的眼睛，怎能治好我母亲的病呢？"然后将两只眼睛扔到地上，用脚去踩。舍利弗气坏了，大发雷霆说："对这样的恶人，菩萨道是行不得的！"于是产生了嗔念，结果那教徒变成菩萨的模样，说道："你发了嗔心，失去了菩提心，难以修成正果。"

佛教《大日经》上讲："一念嗔恚火，能烧无量劫善根。"一团愤怒之火，就能烧尽所有善根，可见嗔念是多么地可怕。正因为嗔念是难以克制的，所以生活中保持宽容豁达的心十分重要，不要为一些烦乱的俗世困扰本心，发火生气不仅伤身体，更会破坏美好的心境和道德品格。

从前有一个老和尚，遇事总爱发脾气，因为佛法认为，有脾气就是"我"在，老和尚千方百计想去掉这个"我"，于是花钱雇了一个侍者，对他说："我发脾气的时候，你打我一个嘴巴，打一个嘴巴给一块大洋。"于是这个侍者整日在他面前吃吃喝喝，就等着他发脾气，可是老和尚却完全不发火。一日，一位友人前来拜访，老和尚让侍者出去买菜，打算好好招待客人。侍者出去很长时间都没回来，老和尚等得有些恼火，打算等他回来后找他算账。客人聊了一会就起身告辞了，没有吃饭。又过了一会儿，侍者拎个菜筐，慢慢悠悠地走了进来。老和尚见此情景非常生气，说道："你怎么才回来！"侍者抬手便打了他一个嘴巴子。老和尚更生气，侍者又打了他一个嘴巴子。

老和尚顿时明白过来，抱怨侍者耽误了他的事情，没招待好客人，这些都是围绕着"我"，不断计较"我"，脾气自然越来越大，侍者一个巴掌，这个"我"就消失了。

从这个故事中我们能明白，生气都是因为执着于"我"，将"我"看得过重，总是计较"我"的事情和"我"的利益，所以当别人触犯到这个"我"时就非常容易生气。因此，想要去除嗔念，就应该放开"我"，忘记"我"，一切事情随缘随意，宽容待人，也就是宽容待己。

宽容是治疗嗔怒的一剂良方

南怀瑾先生在《定慧初修》中说，假如一个人可以时刻抱有一颗宽容、豁达的心去看待世间的人与事，那么这个人在生活中就会少许多烦恼，可以时时拥有一颗宁静的心。因为嗔念是一剂穿肠的毒药，它不仅伤害别人，更容易伤害自己。

嗔是一把双刃剑，剑锋指向何处，最终取决于我们自己。人与人之间的相处贵在了解和相互沟通，只有增进了解，明白每个人都有局限与弱点，宽容对待对方，就能化解嗔怒。所以，治疗嗔怒的良方就是宽容，一个人应该懂得欣赏别人的优点，能看出别人优点的人不容易犯嗔怒；相反，那些总是挑剔和强求别人的人，处处看不惯别人的行为，是最容易犯嗔怒的。

晚清名将曾国藩在没有考取功名之前曾在长沙读书。教室里，他的书桌摆在窗前，之后来了一个名叫展大宽的同学，由于来得晚，书桌只能安排在墙角。一天，他突然朝曾国藩大喊道："亮光都是从窗户照进来的，你凭什么遮挡别人？"曾国藩听后，一声不响地将桌子挪开了。可展大宽还是不满意，到了第二天，他趁曾国藩不在教室，偷偷将自己的书桌挪到窗前，将曾国藩的书桌推到了墙角。曾国藩回来之后一句话也没说，就这样始终在墙角的位置读书学习。

后来，曾国藩考取了举人，展大宽又前来挑衅滋事，气呼呼地说："你读书的地方风水好，那原本是我的，但是却被你夺走了。"面对展大宽的无理取闹，曾国藩一直和颜悦色，没说一句话。他凭借隐忍和宽容之心，日后在官场打拼数十年，终成一代名臣，成就了一番事业。

有人总结，曾国藩一生地位显赫，就是因为他够"忍"。当官场失意时，他能忍忿；当同僚排挤时，他能忍气；当战事溃败时，他能忍辱；当名利无收时，他能忍欲；当功高震主时，他能忍嫉。这种"忍"其实就是宽容，它贯穿了曾国藩的一生，使他遇事不嗔不怒，坚韧隐忍，最终成就了事业的辉煌。

所以，我们在遇到生气的事情时应该尽量保持心态平和，学会宽恕，发脾气是愚痴，不发脾气是智慧，更是一种涵养。

| 第三篇 |

南怀瑾的经商之道

第一章

经商需用智，善谋方应市

1. 奇迹多是在逆境中出现的

古往今来，在逆境中成就一番伟业的名人数不胜数，正如雨燕经历风雨的击打更加矫健迅捷，松柏经过雨雪的积压更加挺拔苍翠一样，很多时候，奇迹是在逆境中出现的。

《警世贤文》勤奋篇中有这样一句话："宝剑锋从磨砺出，梅花香自苦寒来。"这句话直到今天依然常被用来告诫世人，宝剑的锋利和梅花的清香都是经过磨砺和苦寒才得到的，因此一个人若想在某一方面取得成就，就要能够在逆境中坚持自我，不畏惧苦难，以积极的心态面对命运赐予的一切考验。

南怀瑾先生在《论语别裁》中说："我们都常听说'得意忘形'，但是据我个人几十年的人生经验，还要再加上一句话——'失意忘形'。有人本来蛮好的，当他发财、得意的时候，事情都处理得很得当，见人也彬彬有礼；但是一旦失意之后，就连人也不愿见，一副讨厌相，自卑感，种种的烦恼都来了，人完全变了——失意忘形。"也就是说，很多人的修为能够达到得意不忘形，却不足以达到失意不忘形的境界，当遭遇逆境的时候，就手足无措、一蹶不振，完全不具备在逆境中创造奇迹的素养。

天才也会遭遇逆境

南怀瑾先生在《孟子他说》中重点剖析了战国时代的苏秦，称赞他是当时政坛上的风云人物，可谓是逆境中创造奇迹的典范。苏秦出生于农民家庭，自幼家境贫寒，毫无背景可言，少年时师从鬼谷子学习纵横捭阖之术，学成之后想有所建树，于是仔细分析了当时的局势，认定秦国对当时的格局影响最大，便将秦国定为第一个游说的国家。

当时的秦国正处在一个大发展时期，当政的秦惠王居功自傲，目中无人，他以"羽毛未丰的鸟儿不可能高飞"做比喻否决了苏秦对天下大势的整套构想和计划。或许是心中的志向太过坚定，被拒绝后的苏秦并没有马上放弃游说，而是将中国上古以来可以支持自己的历史哲学、战争论、战争思想、战争典故都搬了出来，继续劝说秦惠王一统天下，却再次遭到毫不犹豫的拒绝。

当面游说不成，苏秦辗转住进秦国的旅馆，开始书面游说。他前后共给秦惠王写了十几封计划和报告，均未得到采纳，这些书信寄出之后都石沉大海，杳无音讯。此时的苏秦，盘缠已经用尽，身上的衣服也破旧不堪，尽管大志未泯，但是英雄末路，他不得不收拾行囊回乡。

对于普通人来说，家是温暖的港湾，是在外受到挫折后最想去的地方，而对于苏秦来说，家却并不是这样的。在秦国游说无果的苏秦回到家中面临的是妻子的不理睬、嫂子的看不起、父母的不搭理。逆境中的苏秦并没有灰心失望，怨天尤人，也就是南怀瑾先生说的"失意忘形"，他痛定思痛，从自己身上找原因，将自己的藏书一一翻出来再次阅读，重新研究阴符谋略，读书读到困的时候就拿锥子扎自己的大腿，历史上有名的"头悬梁，锥刺股"的典故就是在说苏秦。经过一番刻苦钻研，他根据时局适时地改变了策略，从游说秦国一统天下变为游说六国结盟抵抗强秦。皇天不负苦心人，最终他以一己之力促使六国合纵，保当时天下臣民二十年免受战争之苦，身佩六国相印，显赫一时。

从政治角度来说，苏秦不愧为深谙权谋之术的天才，但是天才也有遭遇逆境的时候，苏秦之所以能够走出逆境迎来人生最辉煌的时刻，主要在于他有着极高的修养，能够让自己在逆境中自我反省和再接再厉，而不是自怨自艾和萎靡不振。

逆境可以成就奇迹

逆境就像一把双刃剑，不懂得利用的人或许会将自己刺得体无完肤，从此心灰意懒；而懂得利用并享受逆境的人会将这把剑磨得更加锋利，让自己在以后的路上能够轻松地斩断荆棘。孟子曰："天将降大任于斯人也，必先苦其心志，劳其筋骨，饿其体肤，空乏其身，行拂乱其所为也，所以动心忍性，曾益其所不能。"意思是说，上天要降重大责任在一个人身上，一定要先使他的内心痛苦，使他的筋骨劳累，使他饱受饥饿以致肌肤消瘦，使他受贫困之苦，使他做的事颠倒错乱，通过这些挫折来使他的内心警觉，使他的性格坚定，增加他不具备的才能，来接受重大的任务。

西汉的开国功臣，官拜楚王和上大将军的韩信就是一个曾经受过"胯下之辱"的人，并且在饥寒交迫之际还曾接受过河边洗衣妇人的饭食施舍。罗曼·罗兰说："天才总是免不了要遇到障碍，因为障碍会创造天才。"饱受磨难的韩信在刘邦入蜀后带着佩剑离楚归汉，只得到一个仓库管理的小官，并不被人重视。后来他结缘萧何，深得萧何赏识，被推荐给刘邦才初露锋芒，自此东进灭赵，施计灭齐，平定四国，名声大振，创下了一个又一个奇迹。

南怀瑾先生在讲解《圆觉经略说》中的普觉菩萨时说，"现逆顺境，犹如虚空"。善知识（梵语，音译为迦罗蜜，指正直而有德行，能教导正道之人）往往故意展示、呈现顺境、逆境来磨炼你，考验你。在顺境时，看你是否沉迷，是否能够维持平常心，而不得意忘形；在逆境时，看你是否能够忍受，是否能够维持平常心，而不怨天尤人。

细细想来，商场何尝不是一个到处弥漫着无形硝烟的战场，尤其是在竞争异常激烈的现代社会，千军万马摇旗呐喊争过独木桥，一不小心就会跌入谷底，成为别人前进路上的奠基石。在这关键时候，是创造奇迹还是默然倒下，就要看我们面对逆境时有何种心态了。

2. 胸怀公众，实干先行

一个企业绝不能把赚钱当成唯一的目的。对于企业来说，赚钱固然重要，但是拥有社会责任感和树立服务意识同样重要，甚至比赚钱更重要。因为一个没有社会责任感、唯利是图的企业对社会是没有什么意义可言的，可想而知，这样的企业也是很难在社会上长久生存下去的。而一个不能生存的企业，又怎么能实现赚钱的目的呢？正所谓"天下兴亡，匹夫有责"，作为社会重要成员的企业，更要对国家、社会和人民负起责任。

南怀瑾先生是将儒家智慧与经商完美结合在一起的中国学者，他认为儒家所提倡的"道"，就是指以出世离尘的精神做入世救人的事业。这里的"道"其实就是一种境界，对于优秀的企业经营管理者来说，要想达到这种境界，就需要具备强大的社会责任感，应该以服务社会、造福人类为使命。

大道之行，天下为公

一些潜心研究企业管理的人得出一个结论，即世界著名的、经营良好的企业没有一家不是将社会影响、人类利益放在企业盈利前头的，没有一家企业是缺乏社会责任感的。在这些企业内部，上至管理者下至普通员工，都将对社会负责、对国家负责、对企业负责、对工作负责作为最起码的准则。正所谓"大道之行，天下为公"，在大道施行的时候，天下是人们所共有的，我们只有保护好共有的东西，才能获得长久的发展。

近些年，大连万达集团股份有限公司董事长王健林常常以有责任感的企业家形象出现在公众视野，人们在钦佩他事业有成的同时也为他的慈善形象所感动。有媒体报道，万达集团自成立以来，为社会捐款及投入到公益事业的资产超过 31 亿元。其实早在 1990 年，万达集团刚刚起步，整个公司经济并不宽裕的情况下，王健林就已经悄悄地承担起企业家的社会责任。那时候，他捐赠100万用来建设大连西岗区教师幼儿园，此后便一发不可收，以"共创财富，公益社会"的企业使命在慈善事业上活跃起来。1993年捐款2000万兴建大连西岗区体育馆，1994年捐款5亿建立大连大学，2005年捐款500万成立全国首支农民工援助基金，2003年率先捐款100万抗击非典，2007年又率先向大连、沈阳两市受灾地区捐款700万元，2008年汶川地震再次率先捐款500万元……回顾这些年的中国大事记，只要国家和人民有需要的地方，我们总能在第一时间看到万达的影子。更有甚者，本身并不是佛教信徒的王健林在2010年向南京人民政府捐款10亿元用于南京金陵大报恩寺的重建。他说，此举并不是信众的布施，而是想要弘扬中国传统文化，带动国家旅游业的发展，并促进社会和谐。

王健林的公益形象代表了万达集团的公司形象，人们不会忽视一个有社会责任心的企业家。2014年12月，万达集团在香港联交所主板挂牌交易，到认购结束时，约1.2万人为万达商业捧场，超额认购5.3倍，欧美市场的认购也超额10倍，基石投资者投资数额高达20.94亿美元，最终万达集团融资高达288亿港元，堪称2014年港股融资王。一个以天下为公的企业，必然能够感动社会，感动他人，国家和人民当然希望它能够长久发展下去。

兴业实干，顺手化缘

有责任感的企业并不只是那些在社会、国家需要的时候捐款的企业，撇开捐款不谈，那些积极响应国家号召保护社会环境的企业，那些兴业实干、做良心产品、为人民服务的企业，那些拥有爱国主义情怀、愿意弘扬中国文化的企业，都是有责任感的企业。

随着人们对生活环境要求的提高，生态型产品逐渐成为人们消费时的主选。这时候，一个注重环境保护和生态循环的企业，即便不是为了提升公司的美誉度而关注社会效益，也会赢得社会各界的支持，在美誉度、知名度提升的同时形成公司利益的良性循环，无心插柳柳成荫，这也算是对实干型企业的一种回报吧。德国的化工企业巴斯夫就是这样一个企业，它创建于1865年，是世界最大的化工企业之一，它最令人称赞的地方就是在承担社会责任方面所做出的成绩。为了响应德国政府2001年出台的要求建筑物的采暖能耗降到 7 升的号召，巴斯夫立即引用新技术，并利用自身的能源优势将德国一幢老房子的取暖能耗降至 3 升。这一贡献不仅为住户节省了一大笔取暖费用，而且对社会环保十分有益，减少了消耗和废气的排放量，立即在德国得到大力推广，公司的发展也随之迈上了一个新的高度。

南怀瑾先生说，企业是社会的一分子，企业的生存需要当然要和企业的生存环境相融相生，因此企业家在经营好企业的同时，也要照顾到社会环境，承担起社会责任，只有这样，企业才能长久发展下去。

3. 赚钱与花钱都是一门学问

人生在世，谁都避免不了与社会产生经济联系，古语云"人为财死，鸟为食亡"，意思是说，人活一生逃不开钱财的桎梏，而鸟活一生也离不开食物的牵制。可见，再自命清高的人也绕不开赚钱与花钱的问题。企业也同样如此，要想顺利地运营和发展下去，就需要妥善处理好赚钱与花钱的关系。因此，一个合格的企业管理者首先要研究好赚钱与花钱的学问。

关于赚钱与花钱，南怀瑾先生曾经说，赚钱难，聚财难，但是用钱更难，散财更不易。能够赚钱聚财，又善于用钱和散财的，必然是人中豪杰，不是常人所能及的。至于死守财富和乱散钱财，也是社会人群中常见的两种典型。

每个人都希望自己事业有成，早日实现经济自由，有能力行善布施，提升自己的地位，受万人景仰，希望所有美好的事情都降临在自己的身上。有人认为这是痴人说梦，于是继续好吃懒做、大肆挥霍，过着仇富自怜的日子，然而也有人利用正确的经商之道、博爱的处事态度，实现了这些梦想。

君子爱财，取之有道

"君子爱财，取之有道"是我们从小就耳熟能详的古训，意思是说君子虽然喜欢钱财，但是要从正道上获得，那些不义之财是坚决不能要的。身为领导，更要明白这个道理，在经营企业的过程中，不但要会赚钱，能赚钱，还要坚持只赚该赚的钱。那些昧心钱、黑心钱、违背良心道德的钱坚决不能赚，否则除了蒙受道德耻辱之外，还可能有牢狱之灾。

东汉的荆州刺史杨震是一位为官清廉、不谋私利的君子，他因知识渊博而被尊称为"关西孔子"。杨震一生以"清白吏"为座右铭，严格要求自己，坚决"不受私谒"。他在任荆州刺史的时候曾因学生王密的才华出众而向朝廷举荐为昌邑县令，后来他调任东莱太守，途经昌邑县，王密热情地接待了他。两人相谈甚欢，聊至深夜，王密临行前突然从怀中捧出黄金送给杨震，说："恩师难得光临，我准备了一点小礼物来报答您的栽培之恩。"杨震大为恼火，说："我推荐你是因为你的真才实学，并不是为了你的报答，我希望你能够做个廉洁奉公的好官，可是你今天的行为真是违背了我的初衷，你对我最好的回报是报效国家，而不是回报我个人。"王密坚持道："现在是半夜，我送您黄金不会有人知道的，请收下吧。"杨震怒不可遏，疾言厉色道："你这是什么话，天知，地知，我知，你知！你怎么可以说没有人知道呢？没有别人在，难道你我的良心就不在了吗？"王密顿时没了底气，灰溜溜地走了。

杨震一生耿介，从不以公谋私，也不收受贿赂，他之所以能够受后人尊敬和爱戴，就是因为他明白，信誉是一个人安身立命的基础，无论贫富贵贱，都要做一个有信誉的人，这才是君子所为。企业领导担负着企业发展的重任，尤其要注重自己的名誉，因为领导的形象和企业的形象是密不可分的。

君子富，好行其德

与赚钱相比，花钱在人们心中似乎是一件很容易的事，花钱谁不会，享乐、做生意、买股票等都是花钱。然而，南怀瑾先生却认为，"君子富，好行其德，小人富，以适其力"，意思是说，好人赚了钱会做好事，积德行善，而小人发财了只会用来享乐，或者做坏事，或者继续投资，为了赚钱而赚钱。因此，可以说花钱的本事并不是每个人都有的，花钱要花得有意义才是真正的花钱，即便撒手千金，也要撒得有意义才行。

春秋末年的大经济学家范蠡可以称得上是儒商的鼻祖，那些油头滑脑、盘剥敛财的事情他从来不做，而是以一颗诚恳的心对待所有的合作者。此外，他对待雇工和租客也十分慷慨，遇到收成不好的年份，他会主动减免地租，而且如果百姓生活十分困难的话，他还会施粥救济。年初的时候，他与合作者签订好收购合约，如果到了年底商品的价格发生了波动，他也总会选择执行自己吃亏而对合作者有利的方案。

在多年的经商历程中，范蠡始终把诚信作为与人合作的原则。一次，他因资金周转不开而向一个富户借了钱，这个富户出门讨债时弄丢了借据，范蠡知道后，立即连本带息将钱还给了富户，并且额外给了他一笔路费。

范蠡这样做并不是为了获得好名誉，而是因为他本就是一个宅心仁厚的君子，他甘于吃亏，愿意与别人分享经营成果，算得上是真正会花钱的人。因此，很多人都愿意跟他做生意，一些雇户长工也都愿意为他干活，当他在经营的过程中需要别人帮助的时候，那些曾经与他合作过的人都会毫不犹豫地伸出援助之手，帮他渡过危机。

历史上第一位获得佛学博士学位的美国人克尔·罗奇格西从佛学的角度说："如果公司财务状况不稳定，一直处于长期亏损状态，要想解决这个问题，你就得把获得的利润多多分给那些帮助你创造利润的人，并且绝对不要贪取不义之财。"商朝汹涌，变幻莫测，要想在经营过程中立于不败之地，就要学会与别人分享，那些只顾自身利益、挣了钱不分给合伙人、压榨员工的领导，只会将自己逼上没有生意可做的绝路。

4. 把"逆耳忠言"听进心里

身居高位的领导，大多是经历了一番打拼、在某些方面有过人之处的人，他们在习惯了周围人的阿谀奉承之后，很难再听进不同的意见。因此，很多领导常常摆出一副高高在上的姿态，对于那些进谏忠言的人不但不感激，反而认为对方是在对自己进行人身攻击。他们由此心生怨恨，给对方穿小鞋、使绊子，恨不得将对方赶出公司。这样是不对的，须知，"良药苦口利于病，忠言逆耳利于行"。

南怀瑾先生说:"忠言逆耳,古有明训,讲真话固然不容易,但是能够接受、听得进去真话更难,只有高明的人,才肯接受这逆耳的忠言。"是的,勇于接受别人批评的人是追求进步的人,是愿意改正自己缺点的人,是想要使自己更加完美的人,也是内心强大的人。

《左传》有云,"人非圣贤,孰能无过,过而能改,善莫大焉",那么一个人怎样才能知道自己是对是错呢?除了自我反省之外,还需要倾听来自旁人的批评。其实,犯错并不可怕,只要及时改正,就能停止犯错。最怕的就是那些闭目塞听的人,尤其是身在高位的领导,他们的言行对企业的影响很大,如果不肯接受别人的批评建议,任由自己在错误中继续下去,只会使小错变成大错,使大错变成无可救药的过错。

以人为镜,可以明得失

回顾中国千年历史,大凡有所作为的人,都是能把"逆耳忠言"听进心里的人。他们闻过则喜,择善而从,广开言路,能够悉心听取来自不同阶层的人的声音,从而使自己在成就大事的路上少走弯路。

唐太宗李世民就是一位能够将臣民的"逆耳忠言"听进心里的皇帝,"李世民畏惧大臣魏征"的传闻也成了中国历史上一段表现君臣关系和谐的佳话。若论起来,李世民和魏征的结交也是从一个直言不讳的故事开始的。魏征早年在太子李建成的帐下做事,颇受太子重用,后来李世民发动兵变,杀了太子自己称帝。他知道魏征是一个不可多得的人才,便召他相见,一见面就假意问责魏征为何要离间自己兄弟二人的感情,当所有人目睹圣怒,以为魏征必死无疑的时候,魏征却不卑不亢地说:"如果皇太子早听我的话,肯定不会落到今天这样的下场。"李世民见魏征如此从容淡定、不畏强权,很欣赏他,不但没有杀他,反而任他为谏官。

魏征忠心敢谏,李世民雅量容人,这对君臣更像是地位平等的朋友。一次,魏征从外面回来迎面碰到李世民出门后又临时折回的车架,便问:"听说陛下想去南山游玩,都已经准备好了,为什么突然又不去了呢?"李世民只好笑着说:"刚开始确实想去玩来着,可是怕爱卿生气,只好中途返回了。"

李世民将魏征视为左膀右臂，魏征死后，他悲痛欲绝，无奈叹出了那句流传至今的名言："以铜为镜，可以正衣冠；以古为镜，可以知兴替；以人为镜，可以明得失……魏征殂逝，遂亡一镜矣！"

李世民即位的时候还不满三十，正处于年轻气盛目中无人的年龄，但他君临天下之后能够收敛自己的性子，虚心接受别人的批评建议，励精图治，集思广益，勇纳忠言，最终开创了大唐"贞观之治"的盛世景象。

听得进忠言才能够成就霸业

有时候，忠言就像一根刺，刺进身体的时候会很疼，但却可以治好身上的毒疮。现代企业里，上至公司领导，下至员工下属，都要欣然接受来自他人的批评建议，不仅要把忠言听进耳朵里，还要听进心里。

西汉开国皇帝刘邦是中国历史上第一位毫无背景、出身贫民的天子。他之所以能够得逞霸业，除了知人善任之外，还在于有听进"逆耳忠言"的雅量。当刘邦率领十万义军大败秦军之后，兴高采烈地进入秦的都城咸阳，从来没有享受过荣华富贵的他逐渐被胜利冲昏了头脑，自负情绪开始滋生。他见到秦宫美色珍玩之后更是一发不可收拾，建立霸业的雄心壮志早已抛到九霄云外，从此开始纵情声色，丝毫不理会好兄弟樊哙的劝谏。刘邦帐下的谋士张良看不下去了，劝谏刘邦道："良药苦口利于病，忠言逆耳利于行，请沛公听樊哙言。"刘邦听了张良的直言劝诫，如梦方醒，离开秦宫，将军队撤到灞上，并且召集当地的名士，与他们约法三章：1. 杀人者死；2. 伤人及盗抵罪；3. 其他秦朝的苛刻法制一律废除。刘邦能够做出这些决定，说明他不但将属下的劝谏听到了耳朵里，而且听到了心里，这些约定也使他得到了民心支持，对促成霸业有非同寻常的作用。

正所谓"听人劝，吃饱饭"，一个刚愎自用的领导是很难认识到自己的错误的，一意孤行，最终只能让自己离成功和尊重越来越远，而一个虚怀若谷、能够虚心接受他人批评指正的领导，才能更加清楚全面地认识自己，收获意想不到的尊重和成功。所以，身为领导，要有宽厚容人的胸怀，要客观冷静地面对别人的批评，多听取别人的劝告。

5. 在其位，善谋且只谋其政

领导是一个团队的核心人物，身上承担着更多的责任，要想成为一个受人尊敬的领导，就要"在其位，谋其政"。有句俗话叫"当官不为民做主，不如回家卖红薯"，就是强调做领导要有作为、有担当，不能身居要职不做实事，只吃闲饭不干活，那样就成了尸位素餐。

然而，在《论语》中，孔子的原话却是"不在其位，不谋其政"，意思是说，不担当一个职务，就不要过问这个职务范围内的事。南怀瑾先生很赞同孔子的观点，他认为，一个品德高尚、有素养的领导除了要做好分内的事之外，还要三缄其口，不能随便对自己不熟悉的岗位指手画脚。比如说一个知识分子，如果不是身居官职，就不要随意谈论批评政事。在一个企业内部同样如此，如果你是一个行政部门的领导，就不要过分插手业务部门的事，须知隔行如隔山，虽然同在一个公司，但是涉及的专业知识不同，工作经验不同，思考问题的角度不同，需要注意的细节不同，用到的管理方法自然也不相同，如果不计后果地僭越，一不小心就会把别人指引到错误的路上去。

"在其位，谋其政；不在其位，不谋其政"，算是对一个有涵养的领导在该为和不该为两个方面同时做出了要求。企业把领导权交到你手里，你就要以岗位为平台，兢兢业业，一丝不苟，才能不辜负公司的厚爱；对于那些不属于自己领域内的事情，不要随便评价，轻易插手，以免指挥失误，引起别人的怨愤。

行其权，尽其责

"食人俸禄，忠人之事"是一个企业上至领导，下至员工都应该具备的品德，那些只想着偷奸耍滑，抱着"当一天和尚撞一天钟"的敷衍态度混日子的人根本不配拥有任何工作机会，这种不思进取、得过且过的心思自以为没有人知道，然而却经不住任何小事和时间的考验，一旦被公司发现，同信誉一起葬送掉的还有自己的前途。

一说起在岗位上"鞠躬尽瘁，死而后已"的典范，我们都会想起全心全意奉献自己的蜀汉军师诸葛亮。当年刘备三顾茅庐问计于他，他孤坐草庐却精辟地分析出当时天下的形势，并为刘备制定出先取荆州立足，再图西川扩展，最后兼并天下实现霸业的进军路线。此后，他治理蜀地、平定南蛮、六出祁山、七擒孟获，苦心筹谋多年，最终积劳成疾，病死在北伐的途中。诸葛亮之所以受人景仰，不仅因为他是智慧和忠诚的化身，还因为他是一个全心全意为主分忧的人。刘备死后，后主孱弱，诸葛亮年过不惑，在蜀中更是一人之下万人之上，他完全可以过每天上朝下朝的悠闲日子，再不济回到卧龙岗继续过那神仙般的日子也不是不可以，但他却选择挥师北伐，想为后主扫平天下，为刘氏江山稳固根基。尽管有阿斗的不解，有朝中大臣的猜忌，但是他依然坚持做自己该做的事，把出山之后的所有时光都献给了那个对他有知遇之恩的刘备。

领导，就是要引领员工，指导员工，只有以身作则，起到模范带头作用，才能够真正地带领属下做好该做的事，才算对得起公司给予的机会，对得起每月所拿的薪水。

卑不谋尊，疏不间亲

打着关心别人的口号批评别人或者对别人指指点点是现在社会的一大通病，不知道从什么时候开始，当我们想要做一件事情的时候，身边最不缺少的就是那些真假难辨的关心和对错难分的指教。俗话说，"卑不谋尊，疏不间亲"，意思就是说不要随意替别人谋划，掺和别人的事。

伟大领袖毛泽东曾经说过，不调查，就没有发言权，当我们连一件事情的来龙去脉都没搞清楚时就高调地发表自己的看法，实在是一种缺乏素质的表现，正如南怀瑾先生所言，往往越是外行的人越喜欢说内行话。作为管理者，尤其要注意这一点，不要自以为是地在超出自己权责范围的领域高谈阔论、指点乾坤，否则很容易丧失下属的尊重。

关于随意批评别人这个问题，网上曾经流传过一组悲伤且耐人寻味的漫画,第一幅漫画是一群小伙伴围着一个小朋友问:"你爸爸的生日你要给他买什么?"第二幅漫画中这个小朋友开心地回答道:"我要给爸爸买朵花。"到了第三幅漫画,这群小伙伴在那里笑得前俯后仰地嘲笑这个小朋友,并且口出恶言:"花?你爸爸竟然喜欢花?哈哈!"在最后一幅漫画中,这个小朋友十分沮丧地把买来的花放到了爸爸的墓碑前。漫画虽然简短却激起了人们心中无限的酸楚,在不了解真相的情况下随便评论别人的事情,很容易伤害别人而不自知。

南怀瑾先生十分欣赏儒家一贯提倡的"自省、克己、慎独、宽人"的治学处事态度,而"在其位,谋其政;不在其位,不谋其政"就是对高风亮节的领导的完美诠释。时代的进步虽然丰富了知识的传播手段,但是人类认知能力的局限性也在很大程度上限制了事事精通的可能,因此我们每个人做好自己的本分就好,不要自以为是地批评指点别人。

6. 企业管理的藩篱:水至清则无鱼

"水至清则无鱼,人至察则无徒",这句话源于《汉书·东方朔传》,意思是说,水如果太清了,鱼儿就无法生存,人如果太精明算计了,就会没有朋友。后人多以此来告诫人们:指责别人不要太苛刻、看待问题不要过于严厉,否则就容易使大家因害怕而不愿意与之打交道,就像水过于清澈养不住鱼儿一样。从管理的角度来说,就是要求领导对待下属少苛刻,多宽容,不要将一些非原则性的问题揪住不放,应学会适可而止。

南怀瑾先生在讲到做人不能过分计较时曾引用郑板桥的话来加以概括,他说:"聪明难,糊涂亦难,由聪明而转入糊涂更难。放一著,退一步,当下心安,非图后来福报也。"他教导我们,必要的时候,要学会揣着明白装糊涂。

正所谓"人非圣贤,孰能无过",每个人都会犯错,都有小毛病,如果不分青红皂白就将所有的过错都放到公众面前加以评判,就会小事变大,大事发展到不可收拾的地步。姜太公曰:"明察则人扰,人扰则人徙,人徙则不安其处,易以成变。"意思是说,什么事都查得一清二楚,人就会觉得不安,为了逃避骚扰,大家就要迁移,不再安居原地,这样就容易发生动乱。

做事需留有余地

很多时候,做事留有余地,给别人一条出路,比赶尽杀绝更能收到意想不到的效果。老子曾有言:"民不畏死,奈何以死惧之。"掌权者如果处处得理不饶人,动不动就处罚,且罚得很严厉,时间长了,人们就不害怕了,并不能起到良好的管理效果。特别是在如今选择比较多的时代,领导若过分苛求员工,员工就会另找出路。所以说,管理不是越严越好。

历史上有个《楚客谢绝缨》的故事,讲的就是楚庄王的待人之道。春秋时期,各国战乱频频,一次平定叛乱后楚庄王在皇宫内大宴群臣,宠妃们也统统出席助兴。楚庄王钦点了两位最受宠爱的美人许姬和麦姬轮流向文武大臣们敬酒。觥筹交错间,一阵风吹灭了宴席上的蜡烛,这时候,一位官员因为许姬貌美如仙,斗胆拉住了她的手,撕扯中,许姬扯下了那人帽子上的缨带。许姬委屈万分,跑到楚庄王面前告状,并让楚庄王点亮蜡烛,将缨带断了的人揪出来加以处罚。楚庄王听后,却传令不许点蜡烛,还说:"今日寡人设宴,希望诸位都能喝尽兴,谁若不把头上的缨带扑断就代表谁没有尽兴。"众人听后,纷纷扯断头上的缨带,楚庄王这才命人点上蜡烛,君臣尽兴而散。许姬怪楚庄王不给她出气,楚庄王却笑着说:"此次君臣宴饮,旨在狂欢尽兴,融洽君臣关系。寡人命人喝酒,人家喝醉了酒后失态,本来就是寡人之过,若下令责罚,岂不是太小气了吗?"七年后,楚庄王伐郑,一名战将主动率领部下先行开路。这员战将所到之处拼力死战,大败敌军,直杀到郑国国都。战后楚庄王论功行赏,才知这位战将叫唐狡。唐狡表示不要赏赐,并坦承七年前宴会上无礼之人就是自己,今日此举全为报七年前不究之恩,楚庄王听后百感交集。

如果楚庄王当时命人点亮蜡烛,揪出唐狡并处死他,那么就没有后来被传为千古美谈的《楚客谢绝缨》的故事,楚国伐郑就不一定能胜,楚庄王的春秋大业也就不一定能够成就了。古人讲:"君则敬,臣则忠。"楚庄王能够成为"春秋五霸"之一，与其心胸开阔、知人善任不无关系。

得饶人处且饶人

无论什么时候，那些小肚鸡肠、睚眦必报的人都是很难结交到真心朋友的，因为这类人心胸太过狭窄，不肯原谅别人一点小小的过错，苛求所有人的一举一动都必须符合自己的意愿，这会在无形中给别人施加压力，别人自然不愿与之结交。相反，那些宽大为怀、豁达大度的人更能赢得别人的敬重，因为他们有同理心，懂得设身处地地为别人着想，得饶人处且饶人，在与人相处的过程中，会给人带来轻松自在的感觉，别人自然乐意与其交往。

秦穆公是春秋时期秦国的国君，有一次丢失了一匹爱马，于是派人寻找，结果发现爱马被生活在岐山下的三百多个乡人捉住吃了。官吏抓住这些人准备严惩，但秦穆公却说，"君子怎么能因为畜生而去惩治人呢？我听说吃了好马肉，不喝酒会伤身体的"，于是派人把他们请来大喝一顿，并赦免了他们。

秦穆公十五年九月，秦晋两国在韩原交战，两国国君秦穆公与晋惠公亲自带兵参战。最后，秦穆公因为兵力不敌晋国军队反被包围，并且身受重伤，随时面临生命危险。居住在岐山脚下的那三百多个乡民听说此事，纷纷骑上快马飞奔到战场与晋军奋力拼杀，以报食马之德，最终他们不但救了秦穆公，还活捉了晋君夷吾，这就是所谓的德出福反。

秦穆公是历史上少有的待人宽厚的君主，他心胸宽广，深受百姓喜爱，也因此吸引了很多人才，为400年后秦统一六国奠定了基石。他对秦国的发展以及古代西部的民族融合做出了巨大的贡献，是历史上最有所作为的政治家之一。

南怀瑾先生曾经说过，做领导要有人情味，所谓人情味就是人性中温情的一面，是人与人之间真挚情感的自然流露，是一种由内而外感染他人的个性魅力，是一股可以温暖人心的精神。在职场中也是如此，一起共事的同事在性格、喜好、习惯、阅历、经验、言行等诸多方面不可能尽遂人愿，这时候尤其需要以一份宽广的胸怀和友善的态度去对待和处理。

7. 洞察人性，打开管理之门的钥匙

南怀瑾先生在讲国学的时候曾一再强调，世间最难揣摩的就是人心，与人相处的学问一生也学不尽。很多时候，对于人性的本质我们没法给出确切的答案。孟子说，人人皆有不忍人之心，所以人性是善的；荀子认为，人之所以为善是由后天教育培养出来的，但是人性本质上是恶的；而告子则说，人性是不善不恶的，所谓"近朱者赤，近墨者黑"，人之所以为善为恶都是受了后天环境的影响。

在众多辩论善恶的派别中，我们像懵懂的孩子一样无法区分谁对谁错，感觉谁都言之有理。然而，若抛却善恶这么深沉的话题不谈，人性存在很多弱点是我们无法否认的。在管理中，若能深入地洞察人性，并且善于利用人性的弱点，就会像找到了一把能够打开管理之门的钥匙，起到意想不到的管理效果。

南怀瑾先生在讲解《庄子》时说的那句"意有所至而爱有所亡"，其实就是根据人性的特点所提出的处世之道，称不上是善是恶，更谈不上是好是坏，仅仅是从人性的角度去分析人类身上有哪些特点。若能掌握这些特点并加以利用，就能更加巧妙地为人处事，成就一番事业。南怀瑾先生曾说，历史上的大奸臣都懂得"意有所至而爱有所亡"之妙，所以总是避免碰触君臣相处的禁区，其实就是劝诫世人要洞悉人性。企业的运营是十分复杂的，对员工的调配需要讲求技巧，管理者若能洞悉人性，就能在管理过程中事半功倍。

纵容不良风气的滋生损失更大

人性中的弱点在生活和工作中随处可见，正所谓"流水不腐，户枢不蠹"，懒惰是人的天性，没有约束的时候人就会故步自封，躺在功劳簿上睡大觉。职场是一个讲究按劳取酬的地方，若管理者对这些弱点不闻不问，任由其滋长，没有付出劳动也能领到薪水的人就会更加肆无忌惮地不劳而获，辛苦劳动者

若和坐享其成者拿到的报酬一样多，就会觉得不平衡，久而久之，也不愿意多付出劳动，如此一来，企业将很难正常地运营下去。

春秋时期，孔子的得意门生宓子贱曾经有一段在鲁国担任单父宰（单父：地名，今山东省菏泽市单县；宰：古代官名，宰官）的经历。有一次，齐国的军队想要攻打鲁国，行军时必须经过单父。听到这个消息后，城中的百姓纷纷对宓子贱说："大人，现在城外的麦子已经成熟，迟早都要收割。而齐国的军队突然要来这里，在这种关键时刻，恐怕来不及每家都只收割自己的麦子了，不如您下令，让我们一起出城收割麦子，这样既可以得到自己的粮食，又不会资助齐国人，一举两得。"

宓子贱听了百姓的建议，撇嘴一笑，果断地拒绝了。后来，齐国的军队路过此地，果然开始抢收这里的麦子。鲁王知道后十分生气，命人传唤宓子贱想要治他的罪。然而，宓子贱却不慌不忙地对鲁王说："今年的麦子虽然没有了，但是来年还可以种。如果我们在齐国到来之前，一哄而抢地去收割麦子，其中势必会有不劳而获者，这样下去，我们的百姓就会生出惰性，他们不去种地而整天希望敌国军队犯境，长此以往，鲁国就会衰落。单父的麦子只占鲁国所有粮食的九牛之一毛，它的丢失不会使鲁国遭受多大损失，而如果把这种不劳而获的思想流传下来，将会有几代人因此而受害啊！"

鲁王听后觉得宓子贱说得十分有理，就放了他，因为鲁王也明白，作为管理者，只有学会放弃眼前的蝇头小利，才能获得长远的大利。眼前利益虽然可观，但如为此损害了无形的价值观与文化，就会像饮鸩止渴一样断送自己的后路。在企业中，要想杜绝这种不良的风气，就需要制定出切实可行且严谨的管理制度，将人性中蠢蠢欲动的弱点扼杀在无形之中。

关键时刻要懂得以弱治弱

以人管人，总是有漏洞可循的，若遇到那种侥幸心理严重、自觉性极差、想尽了办法都不能使之改变的人，一味地去劝诫、包容他并不能起到真正的管理效果。这时候，以弱治弱或许可以改变他们消极散漫的心态，激发他们自身的潜力。

春秋时期，楚国的令尹孙叔敖在苟陂县一带修建了一条南北水渠，这条水渠又宽又长，给农民的灌溉带来了极大的便利。然而，到了干旱的时候，水渠旁的农民就在露出地皮的堤岸上种植庄稼，有的还直接把庄稼种到了堤中央，若是雨水一来，水渠中的水位上升，这些农民为了保护自己那一点点庄稼，就偷偷地在堤坝上挖开口子放水。时间一长，水渠被沿岸的农民挖得面目全非，严重影响了需要浇灌田地的其他农民的需求。更有甚者，遇到大雨，水渠决口，经常发生水灾，水利变成了水害。

面对这种情况，历任官员均无计可施，劝诫、晓以利害、严令禁止等都无济于事。每次发生水灾时，他们只能调动军队去修。后来宋代李若谷出任知县时，也碰到了决堤修堤这个让人头疼的问题，他思索良久，终于想出一个办法，于是张贴告示，上书"今后凡是水渠决口，不再调动军队修堤，只抽调沿渠的百姓把决口的堤坝修好"。这张告示贴出去以后，再也没人偷偷地去挖堤放水了。

沿堤百姓损人利己挖堤种庄稼只是看到了眼前的那点利益，这是人性的弱点，当李若谷下令水渠决口不再调动军队只令沿渠百姓修理时，百姓自然会考虑，自己为了这点利益而去耗费大把精力修水渠划算不划算，两害相权取其轻，也就不再偷偷地挖堤放水了。

管理是手段不是目的，我们看重的是管理的效果，很多时候，在不违背道德和法律的前提下，针对人性的弱点而实施的管理措施往往更有效果。

8. 管理切忌好为人师

过分自信，完全听不进别人意见的领导是不明智的。孟子曰："人之忌，在好为人师。"意思是说，人与人相处，最大的忌讳就是狂傲自大，喜欢当别人的老师。尤其是那些在才能上没有过人之处、不思深造精进且又以人师自居的领导，结果只能害人害己，因此身为领导，切忌好为人师。

正所谓"精神到处文章老，学问深时意气平"，这与"响水不开，开水不响"

是一个道理，真正有才能的人都是低调的，但凡高调叫嚣、狂妄自大的人都是没有真本事的。南怀瑾先生曾经说过："一个人如果觉得自己很了不起，比别人都高明，那就完了。因此，做领导的，懂得就是懂得，不懂就是不懂，这就是最高的智慧，不要硬装自己懂，否则就是真愚蠢。"

好为人师者往往都有一颗傲慢好胜的心，总认为自己既然有能力处在领导的位置上，就一定有过人之处，于是在这种骄傲心理的驱使下，处处教训别人，事事指导别人，做决定的时候很容易固执己见、刚愎自用。然而，没有真正认识到自己缺点的人不足以谈优秀，当领导的一定要敢于自我剖析，承认自己的不足，虚怀若谷，善于发现别人的长处。

优秀的领导敢于承认自己的不足

子曰："知之为知之，不知为不知，是知也。"然而，在现实生活中，勇于自我批评，当众承认自己的不足是需要很大勇气的，只有真正的强者才能做到。身居高位的管理者应该从多方面要求自己，克服人性中刚愎自用、自以为是的弱点，敢于承认自己的不足。

三国时期的曹操就是一位敢于承认自己错误并且虚心接受别人正确意见的领导。每次与人交锋，无论输赢，他都要总结经验教训。当初张绣反叛的时候，曹操战败，他自我检讨说，"张绣投降了我，我没有马上收取他的家属做人质，他才敢反叛，造成了今天的局面。我已经吸取教训，从今往后不会再犯这样的错误了"。

建安十二年，曹操北征乌桓，出其不意，以少胜多，然而他回来之后却大肆封赏了当初那些提反对意见的人。他说："我这次出征非常危险，靠运气才侥幸赢了。这种事不会多，你们的劝谏，是真正的万全之计，所以要赏赐你们，以后不要为提这种意见感到为难。"建安十三年，曹操赤壁之战惨败，八十三万大军被孙刘联盟的五万军队聚歼。心痛之余，曹操把将士们召集到一起，分析了此次战败的原因，他首先自我剖析道："我们八十三万大军挥师南下，却败于孙刘五万军队，为何？我看最根本的原因就是最近这些年我们胜仗打得太多了，兵骄将惰，文恬武嬉，轻敌自负，尤其是我，居然连一个小小的苦肉计都未能识破，致使东吴火攻得手，由此看来，我们是到了该吃败仗的时候了。"

曹操能够将自己放在一个很低的位置上，虚怀若谷，取长补短，是百年难得一见的政治军事奇才，就连鲁迅先生都曾经称赞道："曹操是一个很有本事的人，至少是一个英雄。我虽不是曹操一党，但无论如何，总是非常佩服他。"

善于发现别人的优点才能取长补短

金无足赤，人无完人，人生在世，没有谁是十全十美的，难能可贵的是善于发现别人的优点。子曰："三人行，必有我师焉，择其善者而从之，其不善者而改之。"意思是说，别人的言行举止必定有值得我们学习的地方。选择别人好的地方加以学习，看到别人的缺点，反省自身有没有同样的缺点，如果有，加以改正。身为管理者，更要善于发现别人的优点，然后才能取长补短，皆为所用。

从前有位农夫，家里有两只水桶，一只是完好的，另一只则是有一道裂缝的，这位农夫每天都用一根扁担挑着两只水桶去河边打水。

从河边回家的途中，那个裂缝的水桶每次都会漏掉半桶水，而另一只水桶总是满满的。然而，过了一年又一年，农夫依旧用那个裂缝的木桶打水，并没有买一只新木桶的打算。

完好的木桶因为自己的完美而洋洋自得，时常嘲笑那只有裂缝的木桶，而有裂缝的桶也因为自己的缺陷而羞愧。时间一天天过去，完好木桶的嘲笑声越来越大，有裂缝的木桶终于忍不住向主人请辞，它说："我觉得很惭愧，因为我身上有裂缝，一路上都在漏水，害您每次都只能担半桶水到家。"然而，农夫却笑了，他说："你注意到了吗？在你那一侧的路沿上开满了花，而另一侧却没有。我从一开始就知道你有裂缝，于是在你那一侧的路沿撒了花籽。每天担水回家的路上，你都在给它们浇水，我现在经常采摘鲜花来装扮我的餐桌。如果不是因为你所谓的缺陷，我怎么会有美丽的鲜花来装饰家呢？"

农夫是个聪明人，能够在有缝隙的木桶上发现它的优点，并且合理地加以利用，为自己带来意想不到的收获。

在这个世界上，每个人都像是有裂缝的木桶，有着各自的优点和不足，倘若有个能够包容别人的缺点、善于发现别人优点的领导，那么木桶所到之处自然会开出鲜花。

第二章

闲静治事，不亲小节

1. 居高位者，要超然于毁誉

身为领导，身处高位，要有一些超脱于毁誉的胸怀和气度。孟子曰："有不虞之誉，有求全之毁。"意思是说，人生在世，总会有意料不到的赞誉，也会有过分苛求的诋毁。毁誉本身不一定客观准确，有时候甚至是他人的恶意中伤，以至于颠倒是非、混淆黑白。身为领导，要时刻保持心智清明，不能因为他人的赞誉或者诋毁而乱了心性。

南怀瑾先生说："我对于人、毁誉皆不计较，因为哪个人说某人好，或者哪个人说某人坏，都很难有定论。根据我的亲身体验，永远不要轻易攻击他人，也不要轻易恭维他人。"

恭维的话语就如同罐子里的蜂蜜，甜蜜诱人，谁都想舔上一口，所以很容易上恭维的当，这是人性。看待恭维应当一分为二，适度的恭维在人际交往中很有必要，能够融洽彼此的关系，只要不过分地恭维即可。但被恭维的人要有自知之明，自己要看清楚，明白自己的处境和地位。

以超然之心面对毁誉

对于诋毁要有一颗超然之心。这世间很少有人能不遭受诋毁，而且越伟大的人物，遭受的诋毁越多，正所谓"谤随名高"。一个人的名声越大，身后随之而来的毁谤也就越多。耶稣之所以被钉死在十字架上，就是源于他人的忌妒和诋毁。

近代以来，曾国藩很受人们推崇，作为一个领导者，他就是一位超然于毁誉之外的高手。他身居高位，一生面临的诋毁和赞誉同样多。他曾经作了一首诗，名为《赠沅浦九弟四十一生辰》："左列钟铭右谤书，人间随处有乘除。低头一拜屠羊说，万事浮云过太虚。"这首诗正是对曾公当时处境的真实描述，他虽然身居高位，一生戎马，但得到的诋毁和赞誉同样多。于是他在诗中豁达地调侃自己，书桌上左边放了一大堆褒奖令和奖状，右边则是很多具有攻击性的传单。而曾国藩的心性也在这一褒一贬间获得了平衡，超然于世俗的评价之外，不为所累。

世间的是是非非很难有个公断，每个人心中都有一把衡量是非的尺子，多了这一头，就会少了另一头。也许人心是最好的算盘，永远在算那些是是非非的加减乘除，却还是算不清那些世间账。

沉默有时是对诋毁最好的还击

人们在遭受他人诋毁时，往往很难抑制住反击的冲动。但如果真的予以回击，就好比仰头向空中吐一口痰，不但不能污人，反而会污了自己。面对诋毁，保持沉默更能让清者自清、浊者自浊。

禅宗祖师爷达摩禅师品德高贵，在传道授业解惑时深得世人敬仰，然而诋毁总是伴随着盛名而来，他同样遭到一些人的忌妒，那些人四处传播谣言，想要毁掉达摩禅师的名节。一日，达摩禅师正在讲禅，一个人走到他面前，当着众人的面毫无缘由地破口大骂。然而，不管那人如何无理取闹，言语如何恶毒，达摩禅师只是面色平静地注视着对方，一言不发。过了好半天，那人终于骂累了，停了下来。达摩禅师这才开口轻声说道："我的朋友，如果有人要送礼物给你，但你不愿意接受，那么请问，这份礼物属于谁？"那人想也没想就脱口而出："既然我不愿意接受礼物，那礼物自然还是属于送礼的人。"达摩禅师听了，微微一笑说："你刚才的言辞我也不接受，那么请问这些谩骂之词又属于谁呢？"达摩禅师的一席话让那人愣住了，他一言不发地呆坐了好一会儿，真心悔悟了自己的过错，并向达摩禅师道歉，发誓再也不会说人坏话。

听了人们对旁人的赞美或诋毁之词，不要妄下判断，应该通过自己的体会和理解来做决定。毁誉绝对不是衡量人的唯一标准。另一方面，如果有人攻击自己或恭维自己，也不要去管。常言道，物极必反。过分的言辞，无论是称赞还是诋毁，都是不足以让人信服的。

身为领导，永远处于世事的风口浪尖。面对赞誉或诋毁，执着于外物，争吵不休，不过是虚度光阴。面对外界的种种诋毁和中伤，无须反击，无须辩驳，时间会证明谁是最后的赢家。心若不动，管它沧海桑田。

南怀瑾先生很认同孔子的一个观点，即"斯民也，三代之所以直道而行也"。也就是说，夏、商、周之所以能够持续三代，就是因为他们不轻信毁誉之词，以正直之道而行于世。

2. 分寸之拿捏，是一门艺术

南怀瑾先生在《论语别裁》中讲了曾国藩让幕友王湘绮回家的故事。当时曾国藩所带领的湘军在与洪秀全作战的时候已经开始有败军的迹象，这时候王湘绮要请假回家，曾国藩事务繁忙就忘了批王湘绮递上来的假条。一天晚上曾国藩有事去找王湘绮，看到王湘绮正在专心看书，半个时辰都没有发现自己，第二天就莫名其妙地允了王湘绮回家的请求。有人问他："为什么突然决定让王湘绮回家？"曾国藩说："我昨天晚上去找王湘绮，发现他看书半个时辰都没有翻动过书，可见他并没有真的在看书，而是在想回家的事，既然王先生去意已决，无法挽留了，朋友之道，不能勉强，还是让他回去好了。"

这个故事就说明长官与部下或者朋友相处，要恰到好处，如果过分，那么朋友就会变成冤家。做领导也是如此，凡事都要把握好度，拿捏好分寸，须知，做事过了头就跟没有达到一样，都是不合适的。

南怀瑾先生在讲到做人做事的时候曾经说过，"亢龙有悔"，"亢龙"是高亢。他说的这点很重要，值得每个人注意。做人做事，不要过头，过头就是亢；只知道进而不知道退，只知道存而不知道亡，只知道得而不知道失，就是亢。所以我们要懂得"进退存亡得失"六个字。其实总结起来，南怀瑾先生的思想就是古人所推崇的"中庸"之道，凡事如果不注意把握分寸，做过了头，必然会走向反面，这样反而不好。若以利他之心待人接物，不偏不倚，就可做到恰到好处。

做事有度，过则为灾

有人曾经把生活比喻成走钢丝，能够顺利走到头的关键就在于把握好度，否则不是向左边偏斜就是向右边偏斜，若偏斜过度，极有可能摔落地上，只有那些善于把握平衡的人才能够安然走到终点。其实，为人、经商、做官都是如此，只有善于把握好做人做事的分寸，才能无往而不利。

关于做事时分寸的拿捏，颜回和鲁定公有一段对话十分发人深思。有一次，鲁定公饶有兴趣地问颜回："先生，您听过东野毕很擅长驾马吧？"颜回回答："擅长是擅长，但是他的马将来一定会跑掉。"鲁定公听了很不高兴，心想：东野毕擅长驾马是众人皆知的事，颜回却说他的马会跑掉，看来，君子也是会诬陷别人的。然而，没过几天，畜牧官跑来向鲁定公禀报说东野毕的马不听使唤，挣脱缰绳，跑到马厩里去了。鲁定公大惊，忙召来颜回问个究竟。颜回说："臣是以政事推测出来的。以前，舜帝善于使用民力，造父擅长使用马力。舜帝不穷尽民力，造父不穷尽马力，因此在舜王那个时代，没有避世隐居或是逃走的人，而造父手下，也没有不听指示逃离的马。但现在东野毕在驾马的时候，虽然骑着马，拿着缰绳，姿态很端正，驾马的缓急快慢、进退奔走也很合适，只是当经历险阻到达远方之后，马已经筋疲力尽了，他却仍然对马责求不止，臣是从这里推想到的。"

鲁定公听了颜回的分析，受益匪浅，虽然舜王政事与东野毕驾马没有什么关系，但道理却是相同的，也就是说，凡事物极必反，过头了反而会成为灾难。当领导的也要明白这个道理，不能过分苛责下属，否则就会逼走那些能干的员工，落得个孤家寡人的下场。

人生需要张弛有度

从小到大，老师和家长都会告诉我们，压力就是动力，要我们每个人对自己施加压力，以防在学习的过程中输给别人。然而，一个永远拉满的弓必将有断裂的一天，一个永远踮起的脚跟必将有累倒的一天，人生需要张弛有度，不可则止，切勿矫枉过正。作为企业的管理者，在很多方面掌握着企业的命运，如果不懂得这个道理，对自己和他人都过分强求，很容易适得其反。

圆谷幸吉是日本的田径运动员，他在1964年东京奥运会1万米竞走中获得第六名，后又在压轴项目马拉松比赛中获得铜牌。这对当时在田径运动上从来没有获得过奖牌的日本来说，无疑是一个天大的喜讯，圆谷幸吉因为这两次比赛中的突出表现一下子成了日本媒体争相报道的民族英雄。回到家乡，乡亲们不但热烈为他庆祝，防卫厅长官还特意为他颁发了"防卫特别贡献奖"。然而，福之祸所伏，祸之福所倚，圆谷幸吉成名之后，感受到了前所未有的压力，面临即将到来的墨西哥奥运会，他的身体也不合时宜地难受起来。在调养期间，他看到在福冈举行的奥运会选拔赛，连第二名的成绩都超过了东京奥运会冠军阿贝贝，逼人的形势使他焦急万分。面对国人的殷切盼望、亲人们满含厚望的目光，圆谷幸吉深感担不起国民的重托，于1968年1月9日在宿舍自杀身亡。这个年仅28岁、正处在人生大好年华的长跑明星，在无法承受的重压下以一封遗书交代了自己的生命。他说："父母亲大人：幸吉已经筋疲力尽，跑不动了。请原谅我吧！"

这是一个因不懂得张弛有度而引发的悲剧，南怀瑾先生在解析老子的"企者不立，跨者不行"时说：一直踮起脚尖是站不了多久的，跨开大步走路也是暂时的，不可能持久。我们要想追求中庸之道，就要试着修身养性，提高自己的修养，才能遇喜不过分喜，遇悲不过分悲。在职场中也是如此，凡事过分严格和过分松散都是不可取的，我们应该找到一个平衡点。

3. 要有推功揽过的气度

身为领导，居于一个团体的核心位置，要有推功揽过的气度。《菜根谭》中有一句教人为人处事的话，即："当与人同过，不当与人同功，同功则相忌；可与人共患难，不可与人共安乐，安乐则相仇。"意思是说，在现实生活中，我们要有和别人共同承担过错的雅量，而不能有和别人共同分享功劳的念头，因为共同分享功劳会引起彼此的猜疑嫉妒；同样地，应该有和别人共同渡过难关的胸怀，而不能有和别人共同享受安乐荣华的念头，因为共同享受安乐荣华会造成彼此间相互仇恨。

南怀瑾先生在谈及领导的艺术时说："领导者要能够担当，对自己的错误不要推卸责任，更不要推给下属；即使下属犯错了，也要敢于帮下属承担。一个成功的领导者，要担负起所有人的痛苦，绝对不把自己的痛苦放在别人的肩头上。"

诚如南怀瑾先生所言，当领导是一门艺术，一个真正成功的领导十分懂得笼络人心，只有那些不把过错全部推给别人、不把功劳全部揽给自己的领导才会让人心甘情愿地跟随。否则，下属就算表面上谦卑恭顺，内心也不一定真的信服，一有合适的机会就会相继离去，而领导只能落得个兵离将别的下场。

推功得民心

在集体活动中，将功劳推给别人是一种难能可贵的人生境界，一个肯将功劳推给别人的人一定是一个厚德载物、有宽容心、大智若愚的人，这种行为传递的是一种荣辱与共的信念。因此，身为领导，尤其应该如此，当团队做出成绩的时候，要将成绩分予众人，激励大家一起进步，让团队中的每个人都劳有所得，踏踏实实地干事。这样才能鼓舞士气，赢得民心，才能提高大家工作的积极性，形成"千斤担子众人挑，齐心协力共提高"的良好工作氛围。

东汉著名的征西大将军冯异就是一个处事谦虚退让、不居功自傲、时常将功劳推给别人的人。《后汉书·冯异传》和《资治通鉴》均有记载，说冯异居功至伟，在多年的行军作战中，为刘秀建立东汉王朝立下了汗马功劳，但每当将军们一起坐下讨论谁的功劳最大时，冯异常常独自一人躲避到大树下，因此在军中得名"大树将军"。然而，真正的功劳是自己推不掉的，也是别人抢不走的，德厚必然流光，冯异将军谦逊内敛、推功予人的品行深得士兵们的钦佩，等到攻破邯郸，重新分配任务给将领们，让士兵们自主选择将领的时候，大家都说想要跟随"大树将军"。

冯异虽然没有以自己的赫赫战功夸耀于人前，但是光武帝刘秀却对他的贡献了然于心，封他为阳夏侯，任征西大将军。汉明帝刘庄封他为"云台二十八功臣"之一，将士们尊称他为"大树将军"，后人更将他的战功连同高尚的品德一遍遍说给子孙听。相比较现实中那些当大家一起取得成绩的时候率先往自己脸上贴金，只顾自我标榜，忽视他人贡献的人，冯异将军的行为才是真正聪明的人应该做的，才能够收获意想不到的惊喜。

揽过安天下

在工作和生活中，和推功同样难能可贵的就是揽过，揽过就意味着承担责任，意味着吃亏，这与人类趋利避害的本性是相反的，所以揽过也是十分考验一个人品德修养的处事原则。要想成为好的领导，一定要敢于引过自责，勇于承担责任，否则在推卸掉责任的同时也将推倒民心和已有的成就。

三国时蜀汉开国皇帝刘备就是一个敢于替属下揽过的人。赤壁之战后，曹操败走华容道，被派去伏击曹操的关羽念及旧恩放走了曹操。面对军师诸葛亮和江东盟友鲁子敬的问责，刘备率先站出来揽过，说："云长违反了军令，就当依法处置，军中无父子，法律大如天，但是，我们兄弟三人桃园结义，早已誓同生死，二弟如此，也有我管教不严之过，身为兄长，我应该先走一步。"说罢，作势拔剑自刎。也正是刘备的侠肝义胆、深情厚谊，赢得了关羽一生誓死追随。盖世英雄关羽曾经对诸葛亮说："关某一生只敬三物，其一是天，其二是地，其三便是我大哥刘玄德，大哥的仁义之心，与天同高，与地同宽。"

豫剧《村官李天成》中有一段耳熟能详的吃亏歌，其中有两句话说得很符合现实："当干部就应该常吃亏，常吃亏才能有所作为；当干部就应该多吃亏，多吃亏才能有人跟随。"身居高位的领导，面对好名声和荣誉时，不要试图一个人独占，要学着与属下分享，这样才不会被人嫉妒和算计；如果碰到错误的时候，不要想着全部推给别人，而要想着揽到自己身上来，这样才能在下属中树立威信，培养出一批忠肝义胆的追随者，组建一个向心力强、忠诚度高、所向披靡的刀尖团队。

一个推功揽过的领导，用南怀瑾先生的话说就是，一切都要敢为人先，就像孔子所说的那样"先之，劳之"，当有艰难困苦、危险错误的时候，自己要往前站，率先担负起责任来；当有利益功劳、声誉功名的时候，要主动推让给他人。这也就是老子说的"外其身而后身存"，实际上最后成功的还是自己。

4. 常拭心镜，眼见也未必是真

"耳听为虚，眼见为实"这句古训被当做至理名言教育了一代又一代人，然而在现实生活中，由于受到各种条件的限制，我们只能看到事情的一部分，没有办法了解到事实的全部，正所谓"目不可信，心不足恃"，很多时候面对一件事情，我们不能完全相信自己所看到的，要用心去感受。

南怀瑾先生曾经借用孔子的话来向人们讲述只有常拭心境才能更加清醒的道理。他说"人莫鉴于流水，而鉴于止水"，意思是说，水流动的时候不能照到自己的影子，而只有当水静止的时候才能被当做镜子来用。人的心就像一股流水，心里若波涛汹涌不停息，就不能悟道，不能看清事情的本质，也不可能得道。人要想认识自己，必须除去心中的杂念，常常擦拭心中的镜子，才可以明心见性，去掉外在的修饰，看到事情原本的质朴状态。

这个社会上的信息有很多都是复杂多变的，人们犹如盲人摸象般探索着这个纷繁的世界，需要了解更多的情况和不同的现象。作为企业的管理者，在处理问题时，不能因为看到了事情的一角而轻易下结论，那样只会犯管中窥豹、以偏概全的错误。要用心去观察、去体会，多方面综合考察，才能对事情做定论。

以眼看人，圣人也会犯错

我们都喜欢和习惯用眼睛去看事情，然后立即做出评判，以为自己亲眼所见便不会有假，殊不知，以眼看人，即便是圣人也有犯错的时候。

孔子是春秋战国时期的政治家、教育家，也是儒家学派的创始人，他的思想影响了中国几千年，被后人称为圣人，万世师表。关于眼见不一定为真的问题，孔子和他的弟子颜回曾经发生过一件被人津津乐道的事。

相传孔子被困于陈蔡之间的时候，七天没有吃过米饭。他的弟子颜回从外面讨回来一些米煮饭，当米饭快熟时阵阵饭香飘进了孔子的鼻子，他闻香寻到厨房，远远看见颜回竟然用手抓取锅中的饭吃。孔子大为不悦，但是仍然装作没看见，等颜回进屋请孔子吃饭时，孔子故意说："我梦到祖先了，应该拿这些清洁的食物先祭祀他们。"颜回则忙阻止道："不行，刚才有灰尘掉到锅里了，我抓了出来，扔掉总不太好，所以自己吃掉了，但是这些饭食还是不够清洁，不足以拿来祭祀祖先。"孔子这才知道刚才颜回以手抓饭先吃的原因，反省道："原以为眼见为实，谁知实际上眼见的未必可信；凭借内心的想法来衡量事物，到头来也不一定可靠。看来要借由一些事物来知道一个人的为人，也真的是不容易啊！"事后，他以此事告诫弟子，所信者目也，而目犹不可信；所恃者心也，而心犹不足恃。

圣人孔子尚有被双眼蒙骗的时候，何况是我们普通人呢？所以，在职场中，当领导的不能因为看见某个员工哪一次做了让自己不满意的事情，就给这个员工贴上"否定"的标签，而是要多了解，多观察，用心感受，才有可能真正地了解一个人。

悲剧往往发生在"眼见为实"里

伟大领袖毛主席说，没有调查就没有发言权，就是在告诉我们，很多时候，很多事情并不像我们看到的那么简单，不深入调查了解就不知道事实的真相。然而，在人心日益浮躁的现代社会，不明就里就敢信口开河的人为数不少，殊不知，悲剧往往就发生在我们自以为是的"眼见为实"里。

深山中住着一户人家，有一天，男主人上山打猎，女主人去山上摘野果，留有一个刚满一岁的孩子在家睡觉，五岁大的狗在家看门。中午时分，男女主人回到家，发现家里到处是血，而儿子一直在屋里狂哭不止。夫妻二人立即感觉大事不好，他们猜想会不会是狗兽性发作咬了自己的孩子，这时狗听到主人回来的声音，急忙跑来迎接。夫妻二人看到狗嘴上都是血，更加印证了刚才的猜测，顿时气氛不已，不由分说地对着狗开了一枪，狗应声倒地，挣扎了两下就死去了。等男女主人怀着悲痛的心情趔趔趄趄地来到屋里时，发现炕头边上躺着一只奄奄一息的野狼，而孩子在襁褓中毫发无损。他们这才反应过来，原来狗并没有伤害孩子，反而救了孩子，他们错杀了狗，然而后悔已经来不及了，他们看着不远处狗的尸体恸哭起来。

中国有句老话：人心不同，各如其面。全世界有几十亿人，都是两个眼睛，一个鼻子，两个耳朵，但是却没有完全相同的两个人，即便是双胞胎也是如此。很多时候，当一对长得相似的双胞胎出现在人们面前时，我们用眼睛并不能分辨出来，但如果我们静下心来，用心去感受，就会发现他们的思想、个性其实是不同的。南怀瑾先生认为，天下事没有一件是"必然"的，尤其是在处理大事时，更是如此，盖棺尚且不可定论，眼见怎么就敢肯定为实呢？

5. 明罚、明赏，皆为学问

现代企业的管理存在一个弊病，即很多管理者认为管理就是处罚。其实不然，优秀的管理者能够严格区分管理和处罚的界限，并且将明罚、明赏的领导艺术熟练运用到管理中来，以提高管理效率。我们都明白，惩罚并不是最终的目的，企业真正的目的是激发员工的工作热情，提高工作效率。

南怀瑾先生在《历史的经验》中多次提到赏罚的问题。他说，政治上最重要的就是"赏罚"两个字，能够做好赏罚其实并不容易，历史上很多人都容易在这两个字上犯错误。他借用张仪游说秦王的一段话，即"言赏则不与，言罚则不行，赏罚不行，故民不死也"来剖析赏罚的作用，意思是说，如果领导说了要赏，可是不给真正的赏赐，那么赏就是没有用的；如果领导说了要惩罚，可是没有彻底去执行，那样也是没有用的；如果说了赏罚却都不执行，就会给大家一种马马虎虎的感觉，时间长了，大家都没有责任感了，所以就不肯做事了。

俗话说"无规矩不成方圆"，管理者要想得人心而成其事，就需要御人有道，明罚、明赏皆是学问。商朝末年的政治家姜太公曾经说过："明罚则人畏慑，人畏慑则变故出；明赏则不足，不足则怨长。"意思是说，刑罚太严明，国人就会被弄得战战兢兢、提心吊胆，人整天处在这种状态就会生出变故，反而要出乱子。一有贡献就奖赏，动不动奖赏，容易诱发不满足的心理，不满足就会滋长怨恨，久而久之就会反目成仇。因此，贤明的君主治理国家，一定会把握好赏罚的力度。

赏罚信明，施与有节，记人之功，忽于小过

东汉著名的文学家班固在《汉书》中写道："赏罚信明，施与有节，记人之功，忽于小过。"意思是说，惩戒和奖赏都应该明确且有信用，说一不二，同时还要有节制，不能滥用赏罚。对人的功劳不能忘掉，即便是小功也是如此，因为小功不赏则大功不立；而对人的小过失应该宽容，因为小怨不赦则大怨必生。

东汉末年杰出的政治家曹操就是一位赏罚分明的人。袁绍败后，其帐下的大文学家陈琳被曹操所擒，陈琳曾替袁绍撰写《讨贼檄文》一文来痛骂曹操，因此曹操帐下的文武官员纷纷劝其杀了陈琳，但是曹操爱惜人才，并没有听从大臣们的劝告。在审讯陈琳时，曹操说："你骂我也就骂了，可是你为什么要连我的三代祖宗一起骂上，他们跟你什么仇怨？"陈琳无奈道："当时

我是袁绍帐下的幕宾，食君俸禄，自然要为君办事，无奈只能以笔代刀痛骂丞相。"曹操听了，立即让人释放了陈琳，并说："感谢你当时的一阵骂，畅快淋漓，当时我头风发作，正是你的一篇文章给我骂好了。"事后，曹操不但没有杀陈琳，反而蹲下身去为陈琳拍掉膝盖上的土，并赏金赐银，将其招为己用，陈琳感动得当场表示愿意归顺曹操。

曹操惜才如金，赏罚分明，不计前嫌，最终赢得人心，吸引一大批有才能的人士追随效力。当领导的若能学习曹操的处事艺术，在企业管理的过程中一定能够受益匪浅。

为政者不赏私劳，不罚私怨

古往今来，关于赏罚的争论除了该人治还是法治之外，更深入的讨论就是是否应该公私分明。《左传》有云："为政者不赏私劳，不罚私怨。"意思是说，当权者不能无缘无故地赏赐对自己有恩惠的人，也不能借故惩罚与自己有私仇的人。简单地说，就是提醒为官者不能假公济私，借职务之便徇私枉法。

三国时期蜀汉的丞相诸葛亮就是一个公私分明的人。马谡是他最喜爱和器重的学生，每遇战事常常垂询于马谡并与之交谈到深夜。建安六年，诸葛亮北伐时任命马谡为前锋镇守街亭，当时街亭对于蜀魏两国来说都十分重要，马谡到了街亭后不听诸葛亮的事先嘱托和参军王平的诚恳劝告，非要将大军驻扎在没有水源的孤山上，后来魏军围而不攻，导致蜀军干渴难耐，兵力大减，最后兵败而痛失街亭。诸葛亮知道后，百感交集，老泪纵横，虽然痛心疾首、难以割舍，但还是挥泪斩了马谡以正军威。诸葛亮拭干眼泪，又下令封赏了临危不惧、英勇善战、敢于直谏的副将王平，并破格擢升他为讨寇将军。

诸葛亮不以喜爱马谡而有罪不罚，也不以王平和自己关系一般而有功不赏，还因用人不当而请求自贬三级，由一品丞相降为三品右将军，在世人心中留下深刻的印象，而"挥泪斩马谡"一事也被当做赏罚分明的典范千古传颂！

一代圣君唐太宗在《贞观政要》中说："国家大事不过是赏罚而已。"企业之中同样如此，身为领导，应该赏罚兼施，恩威并重，并且将二者有机地协调起来，适时适当的奖赏对下属能起到肯定、激励和鼓舞的作用，必要适当的惩戒能起到纠正、禁止和威慑的作用。

6. 推己及人,不要对下属吹毛求疵

从目前我国企业内部人员组成结构上看,管理者基本上都是领导者,然而,并不是所有的领导者都具备有效的管理能力。做事不能推己及人,不愿设身处地地为下属考虑,凡事太过吹毛求疵等,都是现代企业领导者常犯的错误。

古人云:"君子莅民,不可以不知民之性,达诸民之情;既知其以生有习,然后民特从命也。"意思是说,一个有学问、有德行的人,在管理百姓时,不可以不知道百姓的本性,不了解百姓的心理,只有知道了他们先天的情理和后天的习惯,百姓才能彻底地服从政令。治理企业同样如此,只有知道下属所思所想,理解他们的畏惧和担忧,他们才会心悦诚服地为领导者所用。

南怀瑾先生说:"'知不知'也是人生的厚道之处,尤其是做长辈的,或者做校长的,抑或是做领导的,有时候要学着'知不知',人就是人,有时候犯一点小错误,你也要偶尔装做看不见,下一次他就不会错了。'知不知'就是真聪明,假糊涂。"南怀瑾先生的这种思想与郑板桥的"难得糊涂"其实是一个意思,都是希望上司能够宽容地对待下属,要学会推己及人,理解下属的困难和处境,不能看到下属的一点小错就上纲上线、揪住不放。

将心比心才能万众归心

中国上下五千年的朝代更迭给我们留下了一个深刻的教训,即"得民心者得天下,失民心者失天下"。所谓民心,就是人民大众的拥护爱戴之心,智慧的古人告诉我们:民心向背,天下存亡。只有懂得体察民情,愿意和下属将心比心的领导,才能得到人们的支持。相反,那些不关注下属死活,只一味给下属下达任务的领导,则会逼得下属与其离心离德。

宋朝的第四位皇帝宋仁宗就是一个擅长推己及人的贤明君主,相传他天

性仁孝，对下属宽厚和善，时常站在百姓和下属的角度考虑事情。他知道百姓最希望天下太平，经济繁荣，尤其是在经历动荡之后，于是命令官员们不可扰民，要轻徭薄赋，以保养民力，此举深受百姓欢迎。仁宗的宽厚除了用来对待百姓之外，还用来对待自己的官员，那个刚正不阿、敢于纳谏、被后人尊称为青天的包拯，就是宋仁宗所创下的清明宽松的政治环境下的产物。正是因为宋仁宗大度、包容，包拯才敢直言进谏，甚至喷仁宗一脸唾沫星子，每每此时，宋仁宗总是一面用衣袖擦脸，一面还宽宏地接受他的建议。仁宗之所以包涵至此，是因为他能将心比心地站在包拯的角度去思考问题，知道包拯是一个铁面无私且尽忠职守的人，之所以敢时常与自己针锋相对，正是因为自己的民主和圣明。

宋仁宗因宽厚仁义赢得了万民的信服，在封建时代，他是千年难得一见的圣主明君，被后世历史学家们尊称为"守成贤主"，他也因为自己的高尚品行开创了"仁宗盛治"。宋仁宗驾崩后，百姓自动停市来哀悼他，焚烧纸钱的烟雾弥漫了整个洛阳城，以至"天日无光"。

水至清则无鱼

这个世界上，并非所有的事情都可以辩个"非黑即白"，所有人都不可能一辈子不犯一点错误。身为管理者，若能设身处地为下属考虑一番，把人情放在原则的前面，有些自己都做不到的事情，不去过分要求下属做到，那么下属心中的天平自然会向你倾斜。

俗话说，"水至清则无鱼，人至察则无徒"，意思是说，水太清澈了鱼会无法生存，人要是太明白了就会没有朋友。这句话常常用来比喻做事要把握好尺寸，过了反而会达不到应有的效果。

三国时期蜀汉的开国皇帝刘备就是一个深谙此理的人，当初曹操挟天子令诸侯，发了一道假诏给刘备要其去讨伐南阳的袁术。当时刘备占据徐州，如果听从曹操的号令离开徐州率军去攻打袁术，则徐州城中空虚，很可能被人趁机抢占。然而，他自称刘氏正统，曹操的命令就是天子的命令，他不得不从。出发前，刘备命其三弟张飞留守徐州，为了防止张飞守城不利，他特意为张飞立下严命，"一不可饮酒致醉，二不可暴怒任性，三不可打骂军士"。

张飞嗜酒如命又喜怒无常，表面上答应得好好的，待大军一走，转眼间就忘了刘备的军令。他不但喝酒闹事，打骂将士，还因为心中的愤怒打了吕布的表弟曹豹。曹豹去吕布那里告状，吕布怒不可遏，一气之下开始率大军攻打徐州。此时的张飞因为酒醉未醒加上毫无戒备，没怎么反抗就丢失了这唯一的根据地。若是平常的主公，张飞犯了这么大的过错，早就将其斩首示众了，但是刘备并没有这么做，他不但不怒，反而安慰张飞，说："徐州本就不属于我们，丢失了也是天意。"刘备知道，杀了张飞也于事无补，不但徐州回不来，他还会因此失去一员猛将，失去一个生死兄弟。他不责备张飞，反而加以抚慰，张飞自然会更加感恩戴德地为其冲锋陷阵。同时，别的将士看在眼里，也会感念刘备的仁慈，这样做明显比抓住张飞的错误不放来得更好。

在公司中，每天大大小小的事有很多，动动嘴就能解决的问题千万不要去动气。南怀瑾先生曾经说过："做领导的第一个修养就是容忍。有些领导对下属管得太琐碎了，这就不行；还有一些领导，喜欢吹毛求疵，眼睛总是盯着下属的缺点，这更不好。领导者度量要大，能够对下属'有理取闹'的行为包容原谅。再有，下属各有短长，领导者如果希望大家都与自己一个样，那事情就不要做了，也不可能做成。领导者要宽容他者，严于律己。"

7. 知人善任，皆为我用

管理界有一条著名的定理："没有平庸的人，只有平庸的管理。"平庸的管理者不善于发现别人的长处，即使给他一个人才，他也不一定能发现并且激发其潜能。人力作为企业最重要的资源，要想得到充分的发挥，就需要管理者知人善任，把合适的人放在他最擅长的位置上，这样才能人尽其才。

关于用人之道，历史上很多伟人都曾经提出自己独到的见解，南怀瑾先生认为，用人不可学非所用，用非所长，而是要知人善任，唯才所宜。其实，简单地说，就是企业管理者要有慧眼识英才的本领，坚持任人唯贤，让正确的人做正确的事，让他们在各自擅长的领域充分发挥自己的主观能动性。

在人才对企业发展具有重要作用这个问题上，很多管理者已经达成共识，不需要过多地强调。他们虽然认识到人才的重要性，但并不一定能招揽到真正适合自己企业发展的人才，这在很大程度上就是因为他们不能做到知人善任。有时候，明明是一个管理方面的人才，你非要给他一个文案的工作，明明是一个计算机方面的人才，你非要给他一个管理的工作，虽然招揽了人才，但没有把他们放在最适合的岗位上，他们就不能为企业做出最佳贡献，也就没有做到知人善任。然而，在日常企业管理中，这种事情并不少见，需要引起企业领导的注意。

知人善任的前提是"知人"

老子说"知人者智"，就是说认识人才、发现人才，才称得上有智慧。因此，管理者要想做到知人善任，首先需要做的就是"知人"。具体到企业管理中，就是需要管理者对员工进行考察、识别、选择，了解员工的长处。工作对人的要求不同，"才能"要和"职务"相称。管理者只有用心观察下属一段时间，才能知道他是哪方面的人才，才能将其放到合适的位置上。

毛遂是战国时期的赵国人，是赵公子平原君的门客。公元前257年，秦国派兵围攻赵国的都城邯郸，赵孝成王派平原君去楚国寻求救援。临行前，平原君想挑选二十个门客一起去，已经选了十九个，还差一个。这时，毛遂站了出来，表示愿意与平原君同去。然而，此前毛遂到赵国三年都没有表现出自己的才华，平原君心里有点信不过他，但是碍于时间不多，再找别人已经来不及，只好答应了毛遂的请求。

一行人到了楚国，平原君与楚王商量合纵的事，二十人在外等候，眼看日近正午，这件事也没有谈妥。毛遂二话不说，来到殿中，毫无惧色地向楚王把合纵的种种好处、不合纵的种种坏处讲了一遍。楚王听后连连称是，道："先生所言极是，就依先生。"于是，二者当场歃血为盟，合纵的事成了。

事后，平原君感叹道："我一向自以为能够识得天下贤士豪杰，不会看错怠慢一人。可毛先生居门下三年，竟未能识得其才，我再不敢以能相天下之士自居了。"

毛遂自荐后不久，燕国趁赵国大战方停、元气大伤之际，派遣大将栗腹攻打赵国。派谁挂帅迎敌呢？赵王立即想到了刚刚立下奇功的毛遂。毛遂是个很有自知之明的人，他到赵王那里，请求不要任命自己做统帅，说："不是我怕死，是我德薄能低，不堪此任，我能做马前卒，但绝对做不了指挥千军万马的统帅。"可是，不管毛遂如何推辞，赵王执意任命他为统帅。毛遂虽然身先士卒、殚精竭虑，但是他并没有当统领的才能，对战中，赵军被燕军打得落花流水，最终惨败。毛遂觉得没有脸面再见赵国人，于是避开众人，到山林里拔剑自刎了。

毛遂在平原君府上三年未能被委以重任以及战败后拔剑自刎都是领导不"知人"造成的。平原君不知人，没有发现毛遂在游说上的才能，因此从来没有重用过他，造成了人才浪费。赵王不知人，他虽知道毛遂是个人才，但是不知道毛遂真正的长处是什么，进而做出错误的指派，让一个擅长讲道理的人去带兵打仗，害了毛遂不说，还耽误了国家大事。可见，作为领导，知人善任的前提是知人，不但要辨别出一个人是不是人才，还要知道他的长处在哪里。

天下之才，皆为我用

在用人方面，李世民曾经说："打天下用人在于人和，治天下用人在于无才不用、用尽天下才。"在企业发展过程中，也需要用到各种各样的人才，真正聪明的领导善于发现各种各样的人才，让天下之才皆为所用。

《淮南子·道应训》记载：楚将子发喜欢结交各种人才，有个长得丑、自称"神偷"的人被他待为上宾。有次齐国来犯，子发出城迎战，交战三次，楚军节节败退。正在楚军无计可施的时候，神偷请求出战，子发欣然应允。第一天，神偷在夜幕的掩护下，将齐军主帅的睡帐偷了回来。第二天，神偷又把睡帐还了回去，并对齐军主帅说："我们出去打柴的士兵捡到您的帷帐，特地赶来奉还。"当天晚上，神偷又偷走了齐军主帅的枕头，再由子发派人去送还。如此几番下来，齐军十分恐慌，出现了骚动。主帅颤抖着双手对将士们说："如果再不撤退，恐怕子发就要派人来取我的人头了。"于是齐军虽胜而退。

子发之所以打了败仗还能让齐国退军，就是因为他的属下"神偷"给齐军主帅施加了很大的压力，让他认识到继续战斗的后果是十分严重的。可见，无论拥有什么样的本领，只要用对了地方，就是人才，并且这样更能节省成本，促进事情顺利发展，这大概就是南怀瑾先生所提倡的"惟天下人才而用"的精髓之所在了。

8. 入门休问荣枯事，但看容颜便得知

无论是在职场还是在日常生活中，善于察言观色的人都是十分受人欢迎的，那种对方还没有说出口，你已经洞悉对方所思所想的能力能够给对方一种"心有灵犀"的亲切感。善于察言观色的人往往具有同理心，他们擅长揣摩人性，喜欢为对方着想，言谈举止间散发着善解人意的魅力，轻轻松松地就可以赢得别人的好感和信任。

南怀瑾先生在讲传统的中国式管理时说，"入门休问荣枯事，但看容颜便得知"，指的就是察言观色的能力，意思是说进门不要贸然问主人家境的兴衰，只要看主人的脸色就可知道了。他还举了个例子，假设今天去看一个人，打了招呼，刚谈几句，感觉主人脸色不对，讲话不对，马上就知道该走了。如果看不出对方心里不高兴，还死皮赖脸地留在那里，那么给人家的印象就不好了。

善于察言观色是一种天赋，有些人天生就比较敏感，能轻易地看出别人的情绪反应，而有些人则需要锻炼自己的观察能力，处处留心才能学到。但是，不管是先天禀赋还是后天学习，只要拥有了这种能力，就容易给人留下通情达理的好印象，做起事来也会顺利很多，这是一种沟通上的优势。

察言观色识人心

实质上，善于察言观色就是善于变通、识时务，正所谓"识时务者为俊杰，

通机变者为英豪",能够认清潮流形式的人才能成为真正出色的人物。历史上有不少能力强却不能善终的人,就是因为他们不懂处世之道,不会察言观色,不知道上司的喜好,只顾自我表现。因此,无论是在生活还是职场中,学会察言观色,都是很有必要的。

杨修是东汉末年的文学家、曹操帐下的谋士,十分聪慧,学识渊博,被曹操任命为主簿。有一天,曹操的丞相府在修建大门,曹操前来查看,看完之后,随手在门上写了一个"活"字,众人都不解其意,只有杨修走过去,对那些工匠们说,拆了重建,门里面加个活字,丞相是嫌门太阔了。

无独有偶,那天刚好赶上有人送给曹操一盒一口酥,曹操一点没吃,只是在盒子上写了一个"合"字,众人又是不解其意,又是杨修走了过去,让众人分吃了这些一口酥。曹操见状便问:"是谁让你们吃的?"杨修得意道:"是丞相让小的们吃的。"曹操问:"我什么时候下过命令?"杨修说:"'合',拆开来念就是一人一口,所以是丞相您让我们吃的啊。"曹操听了,无言以对,但是对杨修已经有了几分怒意。

还有一次,曹操大军在斜谷驻扎,粮草不支,进退两难,夏侯惇请示夜间口令,曹操正在吃鸡肋,就说:"鸡肋,鸡肋。"夏侯惇听完便传令去了。丞相说这话的时候杨修刚好在场,他就又故作聪明地跑去对夏侯惇说:"赶紧收拾东西吧,丞相要退兵了。"夏侯惇大惊,忙问原因,杨修说:"鸡肋者,食之无味,弃之可惜。吾等进不能胜,退又怕耻笑,可见将要退兵了。"曹操饭毕,出来巡视军营,见将士全无斗志,还有人正在收拾东西准备撤军,立即大怒,以"假传军令,扰乱军心"为由杀了杨修。

杨修看起来很聪明,能够揣度圣意,但其实他并不聪明,如果他懂得察言观色,看出曹操早已对他自作聪明、恃才放旷的行为感到厌烦,就应该收敛自己的行为,不那么爱出风头,不让曹操当众下不了台,或许就不会为自己惹来杀身之祸了。

识人心方可巧处事

善于察言观色可以洞察先机,预先知道对方的想法,一旦发现有什么不对的地方,可以提前做好心理准备,想好对策,妥善安排自己的进退。这样,一切的沟通都在自己的掌握之中,可以巧妙处理很多事情。

刘墉是清代有名的清官,和大贪官和珅同朝为官,二人都是大学士,经常斗嘴。有一次,和珅又起了坏心眼,对刘墉说:"刘中堂,听说你很正直,什么样的人都敢参奏!"刘墉点头称是。和珅说:"你敢参当今圣上吗?你要敢参,我就当着大家的面磕头拜你为师。"刘墉听完和珅的话后,与他击掌为定,径直走向太和殿。

按照当时的法律,参奏皇上是要治重罪的,在和珅看来,刘墉这次要倒大霉了。刘墉来到太和殿,将皇帝重修明陵的事给参了,乾隆一听,刘墉参的竟然是自己,好气又好笑,说:"好你个罗锅子,竟然冲我来了!"但是刘墉参的有道理,他只好语气软了下来,说:"算你说得对,那要不明年春暖花开的时候,我去江南打一次围,各处巡幸一番,就算充军流放一次,行吗?"刘墉见皇上已经知错,就不再追究了。这时,乾隆故意调侃刘墉说:"爱卿你一本参倒了当今皇上就没罪吗?"刘墉不慌不忙地摘掉翎顶说:"臣摘掉顶戴,丢官罢职,以谢参君之罪。"

刘墉走出来,让和珅兑现刚才的诺言,和珅被大家团团围住,无处可躲,只好跪在地上给刘墉磕头叫师傅。刘墉回老家前向乾隆辞行,看出了乾隆的不舍,乾隆说:"刘墉呀刘墉,凭你的身份地位,如果不是参到寡人头上,你不就是铁帽子刘墉了吗?"刘墉顺势跪在地上说:"谢万岁封臣为铁帽子刘墉。"说完,拿起自己的翎顶又戴到了头上。

刘墉凭借自己的随机应变和善于察言观色的本领不但保住了自己的官位,给皇帝留了面子,还将了和珅一军。

善于察言观色能够提高与人沟通的效率,可以把话说到对方的心坎里,若发现对方不耐烦了,可以及时停止,随机应变,避免沟通恶化,就不会把事情搞砸。因此,就算是批评人,也要一直留意对方的脸色,适可而止,让对方有个台阶下。

第三章

宁可输事，不可输心

1. 当"商业伦理"遇见"社会责任"

追溯商业历史很容易发现一个规律，即财富和名誉的最终归属权总是属于那些有社会责任心的经营者。俗话说，"德乃做人之本，才乃成事之基"，无论朝代如何更迭，世人对德的要求从来没有打过折扣，企业用人也是以德才兼备为标准。一个想要做一番事业的企业经营者若是让"德"成了短板，那么他的经商之路也很难走得长久和太平的。

南怀瑾先生在讲到工商伦理和社会责任之间的关系时曾经列举了很多没有社会责任心的经商行为，比如招摇撞骗、烧杀抢夺、不负责任、不讲信用、偷工减料等。这样做的后果就是商业道德不知不觉地受到腐蚀，之前那种让经营者引以为豪的商业信誉逐渐淡出人们的视线，整个社会的物质文明呈畸形发展状态。

在这个"三聚氰胺""瘦肉精""彩色馒头""地沟油"和"苏丹红"等商业丑闻愈演愈烈的时代，人们终于发出了内心最迫切的吼声：商业活动牵涉广泛，几乎涵盖人们生活的方方面面，如果企业没有道德心，将会给人类的健康带来严重的恶果。从企业自身的角度来考虑，企业的荣衰输赢在很大程度上也取决于企业经营者的道德修养，只有将"良心"放在利益的前面，穷富不改其志，才能驾驭未来、驾驭财富！

人无信不立，业无信不兴

中国古代伟大的教育家孔子曾说："人而无信，不知其可也。大车无輗，小车无軏，其何以行之哉？"他用一个很形象的比喻来告诉人们，大车没有輗、小车没有軏就会无法前行，而不讲信用的人也将寸步难行。无论在什么时代，言而无信、没有道德都是自取灭亡的行为。

古时候，有个思想开阔、头脑灵活的年轻人叫赵小二。赵小二闲来无事去集市上逛街，发现集市上人特别多，酒馆又少，于是灵机一动，在集市上开了个酒馆，叫"实惠酒家"。小店刚开张，赵小二为了招揽生意，东西卖得很实惠，用店里最大的碗给客人盛酒，酒也是上乘的好酒，从来不弄虚作假，价格还十分公道。因此，每天生意兴隆，客人爆满，不到天黑，酒就卖完了。

赵小二心思活络，见生意如此好做，就打起了歪主意，把大碗变成了小碗，酒里也开始掺水，但是还卖原来的价格，为了掩人耳目，他骗人说里面是加了名贵中药材。客人对赵小儿的话将信将疑，但是也不好求证，反正集市上也没有别的酒家，还是将就着在赵小二家喝酒，赵小二比以前赚得更多了。然而，人怕贪得无厌，尝到甜头的赵小二已经在"不负责任"的道路上刹不住车了，碗越换越小，水越加越多。直到后来，客人已经无法从赵小二的酒里喝出酒味的时候，就不再来了。赵小二"实惠酒家"的招牌像一个讽刺的匾额一样在风中立着。

终于有一天，小二扛不住了，打算关门，此时来了一个白胡子老头，问他："你还想让生意火起来吗？"赵小二急忙点头，老头说："拿纸笔，我给你写个方法。"随后在纸上写上了"道德"两个字。赵小二联想起自己的所作所为，后悔不已，于是把酒馆改名为"只赚一文钱酒家"，从此诚信经营，坚持一碗酒就赚一文钱，生意又逐渐好了起来。

赵小二的酒馆几经波折，从生意兴隆到生意冷清再到生意兴隆，中间只差了一个诚信。可见，有责任心、诚信经营，生意就好；没责任心、欺骗消费者，生意就差。信誉是一笔无形资产，对于企业家、商家而言，信誉优良是事业健康、持续发展的关键，而前提就是经营者要有社会责任心。

商业伦理和社会责任并不冲突

中国有句老话:"有多大担当才能干多大的事情。"从这个意义上来说,商业伦理和社会责任并不冲突,再放眼商界就会发现,那些真正在商路上走得平稳踏实的人都是敢于承担社会责任的人。

刘镛是清代中晚期的商人,位居晚晴"南浔四象"之首,是中国历史上有名的敢于承担社会责任的商人,曾被光绪皇帝钦赐"乐善好施"牌匾以示表彰。

刘镛运用自己的聪明才智,经过一番辛苦劳作,终于成为富甲一方的商人。他富裕之后,并没有沉醉在享乐中,而是自觉地扛起了作为"富人"的责任。有一年夏秋相交之际,天气炎热,刘镛经商途中,看到百姓饱受寇盗蹂躏,房屋田产多遭毁坏,满目疮痍,于是慷慨地把经商的本钱拿来赈济灾民。他"施医药,举掩埋,收养流亡,恤赎孤寡",每天不辞辛苦,亲自奔走在秽气暑热之中,终于大病一场,险些丧命。

随着财富的积累,刘镛觉得自己应该承担的社会责任越来越大,为了能长期推广善行,救助乡里,他拿出数万银元,借贷生息,每年取利息购米济灾,名曰"爱米"。他常说,富足之家就好比肌肤充盈的人身,看起来很健康,但若是阳气太盛,则反而会伤及脏腑。他深知财富过多容易奴役人的性情,反受其害,所以将赈灾义举比做为自己治病。

刘镛致富不忘本,勇于承担社会责任,堪称儒商的典范,深受乡邻爱戴。有史书记载,刘镛去世之时,远近百姓得知,纷纷前往吊唁,哭声一片。

诚实守信、勇于负责是君子历来信奉的人生信条,古人常用的"一言九鼎""一诺千金"等成语都是用来比喻承诺的分量和贵重的。"诚"与"信"可以说是中国传统文化的基石,任何违背道德、不信守承诺、为眼前利益不惜损害社会利益的经营者都将自食恶果。

2. 勤俭，让传统美德来教导商界修为

勤奋节俭是中华民族的传统美德，是古代圣贤留给我们的治世箴言，正所谓"历览前贤国与家，成由勤俭破由奢"，小到个人、家庭，大到国家、社会，要想取得长久的稳定和发展，都需要牢记"勤俭节约"的优良传统。一粥一饭，当思来之不易；半丝半缕，恒念物力维艰。企业是团队成员的第二个家，身为领导，更要在勤俭节约方面身体力行，做好榜样。

南怀瑾先生说，汉朝刘邦统一天下以后，为了使国家富裕起来，他先从"休养生息"做起，提倡节俭，以使社会安定、经济发展。中国人的经济思想哲学是"勤俭"，也就是要勤劳节省。而现代社会发展过于迅速，人们逐渐奢侈起来，违背了勤俭二字，这是非常严重的问题。

时代的进步造就了极大的物质财富，勤俭节约的优良传统在奢靡腐败的风气中逐渐消失，当前社会更多地是在上演超越现实、盲目攀比、斗富摆阔、一掷千金的畸形消费，很多原本前途无量的企业也以自绝后路的方式为这些挥霍买单。古人云，"兴家犹如针挑土，败家好似浪淘沙"，要想家业兴旺是很不容易的，但家业败落却十分容易。因此，我们要养成勤俭节约的习惯，把其当成做人做事的原则，这样才能稳固来之不易的家业。

"勤"和"俭"向来不分家

勤俭就是勤奋节俭，我们总是习惯性地把这两个字组合在一起，意思是勤和俭不能分家。只勤奋，不节俭，存不下余粮；只节俭，不勤奋，坐吃山空。"勤能补拙，俭能补贫"，二者相辅相成，缺一不可。

相传很多年前，中原的伏牛山下住着一个叫吴成的农民，他虽然不是达官贵人，但是靠着勤俭节约，日子过得无忧无虑。他临终的时候，把一块写着"勤俭"的匾额交给两个儿子，并且十分谨慎地叮嘱他们，要想一辈子不

愁吃穿，就要严格遵照这两个字过日子。

　　吴成去世之后，两个儿子开始分家，这块匾额也被锯成两半，老大拿了"勤"字，老二拿了"俭"字。回到家后，两兄弟分别把字悬挂在正厅。分到"勤"字的老大十分勤劳，每天日出而作，日落而息，年年六畜兴旺，五谷丰登。然而，他并不懂得节俭，过日子大手大脚，总是将新做的衣服穿两下就扔了，白面馒头吃两口就丢掉，很多年过去，家里依然一穷二白，没有什么积蓄。老二拿到"俭"字，就忘记了"勤"字，整日里游手好闲，疏于劳作，虽然节衣缩食，然而每年存下的粮食并不多。到了大荒年份，两兄弟只好挨饿受冻地煎熬度日。后来二人醒悟，将"勤"和"俭"两个字重新合并在一起，辛勤劳作之余还十分注重节俭，日子终于越过越好。

　　勤和俭就像两根水管，一根往池中注水，一根往外流水，我们在注重勤劳的同时注重节俭，就像极力开启注水的水管之后又尽力关紧流水的水管，这样池中的积水自然会越来越多。

凡事有度，过分的节俭不可取

　　勤俭节约固然是中华民族的传统美德，然而过分的节俭却是不可取的，很多时候，过度节俭会因小失大，造成不必要的损失，反而成了最大的浪费。小说《葛朗台》中的老葛朗台，生前处处算计，事事计较，临死的时候不掐灭灯油不愿意闭眼，这种过分的节俭是没有必要的，若只能如此节俭地过一生，那么生命也就没有什么美好可言了。同时，不必要的勤俭还会造成人性上的缺陷，在企业中，过分的节俭容易激起下属的反叛心理，使之丧失工作动力和激情，需要引起注意。

　　有新闻报道称，卫生间是老年人骨折的第一高发地，就是因为老年人比较注重节俭，洗脸水想留着洗衣服然后再冲厕所，结果水渍弄得到处都是，老年人眼神不好，容易被绊倒和滑倒。也有一些生活节俭的老年人，喜欢捡子女淘汰的衣物和鞋子，有时候鞋码并不合适，上下楼梯的时候容易因为鞋不跟脚而扭伤脚踝。另外，有调查显示，老年人常犯哮喘的一大原因也和他们不舍得更换棉被等床上用品有关。

　　更有甚者，一些比较节俭的老年人为了省电，看电视不开灯，结果患上青光眼；过期的药不舍得扔掉继续吃，险些致命；小区老人凑钱买膏药轮流贴，引发过敏；老两口共用一副老花镜，导致头晕、恶心等不良反应……这些都告诉我们：过于节俭会因小失大，丢掉健康。

然而，抛开过度节俭导致的个人健康问题不谈，从大的层面来说，如果人人都不消费，社会又怎么能取得进步？如果人人都自给自足，物品的丰富性还拿什么来促进？可见，片面强调节约，并不利于经济的发展。

总的来说，我们提倡勤奋，要在保障不损害身体健康的情况下勤奋，我们提倡节俭，要在不因小失大的基础上节俭，凡事从实际出发，不走极端才是正确的思路。

3. 圣人之道，为而不争

南怀瑾先生在《老子他说》中赞扬周勃与灌婴的辅助治国的权术手段，称其够高明和美好，基本合乎老子《道德经》"枉则直"的原则。事情是这样的：窦太后与窦家兄弟三人出身低微，道德修养很低，他们掌权当政之后，周勃与灌婴担心会重复刚平定的外戚之患，老年遭受迫害，于是决定从教育做起，为之择师傅和宾客，通过点点滴滴的事情来影响和感化他们。最终，受到良好教育的窦家兄弟成为知书达理、与世无争的谦谦公子，这样一来，不但窦氏一族世泽绵长，汉朝也安稳牢固，传世多代。

正所谓"圣人之道，为而不争"，南怀瑾先生之所以讲述这个故事，就是想告诉我们，天下最大的自私就是无私，天之至私，用之至公。大公无私到极点，即是大私，大公与大私本无一定的界限，都是人为的分别而已。身为领导，如果能够与物无争，与世无争，就可以远离祸患而心态安然，从内而外散发出一种令人尊敬的气质来，在管理别人时不怎么费心就能达到很好的效果。

不争者胜天下

古人常把水比做君子，认为世间最高境界的善行就像水的品性一样，泽被万物而不争名利，自居下流，包容一切。老子曰："上善若水，水善利万物而不争，处众人之所恶，故几于道"，说的就是这个意思。人生之道，莫过于此，心境培养到像水一样，能够容纳百川时，离成功也就不远了。

三国时期，曹操在选拔接班人上无意中成就了一个不争者胜天下的故事。曹操的大儿子去世得早，二公子曹丕作为长子被选为太子。然而，在曹操的几个儿子当中，曹植的名声最大，并且最有才华，最懂得讨曹操的欢心，几番比较之下，曹操一度产生了想要换太子的念头。

曹丕知道了曹操的想法后十分害怕，向身边的大臣贾诩讨教对策。贾诩说："愿您有德性和度量，像个寒士一样做事，兢兢业业，不要违背做儿子的礼数，这样就可以了。"曹丕听了贾诩的建议，开始逐渐提高自身的道德修养，既然争是不争，不争是争，与其争不赢，不如不争，自己只需恪守太子的本分即可，至于别人怎么表演，那是别人的事。

一次曹操亲征，曹植一如既往地高声朗诵自己的诗文为曹操歌功颂德，同时在文武百官面前显示自己的文采，而曹丕却伏地而泣，跪拜不起，一句话也说不出。曹操问他什么原因，曹丕哽咽着说："父王年事已高，还要挂帅亲征，作为儿子心里既担忧又难过，所以说不出话来。"

曹丕的话让满朝文武及曹操本人深为感动，相比较曹植更能彰显人子孝道，于是曹操在大臣的极力劝说下打消了换太子的想法，曹丕在曹操死后顺理成章地当上魏国的皇帝，这场兄弟之间的夺位之争，以曹丕的不争而终。

同心同德才能克敌制胜

人生来就和别的动物一样，争强好胜是本性，为的就是让自己多得到一点利益。然而，人又有和其他生物不同的一面，人类懂得学习，学习之后的聪明人懂得了比"争"这种原始本能更高明、更有效的获得利益的方法，如果运用得当，就能取得更大的利益，这种方法就是"不争"。在一个团队中，领导者若不争名夺利，除了能够提升自己在团队中的威望之外，还能使大家受到"不争"风气的影响，久而久之，形成良好的工作氛围，团队中的个人不再为自己的一点利益而争,大家同心同德,为了团队利益而奋斗,就能取得更大的成绩。

北魏时期,吐谷浑部落酋长阿柴有20个儿子,每一个都聪明能干。阿柴知道,如果儿子们为了争夺大位而相互斗争的话,势必将国家弄得四分五裂,到时外敌入侵,国家很快就会灭亡。

阿柴病重之际,将儿子们召集到一起,让每个人都拿出一支箭,他取出其中一支交给自己的弟弟慕利廷,命其折断。慕利廷接过箭,轻轻用力一折,那支箭就断成了两半。他又将余下的19支箭交给慕利廷,再令其折,这次,慕利廷用尽了浑身力气也没能折断。阿柴语重心长地告诉大家:"一支箭容易折断,但是19支箭合在一起就不容易折断。对于国家来说也是一样,如果内部分裂,各行其是,像一盘散沙一样,这样根本没法抵御外敌,国家很快就会灭亡。但是如果大家同心同德,国家就能长治久安。"

阿柴死后,吐谷浑部族的人们都听从了他的遗训,不为个人利益而争,心往一处想,劲往一处使,部落越来越兴旺,在遭遇外敌入侵的时候也能够无往而不利。

从管理的角度来说,企业就像一个小国家,管理者就像国家领导人,只有持有这种"不争"风范,才能赢得下属的尊重和拥戴,到头来反而没有人能够与自己相争。因此,可以说"不争"是一种充满大智慧的做人与处世哲学。在名利面前,能够克服人性多吃多占的弱点,才能够安身立命、无心插柳柳成荫,获得更大的成功。

4. 居安思危,方可立于不败之地

居安思危是指处在安全的环境中,要想到会有危险发生的可能,人们常用这个词来提示自己要提高警惕,做好事前预防,避免灾难发生时措手不及。简单地说,就是人们无论什么时候都要有危机意识。正所谓"居安思危,思则有备，备则无患"，企业在发展过程中也是如此，再良好的运营环境也容易发生意想不到的危险，如果没有危机意识，就会在未知的风浪中一败涂地。

南怀瑾先生曾在不同的场合多次强调居安思危的重要性，他说："开放发展以后，我们一切都是手忙脚乱，才有了今天的'繁荣'。但是面对现在的繁荣，我们必须要'居安思危'，全体中国同胞要关起门来反省才行。"尤其是那些为了眼前利益而违背商业道德的经营者，更应该考虑到长此以往的后果是什么。

温水煮青蛙的故事我们都耳熟能详，说的就是一只没有危机意识的青蛙在逐渐适应环境变化的过程中，过于松懈而失去戒备，后果便是面对突如其来的灾难毫无招架之力。其实很多时候，外界的危机并不可怕，可怕的是我们面对这些危机时的麻木不仁和茫然无知。

生于忧患，死于安乐

曾任海尔集团董事长的张瑞敏告诫员工要永远战战兢兢，永远如履薄冰。联想集团主席柳传志说，我们一直在设立一个机制，好让我们的经营者不打盹，你一打盹，对手的机会就来了。可见，成功的企业家都很清楚"生于忧患，死于安乐"的道理。恶劣的环境可以激起人的忧患意识，使之为改变现状而积极奋发，最终得以发展、强大；安逸的环境容易消磨人的意志，使人堕落，最终在安乐的环境中不知不觉地走向衰败。

吕布是三国时期的名将，他手中方天戟，胯下赤兔马，骁勇善战无人可敌，世人皆以"人中吕布，马中赤兔"来称赞他。然而，就是这样一个英勇威猛的人，由于没有居安思危的意识，于建安三年在下邳被曹操击败并处死。

当年曹操发假诏书命刘备攻伐袁术，吕布趁机夺了刘备的徐州，漂泊不定多年终于有了立足之地的吕布从此放松了警惕，开始享乐起来。他每天歌舞升平，听曲饮酒，不思进取，完全不考虑得罪刘备这个盟友会给自己带来什么样的后果。他喜欢听人恭维，对笑面虎陈登、陈珪父子的谄媚逢迎照单全收，渐渐疏远了足智多谋的军师陈宫。后来陈氏父子叛变，吕布攻打刘备后被阻在徐州城外，万般无奈之下只好退居下邳。

本就是无路可退才逃至下邳，加上曹操的追兵不日就到，吕布的处境十分危险。然而，吕布一到下邳就又忘记了此前的危险，开始享乐起来。他认为，下邳城高，又有护城河，易守难攻，曹操短时间内不能把他怎么样。陈宫建议吕布率铁骑在外驻扎，与下邳互成犄角之势，他却因贪图享乐迟迟不肯动身，后来貂蝉染病，他更是儿女情长地不愿动身，直到后来，曹操开河攻城，水淹下邳，混乱之中，早已对吕布不满的部下在睡梦中将他擒获，献给曹操，被曹操斩杀。

吕布生于忧患之中，尚且不知道忧患，落个兵败被俘的结局不足为奇。有人说，我们最大的危机就是意识不到危机，的确，救火不如防火，作为领导，只有具有危机意识，才能为企业的可持续发展添加一重保障。

福兮祸所伏，祸兮福所倚

中国古代伟大的思想家老子曾经说过，"福兮祸所伏，祸兮福所倚"，福祸往往相互依存，相互转化，有时候看起来是好事，也可能转瞬间就引发坏的结果。因此，我们要有危机意识，不断提高和锻炼自己，与时俱进。

孙叔敖是楚国的宰相，上任之际，很多官吏和附近百姓都来向他表示祝贺。有一天，门外来了一个身穿麻布衣服、头戴白色丧帽的老人吊丧。孙叔敖整理好衣帽出来接见他，说："楚王不了解我没有才能，让我担任宰相这样的高官，人们都来祝贺，只有您来吊丧，莫不是有什么话要指教吧？"老人说："是有话说，若是当了大官，对人骄傲，百姓就要离开他；职位高，又大权独揽，国君就会厌恶他；俸禄优厚，却不满足，祸患就可能加到他身上。"孙叔敖听老人的话很有道理，就向老人拜谢说："我诚恳地接受您的指教，还想听听您的其他意见。"老人说："地位越高，态度越谦虚；官职越大，处事越小心谨慎；俸禄已很丰厚，就不应索取分外财物。您严格地遵守这三条，就能够把楚国治理好。"孙叔敖谦虚地说："您说得非常对，我定会牢牢地记住！"

孙叔敖始终不敢忘记老人的劝告，一直心存危机意识，最终才能辅佐庄王独霸南方，让楚国成为春秋五霸之一。再看孙叔敖本人，他虽贵为令尹，功勋盖世，却一生清廉简朴，多次坚辞楚王赏赐，家无积蓄，临终时连棺椁也没有，他的儿子也要靠上山打柴才能勉强维持生计。

现代社会，企业之间的竞争如此激烈，事事风云变幻，刚才还是一片祥和，也许转眼之间便遍布危机，如果被暂时的安定、兴盛、胜利蒙蔽双眼而放松对自己的要求，看不到安定背后的危险、兴盛背后的衰败、胜利背后的失败，就必然会由安定转向危险，由兴盛转向衰败，由胜利转向失败。

5. 事业无贵贱，从大处着眼，小处入手

南怀瑾先生在谈论经商的智慧时曾经讲过一个故事："释迦牟尼有一个弟子，眼睛看不见，但还是自己缝衣服。有一天他穿不起针线，便大声呼喊请求帮助。但是别的罗汉都在打坐入定，没有人过来帮忙。释迦牟尼见状，就自己下来帮他穿好针线，交到他手上，并教他怎样缝。这个学生听到声音才知道是释迦牟尼，便说：'老师怎么亲自来帮我穿针呢？''这是我应该做的。'释迦摩尼说完对所有的弟子说，'人应该做的，就是这种事，为什么不肯帮助残疾的人、穷苦的人呢？'"

罗汉们身为佛陀的得道弟子，一心想着普度众生，却忽略了身边这位需要帮助的盲人同学；他们以慈悲为怀，想着教化大事，却没有把穿针引线这种小活看在眼里。在现实生活中，我们也经常这样，怀揣着自以为远大的理想，不切实际地追求着过高、过远的目标，却不肯脚踏实地地从一点一滴的小事做起。

南怀瑾先生说，"地低成海，人低成王"。成功的合作从来都不需要个人英雄，事业无贵贱之分，从大处着眼、小处入手，才是真正的处世智慧。

一屋不扫何以扫天下

苏联伟大的革命导师列宁曾经说过，人要想成就一件大事，就得从小事做起。心中有大局观念、志存高远是好事，然而任何做大事的能力都是从一件件小事上历炼而成的，如果一味地好高骛远、眼高手低，不肯从小事做起，就算真的有做大事的机会，也不一定能做好。

东汉时期有一个名叫陈蕃的年轻人，他狂妄自大，自命不凡，认为自己是块做大事的料，于是每天都幻想着有生之年能成就一番惊天伟业。有一天，他的好朋友薛勤前来拜访，见他屋里、院里肮脏不堪，无法忍受，就很疑惑地问："你为什么不打扫打扫院子，洒洒水来招待客人呢？"他却不以为然地回答道："身为男子汉大丈夫，我的志向是治理天下，岂能将才能浪费在打扫一间小小的屋子上？"薛勤听了很好笑，当即反问道："你连一间屋子都不能打扫干净，能治理好天下吗？"陈蕃听了薛勤的话，羞愧得无言以对。

陈蕃胸怀"扫天下"的远大志向并没有什么不对，但他没有意识到"扫天下"正是从"扫一屋"开始的，不能"扫一屋"的人是断然不能实现"扫天下"的理想的。正所谓"不积跬步，无以至千里；不积小流，无以成江海"，无论何时，要想做成一件大事，都要先做好身边的小事。

脚踏实地才能有所作为

三国时期蜀汉的皇帝刘备临终时对儿子刘禅说，"勿以恶小而为之，勿以善小而不为"，就是在告诉刘禅：小恶经过积累终究会变成大恶，因此不要因为恶小就去做；而小善经过积累终究会变成大善，因此也不要因为善小而不去做。可见，很多事情都有一个由量变引起质变的过程。正所谓"千里之行，始于足下"，古往今来，没有什么大事是可以一蹴而就的，心存远大志向，但不付诸行动，不愿意从点滴小事做起，很难有所作为。

唐伯虎是明朝著名的画家和文学家，从小就喜欢画画，立志要成为一个在绘画方面造诣很高的人，于是他拜在了当时的大画家沈周的门下。沈周见他在绘画方面确实颇有天赋，又勤奋好学，就收下了他。刚开始的时候，唐伯虎十分谦虚刻苦，很快便掌握了许多绘画技巧，沈周称赞他："水墨画墨韵明净，格调秀逸洒脱而富于真实感；人物画写实功力较强，形象准确而神韵独具；山水画布局严谨整饬，造型真实生动，山势雄峻，石质坚峭，皴法斧劈，笔法劲健，墨色淋漓。"听了沈周的称赞，一向虚心的唐伯虎产生了自满的情绪，不再踏实地作画。沈周虽然没有明确地说出来，但是全都看在眼里。一次吃饭，沈周让唐伯虎去开窗户，唐伯虎发现窗户竟然是老师的一幅画，敬佩之情油然而生，同时也很羞愧，他终于明白，天外有天，人外有人，自己的作画技术和老师还相差甚远，如果不好好求教，永远也成不了大画家。从此往后，他静下心来，踏踏实实地跟老师学习作画技巧，终于成了声名远扬的大画家。

唐伯虎从小立下高远的志向，再加上后天的勤奋刻苦，从作画技巧一点一点地学起，才能成为历史上有名的大画家。可见，无论做什么事，脚踏实地才是成功的前提。

古往今来，许多的英雄、豪杰莫不是从小立下了宏远的志向，然后向着目标一步步地迈进。如果志存高远但不付诸行动，那么志向也只是空中楼阁、水中明月而已。只有脚踏实地地在梦想与现实之间架上桥梁，才能一步一步地走向那个承载着我们梦想的殿堂。

6. 审时度势，事业成功的"敲门砖"

世界上最受欢迎和尊重的作家斯宾塞·约翰逊曾经说："这个世界上唯一不变的东西就是变化本身。"时代在发展，社会在进步，万事万物都处在运动变化之中，作为社会中力量渺小的个体，只有顺从自然规律，做什么事都学会揣时度力，审时度势，才可能取得成功。

南怀瑾先生的六字真言"进、退、得、失、存、亡"就蕴含了审时度势的真理，正所谓"不退不进，不失不得，不亡不存"，一个人在面对大千世界所赐予的各种考验时要揆情度理，看清楚当前的局势，认清自己的力量，然后才能在错综复杂的形势中从容地做出正确的决定。

青蛙整夜呱叫，却换不来人们一声赞美，而雄鸡日出啼鸣，却获得众人"金鸡报晓"的褒奖，同样是努力地鸣叫，青蛙的遭遇和公鸡的幸运之间就隔着四个字：审时度势。

审时度势方能出奇制胜

清朝的医家陆以湉在《冷庐杂识·师古》中说:"漫言法古,而不审时度势以图之,鲜有不败者也。"古今中外的名人中,不乏懂得审时度势而名垂千古者,也有很多因不懂得审时度势而一败如水,甚至丢掉江山、丢掉性命的人。身为领导,身处高位,做出的每一个决定都事关重大,尤其要懂得审时度势。

苏秦是战国时期的纵横家,他师从鬼谷子,学成之后怀着一腔热血去秦国游说,劝说秦惠王兼并列国,称帝而治,完成统一大业。然而,秦惠王目光短浅,看不出统一的时机,加上刚刚处死商鞅,厌恶说客,于是任凭苏秦怎么劝说,他也没有采纳苏秦的建议。

多次上书无果的苏秦在秦国花光了所有的盘缠,不得已潦倒而归。之后,苏秦审时度势,重新攻读《阴符》,时常读到深夜,就是为了彻底理解其中的真谛,一年过后,在见识和口才上都有了很大的提高。他仔细分析了天下的局势,适时地提出合纵六国以抗强秦的战略思想,并最终促成六国合纵联盟。他身佩六国相印,使秦国十五年不敢出函谷关。

苏秦从最初的游说秦国一统天下没有成功到最后成功游说六国联合抗秦,就是因为明白了时机的重要性,时机不对时,无论怎么努力都是枉然,而时机一到,再做什么事就容易多了。我们常说,想要成功就要善于把握时机,这里的时机其实就是对客观形势和自身能力的把握。

识时务者为俊杰,通机变者为英豪

俗话说"识时务者为俊杰,通机变者为英豪",历史上很多有作为的人都是懂得相机而动的人。这些人天资聪颖,懂得利用时势,善于把握时机,在生存竞争中能够趋利避害,对每一场角逐都稳操胜券,对他们来说,成功是必然的,只不过是时间早晚而已。由此可以看出,要想取得成功,就要识时务、通机变。

东汉末年有个叫贾诩的谋士,年轻的时候并没有什么名气,很多人都不知道他的存在,然而当时却有一个叫阎忠的名士慧眼识珠,称赞他与众不同,说他有张良、陈平那样的智慧,预言他定能成就一番大事。

贾诩早年是举孝廉出身，后来因为生病辞官回家，在返乡的途中遇到一些叛乱的氏族，贾诩和同行的一干人全部都被抓了起来。俗话说，好汉不吃眼前亏，贾诩自知敌方人多势众，强硬反抗肯定吃亏，于是灵机一动，对土匪们说："我是段公的外孙，你们别伤害我，我家一定用重金来赎。"当时的太尉段颎常年驻守边关，在这一带的名声和威慑力很大，氏族对段太尉又敬又怕，听贾诩这么一说，便不敢再伤害他，当即放了他。而其余众人没有贾诩这般机灵，不会变通，全都遇害了。

除了自救之外，贾诩还将自己因时制宜的本领用到了生活中的其他方面。建安四年，袁绍想要拉拢张绣，身为张绣帐下谋士的贾诩当着张绣的面直接回绝了袁绍的使者，张绣十分疑惑不解，贾诩则耐心地指出了其中的利弊。他说："袁绍不能容人，时间久了，必然反目。而曹操则不同，一则他挟天子令诸侯，名正言顺；二来，他现在的势力还比较弱，更希望结交盟友；第三，他志向远大，知人善任，一定能够礼贤下士。"最后张绣听从了贾诩的建议，投奔了曹操。而结果果然如贾诩分析的那样，曹操对他们委以重任并拜将封侯。

贾诩机智聪慧，懂得相机行事，在曹操立太子一事上也劝谏有功，他以刘表和袁绍为例暗示曹操不可废长立幼，曹操采纳了他的建议，立曹丕为太子。后来，曹丕即位，为了报答贾诩的推举之恩，封贾诩为太尉，进爵魏寿乡侯，增食邑三百，前后共八百户。

在那个动乱不安、人人自危的年代，贾诩能够在77岁的高龄寿终正寝，就是因为他能够透过迷雾看到天下的局势，懂得审时度势。

南怀瑾先生常说："第一流智慧的人懂得创造机会，第二流聪明的人懂得把握机会，而愚笨的人只会错过机会，失去后又不断抱怨。"墨守成规、因循守旧的处世态度是与时代的发展变化背道而驰的，是阻碍事情顺利进行的保守态度，若我们不知变通，不识时务，就会成为错过机会后还去抱怨的愚者。可见，在面对人生的重要事宜时，只有度德量力，把握时机，甚至除旧布新，创造时机，才能够在关键的时刻做出最明智的选择。

7. 欲成大事者：见其所见，不见其所不见

南怀瑾先生在《列子臆说》中解释了为什么狮子能成为百兽之王，就是因为它做任何事情都专心致志，全力以赴，大到猎杀一头大象，小到捕捉一只老鼠，都会用尽全身的力气。它不轻视任何细小的东西，也不重视任何庞大的动物，在它看来一切都是平等的，都需要不遗余力地去争取。南怀瑾先生认为，我们在做事情的时候，要学习狮子的精神，如果分散力量，各自追求表现的机会，单独咬抓一只小老鼠，所花费的精神能力可以说所得者少，所失者更多；如能集中群力，团结起来，抓好一个大目标，反而容易成功，大家就可以分享成功的果实了。

所谓"见其所见，不见其所不见"，这正是有智慧之人的高明之处，无论做什么事，都要认准目标，抓住重点，关注那些该关注的，忽视那些不该关注的，然后全心全意付出，这样才能在成功的路上少走弯路。

心无旁骛，水滴石穿

法国的启蒙思想家卢梭说："当一个人一心一意想要做好一件事情的时候，他最终是会取得成功的。"事实就是这样，柔软的水滴之所以能够把坚硬的石头滴穿，就是因为它心无旁骛，坚持一段时间只做一件事情。做人也是如此，想要得到什么样的结果，就要坚持做什么样的事，三天打鱼两天晒网的人是很难在一方面取得成就的。

董仲舒是西汉时期伟大的思想家，他年少的时候学习非常用心，从来不三心二意，时常因为看书太入迷而忘了吃饭睡觉。家人看他太刻苦，怕他累坏了，于是决定在紧靠着他书房的地方修建一个大花园，让他学习累了的时候可以去里面休息一会。

头一年的时候，董太公专门派人去南方学习了花园的建造技巧，在明媚

的春日里，热热闹闹地动工了。姐姐见花园绿草如茵，姹紫嫣红，多次邀请董仲舒去园中游玩，然而董仲舒只顾摇头晃脑地读书，拒绝了姐姐的好意。

到了第二年，董太公又在小花园里添加了假山，想要吸引董仲舒，尽管邻居亲戚家的小孩纷纷爬到假山上玩，董仲舒也不为所动，仍旧专心地研读他的竹简诗文。

第三年的时候，董家的花园已经完全建成了。附近的人前来观赏，纷纷对董家花园赞不绝口，亲戚朋友携儿带女前来观看，都夸董家花园建得精致。父母叫董仲舒去花园里玩，他依旧不理，继续埋头苦读。

就这样，董仲舒专心致志地读书，完全不受任何事情的干扰，随着年龄的增长，积累了很多学问，最终成为一代令人敬仰的大文学家、大思想家。而他"生专心笃学，三年不窥园"的经历也成了一段佳话，被后人用来教育子女做一件事情要专心致志。

世上无难事，只要肯登攀

伟大领袖毛主席曾说过，"世上无难事，只要肯登攀"，我们要想做成功一件事情，除了要一心一意之外，还要树立坚定的信念。人生是坎坷的，不可能事事锦绣鲜花，处处一帆风顺，更多的时候，等待我们的是曲折、坎坷和充满变数的道路，此时我们就要坚定信念。因为信念的力量是伟大的，有什么样的信念，就能得到什么样的结果。

齐白石是中国近现代伟大的绘画大师、世界文化名人。他年轻的时候喜好篆刻，一天心血来潮，跑去向一位老篆刻家请教篆刻窍门。那位老篆刻家并没有传授给齐白石什么绝学，只是告诉他："你挑来一担石头，刻了磨，磨了刻，等到把这些石头都用完，坚硬的石头都变成泥浆的时候，你的印也就刻好了。"

齐白石听从老篆刻家的话，真的挑来一担石头，废寝忘食地练习篆刻，手上磨出了很多水泡，也长了一层厚厚的茧子，依旧一刻不停地练习。他一边刻一边拿着知名篆刻家的作品进行对照，刻了磨平，磨平了接着刻。时间一天一天过去，筐里的石头越来越少，地上的泥浆却越来越多，最后在齐白石的坚持下，这些石头统统化为了泥浆。

正因为拥有这种"化石为泥"的恒心和毅力，齐白石的篆刻艺术才能达到炉火纯青的境界。常言道"只要功夫深，铁杵磨成针"，人的潜能是无限的，只要我们目标坚定、永不言弃，就能实现愿望。

南怀瑾先生很赞同孔子"君子无众寡，无小大，无敢慢，斯不亦泰而不骄乎"的观点。他认为，真正的君子在做事的时候，没有待遇的多少、利益的高低等观念，也不会去考虑职位的大小，对于任何事情都不轻慢，只要有任务分到手上，就持之以恒，全力以赴，因此才能做到事有所成。

8. 小企业做生意，大企业做人

南怀瑾先生曾经说过，做生意，办企业，靠的是福报，人应该储存福报，有福报，走到哪里都有吃的，做什么行业都能赚钱；如果没有福报，钱是守不住的，而且钱只能这辈子用，而福报是生生世世都可以用到的。那么，怎样才能有福报呢？答案是：学会做人，勤俭节约，善因好缘，慈悲喜舍，吃亏奉献。正所谓"积善之家必有余庆，积恶之家必有余殃"，人若为善，福虽未至祸已远离，人若为恶，祸虽未至福已远离，说的就是这个道理。所以，做生意要先学会做人。

古往今来，很多鲜明的例子告诉我们，那些生机勃勃、财源滚滚的企业，其经营者大多是有自己的思维和主见、头脑灵活、观念超前且品德高尚的人；而那些半死不活、朝不保夕的企业，其经营者大多是思想顽固、因循守旧、疑心重、人品有待商榷的人。但凡自以为懂得几个做生意的规律，随意欺瞒哄骗别人，只为赚取一些蝇头小利的人，最终都会在他人鄙夷的目光中孤独离场。能够留下来越做越大的企业，都是那些尊重社会规律和秩序，在满足人们对诚信和道德的要求下稳步踏实发展的企业。

南怀瑾先生曾宣扬办企业的最高境界——资本主义的管理、社会主义的福利、共产主义的理想、中国文化的境界，其本意还是要求我们在做生意之前先学会做人，单纯只做生意是永远也做不到如此境界的。

做人要厚道

相传汉武帝称帝之后，他的姐姐湖阳公主死了丈夫，那时候的社会风气比较开放，女子再嫁不是什么丢人事，于是刘秀就张罗着给姐姐再找个夫君。在众多大臣中，湖阳公主对大司空宋弘格外喜爱。常年在一起商讨军政，刘秀也知宋弘在容貌、威望、德行等方面都高出众人。为了促成这桩好事，刘秀次日便召见宋弘，特意让姐姐湖阳公主躲在屏风后面。刘秀说："民间有句俗语说，贵了要换朋友，富了要换老婆，你觉得这是人之常情吗？"其实这是刘秀为宋弘下的一个圈套，也是一个诱惑，谁知宋弘却以"贫贱之交不可忘，糟糠之妻不下堂"这句话委婉地拒绝了刘秀，同时也表明了自己做人的原则。就这样，刘秀无言以对，如意算盘也落了空。

面对诱惑依然泰然自若，不做违背自己良心的事，这便是宋弘的品德所在，也是他做人的厚道之处，虽然没有能与皇帝攀上亲戚，但他在刘秀及湖阳公主心中的形象却更加高大起来。做生意也是如此，厚道的经营者明白，做企业不只是在做产品、做品牌，更是在做人，只有把人做好了，才能做出正确的企业文化，才能生产出受人欢迎的产品。

做人要有社会责任心

南怀瑾先生在做讲座的时候，曾经多次以《易经系传》中的"举而措之天下之民，谓之事业"忠告在座的工商界人士。在他眼中，只有将个人利益与社会利益联系在一起的人做的才叫事业。企业不只是单纯地追求财富和利润，最重要的是承担起对社会的责任，计利要计天下之大利，才能有大的发展。

邵逸夫是一位在关注自身企业需求的同时更加关注社会和人民需求的企业家，作为香港电视广播有限公司荣誉主席、邵氏兄弟电影公司的创办人之一，他在中国电影界占据着举足轻重的地位。邵逸夫并不是香港首富，但他却是香港乃至全国最慈善的企业家。在香港，他的知名度来源于他在影视方面做出的成绩；在内地，他的影响力则主要源于他的慈善捐赠。自 1985 年与教育部合作以来，他多次向内地捐资用来兴建教学设施，国内多家院校陆续盖起了"逸夫楼"。此外，他还热衷于捐助社会公益、其他慈善项目。1999年，他向台湾地区捐款2500万港元，救助"9·21"大地震灾民；2005年，他捐出1000万港元给南亚海啸受灾地区；2009年，台湾地区八八水灾，他捐款1亿新台币救助灾区；2010年，青海玉树大地震他又捐款1亿港币……据统计，他一生共兴建了6000多个教育和医疗项目，截至2012年，捐款金额高达47.5亿港元。

邵逸夫是一个勇于承担社会责任的生意人，他做的事情才称得上事业，中国国务院副总理刘延东曾经这样评价他："一生爱国爱港，艰苦创业，慈善济世，令人敬佩。"这样的企业家，才是会被钱追着跑的企业家，想不盈利都难。

做好生意只能使企业发展一时，做好人才能使企业获得长久发展。胡适之先生说，"要怎么收获，先要怎么栽种"，如果已经种下勤俭、结缘、喜舍、奉献的种子，自然能收到富贵、长寿、健康、善终的果实。正所谓"小胜靠智慧，大胜靠品德"，用南怀瑾先生的话来说，有福报的人才能厚积薄发、气势如虹，所以欲做生意先做人。

| 第四篇 |

南怀瑾的儒学思想

第一章

世事洞明皆学问，人情练达即文章

1. 千古难明，唯有自知

关于"自知"这个话题，南怀瑾先生在《孟子旁通》中曾提到，"眼高于顶，命薄如纸"，这也是如今刚毕业的大学生在找工作过程中常见的问题。在当代社会，教育在很大程度上教授的是学问和知识，与实际工作脱节，而大学毕业生在求职时往往能力欠缺，眼光倒不低，以至于生存都成问题。在南怀瑾先生看来，做学问和工作实践从来都不是一码事，二者应该分开来看。当下有份工作最重要，能够在社会中立足，能够养活自己才是首要任务，而学问是无论从事什么工作的人都可以做的。

南怀瑾先生认为，"自知"是聪明人都具备的处世态度。"自知之明"说的就是对自己的情况充分了解，对自己的估计也很正确。人生在世，有很多的人和事我们根本无法完全了解，"自知"非常不易。一个人要想去了解别人，首先应该对自己有一个正确的认知；反之，他如果连自己都不能正确地认识，又怎么能正确地了解他人呢？

位卑而言高，罪也

在《孟子·万章》中，孟子问孔子："为贫者，辞尊居卑，辞富居贫，恶乎宜乎？"孔子曰："位卑而言高，罪也；立乎人之本朝，而道不行，耻也。"

这段对话的意思是，由于家境穷困做了官，就应该做小官、拿少钱，而不是做大官、拿多钱。那么到底做什么比较好呢？孔子答道："对于地位低下的人来说，讨论朝廷大事是一种罪过；对于在朝廷做官的人来说，无法达成自己的理想是一种耻辱。"对自己应有一个正确的认知：有多高地位，说多高的话；有多少能力，做多大的事。

一间公司准备启动一个年度大项目，在开始之前，首先要企划部先做出基本的项目策划案。因为这个项目的规模和内容与之前做的有很大的不同，所以尽管部门主管抛出了诱人的奖励条件，但一时间也并没有人主动揽下这个工作。这时，一个在公司里待了将近10年的老员工，觉得自己风光的机会来了。于是，他向主管毛遂自荐，主动要求负责这个项目，并承诺一定会很好地完成。由于公司没人愿意接手，他又一直争取和保证，最终主管同意由他来负责。

消息一出，部门里的人都不看好他。因为他虽然在公司里待了很久，但是工作能力和质量并不高。往常，负责人把任务分配好之后，他也是只关注自己的那一部分，很难和别人很好地合作，互相帮助、学习，对其他人的工作也完全不了解。有人好心给了他一些提醒，也被他给拒绝了，所以大家都认为他无法顺利完成这个任务。

果不其然，他在第一步分配任务时就遇到了麻烦，根本不知道该怎么分配，也不知道每个人所擅长的部分。他好不容易手忙脚乱地分配完了，结果收上来的策划案却完全不符合主管的要求，他也终于意识到自己能力不够，主动请辞，让主管重新找人负责。

《论语·泰伯》中说"不在其位，不谋其政"，这和南怀瑾先生的观点如出一辙。在南怀瑾先生看来："年轻人，首先要知道自己的能力，然后踏踏实实地去做，在什么样的位子做什么样的事、说什么样的话，才是对的。"若是连自己到底有多大能力都不知道，难成大事不说，甚至会铸成大错。

先存诸己，再存诸人

中国传统文化教导我们，自己好的时候，也要帮助别人好起来。南先生说"先存诸己而后存诸人"是孔子要求青年人做到的一种修养。现在的青年人非常有勇气，总喜欢去帮别人"站"起来，而无视自己还趴在地上的事实。真正的让自己先站起来，再帮别人站起来的人非常少。所以，先让自己"站"起来是非常重要的。

几十年来，为了不让自己落伍，南怀瑾先生经常和年轻的学生相处，学习年轻人的经验。在这期间，也有很多学生向他抱怨对现实不满，无法实现自己的一腔抱负。每当这时，他都会告诫学生们应先对自己有一个正确的认识。

而在与学生交往的过程中，南怀瑾先生却觉得年轻人很少可以追上他们这些前辈。因为他们学到了年轻人的经验和知识，对方却没学到自己的经验。究其原因，还是那些年轻人没有"站"起来，自身的知识和能力储备不足，自然就会落后于前辈们。所以，年轻人一定要"存诸己"，不要自视过高。

无论是工作还是学习，对自己有一个正确的认知都是非常重要的。想要帮助别人固然是一件好事，但是在此之前，得先让自己真正在社会上立足，这样才能真正帮到他人；否则，你的帮忙也只不过是帮"倒忙"而已。生活中有很多的纷纷扰扰，我们无法避免它，却能够在不断的自我认识中，一点点地去化解它、接受它。

2. 凡夫重利，圣人重义

《论语·里仁》中，子曰："君子喻于义，小人喻于利。"这讲的是，君子做事看重道义，而小人看重的却是利益。但是，有些人却对此有误解，认为儒家只重视道义，不能有自己私人的利益。这是因为他们忽视了孔子后面的话："富与贵，是人之所欲，不以其道得之，不处也。贫与贱，是人之所恶也，不以其道得之，不去也。"这句话是说，想要得到金钱和地位是每个人的愿望，但是得到它们的方法如果不合乎道德规范，就不能接受；讨厌贫穷和地位低下也是每个人的想法，但是得到它们的方法如果不合乎道德规范，就要丢弃。孔子的这番话说明了人的普遍需求是正常的，应该被认同。在"道"的前提下追求金钱和地位,也就是"利",是可以被接受的。

南怀瑾先生在《论语别裁》中说道,至汉唐后,私与无私的区别已经混淆进了儒家的"义""利"之辩中,导致许多人对于"义""利"之辩产生一些误解。即便如此,不同的人对于"义"和"利"也有不同的追求,究竟该如何处理,还是在于个人。

先义后利以得长远发展

孟子说:"鱼,我所欲也,熊掌,亦我所欲也,二者不可得兼,舍鱼而取熊掌者也。生,我所欲也,义,亦我所欲也,二者不可得兼,舍生而取义也。""鱼"和"生"对应的是"利","熊掌"对应的是"义",当两者产生矛盾时,"义"和"利"不可同得,只能选择"义",放弃"利"。孟子虽主张先义后利,却不是只重义而不重利。在孟子看来,义和利是一样重要的,这两者讲的是"大利"与"小利"的问题,而非一些迂腐的儒生所争论的公和私的问题。假如只在乎利而不顾义,就算是真的获得了利也守不住,这就是小利;反之,假若先在乎义而后顾利,则可以得到长远的发展,这正是大利。这就如同忠和孝两者的地位一样,关键在于二者应有主从、先后之分。

梁惠王是一个典型的先利后义的人,做事不怎么讲规矩。那个时候实行的是周天子的分封制,王、侯的分封爵位要世代相传,不可乱改。而梁惠王却自封为王,并在迁都大梁后改为梁惠王。由此可见,梁惠王做事确实不讲规矩。

梁惠王的爷爷魏文侯生前颇有一番作为,父亲魏武侯也曾和韩、赵两国合作,灭掉晋国的智伯,分割了其土地。梁惠王也想像先辈一样有一番作为,曾经重用孙膑扩大武力,最后却并没有得到预期的结果。有一次大臣公叔痤病重,梁惠王去看望他。公叔痤向他推荐自己的门客商鞅,告诉他此人是个不可多得的人才,并让他重用商鞅,接受他的建议。梁惠王却觉得公叔痤是病糊涂了,才会让他重用一个卫国来的人,一次都不肯召见商鞅。之后,商鞅在秦国被重用,实行了"商鞅变法",并说服秦孝公攻打魏国,逼得梁惠王不得不割地求和。

先利后义虽然能够比较现实地获得利益,却会影响其长远的发展。生活中,在面对"利"与"义"之选时,如果能够做到先义后利,必然能够带来更多的好处。

透过义字看大利

关于"义"这个字，许多人往往将它神秘化，事实上它却很简单。孟子说："义者，宜也。"他的意思是说要按道理和方法做事。这就好像做生意一样，起初你要找到市场需求，然后寻找便宜的货源，之后才能考虑投放市场挣钱。如果只是抱着投机的心理去做生意，什么准备都没有，到最后只会落得个亏本的下场。孟子所讲的"义"和"利"关键不在是否符合道德要求上，而主要是在智慧上面。能够透过义字看到大利的人，都是真正有智慧的人。

王锦宏是江苏盐城一家船用配件公司的董事长。2004年一天的上午，就在他要去往上海签订一笔价值100多万的船用配件合同时，公司打电话告诉他工人刘立平在车间里晕倒了，鼻腔内大出血。王锦宏当即丢下签合同的事，直奔医院的重症监护室。在被告知刘立平的情况非常危险时，他又立刻将其转到了苏州大学附属医院，终于将昏迷10个小时之久的刘立平抢救了回来。当王锦宏想起给合作方打电话时，对方却告诉他由于他的爽约，订单已经交给别人来做了。

之后，刘立平被检查出来是急性淋巴细胞白血病，骨髓移植手术需要花费30多万，但那时公司账上也仅有10多万，如果将它用于手术，那么公司将面临严重的财务困难。王锦宏深知公司能有现在的规模靠的都是刘立平这些工人辛苦工作得来的，所以他坚决地将公司账上的10多万打给了医院，又将自己的车放到银行抵押得到10万元贷款，还将库存的船用配件低价卖了8万元，终于凑够了医疗费。但是，公司却无法再生产了。其他员工知道这事后，主动集资了32万交给公司，公司才得以重新运转。之前差点签了合同的公司也回过头来，与王锦宏签了300万的订单。王锦宏也终于通过自己对工人的"义"获得了大"利"。

"义"不仅是一种道德上的约束，更能体现一个人的智慧。有了"义"作为前提，大"利"也会唾手可得。

3. 先安身，后立命

"安身立命"是儒家的一种经典学理。《论语》中，孔子提到"安"是丧礼中守丧三年的原因之一，为亲人守丧能够安顿人的情感和精神。《论语·学而》写道：曾子曰：吾日三省吾身：为人谋而不忠乎？……这里的"身"指的就是我们的行为举止。《为政》中，孔子曰：三十而立。"立"的意思是将人生的价值取向确立起来。在《尧曰》中，孔子又说"不知命，无以君子也"。这里的"命"便指的是君子的责任感。

南怀瑾先生认为，人的一生不仅仅是"生存"，更重要的是"生活"，即如何让自己在有限的生命中实现人生的价值，从而活得更加快乐、更加有意义。生命中，我们要面对的事情太多太繁杂，很容易在慌乱中失去自我，进而稀里糊涂地过完一生。所以，人生在世，首先要能够找到自己的精神依托和规范行为的准则，之后再去完成那些使命和责任。

君子和而不同，小人同而不和

对于古代君子的品行，南怀瑾先生也是非常推崇和喜爱的。君子之交淡如水，却让许多人一生追求。对于君子而言，安身立命是他们用来要求自己的准则之一，虽然他们和身边的人关系都很友好融洽，但是依旧有自己的坚守和独立不移的中心思想。他们不会为了迎合别人而去做一些违心的事，说一些违心的话，凡事都有自己独到的见解；即便身处乱流之中，也不会随波逐流，更不会同流合污。反之，小人为了能融入周围的人，常常是人云亦云，说话做事毫无自己的主张和见解，最后反而被周围的人隔离在外。

美国西部开发的早期形成了淘金热，吸引了各地区的人们前往那里淘金，希望能捞一大笔钱。在那些想要借此发财的人当中，有一个叫史密斯的人却与众不同，他并没有和那些人一样跑去淘金子，而是选择卖水给那些淘金者。

最终，大部分的淘金者什么都没有淘到，而史密斯却因此挣了一大笔钱，一跃成为富翁。在别人都投身于狂热的淘金潮流时，史密斯也紧随着潮流，但是在这股浪潮中，他做出了和别人不同的选择，那些人都没有他那么聪明，自然也就不可能像他一样成为富翁。

南怀瑾先生经常告诫学生们要包容彼此之间的差异，在各种不同中学会和谐相处，强行地要求众人一致，不仅不会达到预期的目标，反而会适得其反。就像一首美妙动听的曲子一般，如果单单只靠一种乐器来演奏，那听起来可能就会枯燥乏味，但如果加进了其他乐器的声音，在相互配合中，美妙的曲子就会随之产生。生活中，"和而不同"的生活方式会给我们带来许多的方便与和谐，就像人分男女一样，"和"中"不同"也是一门艺术。

确定目标，勇敢追寻

人的一生是非常短暂的，每个人能做的事说多也多、说少也少。有些人的一生充满了挑战，过得很有意义；有些人却嫌人生漫长，无所事事。其实，这是由一个人是否能实现自己人生价值来决定的。应确定下来一个长远的目标，并为之付出自己一生的努力去追寻和实现它，尽力让自己的人生变得更加有价值。

在学生时期，著名的生物学家童第周就为自己定下了宏大的学习目标——中国人不是笨人，应该拿出东西来，为我们民族争光。后来，他去了比利时学习实验胚胎学。当时，和他同宿舍的还有一个学习经济学的俄国人。但是，那个俄国人非常蔑视中国，还讽刺他是"东亚病夫"。听了这话的童第周很生气，警告他说："我的祖国，不允许你随意侮辱。既然你瞧不起我们中国人，那我们来比一场赛，我们各自代表自己的祖国，我从明天开始和你一起研究经济学，看看到底谁可以先获得学位。"看到如此自信的童第周，那个人吓得不敢接受挑战，只得尴尬地走开了。

4年之后，童第周获得了博士学位，成绩相当优秀。哪怕是当时许多外国人还无法在显微镜下做的精细手术，童第周都可以做得很好，整个欧洲乃至世界的生物界都对他充满了赞叹和关注。

著名的教育家徐特立说过，一个有了远大理想的人，无论他遇到多大的苦难，他也是幸福的。确定一个目标就像是为自己在远方树立了一座灯塔，远远地为自己指路，给自己希望。《圣经》里有段话是这样说的：去追求吧，这样做了就能有所获。去探索吧，这样做了就能有所发现。凡追求者得，凡探索者获。只要行动起来，努力去做了，就一定会有所回报。人的身上隐藏着无限的潜能，你的目标也会引导你不断地冲破艰难险阻，朝着目标不断前进。

4. 月盈则亏，把握分寸

《论语别裁》里，南怀瑾先生提到，无论是做人还是做事，都应该注意把握分寸，并举出了汉光武帝和严子陵的故事。严子陵是汉光武帝刘秀小时候的同学兼好友，刘秀当上皇帝后，命人全国寻找严子陵，后者却隐藏了起来，以躲避做官。后来有人在浙江桐庐县富春江上发现了他，又将消息传到了汉光武帝那里，汉光武帝还是把他接到了京里，再次给予他官职，严子陵还是拒绝了。后来两人像当初的同学好友一般喝酒聊天，这段友谊被后人广为传颂。如若当时严子陵做了汉光武帝的官，他们的友谊是否还能这么牢固，那就很难说了。由此可见，朋友相处，把握分寸是非常重要的。

关于把握分寸这一点，南怀瑾先生认为这是为人处世中的一门大学问。从古至今，"分寸"两个字始终依附在任何事上。懂得把握分寸的人，知道什么时候该做什么事、该说什么话、该前进亦或是后退，那么他的人生路就像是找到了捷径一般，一定能走得非常顺利。一旦将人生的分寸把握住了，一个人的命运也就掌握在了自己手中。

适可而止，恰如其分

南怀瑾先生常说，见什么人要说什么话，而且每句话都要留三分，不可说得太绝对，否则就容易造成错误。在生活中，很多人都把口无遮拦当做性格直率，说话的时候容易伤害到其他人。长此以往，两个人就容易心生嫌隙，从而产生隔阂，这非常不利于人和人之间的交往。西方有句谚语是这么说的：上帝给了我们一张嘴、两只耳朵的原因就是要少说话、多听话。这也是在提醒人们说话要注意分寸。

从前，有一个说话完全没有分寸的农户，他每天最大的爱好就是对村里每个人的穿着打扮，以及村里发生的大小事情评头论足。今天村东头的姑娘穿了新衣服，他看见了就会一番数落，"你看你皮肤本来就黑，还穿这么亮的红色，显得你的脸更黑了"。小姑娘气得立刻跑回家脱下衣服，再也没穿过。明天村西头的小伙子新剪了头发，被他撞见后，又是一番评论，"你的脸是方形的，不适合剪这种板寸，看起来像汉奸一样"。原本小伙子剪完头发是要见对象的，结果被他这么一说，完全没了心情，悻悻地回地里干活了。一开始，大家对他的行为还见怪不怪，毕竟他也没做什么太过分的事。可是时间长了，大家心里也不好受，慢慢就开始疏远他了。一直到他发现村里的人都不和他说话了，还没有意识到是自己说话没有分寸所致。

后来没办法，他只得找邻村一个人缘特别好的人去求教。那个人告诉他，说话的时候要把握好分寸，要恰如其分，像第一种情况，你应该说："因为你的肤色不是很白，所以这样的颜色并不适合你，你可以试一下稍微暗一点的红色，这样会更好看。"同样的意思，换一种说法，就能让人更容易接受，还不会造成不必要的矛盾。

南怀瑾先生在生活中也很注重说话的分寸，讲话总会留有一些余地，他说："逞一时的口舌之快只会带来一时的快感，快感过后，剩下的就只有伤人的难堪。"所以，说话时懂得把握分寸，懂得适可而止，会让你的生活避免很多不必要的麻烦，也会为你带来更好的人际关系。

善待他人，不逾底线

子曰："可与共学，未可与适道。可与适道，未可与立。可与立，未可与权。"有些人可以做同学，但你们不一定是一路人；你们可能是一路人，但不一定能一起创业；你们或许能一起创业，但不一定能共同掌权。在与他人相交的时候，要把握住一个度：在这个度以内，你们会是很好的朋友；但如果过了这个度，逾越了对方的底线，就可能会造成很严重的后果。

王安石和赞元禅师情同兄弟，前者在朝做宰相，后者剃度出家当了和尚。在寺庙里，赞元禅师每个月都会收到王安石寄过来的书信，却从来没有打开看过。后来有一天，王安石向赞元禅师询问自己是否可以学道，禅师答道："你能学道的条件仅有一个，阻碍你学道的条件却有三个。这一世，你是学不了道了，等下辈子再说吧！"生气的王安石让赞元禅师给他解释原因，对方说道："你不仅脾气大，还容易发火，对于成败必须要有确定的把握才会稍显平静，这样的你，学不了道。"正如上述两人的相处，虽为朋友，却不可一同入道，朋友相处的分寸正在于此。

南怀瑾先生一生，对待他人都非常有分寸，该说的时候尽可能多说，不该说的时候绝不多言，了解对方的底线，并且能够守住不逾越，故而他的朋友很多，人生也多了许多的乐趣。对他人以善相待也是对自己的一种善待。把握分寸并不难做到，把握住那个度，对于生活中的交往会有一些意料之外的好处。

5. 君子求诸己，小人求诸人

南怀瑾在《论语别裁》里提到，一个君子为人处世，对待每一个人的态度都是一致的，不会因身份地位高低、学问多寡而区别对待。君子无论何时何地都能够用一颗公正之心来对待众人，一视同仁，不结党营私，不拉帮结派；然而小人却总是同与自己相近的人交往，结成自己的一个小圈子，排除异己。

在理解南怀瑾先生的句意之前，我们首先应该了解《论语》中的"君子和小人"。何为君子，何为小人？最初，君子是指贵族阶层，而小人便是平民，没有道德上的含义指标，也许在一定程度上也残留着社会地位的区别，但是在孔子和南怀瑾先生的心里，这个标准超越了社会地位，是以"德行"论君子与小人的。

海纳百川，有容乃大

子曰："君子求诸己，小人求诸人"；"君子矜而不争，群而不党"；"君子不以言举人，不以人废言。"南怀瑾先生和孔子的意见一致，作为一名君子必须要矜而不争，在严格要求自身品德素质，加强自身修养过程中一定要与人和谐相处，为人与善，待人接物不能过于苛刻。做人不能傲气太盛，自命不凡，不懂得尊重他人，否则最终的结局肯定会不尽如人意。

谢灵运作为中国山水诗的鼻祖，却是因为待人接物目中无人而最终死于非命的。谢灵运因出生门阀世家，门第高贵，自身才华横溢，以至于恃才傲物。正因如此，他认为自己在政坛上应该格外受到皇帝的看重和赏识，应给予重用。殊不知天外有天、人外有人，谢灵运傲气过重、自命不凡，反而遭到朝廷的排挤，被皇上一纸诏书调离建康。如此，谢灵运在郡上心情不佳，郁郁寡欢，到后来不理政务，只知一味地纵情山水、饮酒作诗，以此来宣泄心中对怀才不遇的愤懑，仅仅一年便称疾辞官。

南怀瑾先生认为，正确的做法应该是倡导推己及人的忠恕之道。在待人接物的同时，应该采取换位思考的原则，多为他人着想，把自己置身于他人的角度来看待问题，理解别人的难处，多一些宽容和理解，这样才能达到人与人之间和谐共处的境界。

《红楼梦》中的王熙凤一生要强，从不低头，到头来只落得"机关算尽太聪明，反送了卿卿性命"的结局。掌管荣国府一应大小事宜的王熙凤，对待下人苛责无比，不知进退，损人利己的事情做尽，沦落到丈夫贾琏也离她而去的地步。

在现今多元化的社会里，更多的是要有一种"海纳百川，有容乃大"的胸怀。作为一名君子，更要知晓待人刻薄无礼是取祸之道，不能包容他人，只会树敌众多，导致自己孤立无援，危机四伏。君子应当原谅别人的过错，才能赢得和谐美好的人际关系，为提升自己，促进事业的发展奠定良好的基础。

君子要时常反省自己

南怀瑾先生在讨论君子这个话题时,提到君子与小人的区别在于:君子要求自己,而小人则要求别人。子曰:"躬自厚而薄则于人则远怨矣。"从中可以看出孔子对自立自强、严于律己、宽以待人的重视。一旦生活中出现了矛盾和问题,君子想到的第一件事情是从自己身上找原因,反省自己,总是反求诸己,从自身找不足、找缺点,从而达到不断进步的目的。然而小人却刚好相反,从来不从自己身上找原因,不检讨自己的缺点,一味地把错误强推给别人。如此不承担责任,对己宽厚,对他人求全责备,自然不会有进步。

世间的一切纠纷无不产生于双方都不懂得退让,没有反省自己。"退一步海阔天空",很多简单明了的事情,却总是无法顺利地解决。因此,在面对矛盾和纠纷时,应当如君子一样责己不责人,如此一来问题就会迎刃而解了。

君子与小人的区别无非就是是否具有"以责人之心责己,以恕己之心恕人"的境界。无论是大至国家君臣,还是小至个人私交,只要恪守严己宽人的准则,就不会出现隔阂越来越深,乃至于陷入矛盾激化、关系破裂的僵局。

很多时候,一些不和谐的社会关系的发生,都是源于矛盾发生的时候,当事人没有自己反省,更多的是抱怨别人、指责别人、互相攻击。矛盾双方只要有一方检讨自己的不足,为他人着想,用一种安静、平和的心态对待对方,有什么矛盾不能解决呢?

当人与人之间发生矛盾冲突的时候,只有不断反省自身,"化干戈为玉帛",才能使人们之间真诚相待。因此,责人不如责己,自责远胜于抱怨、指责。君子责己,小人责人。君子反思自己,小人怨天尤人,满腹牢骚。我们做人、教育孩子,都应该朝着君子之德的方向去努力。心诚求之,虽不中,不远矣。近君子,远小人才是正道。

6. 大小之间，能屈能伸

屈伸一词分开解释就是失意时忍耐，得志时还能施展抱负。"大丈夫能屈能伸"本出自《周易》，南怀瑾先生认为君子之心，大可虚怀若谷，小则容忍谦和。丈夫之志，是既能委曲求全，又能大义凛然、身正无畏。在南怀瑾先生看来，人生在世，要想干出一番大事业，这种能屈能伸的精神是必不可少的。而能屈，并不是败北之后的自卑颓丧与怯懦；能伸，亦非功成名就之后的自负傲慢与炫耀。这是一种智慧，一种避让锋芒、伺机而动的智慧；这又是一种心态，一种自信昂扬、无畏向前的心态。

能屈，是一种谦和容忍

能屈，并不是颓丧自卑的沮丧姿态，南怀瑾先生认为的能屈，是在顺境中的低调谦虚，在逆境中的保全与忍耐，这是一种生存方式。能屈，是一种难得的糊涂，是一种"水往低处流"的谦恭——在名利纷争中的"恕"，在困境失意中的"耐"，在抗争负辱中的"忍"，在与世无争中的"和"。

南怀瑾先生谈及"能屈"时说到很多真实的故事，譬如著名的京剧大师梅兰芳，在出演《杀惜》之时，台下众多喝彩声中却有一位老者说不好，批评梅兰芳的演出很差劲。梅兰芳并没有生气动怒，并且连演出服装都没来得及换下就用专车将这位老人接回自己家里，恭恭敬敬地对老人说："先生说我不好，就是我的老师，想必老师一定是有高见，还请赐教，学生定当虚心改正，亡羊补牢。"随后梅兰芳就俯身清耳虚心求教。之后梅兰芳经常请这位老先生观看他演出，并请他指正其中的不足，还尊称他为"老师"。这就是梅兰芳大师的"能屈"。无论自己取得了多大的成就，造诣达到多高的境界，他都不会摆出一副盛气凌人的样子，傲视四周，反而对周围的人和事更加谦卑、恭敬、和蔼。

韩信当时所受的"胯下之辱"也是"屈",当他在众目睽睽之下匍匐在地,从别人胯下钻过去的那一刻,他忍受的不是一般人所能忍受的屈辱,也正是因为这样的"能屈",他才在最后得到了常人得不到的荣光。南怀瑾先生指出"屈"是一时的,"能屈"是为之后的"伸"做铺垫,为之积蓄力量,小不忍则乱大谋。"屈"不是自卑怯懦,而是一种智慧,进能虚怀若谷,退亦能忍辱负重,只要能做到这般宠辱不惊,又何苦大事无为?君子之心,有大有小,丈夫之志,必须能屈能伸。若是一经挫折打击便无法忍受,从此失去希望,这样的人生何以继续下去?

能伸,是一种身正无畏

能伸,不是目中无人、趾高气扬,在南怀瑾先生眼中,"能伸"不仅是时刻昂首挺胸、身正无畏的姿态,更是一种坚守自我、自尊自强的心态。"伸"与"屈"一样,都是一种成就大事的谋略,从"屈"到"伸",是厚积薄发的过程,也是不战而胜的权宜之计,展现出一种执着精神和自信之态。

晏子作为使者被派到楚国,楚人得知晏子身材矮小,打算嘲笑一番,就在大门旁开了一个小洞让晏子由此通过。晏子发觉后,拒绝不进,说道:"只有出使到狗国才走这狗洞,今天我是出使到楚国,所以我不应该从这个洞口进去的。"于是,晏子便昂首挺胸、阔步向前走进了大门。后人都称赞晏子随机应变,聪明机智,赞叹的同时更是佩服他的气节,不辱自尊。南怀瑾先生说,在现实社会的为人处事与交往中,过度畏惧谦卑难免会受到别人的欺辱、蔑视,只有自己自信,别人才会对你有信心,才会尊重你。

南怀瑾先生自身就是这样,尽管有许多人对他有很多异议,说他对某些解释存在偏差,抨击他,让他离开儒学论坛。虽然在发展道路上遇到了阻碍,但他还是坚持将自己喜欢的儒学之道研究透彻,专注于自己喜欢的事情,不去理会世俗的眼光,这是南怀瑾先生对自己的自信,不会因为别人的三言两语以及某些阻挠就放弃最初的梦想。

"屈伸"涉及到了我们的生存问题:是要世界改变我们,还是我们去改变世界;是任凭生活困扰自己,还是去主动控制生活。世界不断改变着,我们只有让自己变得更强大,活出自己的精彩,才能生存下去。正如南怀瑾先生所说，许多事情看开了，也就是那么回事，也没什么大不了的。不能把自己的自尊吊得太高，如果一个人连自己的生存问题都解决不了，还谈什么自尊。该"屈伸"时大胆去做，尊严需要拥有一定的基础，不是建立在空洞的骄傲上的。我们生活在社会上，把自己放低一些，能屈能伸，放得下脸面，生存的机会还是很多的。

7. 仁者，其言也讱

在《论语》中有不同学生问关于"仁"的问题，孔子则有针对性地回答。《史记·仲尼弟子列传》说司马牛性格"多言而躁"。司马牛问怎样做才是仁，孔子则直接说：仁者说话是慎重的。司马牛对此表示不能理解，孔子则解释说，仁是一个做起来很容易，说起来很难的事情，所以在行事的过程中应该慎言，多实践。南怀瑾先生在《论语别裁》中也暗含赞同之意。孔子认为，心存仁德之人，贵在言行一致，言不过于行，若言过行，那么便很难做到"仁"。

"慎言"使职业操守得以立

古语有云："祸从口出。"很多人因多嘴而招致祸患和灾难。若是能做到"慎言"或许能避免许多麻烦。比如当权者身居庙堂之高，时刻处理国家大事，断然不能随意谈论政事，否则可能会酿成大祸，贻害无穷。

汉成帝时，大臣孔光为官谨慎，不随意与别人谈论朝中大事，即便是与家中亲近之人也只字不提。有一次家人无意间问到供朝臣议事的温室殿旁所种为何树，他却丝毫没有透露，守口如瓶。他明白若是顺势发展，告知他们温室树，便会询问温室事，将朝廷要事当做儿戏，供人茶余饭后笑谈，一不小心便会泄露国家机密，酿成大祸。

有这样一个关于县委组织部长的故事。一次，这位组织部长到一家家具厂调研，无意间对一套样式新颖的家具赞叹了几句。没想到几天后，厂长奉乡长之命，将那套家具拉到了部长的家。原来他们自认为是部长在"暗示"，并觉得"心领神会"。又有一次，部长在朋友面前对某某画家所画的山水大加赞赏，几天后，那朋友就把这位画家的一幅山水画轴送给了他。虽说家具和画并没有被接受，但它们真切地让那位新上任的部长"吓出一身冷汗"。几次教训之后，那位部长认识到慎重说话的重要性，为此还在居室高悬"慎言"二字借以督促自律。

"慎言"使生活有道

孔子在《论语》中多次强调慎言，可见慎言对一个人的修身养性有多么重要。人们若能做到慎重言语，不仅有助于工作，对心灵、修身亦帮助颇深。

孔子有位名叫子张的学生，因要上任为官，想向老师求得最实用的一个道理，孔子便以"言寡尤，行寡悔，禄在其中矣"告诫，告诉其工作之道。大意是少讲假大空的话，不做心存侥幸的事，就是俸禄之所在了。孔子认为要谨慎言语，才能当得起国家所给的俸禄。

孔子崇尚周礼，曾专程到周王朝研究考察文物礼仪制度。刘向的《说苑·敬慎》记载：孔子在参观周王拜祭先祖的太庙之时，看到台阶右侧立着一个铜铸的人，但嘴有三道封条。而这个铜人的背面刻着一行字："古之慎言人也戒之哉，戒之哉！无多言，多言多败。"说明这是古代一位说话极其慎重的人，戒掉多言，言语太多则易招惹更多祸事。大概此事让孔子感触良多，所以孔子非常注重"慎言"。后来衍生出的"三缄其口""缄默不语"也可见谨慎言语之重要。

当今时代信息传播极快，稍有名气之人的一言一行都受人关注，随便一张图、一条聊表心情的文字都会引起轩然大波，抑或受人非议。他们更应该谨慎言语，不为哗众取宠而发些猎奇之语。即便有人说话很合适，却还有非议诽谤他的人；有人做事非常妥当，也还有人说长道短。

人们每每谈到巨星贝克汉姆，都会称其为行走着的"慎言"代言人。他在接拍广告之前，会聘请一个专家团体对相关产品进行严格调查，并认真检验，看其结果再确定自己能否代言。事实上作为公众人物，贝克汉姆的"慎言"

不仅是对自己负责任，同时也让公众多了些安全。

当然，近年来社会不"慎言"之现象也层出不穷，尤其是一些社会名人低俗甚至可以说是恶俗的"口水仗""对骂仗"事件屡屡出现。如有的演员利用微博这个传播快速的平台，大言不堪之语，言语侮辱甚至谩骂他人，以致其大多数粉丝也纷纷加入扩充行列。这样不"慎言"的名人，不仅其公众形象尽毁，还突破了道德底线，社会影响极其恶劣。

就像南怀瑾先生所说，深受古人训戒，讲究仁道的人，说话都是慢慢来，会在心中衡量是否能讲出来，不轻易言，不随意说话，但是只要说出来的，便是经过慎重组织的语言。

8. 君子讷于言，敏于行

孔子在《论语·里仁》中说到"仁"的重要性。南怀瑾先生解释道："讷"，是嘴巴好像笨笨的。只有不讲空话，做事敏捷才称得上真正的仁。

南怀瑾先生认为，行仁的人一般不轻易发言，不轻易答应，但真正做事时，会认真对待。

君子讷于言

老子在《道德经》最后收笔时曾说：圣人之道，为而不争。巧言令色并不算真正的才能，不轻易争辩，默默做事才能担得起圣人君子之名。

《道德经·第八十一章》中的"善者不辩，辩者不善"，说的是真理不需要时时刻刻去争辩的。一天到晚不停地争论，也不一定能够将真理辩出来。不管是怎样的真理与正道，只有用心去实修，才能真正领悟。

事实上，真正有能力的人不需要与别人辩论，更不会只依靠言语上的胜利说明自己的正确，不管有多少流言蜚语还是恶意诽谤，他们都能用行动去证明自己的清白。

吴汉是东汉名将,不太会文辞作赋,但是沉稳、勇猛、有谋略。他追随光武帝刘秀南征北战,立下汗马功劳,官至大司马。吴汉对刘秀非常忠心,每每和刘秀出征,均在旁守护。诸将只要见占据不利,大多是惶恐惊惧,没有了平常的气度,但是吴汉却神色如常,整顿军队,激励战士,振奋君心,使之迎战。吴汉打仗从不怕输,百折不挠,但在朝廷上似乎变成了另外一个人,"斤斤谨质,形于体貌"。他从不在口头上为自己邀功,但深得光武帝器重。

从不高谈阔论,不对他人评头论足;真诚待人,与人为善;遇到磨难忍辱不辩,才是正人君子之所为。

唐朝名将李靖,精通兵法,是战场上的常胜将军,唐太宗李世民也常常与他切磋兵法。但李靖并不能言善辩,史书称其"性沉厚,每与时宰参议,恂恂似不能言"。李靖性子沉稳,每每参加议政,意见少得就像是不能说话。

梁武帝时的名将冯道根,为人严谨敦厚却有些木讷,在战场上能攻能守,屡建奇功。但每场战斗结束后诸将争功之时,冯道根却总是沉默不语。冯道根不为自己争赏,但梁武帝却将他的功劳看在眼里,提拔他为豫州刺史。

君子在言语上一般不会与人过多地争辩,但却对这世界有着自己独到的见解。面对不同的状况,真正聪慧的人会根据状况进行变通。

海纳百川,敏于行

南怀瑾先生说,世界上的事,世界上的人,甚至于宇宙万物,没有什么是永恒不变的,要时刻谨记宽容变通,海纳百川,有容乃大。任何的事和人都是在不断变化的,我们不能固执地看待问题。

君子总是能将自己的想法很好地施行,他们的智慧与《易经》不谋而合,而且会适应变易。道理平常人都明白,但实行起来却有很大困难,不仅需要广博的胸怀,还需要宽容的心态。

君子想要行动敏捷,出手必中,首先要做好准备,或者早就在心里有计划,若是对环境没有一定的适应能力,是无法做到的。

广东人以实干务实著称,"不唯上,不唯书,只唯实"。在"务实"这方面,广东人还有一个典型实例:在"姓社姓资"争论较为热烈之时,有人曾问一顺德人:"你说社会主义好,还是资本主义好?"顺德人以实干精神巧妙回答:"我们现在所做的如果是社会主义,那就是社会主义好;如果是资本主义,那就是资本主义好。"这与上面一例倒是有异曲同工之妙。时势会变,行动相应地也该有所调整。

事实上,不论是人生的修行还是一般的社会活动,都不能只立下大誓言而没有具体的实际行动,应脚踏实地地去做。

忍辱不辩的人往往都在埋头认真做事,有着一颗与世无争的心。与此相反,那些天天与别人争辩论证的人并不是真正有能力的人,尽管他们在与别人辩论时施展了自己的能力,但是真正行仁的人不需要用花言巧语去赢得别人的赞同,空谈而没有实际行动的行为将一事无成。

9. 生命的辩证法:光明来自黑暗

《论语·子罕》:"子曰:岁寒,然后知松柏之后凋也。"意思是说,到了天气寒冷时,才能看出松柏是最后凋零的。岁寒,比喻艰难的环境。对于人类来说,又何尝不是在艰苦污浊的环境中才能知道谁是真正的君子。

南怀瑾先生对于松柏不畏严寒、坚韧不拔的品格极其推崇,用他的话来说,真正的君子有为之人一定如同松柏,在万千的磨难中不屈不挠,走过黑暗,跋涉泥泞,才最终取得了生命的辉煌。这才是真正符合生命辩证法的过程,即"光明来自黑暗"的过程。

正视挫折,越过黑暗

"故天将降大任于斯人也,必先苦其心志,劳其筋骨,饿其体肤,空乏其身,行拂乱其所为,所以动心忍性,曾益其所不能。"生命的旅途不会一帆风顺,不可避免地会遇到各种各样的阻碍。任何事物都有两方面,挫折一方面可以成为垫脚石,让我们在人生的道路上越走越远。但是,它也可以摧垮我们的意志,让我们从此一蹶不振。如何将挫折化为成长道路上前进的催化剂，关键在于我们要正确看待它，始终坚信任何挫折都是上天对我们的试炼，只是为了让我们更好。

晋朝的车胤，原本是富家子弟，不幸的是富裕生活没有延续，他家道中落，一贫如洗。但是，他很坦然地面对生活中的贫困，认为谁都有可能遇到这些不幸，之前没发生在自己身上，是幸运，现在轮到了自己，也属正常。这也许是上天在给他另一种截然不同的生活，让他体验丰富多彩的人生。只要自己自强不息，学会吃苦耐劳，这也没什么大不了。于是，他白天帮人家洗衣服干活，晚上利用漫漫长夜读书，丰富自己的内涵。没钱买油灯，就捉萤火虫放在一个自制的很薄的布袋子里，吊在房梁上。就这样在自制的照明灯下，他日日捧书夜读。他忍受了黎明前的黑暗，最终迎来了清晨的朝阳，成为当时一个赫赫有名的学者、一个深得人心的官员。面对挫折，车胤从来没有抱怨，而是以积极的心态去看待这些不幸。他很感谢这些挫折，假如自己一直生活在富裕家庭，恐怕只会吃喝玩乐，毫无意义。他也很庆幸自己没有被挫折打倒，一直坚持走过来了。

正如南怀瑾先生所说，光明来自黑暗，没有一个人会随随便便成功，任何人都会遇到困难，这是自然规律。越过黑暗，踏过泥泞，正视挫折，只有这样才能真正体会到光明的快乐，才能真正领悟生命的意义。

光明从黑暗中来

《易经》中讲"明极暗生，暗极明生。明从哪里来？从黑暗来，黑暗从哪里来？从光明来。"这与南怀瑾先生的观点不谋而合。南怀瑾先生认为，所谓光明黑暗，都是相互依存的。明从暗来，暗因明生。世间的万事万物都是这样，自然界无生命的个体是这样，有生命的个体同样是这样，人的生命更是这样，所以才有"通乎昼夜之道而知生死"的说法。

就拿自然界举例，很久很久之前，电灯还没有发明出来，人们只是使用蜡烛煤油，亮度低，照耀范围小，生活非常不便。直到一个叫爱迪生的人出现，才改变了这个现状。黑暗让他恐惧、黑暗给他烦恼，他下定决心一定要发明一种明亮的灯泡，让夜晚不再黑暗。于是，他不断地在实验室做实验、写材料。然而，事情并不像他想象的那样简单。几年之后，上帝留给他的除了无数的失败，就是人们无情的嘲讽。但是这些都没让他放弃，他继续日复一日地钻进实验室进行研究。在经历了 6000 多次失败后，他成功地发明了电灯。从此黑夜不再黑暗，黑夜也有了光明。

　　世间任何事物都经历了从无到有、从黑暗到光明的阶段。无论是自然界的光明，还是人类的光明，任何光明都是来之不易的。同样地，任何光明都是因为黑暗的催化、黑暗的对比才得以呈现，任何的光明都是在黑暗之后才出现的。

第二章

不争，天下莫能与之争

1. 有求皆苦，无欲则刚

南怀瑾先生曾为他的一个学生写下一副对子："有求皆苦，无欲则刚。"上联是佛家的思想，下联则是儒家的哲学。这意思是说，如果经常感到不满足，就会活得痛苦；如果没有什么欲望，就会变得坚强。所以，有求就有苦，人到无求品自高，做到一切无欲才能刚正，方可成为一个顶天立地的人。

有求就有苦

人们在做事业、做学问的过程中要有艰苦奋斗的精神，但是有时候抱有强烈的欲望，过于执着地追求，反而会"走火入魔"，迷失自我。南怀瑾先生认为，无欲无求并不是懒散懈怠，因为有求就有苦，如果欲望太强，苦则大到难以承受的地步。

一座寺庙里曾住着一位得道高僧，他有两个徒弟，两个徒弟都很精明能干。高僧觉得自己圆寂的日子不远了，便叫来两位徒弟："我给你们每人一包种子，你们去把它种下，看谁培育出来的花儿最漂亮，我就把衣钵传给谁。"大徒弟心想，我一定要好好培育这些花儿，得到师傅的衣钵。在种下花儿以后，他索性在种花儿的旁边搭了个帐篷，每天三次浇水、施肥、给花儿松土。开始花儿发芽的确要比正常速度快，但是后来花儿就越长越慢，而且总是一副病殃殃的样子。大徒弟百思不得其解。后来一场大雨，把大徒弟的花连根拔起，顺着田边的小溪流走了。

小徒弟找了一块自己觉得比较好的土地撒下种子，他每天参禅打坐，空闲的时候就走过来看看自己的花儿，但是除了一些他认为必要的浇水、施肥之外，从来不多动这些花儿一下。他的花儿发芽比大徒弟晚，不过越到后来越茂盛，不久就超过了大师兄花儿的高度。同样是那场大雨，他的花非但没有被冲走，反而在雨后显得更加生机勃勃。

大徒弟想不通去，向师傅哭诉："老天对我不公平，我辛辛苦苦种的花儿，结果却被冲走了！"禅师平静地说："上天对每一个人都是公平的，只是你不了解花儿的本性。世间的万事万物，都不可操之过急，否则容易一事无成。我让你们种花，是想让你们明白顺其自然的道理。参禅打坐是我们的基本功，而你为了得到我的衣钵，竟然连这些最基本的东西都丢了。我们修行之人讲究无欲无求，顺应自然，安闲适意，你的得失心太重，不适合继承我的衣钵。"

人到无求品自高

欲望一直存在于每个人的内心，难以根除，不过我们可以控制自己的欲望，不让它泛滥成灾。南怀瑾先生认为，如果根据本领与脾气来划分人类，有本领没脾气的是上等人，有本领有脾气的是中等人，没本领脾气大的则是下等人。那些无求的人，通常都是些有本领没脾气的上等人。在古代，寿命最长的人叫彭祖，商王赠给他许多金子，他却都用来接济贫困百姓，分文不留。当周王向他讨教长寿的秘诀时，他便回答道，人如果不计较名利得失，不贪求物质享受，生活恬静，性格豁达，便可以长寿。

人到无求品自高，高尚的品格不需要刻意彰显，只要有无欲无求的境界，自然能达成伟大的人格。无求的人，不受名利所累，一直保有好的精神状态，这样的人就会拥有高尚的品格。因此，南怀瑾先生认为，人的一生要有所为，有所不为，能够"不降其志，不辱其身"，有所不求才能有所追求，这才是"无求"的最高境界。这种人生境界不仅是一种胸怀，更是一种品格，还是一种心态、一种信仰。

和珅23岁时在乾隆仪仗队中任职侍从，他为人精明圆滑，知道如何利用机会展示自己的才能，并博得皇上的欢心。不久之后，他便登上朝廷大臣之位，利用职权便利疯狂地敛财，在职二十余年里富可敌国。

乾隆去世以后，和珅的靠山随之崩塌。嘉庆帝立即下令赐死抄家，和珅死前写下一首悔恨之诗："五十年来梦幻真，今朝撒手谢红尘。他日水泛含龙日，留取香烟是后身。"在临死的那一刻，他终于明白，一切财富只不过是欲望的延续，积攒再多的钱财，也仅是飘渺云烟，到最后什么都不剩。

庄子曰："贪财而取危，贪权而取竭。"和珅的一生贪财又贪权，不懂得控制欲望，不知道适可而止。他求的太多，最终成了金钱和权力的奴才，为之生，为之死，欲望太多，品格败坏，还落得个千古骂名。所以，不懂得控制自己的欲望，不明白"无求"的益处，迟早会陷入欲望设下的网罗。我们每一个普通人虽做不到无求，却也应当时时提醒自己欲求有度，人到无求品自高。

无欲则刚

南怀瑾先生曾说："佛说凡夫人大惊怖处，所谓无我、无我所。惧者，以其有欲也。大德有云：'无欲则刚。故惟无欲，方能悬崖撒手。'"对此，他坦言自己更重视淡泊明志，宁静致远，拥有一颗宁静的心，从容地面对生活。当处在困境之中时，渴望似乎会变得更多，然而太多不切实际的杂念，往往会阻碍成功的道路。这时候，需要平静内心，使之免受外界干扰，做到无欲则刚。

无欲则刚，要达到即使遇上坏事也能心境平和地化坏为好的境界。南怀瑾大师曾有过这样一段经历："今晨寅时忽觉，以高堂置房事萦怀故。遂自示以清静无为之意。行未几，万念俱去，骤然无我；丹田奇热，继周遍全身，身解为尘。以猝涉除事，大惧，惧而我生，大汗淋漓。"一个有智慧的人，就算是遇上坏事，也能保持心境平和，进而化坏为好，这是一种没有欲望的境界所带来的进步，可有的人却陷在坏事中无法自拔，怨天命，怨人命，甚至会一蹶不振。要让自己成为自己的主人，做到无欲则刚。

南怀瑾先生认为生活中有所贪念实属正常。但要修正自己的行为，保持正念，不应该想的事就不去想，不应该做的事情就不去做，这是修持中基础的一部分。无欲则刚需要通过保持心中的正念来维护，要经常察觉过度的欲望，保持自律。有求皆苦，无欲则刚。

2. 道不远人，人人皆可为道

在南怀瑾先生的书中，曾讲过一个关于黄庭坚的故事：黄庭坚在还很年轻的时候，曾经拜了一个著名的禅师为师，修习禅学，学了很多年后，他感觉自己一无所得，很郁闷，甚至怀疑师傅自己有秘传心法，但却没有教给他，所以才导致自己修习多年无所得。于是，他就去问禅师。禅师听后笑笑说："你有没有听过孔老夫子的一句话'二三子，以我为隐乎？吾无隐乎尔'？"这句话什么意思呢？就是说：你以为我有什么隐瞒吗？我没有隐瞒，况且又有什么好隐瞒的呢！当时黄庭坚还是不明白。一天，师徒二人在山间闲逛，正值桂花时节，禅师回过头来问："桂花香否？"黄庭坚答："闻。"禅师又道："二三子，吾无隐乎尔。"禅师的意思是：道，就好比桂花的香味，老师无法隐瞒，但对道的参悟，也如同花香，要自己去体味。就像《中庸》中记载的，子曰："道不远人，人之为道而远人，不可以为道。"也就是说，只要真心诚意去修炼，就一定可以向"道"靠近，道也从来不会远离人，我们人人都可以为道。

一心一意做好每件事
南怀瑾先生对于佛学有自己的理解，他认为："一心不乱不光是念佛法门的初步目标，其他任何修行方法，基本上都要做到一心不乱，即使修学一切外道功夫，也同样以此为追求对象。"南怀瑾先生对佛学的要求是"一心一意"，但不仅仅要在这样的修行上专一，扩大到各个领域都离不开"一心"。做事情要诚心诚意，对人要有诚信。无论是哪一种，都集中在"诚"之上。不能一心，做事就很难达到自己的"道"。

南怀瑾先生在论"心"的过程中，无时无刻不在体现着自己的态度，处事随心，但要"一心"，正如他对念佛的执着。"百心不可得一人，一心可得百人"既是对南先生的诠释，也是对时代的诠释。万事不分大小，有事必然用"心"，只有用"心"，我们才有可能为道。

大道至简

南怀瑾曾说："一切本来就是如此，一切法便是一切法的理由，更没有什么其他原因不原因的，这样就叫法尔如是。从法尔如是来看道法自然，最清楚不过了。"老子讲："有物混成，先天地生。寂兮！寥兮！独立而不改，周行而不殆。可以为天下母，吾不知其名，字之曰道。"其中的"道"看不见，也摸不着，它超越一切万有之外，悄然自立，不动声色，不因自然的变化而变化，不因世界的生灭而生灭。总结之下不难得出：其实他们要说的不外乎就是大道至简这个道理了。所谓"道法自然"，就是自自然然即谓之道，若不如此，便不是道了。普通的人，照修炼神仙的人来看，都是凡夫俗子。然而，凡夫俗子只要能做到在日常生活中一切听从自然，便不离道了。

有一位勤劳的农夫得到一块无人肯要的荒地，便在荒地上辛苦劳作。有一个年轻人路过，看到农夫在这块生满树根，并且满是瓦块和砖头的土里耕地，就嘲笑他说："老头儿，你是在挖金子吗？这么贫瘠的土地！"农夫只是埋头苦干，一声不吭，清除了所有的瓦块和砖头，铲除了盘绕在地下的树根，又整理施肥。一晃几年过去了，到了收获的季节，农夫满怀喜悦。这个时候，年轻人又一次路过，看到了很羡慕，对着农夫喊道："你上辈子真是积了大德，老天爷赐给了你这么肥沃的土地！"农夫擦了擦脸上的汗水，大声回答他："年轻人啊，上天赐给我这块儿宝地时，你还笑话我是个老傻瓜呢。"许多人都像这位年轻人一样，只看到了别人成功后的富足和显赫，却不明白有辛苦付出才有收获的道理。那位农夫懂得世间万物因果有序，土地虽然生满树根，又很贫瘠，但只要用心经营，清理杂乱，施肥养护，贫瘠的地也可以变成沃土，这正是万物运行所遵循的道。

自然有一种神秘的力量，会不自觉地给人类提供睿智的生活方式，这个农民依道而行，遵循自然规律，与南怀瑾先生的看法是一致的，道不远人，正如佛家的名词"法尔如是"，说明诸法本身就是这个样子。你为什么这样选择呢？我就是这样选择啊，一切本来如此，一切法便是一切法的理由。很多时候，我们四处寻找解脱的途径，殊不知，并没有谁捆住你的手脚，真正难以摆脱的是困于心中的那个瓶颈。我们需要做的，不是向外寻找解脱之"道"，而是向内打破自己心中的瓶颈，清除内在的污浊，就可以看到一片蔚蓝的天空。

"人生天地之间，若白驹过隙，忽然而已。"人的一生不过是沉醉于人间数十载罢了，无论是几经沉浮，或是几番激荡，总归是要有收帆归航的时候，总有那么一天，人要除却周身尘埃，去独享安乐之时。所以，不要刻意追求什么，不要向生命索取什么，不要给自己设置障碍，简单而自然，那么我们本性中的道就会引导我们走向幸福的殿堂。

3. "过"与"不及"，都是一种病

孔子的一生一直奉行"中庸之道"。孔子在《论语·子罕》中讲道："我有知乎？无知也，有鄙夫问于我，空空如也。我叩其两端而竭焉。"这里的"叩其两端"指的就是从事物的两头去考虑问题，要找出它们中间的那个点。

我们经常用的成语"过犹不及"，就是出自《论语》中孔子说的话，他曾赞赏《诗经》"乐而不淫，哀而不伤"，恰到好处而不过分。孔子曾经告诉季文子做事情不要过于谨慎，不要强行加入过多的思考，同时也不要过于鲁莽。《论语·雍也》有言："质胜文则野，文胜质则史，文质彬彬，然后君子。"这讲的是，一个人如果只注重内在修养，不注意外在礼仪，就显得粗野；只注重外表的礼仪，不注重内在的修养，就会显得做作；最好两者都有，内外兼修，恰到好处，这才是君子的形象。

在孔子眼中，"过"与"不及"都是不值得推崇的，他一直在用"中庸的思想"来指导自己的日常生活，这与南怀瑾先生的观点不谋而合。南怀瑾先生认为，所谓'过'，是聪明过头，有些人脑筋动得快，反应过度了。有些人拼命研

究一个问题，研究得太多了，反而走上一条错误的道路，这就是"过"。"不及"是有些人懒得用心，对一个问题，觉得"大概这样""差不多了"就停下来。南怀瑾先生认为，做人做事情的过程中，"过"与"不及"都是一种病，都不是正常的为人处世之道。

太过贪婪，终会体会到苦楚

孔子教导人说，跟君王来往太密切，就会遭受屈辱；跟朋友来往太密切，就容易疏远。因此，人与人之间的关系，无论是君臣还是朋友，最好保持一定的距离，不近不远，若即若离才是最好。民间有一句俗语，"田园要经常去，朋友要淡淡走"，即所谓的"君子之交淡如水"，只有这样，关系才可以天长地久。

所谓过犹不及的道理，就是为人处世不能"过"，"过"就是一种贪婪，无法做到恰到好处，想要的太多，就一定会物极必反。尤其是在处理人际关系时，不过分亲近是明智之举，因为过多的贪婪和欲望反倒会疏远关系。

有这样一个故事，一只老鼠掉进了还有大半缸米的米缸里，这只老鼠很开心，在米缸里大吃了一顿。正要离开的时候，它脑中的小聪明开始作祟：既然这里有这么多的米，我就不用再跟其他愚蠢的老鼠一样，每天到处觅食，遇见这么好的机会，为什么要出去呢？而且，我这么聪明，一定不会被人类捉住的。我完全可以待在这里过安逸的生活，等过段时间出去也不迟啊。就这样想着，它一边为自己的聪明窃喜，一边转身回去躺下来睡大觉。

日子就这样过去，一天一天，老鼠每天吃了就睡，睡醒了再吃，日子过得很悠闲。很长时间以后，老鼠发现，米缸里的米剩得不多了，自己不能再继续待在这里了。可是，它又舍不得结束这样的生活，于是一边安慰着自己，一边又在饱餐后睡大觉。终于有一天，米缸里没米了，老鼠不得不离开这里了。可是它发现，米缸太深，自己蹦一下，根本就上不去。同时，日日的吃睡使它的身材变胖，它已经不能像以前一样灵活地跳跃了。

结果，老鼠就这样在空落落的米缸里饿死了。发生这样的悲剧，何尝不是因为老鼠内心过于贪婪？何尝不是因为它一次又一次地耍小聪明，高估了自己的能力？何尝不是因为它过于懒惰？一次一次的"太过"，最终让它的生命消失在这个米缸里。

贪婪是一切祸事的根源。就像南怀瑾先生教导我们的，人的一生，要为人，要做事，但是无论做什么，都要记住"过犹则不及"。

把握分寸，追求完美

世间万事万物皆有分寸。哲学家言："无论黄昏时树影有多长，它总是和根连在一起。"树影不敢妄为，因为它懂得掌握分寸；离开了分寸，它就等于离开了树根，就失去了生命力。"分寸"是智慧，是艺术。任何人都要掌握为人处世的"分寸"。

中国历史上，"鸿门宴"暗含杀机，剑拔弩张。但是，项羽狂妄自大，不懂得把握分寸，骄傲自满；刘邦忍辱负重，忍气吞声，委曲求全。最终，项羽乌江自刎，而刘邦成为叱咤风云的人物。为什么会出现这样的结果，究其原因，就是项羽的狂妄自大、没有分寸的骄傲自满，注定了他的悲惨结局。刘邦的有节有分寸成就了他的成功与辉煌。因为"分寸"，一个失败，一个成功。

世界上最困难的事情，莫过于权衡分寸，把握尺度，拿捏节奏，控制火候。太过或者差一点，都会不完美的，都会留下遗憾，太过了或者差一点，都将变得遗憾，变得不完美。生活中不乏狂妄的人："海天尽头天是岸，山高绝顶我为峰。"但是，时刻要记住，万事万物都是有分寸的，只有把握分寸，权衡利弊，坚持适度原则，才不会"太过"，也不会"不及"。只有这样，我们才能美好地生活在这个世上。就像南怀瑾先生告诉我们的，将"太过"与"不及"这种毛病都治好，一切才不至于乱套。

4. 不迁怒，不贰过

"不迁怒，不贰过"出自《论语·雍也》，当时的鲁哀公问孔子："您的众多弟子中谁最好学？"孔子回答道："颜回是最好学的，不迁怒也不贰过。"南怀瑾先生在《论语别裁》中解释这句话的意思为不要迁怒于人，不重复已经犯过的错误。而好学并不是单单指文学知识，更多指的是在实践中的行为举止和道德修养。在现实生活中，很多人一旦自己有了过失，总是归罪于他人，迁怒于人，大发脾气，这是一种很常见的现象。

南怀瑾先生指出一个真正"好学"的人，应当虚怀若谷。如果发现自己的过错，不管是他人的"善意批评"抑或是恶意的嘲讽，都应该做到不迁怒于人，更不会为自身的错误找到多种推脱的理由。应该用这种态度来对待一切生活、学习和工作上的问题，也要坚持用这种精神来加强自身的道德修养水平。"不迁怒，不贰过"简单来说就是要注意时时修正错误，完善自我，恐怕这也是孔子一生孜孜不倦所追求的完美境界。

人生应该学会"受气"

"不迁怒，不贰过"是好学者追求的一种极高的思想境界，但真正实践起来又谈何容易。孔子说，自颜回去世以后，再也没有人能够做到这两条了。"一箪食，一瓢饮，在陋巷。人不堪其忧，回也不改其乐。"颜回就是这样一个淡泊名利的人，在任何环境下都能做到自得其乐，不会患得患失。坦诚地改正自己的错误，不失为一种进步、一种收获、一种人格的完善。纵观历史，有多少人无法从名利的枷锁中挣脱出来，这简简单单的六个字可能是我们一辈子也做不到的事情。有些人做了历史的大罪人，就是由于迁怒，甚至把整个国家都拿来赌气输掉了。不迁怒是件很难的事情，所以人应该学会受气，自己多承受一些，就会雨过天晴，海阔天空。

第一次世界大战前，德国著名的宰相俾斯麦是国王威廉一世的"左膀右臂"，两人是相得益彰的搭档。德国之所以强盛，在很大程度上都要仰仗俾斯麦的雷霆手段，但同时他也遇到了一位宽容大度、能受气的好皇帝。威廉一世经常在回到后宫后，气得乱砸东西、摔水杯，严重的时候甚至把贵重的器皿都砸坏了。这时候皇后就会问他："你又受俾斯麦那个老头子的气了？"威廉一世就会愤愤地回答："是呀！"皇后不解地问："你贵为一国之君，为何老要受他的气呢？"威廉一世摇摇头道："你不懂。他贵为首相，一人之下，万人之上。那些下面许多人的气，他都得受着，而他受的气在哪里出呢？只好往我身上出！而我贵为国君，万人之上，这气又该往哪里出呢？只好摔茶杯了。"威廉一世之所以能够缔造一个强盛的帝国，是因为他能受气，受万民之气的君主怎么能不成功呢？

人生在世，发怒在所难免，但是因为一点不高兴的事情就把脾气发到他人身上，而自身不能反省，这就有失德行。特别是作为领导人，要学会受下属的气，不能随意迁怒于他人。如若自己有什么不顺心的事情，有了烦恼和愤怒，不是自我化解而是怨恨他人，把别人当做出气筒。这便是一种迁怒，所以学会"受气"是难能可贵的行为。

犯错要及时思考原因

自己有了过失或者过错的时候却不思改正，会导致一错再错，甚至同样的错误一犯再犯。也有些人发现他人过失却不引以为戒，自己还犯一样的错误，这就是"贰过"。南怀瑾先生说，能做到"不贰过"的人有深厚的自制力，犯错了能自行忏悔，反思过后就再也不会犯重复的错误，这是聪明人的所作所为。孩子被开水烫到了口唇，尚且知道下一口应该用嘴吹凉了再喝，何况是大人呢？之所以在社会上"贰过"的事情会屡次发生，恐怕不是因为不长记性，而在于个人对待错误的态度。人们总是容易原谅自己。

下面讲一则耳熟能详的故事。从前，有个少年养了一圈的羊。一天早上他发现少了一只羊，仔细检查发现羊圈破了一个洞，夜晚狼可能就是从这个洞里把羊叼走了。少年堵上了那个洞。可奇怪的是，第二天早上，少年发现他的羊又少了一只，他再次查看了一番，原来羊圈破了不止一个窟窿，狼有可能是从其他没有补好的窟窿里把羊叼走了。于是，少年再次把所有的窟窿都补上了，可他的羊还是少了。少年只好请村里的长者为自己指点迷津。长者绕羊圈转了一圈，对少年道："狼叼走了羊，并非是因为羊圈破掉的窟窿，而是你的羊圈的围墙太矮了。"少年恍然大悟，立即把羊圈加高，同时决定每天都来定期检查羊圈有没有损坏。从此，他的羊再也没有丢过。

从这个小故事我们可以知道，如果不查明真相就去填补那个表面上破损的窟窿，却不知道羊丢掉的原因在于围墙太矮，这样也会导致错误一再发生。加高围墙，修补羊圈，定期检查，剩下的羊当然就不会丢了。所以我们要明白，犯了错误，要寻找真正的原因，若盲目地纠正细枝末节的东西，往往会一错再错。分析犯错误的根本原因，及时采取有效的补救方法，并在弥补的基础上加以防范，这才可以避免继续发生错误，导致更大的损失。

"不迁怒，不贰过"

"迁怒"和"贰过"两者是品德上的问题，人要在不断的匡正自我修养中得以成长。"不迁怒"是修心，让自己的心静若止水；"不贰过"是修身，让自身的德行"毫无瑕疵"。所以，"不迁怒，不贰过"是最为精粹的人生态度，是内心的涵养。想要获得成功，就要不断地自我反省，检查情绪，改正错误。

唐太宗就是做到了"不迁怒，不贰过"，以史为鉴，成就了"贞观之治"。

魏征是一名敢于直言唐太宗过错的功臣，一旦发现他有哪些地方做得不对，就会直言不讳。有一次，魏征在上朝时，与唐太宗就朝政问题争得面红耳赤，唐太宗不好下台，只好忍下。退朝后，他在内宫里气冲冲地说道："总有一天我要杀了这个魏征。"长孙皇后很少见唐太宗发这么大的火，便询问原因。唐太宗说："魏征总是当着众臣的面侮辱我，叫我不堪忍受。"长孙皇后听罢便换了一身朝见的礼服，对唐太宗下拜道："我听闻贤明的君王身侧总有正直的大臣，而魏征就是这样的功臣，这不正说明皇上是英明的帝王，我怎么能不向陛下祝贺呢？"听闻此番话，唐太宗满腔的怒火都被浇灭了。后来，唐太宗不但不记恨魏征，还时常夸赞他。贞观十七年（643年），直言敢谏的魏征病逝。唐太宗痛哭道："以铜为镜，可以正衣冠；以古为镜，可以知兴替；以人为镜，可以明得失。今日我失去了一片明镜呀。"

正是因为唐太宗广纳英才，采纳直谏，政治开明，他造就了唐朝初期的繁荣景象，这段时期为被称"贞观之治"。

事实上，我们所谈到的"不迁怒，不贰过"只是其中的一小部分。如果认真深入研究，这两点几乎涵盖了全部的历史哲学，也囊括了人类的行为哲学。要达到"不迁怒，不贰过"的人生境界，那是非常不容易的，所以孔子才会再三赞叹颜回，这是有其道理的。

5. 治国难，齐家更难

"修身、齐家、治国、平天下。"中国素来有将国与家相提并论的传统。国家国家，国与家是密不可分的。国家豪情，家国情节，上至古人的诗词歌赋，下至今人的流行曲乐，家国情怀油然可见。不论外国人如何看待，但在中华民族，家国情怀已经成为血脉中的一部分，并将一脉相承，生生不息，跃然成为重要的中华传统文化。

南环瑾先生说："治国不易，但是齐家更难。"俗话说，家家都有本难念的经，人人都有难唱的曲。家庭和睦对于每个人来说都是至关重要的一环。和谐的家庭关系是建立在相互理解、相互包容的基础上的，一个和谐美满的家庭环境需要用心真诚地经营，以情晓"安"，以静至"和"。

百善孝为先

自古以来中国人最讲孝道。南怀瑾先生说："现在的人不懂孝，以为只要能够养活爸爸妈妈，有饭给他们吃，像现在一样，每个月寄五十或一百元美金给父母享受享受，就是孝了。还有许多年轻人连五十元也不寄来的。光是养而没有爱，就不是真孝。孝不是形式，不等于养狗养马一样。"由此可见，真正的孝道在于用心、用爱。

南怀瑾先生有许多老友，但大多也都上了年纪，虽然名利双收、子孙满堂，然而儿女一个个都身处国外，极少回家孝顺父母，有时连父母相应的生活也不给予安排，放任年迈的父母不管。先生说到一件令他痛心疾首的事情：有一对老夫妻，生病住院，没有子女来探望，更不用说照顾了。夫妻二人只能你看看我，我看看你。在百无聊赖之际，互相抱怨一下，为何儿女众多，到头来承欢膝下的竟然一个也没有，不免让人有些心寒。日子一天一天地过，老夫妻二人最好也是唯一的好友便是电视机。如此说来，实在令人心寒，唏嘘不已。先生怜悯他们，也是感叹世风日下，人心不古，孝道文化可怜至极。

谈及孝，最基本的涵养便是赡养父母，《尔雅》："善事父母曰孝"，孝道的基础便是以对父母的感恩之情回报养育之恩。

相传，舜是传说中贤明的君王。他的父亲瞽叟、继母和他同父异母的弟弟象想要害死舜，一次在舜修补谷仓顶部的破损时，在谷仓下纵火，好在舜手拿两个斗笠跳下来跑掉了，才免于一死。还有一次是让舜独自下去挖井，瞽叟与象却在上面下土填井，想要害死舜，舜挖地道才大难不死。这两件事情过后，舜丝毫没有抱怨，也不记恨，依旧兄友弟恭。舜的孝行感动了上天。舜在历山耕种，便有大象为他耕种，鸟儿为他锄地。帝尧听闻舜不仅十分孝顺，还十分有处理政事的才能，便把自己的两个女儿娥皇和女英嫁给了他。经过多年的观察与考验，尧最终选定舜作为自己的继承人。舜登上天子之位后，去看望父亲，依旧是恭敬如初，还将象封为诸侯。

孝道对于现代生活是不可或缺的一部分。在中国这样一个注重纲常伦理的国家里，在众多教条中，孝道历经千年不朽，总是排在第一位，足以说明中国人对孝道的格外重视。

家和万事兴

和谐是当今社会的发展主题。人人都想身处安宁、稳定的和谐环境。家是最小国，国是千万家。想要一个和谐的社会环境，家庭和谐才是社会和谐的基石。孔子曾说："弟子入则孝，出则弟，谨而信，泛爱众，而亲仁。"由此可以判断，这是把家庭和睦与社会和谐高度统一的理想论断。中华民族素来讲究家国一理，家和万事兴。家庭的和睦对于国家而言也是十分重要的。

郑庄公的生母武姜，由于在生产庄公时难产，在心理上就对他抱有成见，所以特别钟爱她的小儿子共叔段，以至于想要让郑武公把皇位传给共叔段。但古时必须是长子继位，而且庄公有勇有谋，于是郑庄公顺理成章地继位了。武姜为了小儿子能够得到国家，便向庄公请求制邑，庄公知晓母亲和弟弟的阴谋，只把京邑封给了共叔段。但共叔段依旧在封地上不断地扩展领土，最后与母亲武姜里应外合，想要篡权。而庄公早有准备，使共叔段母子二人的野心一一落空。共叔段逃亡鄢邑，庄公把武姜迁出内宫，下放至城颍，并且发誓："不及黄泉，无相见也。"事后，庄公十分后悔，功臣颍考叔为其出主意，挖了一条地道使母子二人团聚并言归于好。

庄公的国家之所以动荡不安，是因为作为国君的他家庭不和睦，母子二人有了嫌隙，这样如何能够安宁，如何能够治天下呢？

生活中难免碰撞和摩擦，如果我们多点宽容、多点谅解、多点理解，就会使生活充满了爱与幸福。贫穷到富贵的距离，只不过是勤奋和家和的相加；相反，从高峰跌落深谷者，也不过是家庭纷扰不断闹出来的惨剧罢了。人生苦短，和谐、和睦是每一个家庭都抱有的美好憧憬和愿望，"家和万事兴"是多么重要，"与人为善，善莫大焉。和气生财源，善恶终有报"。

6. 弗知而言为不知，知而不言为不忠

南怀瑾先生在其作品《历史的经验》中这样分析道：我们要注意到，即使不深度研究韩非子，最起码要读一下《史记》中关于韩非子的传记，其中最重要的一点就是再三提到了韩非子说话的艺术。南怀瑾先生认为，人与人之间说话是最难的。从中国几千年来的历史发展进程中不难看出，韩非子是一位真正的智者。在南怀瑾先生看来，韩非子的学说可以称得上是一部浩瀚的政治史。

韩非子主张"不期修古，不法常可"，"世异则事异"。历史在发展，时代在进步，然而韩非子却以自己独特的见解与胆量走在时代的前沿，成功实践了自己"弗知而言为不智，知而不言为不忠"的信条，也正因为韩非子敢说，才得到秦惠王的赏识与信任。

弗知而言为不智

《论语》有言："知之为知之，不知为不知，是知也。"意思是说，知道就

是知道，不知道就是不知道，这才是拥有智慧的体现。就如同"北人食菱"的故事一样：北人明明自己不懂得吃菱角的方法，却偏偏为自己吃掉壳的错误方法而辩解，还声称菱角在北方的山头上遍地都是，而吃菱角的壳具有清热解毒的功效，简直是可笑至极。所以说，做人贵在自知，要"知"自己所知为几何，"知"自己真正的分量，否则必定贻笑大方。明明不知道还偏偏自以为是地发表议论，这是多么愚蠢的行为。

生活中经常会遇到这样一种人，明明一无所知，却非要发表一番言论，觉得那样才会显得自己很有学问。还有种人恃才傲物、自高自大、自以为是，认为自己无人能敌，能力超群，总摆出一副骄傲自满的样子，听不进去任何人的意见，被自我意识所膨胀，飞扬跋扈，毫无自知之明。譬如被斩于辕门外的杨修，恃才傲物，自作聪明，认为自己对曹操十分了解，于是对其妄加猜想，最终引来杀身之祸。若杨修知道自己该说什么不该说什么，知道自己该站的位置，也不至于落个如此悲惨的下场；还有纸上谈兵的赵括，总觉得自己熟读兵书，天下无敌，但他根本就没有实战经验，且不听取别人的意见，最终只能落得个兵败身亡的下场。

人贵有自知之明，自知就是要明白自己有"几斤几两"，不妄自尊大，也不浮夸地标榜自己，认为自己才华出众，能力超群。列夫·托尔斯泰曾说过："一个人对自己的评价就像分母，他的实际能力就像分数值，自我评价越高，那么实际能力就越低。"其中说的就是这个道理。也正如南怀瑾先生所言，人要有自知之明，一个人只有对自己有一个正确的评价，对自己的能力有一个充分的了解，不骄傲自满，不目中无人，这样才是智者。

知而不言为不忠

知而不言，意思是明明自己清楚地知道这件事，却保留不说。《东周列国志》中有句话"若知而不言，是不忠于君也"。韩非子在自己的著作中这样说道："有些大臣是因为不知道治国安邦的策略，所以不敢进言；而有些大臣心里知道治国安邦的办法，却保留自己不肯叙说给帝王，这就是不忠心的大臣了。"身为国家的臣子，不对君王忠心耿耿，不尽自己的力量为国家进言献策，那就是死罪。国家没有忠心的大臣来提出建议，何以兴盛？南怀瑾先生也非常认同这种观点。

　　对于帝王的某些行为做法，唐朝年间的朝廷中专设一些谏议大臣，魏征就是其中一位。相传，有一次唐太宗由长安去洛阳，到了洛阳后却很生气，因为当地给他供应的东西不太好。这时各位大臣都不敢说话，只有魏征大胆上前，不紧不慢地对唐太宗说道："隋炀帝灭国的原因想必太宗已经很清楚了，就是因为无限制地追求享乐，搜刮各地供应。而现在太宗若因为供应质量不好就大发脾气，以后必然上行下效，各地开始拼命搜刮，供奉给陛下，以此保证让陛下满意。但是地区的供应是有限的，人的欲望追求却是无限的，如此下去，唐朝就要重演隋朝的悲剧了。"太宗听了肃然心惊，此后一直注重节俭。其实这些道理在场的大臣都明白，知而不言，是这些贪生怕死的臣子的做法，敢于说出来的只有魏征一人，这也是魏征被称为忠臣的缘由。尽管知道说出来有可能引来杀身之祸，但忠臣依旧会冒险劝谏，为的是朝廷的安宁兴盛。

　　南怀瑾先生认为，魏征敢于直言向皇帝进谏，以此表示自己的忠诚。社会的确需要这样的人，但在具体说话办事时，南怀瑾先生建议一定要对自己的能力正确估量，切勿不自量力，小心物极必反。在生活中，如果自己真的不知道也不必乱说，以免贻笑大方；若是自己知道，明明很是了解却闭口不言，眼睁睁看着对方陷入困境，那也不是君子的做法。

7. 苦中作乐，箪食瓢饮在陋巷

　　南怀瑾先生在《论语别裁》中说，生活在世界上的每一个人都在苦中作乐，而真正拥有高尚情操的人，就算是在再朴素的环境，也会觉得快乐。道德情操还没有高尚到一定程度的人，必定不能在极度俭朴的环境下长久生活，而孔子最好的学生颜回，就是因为道德高尚，所以在最俭朴的环境中仍然有一颗快乐的心，这就是他安贫乐道的真实写照。

　　南怀瑾先生建议世人，面对世俗，应该坚守内心的那一份质朴纯真，真正的快乐不在于外面的物质世界，而存在于我们的内心。世界每天都在不断变化，我们的经历如同一个五味瓶，有着许多味道。苦和乐之间，有着非常紧密的关系，它们存在于生活中，让我们理解人生的意义，让生活变得有滋有味。不经历痛苦，很难感受到人生的乐趣，就如同苦咖啡一般，需要我们细细地品味，方能品出其中的滋味。

尝试在困苦中寻找乐趣

南怀瑾先生在《庄子南华》中认为："此心如水，止水澄波，杂念妄想没有了，喜怒哀乐一来，像镜子一样照住了。"人生在世，难免遇到一些不如意的事，面对强大的敌人、巨大的苦难时，心境的选择非常重要，甚至决定了人一生的造化。我们要以积极乐观的态度来面对生活的苦难，要学会在苦难中寻找乐趣。

法国著名现实主义作家巴尔扎克，一生只有短短的50年，可是他一共写出90多部长篇著作，为人类留下了宝贵的精神财富。他生前每天工作至少12个小时，每天半夜，他的助手都会叫醒他，然后他再工作五六个小时才会去休息。

在年轻的时候，巴尔扎克曾经尝试着下海经商，但不仅没赚钱，还欠下了大笔的债务。直到成名后，他收入比以前多了许多，可是他奢侈浪费，最后依旧家徒四壁。

一天晚上，巴尔扎克在熟睡中惊醒，睁眼一看，原来是一个小偷，正在他的桌子抽屉里寻找着值钱的财物，他看着小偷，哈哈大笑起来。小偷看着这个怪人问道："我在你家偷东西，你不报警反而哈哈大笑，你笑什么？"

巴尔扎克回答："我今天白天，在这个抽屉里翻了这么久，可是就连一分钱也没有。夜晚这么黑，你还能从里面翻出什么来？"小偷听了，知道根本没什么可偷的，于是准备离开，巴尔扎克又说："请顺手关门。"

小偷返回屋内质问道："你家已经穷得什么都没有了，还关什么门？"

巴尔扎克回答小偷："这门不是用来抵挡小偷的，它只是用来挡风的。"

大名鼎鼎的作家，能在这样的条件下，与小偷谈笑风生，确实体现了他强大的内心。在这样艰苦的环境下，他仍然写出了90多部优秀的作品，不由得让人心生敬畏。我们在物质生活丰富的今天，不能被迷惑了双眼，而要强大我们的内心，让我们的精神世界变得丰富而充实。

陋室不陋，不改其乐

很多人每天都为很多事情烦恼，可是真的有这么多的烦恼吗？无非是自己的内心在作怪罢了。无论任何环境，都应该学会坦然接受，而坦然接受的最高境界就是能从中发掘出快乐的元素。

唐朝伟大的诗人刘禹锡，因为参加了当时朝中的政治革新运动，得罪了不少大臣而被贬职，被发配到现在安徽的和州县城，做一名通判，官阶比知县还小。

在当时，按照朝廷的礼数，通判在县衙之中应该住三间三厢的房子。可是和州的知县看到这个人是被朝廷贬下来的，还是个不愿意惹事的人，就故意难为他，先让他住在城南，出门面朝大江，不料刘禹锡没有丝毫的怨言，反而非常开心，还写了两句对联，贴在门口："面对大江观白帆，身在和州思争辩。"

这个消息很快就传到了和州知县的耳朵里，知县非常恼火，于是让手下的衙役将刘禹锡赶到城北的一座只有一间半大小的房子中居住。

新居在河边，杨柳随风摇曳，环境也还不错。刘禹锡又写了一副对联："垂柳青青江水边，人在厉阳心在京。"

知县发现后暴跳如雷，亲自出马，把他安置在县城中心一间非常小的屋子之中。短短半年，刘禹锡已经搬了三次家，最后竟被安排在如此狭小的一间屋子之中，于是他写下了《陋室铭》放于门前。

生活中会有很多不如意，抱怨并不能解决问题，我们需要的是一个冷静理智的内心。就算情况再恶劣，我们也不能想方设法地逃避，而应该活出尊严、活出快乐。

8. 量力而为之，谦虚好学之

有时候，人们非常注重外在的面子，很容易犯的一个毛病就是：一些学问和知识，明明不懂得，硬是假装自己懂得。因为缺少内在真正的谦虚，就想夸大自己的才能，总觉得如果让别人知道自己不懂，是一件很丢面子的事情。

南怀瑾先生在《论语别裁》中讲：有此事必有此理，若不懂此理，那是学问不够；有此理必有此事，若没有见过此事，那是经验不够。有很多人对自己不懂的事或没见过的事，嗤之以鼻或者妄下断语，这是不正确的。因为"知之为知之，不知为不知"，不能随便将不知道的事说成没有，这是做人做学问应该持有的态度。

量力而为之

一个真有学问的君子，对一件事情不了解，不会乱下断语。懂就是懂，不懂也不勉强说懂，坦诚地告诉别人自己不懂，这才是所谓君子的风度与修养。当别人请教问题时，只将自己懂的东西讲给人听，如果不懂的，不要装懂，更不要胡说八道，误导别人。南怀瑾先生认为，无论是传授知识还是帮助别人，都要量力而为，不要夸下海口大包大揽，最后帮不到人，反而给人添麻烦，让别人失望。长此以往，就会留下一个夸夸其谈、喜欢吹牛的坏名声。

《论语》中有这样一个故事，孔子做鲁国司寇时，参与了代表国家、王室的宗庙大典。他进了庙堂以后，对每件事都要问清楚，向人请教，走哪里？坐哪里？连细枝末节的琐事也都问人。有人笑他说，大家吹捧孔子是个了不起的人，说他处处懂礼，可是他进了大庙，却什么都不懂，事事都要向人请教。这话被孔子知道了，他说："不懂的事情，请教他人，这正是礼啊！"

由此我们知道，所谓谦谦君子，大概说的就是孔子这样的人。一般人总觉得，向别人请教就低人一个层次，有不懂的地方也不愿去问。但真正有学问的人往往表现得更加谦卑，正是这种诚恳认真的态度，会使自己的知识和修养得到提升，成为更有学问的人。

正如孔子一般，他作为鲁国司寇参与大典，知道大典上有很多不懂的事情，为了确保典礼顺利进行，他要亲力亲为，认真学习了解每一件事情，每一道流程都精益求精，不懂的事情就谦虚请教别人。对于这些繁缛的礼节，孔子并没有假装懂得，他做事量力而为，不夸大自己的能力，即便别人嘲笑他，他仍然认为不懂就问正是遵礼的做法。

就像南怀瑾先生所说：假如出国到了别人的国度，风俗习惯不同，对人家的事，不懂的也应该多问。到人家的家里也是一样，求学问也是一样，做事也是一样，诚恳向人请教，就是礼的精神，也是做人的道理。

谦虚好学之

希腊的哲学家捷诺说："人的知识就像一个圆圈，圆圈里面是你已知的知识，圆圈外面代表的是你的未知。你会发现圆圈越大的人越会觉得自己的知识很不足。"好学之人应该保有一颗谦虚坦诚的心，既要了解自己知道什么，也要明确自己不知道什么，将姿态放低，才能如海纳百川一般，将别人的智慧与知识纳入自己的头脑。

唐代著名书法家柳公权，少年时代就写了一手好字，被人夸奖多了，不免有些骄矜自满。有一天，他与几个朋友聚在一起，写下"会写飞凤家，敢在人前夸"几个大字。众人全都夸奖、赞美他，正当他洋洋得意时，一个卖豆腐的粗汉正好路过，好奇地端详柳公权的字，看了半响，皱眉说道："这字写得太无力，就像我的嫩豆腐一样，软绵绵的，没有一点筋骨和力量。"柳公权一听，十分不服气，怒气冲冲地说道："你有本事的话，也写几个字，让我见识一下。"

卖豆腐的人呵呵笑道："我只是个卖豆腐的粗人，根本不会写字，可是有人用脚写的字，都比你的好得多。你要是不信，就到城里去看看吧。"说完，卖豆腐的敲着梆子走了。柳公权听了半信半疑，于是匆忙进城，寻找那个用脚写字的人。

果然，在一棵大槐树下，他看见一个失去双臂的黑瘦老人，正赤着双脚，坐在地上，左脚压纸，右脚夹笔，抬笔挥洒自如地写着大字。老人的笔法十分娴熟流畅，字迹龙飞凤舞，异常有力。围观的众人赞叹连连，由衷感佩老人。柳公权看了老人写的字，顿觉惭愧万分，于是跪在老人的面前，诚恳地说："柳公权愿拜您为师，请您告诉弟子写字的秘诀。"

老人语重心长地说："我没有双手，一生穷困潦倒，只得靠双脚写字来生活，谈不上有什么秘诀。"柳公权苦苦相求，老人见他态度坚决，于是在地上铺了一张纸，用右脚写下了几个字："写尽八缸水，砚染涝池黑。博取百家长，始得龙凤飞。"老人解释道："我用脚写字五十多年了，磨墨练字用完八大缸水，每天写完字就在大池塘里洗砚，连池水都被染黑了。但是天外有天、人外有人，距离真正的高手还差得远呢！"

柳公权听了老人的一席话，这才恍然大悟。从此以后，他再也不敢骄傲自大，练字更加勤奋，还经常拜访各地的书法名家，向他们虚心求教，并让人指出自己书法中的缺点和不足。最终"功夫不负有心人"，经过多年的苦练，柳公权成了流芳百世的著名书法家。

南怀瑾先生说，日中之后是西斜，月圆之后必定亏缺，物盛必衰，这是天地之道。人也是如此，如果过于自满就会碰壁跌倒。所以说："君子做人不自大，有功不自傲。"虚己待人是提高自身境界的前提，而谦虚好学，不耻下问才能受人尊敬。

第三章

学以聚之，问以辩之

1. 享受寂寞，为学问而学问

南怀瑾认为真正做学问的目的是——为了学问而学问。孔子在《论语》中曾说，君子做人做事，知道哪些事可以做，哪些事不可以做。应该要做的事，牺牲生命也要去做；不应该做的事，无论如何都不能做。这便是"君子有所为，有所不为"。所以，做学问也是一样的道理，为了学问而学问就必须做好寂寞一生的准备。

孔子的人生是寂寞的，他到处碰壁却还是没有放弃。其实，孔子在当时是有夺权的能力的，他的三千门下弟子每个都是国家的精英，只要孔子愿意，便能凝聚起强大的力量。但孔子依旧选择一生穷苦寂寞地走教育路线，因为他明白能真正让社会变得安定的，只有文化思想的影响，在当时称做"德性"。所以，做学问要坚定，为学问而学问，不惧怕寂寞。中国有句俗语可以形容像孔子这样有勇气的人，那便是"拿得起，放得下"。对自己的心要决断，说放下就放下，但这不能是抑制性的，因为对身体不好。只要有被抑制的情绪就要找个方式把它排解出去。现代有很多人喜欢去K歌和跳舞，就是因为现实生活中压力过大，他们需要找个方式解压，但是他们回到家，凄冷的情绪还是会出来。这时，如果能放松到空灵的世界中，那便极容易解脱出来。

智慧是在宁静中产生的

南怀瑾说，人们在生命中经常忘记了静，都喜欢用动态去消耗自己。殊不知，把身心全部沉淀和安静下来时，在平静中思考问题反而更有效率。宁静的心灵是一种高尚的境界，曲高而和寡，宁静之时便是寂寞之时，用自己的平常心去看待得失与成败，才能获得宁静的心灵与智慧。

法国有一位侦探小说作家乔治·西默农，他进行创作时，就让自己在一个安静的环境中与外界隔绝。他不获取任何外界的信息，不看报纸，不看来信，不接电话，也不见来访的客人，就像一个苦行僧一样生活。他用十多天的时间完全沉浸在创作小说的环境中，最后总能写出一本畅销的小说。毫无疑问，在宁静中能产生出更多灵感，让自己的才能得以体现，让大脑富有创造力。

在安静的环境下人们所获得的感受，是一种安静的舒服感，身体的每一个细胞都得到了释放，所有的痛苦和烦恼统统消失了。这便是寂寞的感受，用金钱没有办法买得到的。当人们处在空灵的境界中时，人与自然融为一体，这对身体是有好处的；当身体全身心放松时，脑神经也在休息，这样人就健康长寿了。

做学问的道路很漫长，很孤单，可能一辈子遇不到一个知己，遇不到一个懂你的人，但孔子认为只要是学问，那便会有知己。他也就有了"有朋自远方来，不亦乐乎"的感慨，这里的"远"指知己的难得。中国人常说，人生中能得一知己，即便是死也没有什么遗憾了。每个人在人生中都会遇到许多人，有伴侣，有孩子，也有父母，这些人长伴你左右，但却不一定是知己，不一定完全了解你，能和你一样做学问的人，更是很难得。但孔子说，不要去惧怕没有人知道有你这样一个人，因为渐渐地就会有人知道，或许这知己在另外一个时空赞赏着你。就好比孔子，孔子的思想一直到汉武帝时期才兴盛起来，董仲舒与司马迁都很赞赏儒学，这期间相隔了五百多年，孔子也就寂寞了五百多年，但孔子有乐观向上的积极态度陪伴着他，善于享受寂寞，使得他的儒学思想逐渐深入人心。

得失荣辱不由人，苦乐全于自己

孔子在《论语》中说，做学问的人可能一辈子没有人了解他，但就算这样，也不能怨天尤人。这便是"人不知而不愠，不亦君子乎"，其中的"愠"便是抱怨。抱怨自己怀才不遇的例子有很多，孔子在《论语·学而》中说道："不患人之不己知，患不知人也。"他告诉人们，不需要因为别人不了解自己而忧虑，若一直困在自己的抱怨与"怀才不遇"中，会变得更加消极，还会加深人们对你的错误看法，影响自信心。而且，人如果真的做到了为学问而学问，那么他就会多问自己为什么，对自己进行一个反省，也就不会怨天尤人了，这才是真君子，也是人生哲学历程的开始。

曾经有一个青年，在毕业后一直找不到理想的工作，他觉得世界上已经没有"伯乐"来赏识他这一匹"千里马"了。他很绝望，于是跑到海边想要自杀，却被一位老者救了。后来，老者在沙滩上捡起一粒沙子，然后丢下，让青年把它找出来。青年说："这不可能！"老者什么都没有说，从口袋中掏出一颗珍珠，又丢在地上，然后对年轻人说："现在你能把它捡起来吗？""能！""你想通了吗？现在的你还没有变成珍珠，所以你不能要求别人认同你。只有你将自己磨砺成珍珠后，别人自然会发现你。"

简而言之，在做学问的过程中要学会自得其乐，接着才是"后天下之乐而乐"。中国古代的读书人很重视"慎独"的修炼，据说修炼时间长了，就会达到"寂然不动，感而遂通"，达到"极乐"的境界。春秋时期，孔子就说过"古之学者为己，今之学者为人"，强调读书的目的，应是为了找到自己的快乐，而不是炫耀才华。然后和朋友交流、学习后，两个人的学问均得到长进，这便是两个人的快乐。

2. 尊师重道，人类文明的共性

唐朝时，韩愈一句"师者，所以传道，授业，解惑也"，向我们道出了教师这一职业的崇高和伟大。我们也知道，古往今来，尊师重道是这个社会普遍的共识，但是在当今社会，尊师重道却越来越形象化，它渐渐地沦为一种口号，而没有实际行动。

南怀瑾先生在《亦新亦旧的一代》中提及，目前中国尊敬老师的现象在小学阶段还能体现出来，但越是高年级的学生，尊师重道的却越来越少。到了大学里，不少学生与老师就好像陌生人一样。而这不光与我们的社会有关，与老师本身的水平、素质也有关系，是共同的责任。

所以，对于尊敬老师，我们不能仅仅挂在口头，只是雷声大雨点小地呼呼。我们应该行动起来，把"尊师重道"落实在日常的行为之中，共建和谐的教育环境。

学生应该尊重老师

一个好校园文化环境，应该让学生与老师成为朋友。在现代社会，不能说我们不尊敬教师，可是那种从心底油然而生的敬佩却很少见了。在家长眼中，教育机构俨然成为商业化的工具。在学生的眼中，老师的教学也很难循循善诱，充满了功利意味。这样的想法，如何能让老师与学生之间互相信任，如何能够构建和谐的师生关系。

传说张良年轻的时候，曾计划谋杀秦始皇，最后失败了。他逃跑后，躲藏在一个叫下邳的小地方。

有一天，张良闲来无事，在路过一座桥时，看到一位衣衫褴褛的老者，这个老者看到张良来了，就故意把鞋脱了，丢到桥下，让张良下去捡回来。张良心怀不满，可还是把鞋捡上来了。张良把鞋捡上来后，老者又让张良给他穿鞋，张良便帮老者把鞋子穿好了。老者只是笑了笑，根本没有想道谢的意思，走的时候说了一句："你还是个可塑之才，五天后的黎明在这里等我吧。"

张良感觉这老者不是一般人，于是五天后，天刚刚亮就急急忙忙出门，到了桥上，却发现老者早已到达。老者看到张良，生气地训斥了一句："和长者见面还迟到，再过五天，早一点来！"说完就走了。又过了五天，天刚微微有点亮，张良就到达了桥上，可老者还是比他先到。老者又生气地将张良训斥了一通，然后依旧要求张良五天后要更早过来。张良着急了，又过了五天，他连觉也不睡了，刚过午夜就来到桥上等老者，过了一会儿老者就来了，一看到张良已经到了，非常满意，于是从袖子里拿出一本书交给张良说道：

"你把这本书读完,就可以出山去做皇帝的老师了,10年之后,这片地方就要打仗了,23年之后,你可以与我重逢。"老者说完就离开了。

等到天亮了,张良一看,原来是一本兵法书。张良喜出望外,于是好好研究那本兵书,后来成为汉高祖刘邦的得力谋士,跟随着他统一了中国。

我们应该尊重老师为了教书育人所付出的辛勤劳动,去虚心学习知识,认真听课,上课下课时看见老师能有一句简单的问候,并尽自己的努力去取得良好的成绩,这些都是对老师的尊重。

老师也应重视教学水平

如今,社会主义发展观都在提倡建立新型的师生关系,也就是说老师和学生应该是平等的,而我们的尊重就是建立在这个平等关系的基础上的。人们常说:"只有尊重别人,别人才会尊重你。"其实学生对待老师的态度,很大程度上取决于老师是如何对待他的学生的。老师平易近人,为学生答疑解惑时充满耐心,这样自然会赢得学生的尊敬。

王平原本是一名普通的人民教师,然而在28岁那年,她由于染上了风湿,行走非常不方便,上下楼梯时,只能一步一停。但她没有向病魔屈服,坚持工作在教育一线。她在面对学生时,更是满怀爱心和耐心,对班里成绩不及格的学生,一视同仁。为了帮助他们,她经常花费很多时间给他们补课,一直到学生明白为止。在与学生交流的过程中,她不会严厉训斥,一直都是鼓励和充满希望,让他们早日提升成绩。这在无形之中缩短了学生与老师之间的距离。

多少年过去了,不管病痛带给她多少痛苦,她从没有请过一次病假,她知道学生需要她。正是这种坚定的信念,让王平老师赢得了所有学生的尊重,并荣获了"青年教师奖"这一殊荣。

现代的教育工作者,应该时刻牢记以教书育人为己任,好好提高自己的教学水平,敢于专研、敢于探索。面对学生,也要充分体现出人文关怀,要有充足的耐心和爱心,而不是用粗暴的言语斥责学生。对于水平能力有差距的学生,应该一视同仁。这样才会赢得学生的尊重和家长的信赖,才能建设和谐的校园文化。

3. 可逝而不可陷，此乃君子风骨

在孔子的人生哲学中，很多的道理都是灵活变通的。这些方法非常容易理解，其中许多观点是教育我们在为人处世的过程中需要把握火候和原则。孔子认为不应该毫无原则地宽容别人，而应该把握好自己的底线。面对一件事情，应当有自己独立的判断，然后做出最合适的选择。

孔子认为，作为一个君子，应当能够把握尺度，与别人交流时，应当彬彬有礼；在交往上，应当宽厚谦让；处理事情上，也应当关注实际情况，对症下药。为人处世应当圆滑一些，能进能退，这样人们才更容易接受和尊重你。南怀瑾先生在《论语别裁》中认为，每个人都需要明白变通这个道理，也许你不能避免被别人欺骗，但是不能在被别人欺骗之后，还依旧一点防备心都没有。

服从原则，把握尺度

命令超过限度，就会失去服从；果断超过限度，就会成为莽夫；服从超过限度，就会成为奴隶；坚持超过限度，就会成为顽固；忍让超过限度，就会被看成是胆小怕事。

所谓"千人千面"，我们每天都需要与许多思想性格与我们完全不同的人相处，我们在面对这些"千面"时，需要把握时机、坚持原则、维护尺度，既不让人委屈，也不让自己受苦，这才是处世之道。

抗战胜利后，国共很快又回到了冷战阶段。当时，共产党人为了保住国内和平，让人民免受战争之苦，希望能够与国民党和平解决争端，于是有了著名的"重庆谈判"。

在重庆，蒋介石会见了毛泽东。刚一见面，蒋介石就问毛泽东："不知道润之兄这次来，对我们的国民政府有什么指教啊？"

毛泽东也毫不含糊，直奔主题，将考虑许久的八大意见全部如实讲了出来。蒋介石心中有些不高兴，但还是说了一句："润之兄，这么多年过去了，你的野心是越来越大了呀。"

毛泽东也不甘示弱地回应道："是啊，这么多年过去了，身为委员长的你，可还是老脾气啊，如果委员长不能让步，那我们也就没有什么好谈的了。"

蒋介石听了非常不高兴，说道："你想逼我，一点用都没有，如果你想推翻我们的国民政府，现在就可以回去动兵。"

毛泽东面不改色地说道："我现在可打不过你，我这次来就是为了让中国不再起战事，不然我也不会大老远地跑到重庆来啊。"

蒋介石的态度也缓和了一些："是啊，毕竟中国人提倡和为贵嘛。"

毛泽东补充道："关于谈判的细节，就让恩来他们和委员长的负责人再行商议吧。"

蒋介石答应了，才有了之后签订的《双十协定》。

这也告诉我们无论做什么事情，都要把握这件事情应有的火候，做到有理有利有节。就如同泡茶一般，茶泡的时间太短了，茶叶没完全舒展，茶水毫无味道，但是泡得太久了，又会产生苦涩的味道。正如孔子说到的"过犹不及"一样，事情做得过了头，就不能达到预想的效果，反而会对后续的发展产生负面影响。只有把握住了这些，才能使事物向着预期的方向发展。

理智看问题

从前有一个孩子，脾气非常暴躁，动不动就向人发脾气，还喜欢摔东西。孩子的父亲希望他改变这种现状，就把这个孩子带到了自家的后院中。

后院有一排篱笆，父亲指着篱笆对孩子说道："孩子，今后你发一次脾气，就向这个篱笆上钉一颗钉子，看看你能钉多少钉子在这个篱笆上。"

孩子想了想，就答应了。于是，孩子只要一发脾气，就怒气冲冲地走进后院，钉一颗钉子在篱笆上，过了不久，篱笆上就钉满了密密麻麻的钉子，孩子甚至都有点不相信这是自己的所为了。

这时，爸爸说："你看看这些钉子，全都是你发脾气时钉下的，要想克制住自己，那就一天不发脾气，从上面拔下一颗钉子。"

孩子听了后，想把钉子全部从篱笆上取下来，于是努力地克制着自己的脾气。终于有一天，他将所有的钉子都取了下来。他兴奋地向家人宣布，他已经能够克制自己的脾气了。孩子的父亲却带着孩子来到篱笆前，说道："虽然你已经将所有的钉子都取了下来，可是这篱笆上的痕迹却永远都不能消除掉了。你每向亲人发一次脾气，就会在他们的心中留下伤害。虽然你道歉了，可是这伤害却留在了心中。"

如同这个小男孩一样，很多时候我们发脾气可能都是因为一时冲动，却造成了不可避免的伤害，这是非常不明智的行为。就算你事后后悔愧疚，再用力弥补也都无济于事，因为伤疤已经形成了。所以在遇到任何问题时，一定要理智对待，这才是君子风度。

4. 唯淡泊以明志

在谈及《论语别裁》一书中"淡泊以明志"这个话题时，南怀瑾先生提起中国传统义化中评价真正意义上的好画是"素以为绚兮"而"绘事后素"。所谓"素"就是像一张白纸那样；所谓"为绚兮"指的是在白底子上画了很漂亮的图案；所谓"绘事后素"就是绘画完成以后方能显出素色的可贵。所以一幅真正的好画即使拥有漂亮的图案，也只有素色的底子才能衬托出来。

现在的人生哲学也提倡一种观点，说的是一个真正的高人应该由绚烂归于平淡，在平平淡淡中领悟真谛。从艺术的观点来看，一幅画若是被填得满满的，多半没有艺术价值；如果布置一间房间，适当地留出一些空间，才会让住在里面的人觉得舒服。这就是"留白"的艺术。真正的圣人，是本色出演的，是平平淡淡的。正如南怀瑾先生所言，"一个绝顶聪明的人，看起来是笨笨的，事实上也是最笨的，笨到了极点，真是绝顶聪明"。正因如此，真正的聪明人懂得为自己的内心"留白"，纷扰尘世中的名利诱惑也罢，挫折摔打也好，都无法动摇那颗淡泊出尘的心。

淡泊宁静中的智慧

从人生的终极来看，每一个在尘世中的人都不过是沧海一粟。然而人活一世，我们需要学习在这纷扰人世间如何安身立命。南怀瑾先生说：所谓圣人，指的就是脱俗的凡人，他们能于纷纷扰扰的尘世保全自己的一颗初心，在淡泊和宁静中活出自己的人生。

当代大学者、大文豪钱钟书先生一生与文字做伴，终生甘于寂寞、淡泊名利。在他看来，所谓的名与利不过是过眼云烟，而唯有笔下的那些故事才具有永恒的生命力。20世纪80年代，美国著名学府普林斯顿大学多次邀请钱钟书前去讲学，并开出优厚的条件：每周只需要钱钟书讲40分钟的课，总计讲12次，酬金高达16万美金。此外还可携夫人同去，食宿全包。面对如此诱人的条件，钱钟书丝毫不为所动，继续在家中那张很有年头的书案前做着自己的写作和研究工作。

20世纪90年代，钱钟书的代表作《围城》被翻拍成电视剧并热播，一时间钱钟书的新作旧著都被出版社争先恐后地推向市场。面对这种文化圈少见的火爆场面，钱钟书始终保持着静默。有好友跟他谈及当时的"钱学"热，他更是嗤之以鼻，评价道"吹捧多于研究"。当时有不少媒体对钱钟书围追堵截，想让钱老先生接受采访。但是他拒绝了所有新闻媒体的采访。有人以钱策动他接受采访，他幽默而机智地回答道："我都姓了一辈子钱了，难道还会迷信钱吗？"美国一位颇有名望的记者慕名前来采访，钱钟书也避不见客，只是让人转告他："如果你吃了一枚煮鸡蛋觉得味道不错，又何必非要去见识一下那只下蛋的母鸡呢？"

面对来自外部世界纷纷扰扰的名利诱惑，钱钟书始终不为之所动，他在名利面前坚守了自己内心最真挚、纯粹的部分，最后才能创造出诸多脍炙人口的文学作品，那正是他丰富而多情的内心世界最完美的体现。

超然物外，感悟人生

南怀瑾先生说过，"社会与环境虽然会影响一个人，但并不能完全左右一个人，更不会决定一个人。每个人都要养成独立的人格和修养，不要轻易受外界环境的影响，即使饱受挫折之煎熬，也要保持一颗光明磊落、质朴纯洁的心，此乃做人的最高修养。"因此，所谓"非淡泊无以明志"，不仅是面对名利诱惑要坚守自己的底线，更需要在面对挫折与摔打时，有一颗耐得住打磨的心。

南怀瑾先生一生几经坎坷，但他仍保持着一颗超然物外的赤子之心，这也正是他最难能可贵的品质。当年南怀瑾先生刚到台湾地区，在一位朋友的怂恿下，和朋友合伙做起了生意。然而天公不作美，恰逢时变，加上朋友在经营管理上出现错误，结果不仅没有赚钱，反而连本金也亏了。一时间，两人在经济上陷入困顿。南怀瑾先生没有办法，只能带着一家老小搬进基隆海滨的一处陋巷之中，全家老老小小六口人挤在一间十余平米的小屋子里，门不闭风，瓦可漏月。几个孩子中最大的也不过6岁，而最小的尚且嗷嗷待哺。多年后南怀瑾先生回忆起自己当年的境况，感慨道："运厄阳九，窜伏海疆，矮屋风檐，尘生釜甑。"

但如此境遇下，南怀瑾先生也丝毫没有责怪朋友，反而宽慰他可以重新开始。面对不如意的生活境况，南怀瑾先生发扬了"穷而不愁，潦而不倒"的豁达心态，在艰苦的环境下完成了他在台湾地区的第一部巨著《禅海蠡测》。

穷困潦倒中的南怀瑾先生并没有就此消沉，而是潜心参禅悟道，这是尤为难能可贵的。正因南怀瑾先生保留了这份超然物外、坦荡洒脱的赤子之心，他才能如此乐观豁达地面对困境，并且满面春风地投入到学问的钻研中去，发掘出自己最大的潜能。

5. 身心兼修，人身是一个小天地

人生没有彩排，每一次都是现场直播。生命只有一次，我们应该重视自己的身心健康。南怀瑾先生认为，如果一个人都不重视自己的身心，又怎么能善待他人呢？俗话说：身体是革命的本钱，好心态是让人健康的源泉，能够健康地活着比什么都重要。一个人只有拥有健康的体魄和心态，才有资格拥有梦想并实现梦想，最终获得成功。

如果人生是一艘在汪洋大海之中航行的船，那么身心健康就是船的龙骨，没有了龙骨，船只是一堆木板拼凑起来的积木罢了。身心健康是人生远航的基本条件，没有什么可以替代它。南怀瑾先生在《原本大学微言》中告诉我们，在一生中我们睡觉就花了一半时间，平时的交往应酬几乎疲于应付，自己已经忙得不得了，这个时候如果还有疾病的困扰，就非常麻烦了。

爱惜身体，留住健康

关注身体健康，不能仅仅停留在表面，而是应该用实际行动来约束自己的不良习惯，为实现健康的目标努力。人生最大的财富不是金钱，不是事业，而是人人生来就有的健康。只有在身心健康了之后，工作和生活才会充满动力，办事也更有效率。爱惜健康，生命才会因此而富有意义。

南怀瑾先生说，有时候我们向着梦想拼搏、追逐、奔跑，可是渐渐地我们跑得太远，以至于忘掉了自己，身体也逐渐体力不支，最终摔倒在拼搏的道路上。每个人都应当好好珍惜自己所拥有的这一份健康，用健康的身心去面对美好的生活，感受生命的活力与快乐。

曾经有一位保险工作人员，当他来到投保人的家中时，看到的是一位年仅15岁的男孩面色蜡黄地躺在病床上。男孩的家人告诉他，男孩平时乐于助人，这次是在邻居搬运秸秆的时候去帮忙，可是不料发生了意外，从坡上滑了下来，男孩在车后被顶在了柱子上，撞破了肠子。可是男孩并没有在意，以为只是一个小的创伤。在回家的路上，他因为腹痛晕倒了好几次，被路人发现后送回了家。男孩回家倒头就睡，家人认为他只是过度劳累，因此没有在意。

过了几天，这个男孩多次睡觉被痛醒，这才引起家人的警觉，将男孩送进了医院，可是因耽误时间太长，男孩的肠子已经坏死，医生尽力保住了他的生命。男孩的家人悲痛欲绝，追悔莫及。

人们常常忽略身上的病痛，以为是小事一件，殊不知人生无常，谁也无法预知下一分钟会发生什么事情。南怀瑾先生说，身体是如此宝贵，它承载着我们的生命质量。健康就好像我们精心培育的盆栽，需要仔细地培养才能茁壮成长。

很多人虽然明白健康的重要，可是在生活中却总是忽略健康，忙于事业，忙于竞争，为了这些所谓的"大事"，把自己的健康置于一边，最终健康也抛弃了他们，等到健康真正出问题时，才追悔莫及。

遭遇坎坷，心态最重要

生活中充满跌宕起伏，世事繁杂，很难让人保持一颗平常心。当我们受到批评时，会情绪低落；受到侮辱时，会愤怒不已。人生百味，挫折困难从来都不会减少，而一切情绪波动都是不同心态的体现。南怀瑾先生认为，人生的坎坷和磨难都是一种经历，我们不应该怨天尤人，而要用积极乐观的心态对待发生的一切，保持健康平衡的心境，这样生活才不会被烦恼所左右。

世界三大男高音之一的帕瓦罗蒂先生，因为要参加一场演唱会，来到了所在城市，居住在一间旅馆中。他一路奔波，十分劳累，就想早点休息。谁知天不遂人愿，他刚躺下，隔壁就传来婴儿哭闹的声音。帕瓦罗蒂原本以为小孩子不会哭太久，忍耐着想继续休息，可是孩子的哭声非常洪亮，过了半个小时依旧没有停止的迹象。

帕瓦罗蒂心烦意乱，只能默默祈求上帝让这个孩子不再啼哭，但他越想睡却越睡不着，孩子的哭声在夜里显得异常刺耳。帕瓦罗蒂知道没有办法阻止孩子哭泣，索性换一种心境，认真琢磨为何这个孩子哭了这么久，声音竟然还这样响亮，如果自己在台上唱歌，可能早就唱不出声音了。帕瓦罗蒂越想越兴奋，他将耳朵贴在墙壁上，希望能从婴儿的啼哭声中有所领悟。

果然，在倾听了近一个小时后，他有了巨大的发现，孩子的声音在最高时会降低，这样就不会产生破音，而且这个孩子气沉丹田，不是纯粹地用喉咙发声，而是从丹田发出来的。帕瓦罗蒂马上试了试，果然发声的效果非常好。第二天，他就用这样的发音方式唱了一首又一首美妙的歌曲，征服了全场的每一位观众。

每个人都会像帕瓦罗蒂一样遇到不顺心的事情，但他面对干扰和麻烦时，没有大声地抱怨和责备别人，而是尝试换一个角度去看问题，反倒有了"柳暗花明"的效果。南怀瑾先生认为，做事时心态最重要，当我们能保持一颗平常心，时刻反思自己的做事原则，就会宽容别人的过失，也会给自己带来安慰。无论遇到什么样的困难，只要拥有积极的心态，换个角度看待问题，就算深陷逆境，这份充满阳光的心态也会帮助我们取得成功。

6. 所谓宁静，无须用心去求

南怀瑾先生在《原本大学微言》中说，人类在治理水患的时候，洪水来袭，先用堤坝将洪水挡起来，不能一股脑地倾泻而下，而是通过其他的渠道，慢慢引导分流到不同的几个大湖泊之中。这样一来，原本十分凶猛的水势，在经过疏导之后进入湖中，再也兴不起什么大浪，而是在湖中微微流动，几乎趋于静止的状态。

治水的方法也适用于应对人生，人们需要有一颗宁静的心，才能理智地分析问题，调整自己的状态，放松身心，处理各种各样的麻烦。宁静不是止步不前，不是看破人世，不是安于现状，不是甘于沉寂，更不是自甘平庸，而是一种沉稳冷静的境界。真正宁静的人，身心俱静，无论处于喧嚣的闹市还是僻静的山林，心境都不会有所改变。

以静养生

南怀瑾先生说:"无妄想、烦恼,无杂念,进入清净无念境界,心里达净土境界,你会发现,前路很宽广。"他认为宁静并非指内心的毫无波动,而是能在不受到外界干扰的情况下,独自思考外界的事物,在和谐之中客观地看待纷繁复杂的世界。

作为一个普通人,身处气象万千的社会之中,拥有宁静的内心,不仅仅是为了远离外界环境的喧嚣,也不仅仅是为了获得一份淡定不惊,其中还包含了一个正确的价值观、一个正直的人格、一个平常的心态、一个冷静的头脑、一种客观的思想。因此,南怀瑾先生认为,宁静就是豁达、冷静、淡泊。能做到这几点的人,生活就是快乐的。

南怀瑾先生曾说:"凡夫跟佛很近,一张纸都不隔的,只要自己的心性见到了、清楚了,此心就无比清净。"灯火璀璨终阑珊,火树银花与我有何干?有句话:不求富与贵,唯愿海天长。无穷福禄,哪个死后又还阳?婆娑世界,若怀有"万事万物于我如浮云"的心境,则万事万物皆属我。把节奏稍微放慢一点,多留心看看道旁的花花草草。正所谓,静能养心,亦能养生。心静了,思绪就清澈了,如是,不就悟出人生了吗?

印光祖师开示:"有唯心净土,方生西方净土。若自心不净,何能即得往生。"南怀瑾先生认为,世间的烦乱都只因心不清净,人们学习宁静,整日读经静坐,终究是为了去除心底的魔性,以求净心,希望以此参透世间诸事,活得轻松愉快,不再煎熬辛苦。

古往今来,许多留下贤名的人都是心净之人。他们能够认清自己真正的需求,因而能做到一生清净,不为俗世的名利纷扰所动。而儒家所说的宁静,没有一点渣滓,是绝对清净庄严的境界。

南怀瑾先生认为,人常常忘记清净,总是用烦恼和欲望去消耗自己。这就好像全世界的人类都拼命消耗能源一样,能源全消耗完后,人类也就灭亡了。一切超凡的智能,不在清净中是发挥不出作用的。生命的真正能源来自清净,身心彻底宁静下来,身体保持绝对健康,才能达到更高层次的境界。静态是生命功能的一种状态,老子曾说:"万物芸芸,各归其根。归根曰静,静曰复命。"意思是说，根是万物生命的来原，回归根才是静，能静才回归生命。比如有一杯水，胡乱搅动时，看不清楚里面有什么，等沉淀下来就能看透了。

宁静是人生的大财富

许多人之所以感觉生活很累，不堪重负，身体上的劳累只是一个方面，另外一个方面则是心理上的劳累。内心强大而且宁静的人，懂得自我调整，让自己的内心得到充分放松，而有的人则无法适应，最后深陷其中。每个人都有不同的情感、不同的思想、不同的交际，但是每个人都需要拥有一颗宁静的心。

在日本有一位修行十分厉害的高僧，法号白隐。在白隐禅师的居所旁，一对夫妇开了一家便利店，他们有一个十分漂亮的女儿。

有一天，这对夫妇发现自己女儿的肚子无缘无故大了起来。这对夫妇觉得非常耻辱，勃然大怒。在一再的逼问之下，他们的女儿只轻轻说出"白隐"两个字。夫妇听了之后，发疯似的在白隐的住处讨要说法。白隐禅师听完了所有的咒骂，轻轻地回答道："事情就是这样吗？"

事情并未就此结束，相反，在那姑娘的孩子降生之后，生气的夫妇直接将婴儿送给了白隐，要求白隐抚养这个婴儿。

消息在街坊之中不胫而走，白隐禅师也因此受尽了羞辱和诽谤。

尽管名誉扫地，可是白隐禅师并不在乎，如同收养别人的孩子一样，他买来生活用品，细心地照顾这个孩子，一心只想让孩子开心快乐地成长。

一年后，那位姑娘实在忍受不了良心的煎熬，说出了事情的真相：孩子的父亲是一位在菜市场工作的青年。姑娘的父母满心愧疚，找到了白隐禅师当面道歉，还抱回了孩子。白隐禅师面对这样的情况，依旧轻轻地问道："事情就是这样吗？"

由此看来，内心宁静拥有巨大的力量，可以使人处事不惊，镇定自若。白隐禅师看似愚钝，实际上却是大智若愚。如果白隐禅师没有顶住诽谤和舆论的压力，一味地解释甚至咒骂报复，那么人们又会如何看待他的为人呢？宁静除了是一种智慧外，还是一种谦卑的处世之道，是人生中不可多得的宝贵财富。

宁静，自然最好

在大自然中，水永远都是由高处流向低处，只因它的性质如此，而太阳每天东升西落，靠的也不是它自己的意志。如果每个人都能明白和顺从自己的内心，那么心境都会如湖水一般宁静。

慧海禅师是远近闻名的得道高僧，前去拜访他的人络绎不绝。有一天，一位香客问慧海禅师："方丈，你修行这么高，有没有什么和我们不一样的地方？"

慧海听了后回答道："有啊！"

香客心中暗喜，问道："是什么呢？"

慧海微微一笑，说道："每天我感觉饿了，就去吃饭，如果感觉到困了，我就会去睡觉。"

香客听了，失望至极地说道："这有什么不一样的，我们每天难道不都是这个样子的吗？"

慧海禅师说："这当然不一样，别人吃饭的时候，总是在考虑一些其他的事情，不好好吃饭。而他们睡觉也会经常做梦，不能很好地休息，我就不一样了。我该吃饭的时候，什么也不会去考虑，就是专心吃饭，睡觉的时候也不会做梦，所以休息得非常好，这就是我和别人不一样的地方了。这些人在做事时，总是考虑得太多，经常关注自己的得失，从而迷失了自己。宁静是自然而然带入心灵的，而不是用心灵去寻找宁静。"

回归自然的宁静才是真正的宁静，不需要去寻找，也不需要去索求，保持一颗平常心，将功名利禄全都看破，这样才能在各种环境中表现得豁达坦然，做事也会游刃有余。

8. 仁者也，不忧不惧

在南怀瑾先生看来，世上好人特别多，善人也特别多，那些学佛念经的人，多半是善男善女。但是，这些好人善人并不一定是仁者，善心归善心，如果不会做事，反倒将是非善恶混淆，便是不仁。

正所谓徒善不足以为政，行善也要有规矩、有方法。真正的仁善之人，必定有正确的是非观，知人论世都不偏不倚，不以个人好恶作为评判标准。仁者也，不忧不惧、坚守原则、持定主张、严于待己、宽于待人，这才是真正的与人为善，仁者无敌。

仁者是大慈悲

南怀瑾先生曾说："不走小路线，要发大慈悲。"这句话若是与"仁"结合，即是说为仁者，当求大仁，大的仁义道德就是福泽天下的慈悲。

《孟子》一书中，齐宣王问政于孟子，孟子提到仁政的推行，说出了一个大道理：仁君所行之事，应是基于国家利益的大慈悲，而不是沽名钓誉的小恩小惠。南怀瑾先生在《孟子旁通》中提出了孟子思想的两个学说问题："第一是仁爱心理的心理行为问题；第二是领导人行仁政的方法问题。"

有一次齐宣王坐在大殿上，看到有人牵着一头哀嚎不止、瑟瑟发抖的牛，于是便问此人意欲何为，那人回答说要拉出去宰了祭祀，齐宣王看到牛的样子于心不忍就下令放了牛。于是，牵牛的人问齐宣王难道不祭祀了吗？齐宣王回答说怎么可以不祭祀，随后便吩咐那人找只羊代替那头可怜的牛。

后来，这件事被老百姓知道了，有的觉得齐宣王小气，因为牛比羊贵多了，不舍得用牛祭祀；有的觉得齐宣王虚伪，牛可怜不杀，换只羊就不可怜吗？

于是，齐宣王问孟子："我当时用羊换下即将宰杀祭祀的牛，是出于一点慈悲之心，而不是什么价钱问题。我不忍心看着那头牛在屠刀前瑟瑟发抖，就让人用羊将它换了下来。到现在我的想法都没有变。我要是以这样的想法来治国，为什么不会成为仁王呢？"

孟子则说道："如果能做大事的人却做不成小事，那一定是他藏私了。"齐宣王当然不相信，这时孟子又说："这样说来，不忍心杀一头牛，却让百姓在痛苦中生活着，是你没有施行仁政，而不是你不能推行仁政。"

孟子这是由动物来推及人民，希望齐宣王在对待臣民时，能像对待动物一样心怀慈悲。这是孟子对齐宣王心理做出的一个分析，齐宣王不忍杀牛，孟子就将这种"不忍"的仁爱推及到百姓身上，扩大到治理国家中。如果齐宣王能在这些大方面做到"不忍"，就是把"小仁"推广为"大仁"，将会成为一代仁君明主。

孟子又问齐宣王："如果有个人有能举起百钧的神力，能够看清秋天鸟类身上刚换的茸毛末梢，可是要他去捡一根羽毛，去看一整车的木柴，他却不能办到。这样的话，你会相信吗？"齐宣王回答说当然不可能相信。

于是，孟子接着说："既然有能力举起重百钧的东西不可能拿不动羽毛，能够明察秋毫的人不可能连一车木柴都看不到，同样能够以羊换牛，仁爱到怜惜禽兽畜生的地步，但是您的恩泽功业却不能遍及百姓身上。"

在我们的生活中，常常会遇到很多令人无法理解的现象，有些人可以为了一只小狗四处奔波，却对街边乞丐视若不见；会被道听途说的事迹感动莫名，却对现实的人或事无动于衷。我们真正需要的"仁"是什么？不是"妇人之仁"，不是一时一地之"仁"，而是实实在在的仁慈。

仁义，自我修养之道

在战争纷乱的年代，士志于道，多半是无功而返。孟子见梁惠王，梁惠王问孟子："不远千里而来，亦将有以利吾国乎？"孟子直言："王何必曰利？亦有仁义而已矣。"在短短几句话中，孟子开门见山地提出"仁义"，避而不谈梁惠王内忧外患的情况，孟子的这种仁义观本身就并非进取之术。

南怀瑾先生认为，人生总想要锐意进取，但仁义并不是一种正确的进取之术，而是一柄完善自我修养的利器。

多年前有一场NBA决赛，其中新秀皮彭独得33分，远远超过当时的老牌球员乔丹，成为公牛队第一个比赛得分超过乔丹的球员。然而比赛结束后，二人却紧紧相拥，泪光闪闪。

然而，一开始并非如此。当年乔丹在公牛队的时候，皮彭被誉为最有希望超过乔丹的新秀，他时常流露出一种不屑一顾的神情，并且时常讽刺乔丹。而乔丹却刚好相反，并没有把皮彭当做潜在的危险，反而时常给予其帮助和鼓励。有一次，乔丹问皮彭："你觉得我们俩的三分球谁投得好？"皮彭漫不经心地回答："明知故问，当然是你。"乔丹却摇摇头："不，是你。虽然我的三分球成功率是28.6%，而你是26.4%。但这并非绝对。"并且对他说："我投三分球弱点很多，我扣篮多用右手，而你却是左右手都行。你比我有天赋，以后一定会投得比我好。"皮彭一愣，这是一些连他自己都没有注意过的小细节。自此，皮彭为乔丹的无私而深深地感动。

从那以后，乔丹和皮彭成为要好的朋友，皮彭也证实了乔丹的预言，成为公牛队17场比赛中首次超过乔丹得分的球员。而乔丹的无私品质也为公牛队创造一个又一个神话奠定了基础。

每个人都是需要朋友的，为人仁义，可以为我们赢取一份真正的友谊。中华民族是一个讲究仁义的民族，儒家强调仁爱是世上最纯洁高尚、不计功利的感情，而友情也是最为朴素的感情，是维系人与人之间关系的纽带，是人际关系交往的基础。

| 第五篇 |

南怀瑾的道家心悟

第一章

南怀瑾谈道学中的为人处世

1. 曲则全，枉则直

读南怀瑾先生的著述《老子他说》可以看出，在先生心里，"曲则全"和"枉则直"都是值得遵循的天道和自然法则，若能巧妙用到为人处世上，往往能达到事半功倍的效果。

南先生认为，"曲则全""枉则直"是老子抓住我们老祖宗的传统文化原则后，指出的做人处世与自利利人之道，即用委婉迂回的方式达到圆满的处世结果。比如，同样是批评人，南先生说："善于言辞的人，讲话只要有此一转就圆满了，既可达到目的，又能彼此无事。若直来直往，有时是行不通的。"所以，人生在世，无论是说话还是做事，如果采用直接的方式行不通，可以换种思路，采用间接的方式试试。

聪明的人懂得变通

历史上很多取得伟大成就的人都懂得与世推移、顺势而为的道理。这样的人往往比常人更加心思细腻，不拘泥于形式，能够依据不同情况用含蓄曲折的方式达到利人利己的目的。如此一来，既能顾全面子，又能顾全里子，成全所有人，进而取得皆大欢喜的效果。

诸葛亮就是一位善于变通的智者。

历史上有名的赤壁之战，以曹操的惨败而告终。当时孙刘联盟虽然大胜，却并不一心，可以说各自都在心里打着小算盘。周瑜想把曹操及其残留部队赶到刘备的地盘，借刘备之手杀掉曹操，让魏国的复仇大军以刘备为最大的仇人，以挑起双方战争，自己坐收渔翁之利。而神机妙算的诸葛亮一眼就识破了周瑜的诡计，他既不能让曹操死在自己的地盘上为日后埋下祸端，又不能明目张胆地放了曹操，致使盟友东吴不满。在这种两难的情况下，诸葛亮料到多疑的曹操必定会走那崎岖难行的华容道，又考虑到曹操对关羽有恩，再加上夜观天象发现曹操命不该绝，于是搬出关羽把守华容道。诸葛亮深知以关羽有恩必报的个性，他一定禁不住曹操的巧舌如簧，最终宁愿自己领受军法，也会放走曹操。所以，最终，诸葛亮不但巧妙地放走了曹操，使周瑜的奸计不能得逞，又让关羽报了曹操昔日的知遇之恩，以免日后战场相见再心存顾虑。同时，当东吴派鲁肃来打探战况时，诸葛亮又以一场苦情戏堵住了东吴的嘴。诸葛亮此举可谓"一箭三雕"，一切看似在意料之外，却又都在他的掌控之中。

试想，如果诸葛亮不懂变通，而是直截了当地选择杀或者不杀曹操，又会是什么样的结果呢？他杀曹操，正中了周瑜的奸计：一方面，魏国势力衰退，必定会把刘备当做头号大敌；另一方面，东吴一家独大，从此不再把刘备放在眼里，随时都能灭之歼之，刘备及其军队就会生活在水深火热之中。他若不杀曹操，并堂而皇之地放走曹操，必然会引起东吴的不满，坐实背叛盟友的罪名，而孙刘联盟破裂，蜀军也会腹背受敌。事实上，在这种特殊的情境下，诸葛亮并没有太多的选择，他只能放走曹操，而且要手段高明地放，要有一个合乎情理、能够让东吴哑口无言的理由，而曹操和关羽昔日的恩情恰巧就成了这个理由。

最终，诸葛亮迂回地放走了敌人，保全了自己，这其中就体现了"曲则全"的道理。

尺蠖之屈，以求伸也

出自《易·系辞下》的"尺蠖之屈，以求信（注：信通伸）也"和老子的"枉则直"有着异曲同工之妙，都是想告诫世人，做人要能屈能伸，只有懂得韬光养晦，默默提升自身修养和才华，才有受人尊敬、功成名就的一天。

如果一味地眼高手低，空有"大鹏展翅恨天低"的抱负，而不愿从底层做起积累经验，保存实力，则最终只能像墙上芦苇一样，"头重脚轻根底浅"，抑或是像山间竹笋，"嘴尖皮厚腹中空"。

我国古代能屈能伸的人比比皆是，如卧薪尝胆的勾践、能忍受胯下之辱的韩信、装疯卖傻以保全性命的孙膑等，而北宋的大文学家司马光也是其中一位。

据说，司马光小的时候，和小朋友们一起读书，发现自己的记忆力比别人差。为了克服这个弱点，每当老师讲完课，别的小朋友都去玩耍时，他总是一个人安静地躲起来温习老师所讲的内容。为了加深记忆，他一遍遍地背诵，直到能够流畅地背下来才肯休息。他住的地方十分简陋，只有一张简单的木板床、一床破被子，还有一个特制的圆木枕头。而这个圆木枕头就是司马光用来警醒自己的工具，每当他读书读到太困想要睡觉的时候，一躺到床上，硬邦邦的圆木枕头就会滚来滚去，把他惊醒，他就会接着爬起来读书，所以这个圆木枕头被司马光命名为"警枕"。就这样，司马光始终保持着谦恭的心态，刻苦学习，在艰苦的环境中坚持自己的志向，终于成了受人敬仰的政治家和文学家。

很多时候，"枉"是聪明之人故作的糊涂姿态，是高尚之人表现出的谦逊品德，是以退为进的制敌谋略，是以柔克刚的取胜气概。正如南怀瑾所说："要学会做一个君子，便要谨慎小心，致力于学问修养，一天一天慢慢地琢磨成器，如同木工做车轮子一样，慢慢地雕凿，平常看不出效果，等到东西做成功了，效果就出来了，到这时候才看出成绩。"

2. 持而盈之，不争故无忧

在南怀瑾看来，老子所提倡的"持而盈之"也好，"不争故无忧"也好，都是遵循天道、自然的法则，都可以引用到为人处世的哲学艺术上来。

就像南先生在《老子他说》中说的，老子不过是想告诫世人，"若能保持已有的成就,便是最现实、最大的幸福。如果更有非分的欲望和希求,不安于现实,要在原已持有的成就上要求扩展,在满足中还要追求进一步的盈裕,最后终归得不偿失"。

凡事留些余地

古代圣贤在为人处世上讲究一个"度",也就是凡事要留余地,比如我们熟知的"盛极而衰,盈满则亏""物壮则老""过犹不及"等,虽然它们表述的方式不同,表达的却是同样的观点——有时候"强大"也意味着正在走向衰落,尤其是当自己也认为足够强大时。

李嘉诚的经营理念中有两个非常重要的字,即"知止"。他说过:"经营企业,'知止'两个字最为重要。我从12岁起就开始投入社会,到22岁开始创业,其间已经度过了10年非常艰苦的日子。在香港,我见过很多人一朝一夕就发家致富,但我看得更多的例子是很多人成功很容易,但掉下去也很快。究其原因,不过是因为他们并不懂得'知止'二字。全世界那么多企业失败,鲜少有饿死的,多数是撑死的,这是因为他们无法克服人性中的贪婪。"

所以,老子倡导的"持而盈之"的重点在于心——心不能满。比如说,你追求的成功是只达到并维持99℃的水温,离100℃的沸腾永远有一些差距。保持这种心境至关重要,因为心一旦满了,就如同水达到了100℃,沸腾之后只会化为蒸汽,亏缺也随之而来。

要想避免盛极而衰的悲剧,就应该把握好"度"。就像南先生说的,"一个人在已有的富贵环境中,却不知富与贵的本身,这就是招致后祸的因素。如果持富而骄,因贵而傲,那就是自己和自己过不去,将招来恶果,后患无穷"。所以,人生在世,无论已经处在何种高度,请及时清空一下自己的心。

不争而争,天下莫能与之争

"夫唯不争,故天下莫能与之争。"这句话其实对人的修养提出了很高的要求。正如南怀瑾先生所说:"人往往有自己的私心,牵涉个人利益时,又有几个人能甘愿放弃呢?然而,正是这种以守为攻、以退为进,才是一种大智慧。"诚如先生所言,人谦虚方能纳物,纳物才能吸收各方之精华并为己所用。

下面讲一个不争而争的小故事。康熙皇帝的四子胤禛一度苦恼于自己处于和皇太子及八阿哥之间权力斗争的旋涡当中。当时他的一位谋士告诉他："争，就是不争；不争，就是争。"胤禛顿悟。

当时的政局非常混乱。皇太子原本是钦定的皇位继承人，但他自身不够努力，而且时常做出一些违禁之事，所以并不得康熙皇帝的欢心。八阿哥广结党羽，收买人心，羽翼越来越丰满，成为有实力问鼎皇位继承人宝座的人。可以说这两方都各有各的长处，但谋士告诉胤禛，只要踏踏实实地做好自己的差事，对皇上和黎民百姓负责就足矣。

最后，正是这位从谏如流的四子胤禛，世人眼中没有任何资本成为皇位继承人的人爆了个大冷门，被康熙皇帝钦定为未来的国君。这其中的奥秘就在于，胤禛老老实实地按照谋士的吩咐，在皇太子与八阿哥斗得不可开交的时候，坚守了自己的本分。在这场"不争而争"的战斗中，胤禛多次深入民间，体察百姓疾苦，并切实可行地为康熙皇帝出谋划策，让康熙皇帝认识到这个平日里并不起眼的四儿子除了有一颗为人君王的悲悯之心外，还有着敏锐的洞察力和果敢的判断力，是做帝王的不二人选。所以，胤禛的"不争"实为"大争"。

一般而言，"争"是需要对手的，在这场皇位继承人之争中，皇太子与八阿哥就将彼此作为对手，展开了一场争夺之战，最终两败俱伤。而"不争"并不代表着无所作为，而是坚守自己的本分，踏踏实实地做好自己分内的事情。古人云："善胜敌者，不争。"所谓不争，是和自己争，不断提升自己，才能更好地去和别人争。

3. 大智若愚，智者的生存之道

南怀瑾先生在《老子他说》中以一段形象的比喻向世人展示了"得道"和"未得道"的差别，他说："你只要看钞票，就懂得世间的道了。世界上哪一种钞票最走运，那种钞票就又脏又臭，虽然快要破了，还是一天到晚走运得很。用这样的钞票买菜，菜贩收到以后，又赶快把它用出去，因为它又脏又臭。如果是一张新的钞票，就包好存放，舍不得用出去。所以，一个人要想得志，就赶快学做那一张脏钞票，一身都脏，就像那一张在市场上满天飞的钞票一样。如果把自己搞得太干净了，一定给人家包起来，放在抽屉里不用，最后甚至会被放进保险柜里去了。悟到了这个道理的人，便会前途无量了。"

事实确实如此。干净崭新的钞票就像锋芒毕露的人，因为太过耀眼而让人有压力，往往容易被人敬而远之；而又臭又脏的钞票就像愚笨无知的人，因为人们可以与他轻松愉快地相处，所以更能找到发挥作用的平台。其实，无论是苏轼"大勇若怯，大智若愚"的说法，还是老子"大音希声，大象无形"的说法，都是想告诫世人：才智出众，却不轻易显露出来的人才是真正的智者，才更能掌控一切。

糊涂有时是聪明人成事的面具

那些明明什么都知道，却经常装出一副愚钝表象的人，往往不张扬，为人低调，更能够受到别人的尊重。相反，那些内心糊涂，却表现得很精明能干的人，往往做事高调，爱出风头，处处锋芒毕露，结果除了遭人嫉妒之外，再无别的好处。所以，在现实生活中，以糊涂作为面具的聪明人更能成事。

王翦是战国时期秦国著名的将领，也是一位善于装傻充愣的人。公元前224年，秦王召集群臣商量灭楚大计，王翦认为至少需六十万大军才能完成任务，秦王觉得六十万大军太多了，心中不安，就派另一位说只要二十万大军就能灭楚的将军李信前去攻楚了。后来，李信大败，秦王万般无奈之下只得再求助王翦，并承诺给王翦六十万大军。

出征日期临近，秦王亲自到灞上为王翦送行。酒足饭饱后，王翦从怀里掏出一张单子，上面罗列了一长串咸阳的良田、美宅、池塘，当着众人的面对秦王说："大王，臣有事相求，待出征归来，请将这些封赏给臣。"秦王听了先是惊了一下，然后大笑起来，说："将军就要出发了，还怕寡人让你受穷吗？"王翦说："我们当武将的，功劳再大，按规定也封不了侯。现在趁为臣尚能报效大王，顺便向大王求赏，以便儿孙以后有个糊口寄身之地。"秦王心想："看来这位老将军虽然是打仗的行家，但是为人却没有什么大志向啊！"

于是就爽快地答应了他的请求。

然而，王翦并没有就此作罢，即便带着六十万大军向楚国进军之后的几天，还经常打发下属回去向秦王请求封赏良田美宅，足足请求了五次。他的副将蒙恬将军实在看不过去了，就嘲笑他："老将军乞讨请求，要这要那，是不是太过分了？"王翦只得悄声对他说道："蒙将军误会了。大王向来多疑，不专信臣子，这次几乎把全国兵力都交给了我，我一次又一次地求取田宅，是为了让大王知道我想得到的不过是些许小物，好让他不对我产生猜疑之心！"蒙恬这才醒悟，心中对王翦将军的敬佩之情更添一分。

自古君王最怕两种臣子，一是"拥兵自重"者，二是"功高震主"者。秦王生性多疑，王翦又在军中威望甚高，再加上手握秦国六十万大军，秦王当然放心不下。而王翦一次次向秦王索要封赏，不但得到了物质利益，还打消了秦王心中的顾虑，看似糊涂，实则才思过人。

大智若愚是一种人生格局

大智若愚的人，善于为自己铺造和谐的生存发展环境，能够顾全大局，以愚保身，用外人看起来木讷的表象保存自己的实力。

鲁肃就是一位善于装糊涂的聪明人，他的处世方法和做人原则直到今天仍被很多人学习借鉴。赤壁之战后，刘备派人向孙权请求借荆州，江东文武大臣都劝孙权不要答应，唯独鲁肃从全局考虑，让孙权借荆州给刘备。他说："您（孙权）固然神武盖世，但曹操的势力太大了。我们刚刚占有荆州，恩德信义尚未广行于民众。如果把荆州借给刘备，让他去安抚百姓，实是上策。因为这样一来，曹操就多了一个敌人，我们却多了一个朋友。"孙权觉得鲁肃言之有理，就同意了他的主张。

过了一段时间，刘备的势力逐渐强大，鲁肃受命向刘备讨要荆州。然而，第一次刘备以公子刘琦尚在为由推脱了，鲁肃妥协了；第二次讨要荆州时，刘备又以"立足未稳，暂借"为由推脱了，鲁肃再次妥协；第三次讨要荆州时，诸葛亮略施一小计，刘备哭哭啼啼的，又把鲁肃打发了。一次次地空手而归，孙权很不满意，但看鲁肃的老实相，又不忍苛责。就这样，经鲁肃之手借出去的荆州使鲁肃陷入了主公与盟友相争不下的政治旋涡之中而左右为难。

鲁肃的这些行为看似软弱、无能，但是孙刘联盟却得以延续，他用掩人耳目的愚笨表象赢得了孙刘双方的信任，责无旁贷地充当着孙刘之间的"缓和剂"，使双方抗曹大业不至于中途崩溃。他深知，荆州本来就不是自己的地盘，刘表死的时候也确实表达了想要把荆州赠予刘备的想法，如果强行讨要荆州，就等于不给刘备一个立足之地，弄不好双方会兵戎相见，而且不得民心。更何况，在双方联合抗曹的情况下，江东尚没有足够把握战胜曹操，孙刘联盟一旦破裂，曹操就会趁势夺取天下，江东必亡。所以，鲁肃宁愿担上"错借荆州"及"无能"的罪名，也不愿看到江东灭亡的局面。

由此足以看出，鲁肃的糊涂是他大智若愚人生格局的外在表现。很多史学家认为，鲁肃的眼光要比周瑜远大多了，而从未向孙权推荐过一人的周瑜肯在临死前推举鲁肃，称其"顾全大局，智略足以任事"，也足以看出鲁肃的"愚相"并没有掩盖他的精明能干。

4. 善者不辩，辩者不善

口若利剑、滔滔不绝地辩白虽然能向别人展示自己的口才，却很容易给人留下缺乏修养的印象。老子说"圣人之道，为而不争"，就是告诫世人，真理并不需要争辩，圣人的行为准则是惠济大众，与世无争。

在南怀瑾看来，老子在《道德经》中"善者不辩，辩者不善"的说法与《论语》中的"君子欲讷于言而敏于行"及"君子食无求饱，居无求安，敏于事而慎于言"很相似，都是想告诫大家："人生在世，应该少说多做，不管是人生的修行还是一般的社会活动，做任何事情都应该脚踏实地，不能只说动听的漂亮话而没有实际行动。"

不争，是因为心怀慈悲

有时候，不争辩并不是因为词穷，而是心怀慈悲，不忍心将对方置于不利境地。同时，主动示和的一方也懂得是非对错并不能靠争辩识别出来的道理。就像南先生说的那样，"善良而有能力的人不需要去与别人辩论什么，不会只用言论去证明自己是正确的，即使面对诽谤或人身攻击，他也能用行动来证明自己的无辜和清白"。

相传，古时候有个善良的老郎中，精通医术，乐善好施，只要别人有求于他，他总是不图回报地给予帮助。有一次，这位郎中被人请到家里诊病，他走后，病人家发现放在床头的十两银子不见了。病人一家十分着急，仔细分析后觉得郎中嫌疑最大，于是想找老郎中问个清楚。这家人的儿子性子急，肚里藏不住话，没想好对策便气冲冲地跑去质问老郎中了。老郎中知道他的来意后，并未生气，而是把他请到屋里，小声说："确实是这样的，我想暂时把银子拿回来应急用，本来想明天复诊时悄悄还回去的。今天既然你专门为这件事跑一趟，那我就直接把银子交给你吧，只是请你不要把今天的事说出去。"

病人的儿子拿到钱后并没有为老郎中保守秘密，很快乡里乡亲都知道了这件事，大家议论纷纷："这么高尚谨慎的人，竟然也会偷人家的银子，真是人心难测。"老郎中听到这些非议，泰然处之，不以为意。

过了几天，病人痊愈，清理房间的时候，在床底下找到了银子，才知道儿子陷害了一位德高望重的老人，于是立即带上儿子前去，当着众人的面向老郎中道歉，并把银子归还了他。老先生依旧淡然地说："只是一件小事而已，不必放在心上。"病人的儿子问老郎中："为什么我污言秽语诬赖先生，先生并不辩白，反而甘受污名给我银子呢？"老郎中笑着说："你父亲向来节俭，你家境也不富裕，他正在病中，听说丢了银子会加重病情的，有可能一病不起。所以，即便我背点污名，能使你父亲心情好起来、病好起来也是值得的。"父子二人听了，感动不已。乡亲们知道了真相，对老郎中更加敬佩了。

在受到误解时，老郎中心中想到的不是替自己开脱，而是想着怎么做更有利于别人的生活和病情，甚至不惜以牺牲自己的名誉为代价。他的这种不争，就是因为心怀善念。他知道，与其抬头辩解，不如低头认错，待事情弄清后，自然会还他清白，事实往往比当时桀骜的辩解更加有说服力。

行动有时是最响亮的语言

很多时候，在行动面前，语言总是显得苍白无力，因为再怎么动听的语言，都抵不过踏踏实实的行动。所以，那些取得成功的人，不会把时间和精力浪费在夸夸其谈上，而是用在勤勤恳恳的埋头做事上。

韩非子在《韩非子·喻老》中讲述过一篇关于楚庄王的故事。楚庄王临朝执政了三年都没有发布过命令，也没有处理过什么政事。臣民们都很不解，不知道楚庄王何故如此。有一天，右司马忍不住了，问楚庄王说："有只鸟栖息在南边的土丘上，三年不动翅膀，不飞翔也不鸣叫，沉默无声，这是什么名堂？"楚庄王听出了他话中之意，说："三年不动翅膀，将因此长成羽毛；不飞翔也不鸣叫，将因此观察民众的行为准则。虽然没有飞翔，飞起来必然会直冲云霄；虽然没有鸣叫，但叫起来必然会惊动人世。先生你放心吧，我知道你的用意了。"此后半年，楚庄王开始亲自处理政务，他废除了十条不合时宜的法令，实施了九件于民有利的措施，处死了五个徇私舞弊的大臣，选拔了六个有才能的贤士，国家因此政治清明、局势安定。后来，他又兴兵征讨并在徐州战胜了齐国，在河雍战胜了晋国，在宋国联合了诸侯，最终称霸天下。

正所谓"为者常成，行者常至"，楚庄王在励精图治的过程中，并没有说太多冠冕堂皇的话，却以实际行动让国家昌盛，天下归服，这比任何语言都更让人信服。所以，南怀瑾先生说："那些天天与别人辩论的人并不是真正有能力的人，尽管他们在与别人辩论时处处表现自己的能力，然而真正有能力的人不需要用花言巧语去赢得别人的赞许，空谈而没有实际行动的人将一事无成。"

5. 轻诺者，必寡信

孔子说："人而无信，不知其可也。大车无輗，小车无軏，其何以行之哉？"意思是说，信誉对人很重要，如果一个人失去了诚信，就不知道他还可以做什么了，就像大车没有车辕前端与车衡相衔接的木销子，小车没有了车辕前端与横木衔接处的销钉，还怎么行走呢？由此可以看出，自古以来，人们就把忠诚守信看做人生在世的立足之本，人与人之间，如果没有了诚信，就很难相处下去。

要想不轻易失信，就要慎重对待承诺。古人云："一言既出，驷马难追。"答应了别人的事情，无论如何一定要努力做到，否则就会失信于人。对于自己没有把握的事，还是不要轻易许下承诺为好，免得既耽误别人的事，同时又让自己太劳累。就像南怀瑾先生说的那样："为人之道，不可轻诺而寡信。人生在世，常想做很多事、帮很多人，结果一样都办不成，因为自己没有那么多的精力，没有那么多的时间。"

有诺不守，终将害人害己

人与人之间信任的建立就像用砖块垒墙，需要一块一块地垒砌才能变得结实可靠，而推倒它却很容易，只需要一次不守承诺就可以了。所以，每个人都要重诺言、守信用，否则只会给自己的人生埋下隐患。

明代著名的谋士刘伯温在其著作《郁离子》中讲过这样一个因失信而丧生的故事。济阳有个商人过河时船沉了，他抓住一块木板向岸上求救。这时候，恰巧一个渔夫听到了呼救声，赶忙跑了过去。商人信誓旦旦地冲渔夫喊："我是济阳最大的富翁，你若能救我，给你一百两金子。"然而，当渔夫真的把商人救上岸的时候，商人却出尔反尔了。他心疼一百两金子太多，不舍得给，只拿出十两给渔夫。渔夫当然不同意，责怪他不守承诺。富商却振振有词道："你一个打鱼的，一生都挣不了几个钱，突然得十两金子还不满足吗？"说完，他扬长而去。渔夫也只得悻悻离开。

无巧不成书，没想到有一天这个商人又一次在原地沉船了。他故伎重施，说只要有人愿意救他上岸，他愿意出一百两金子答谢。然而，有人正要去救他时，那个渔夫出现了，说："他就是那个说话不算数的人！"大家早就听说了他言而无信的事，于是谁都不愿意再伸出援助之手，商人最后被淹死了。

尽管商人两次在同一个地方沉船存在着偶然性，但是商人不信守承诺会给自己带来麻烦却是必然的。一个不守信用的人是很难赢得别人对他的长期信任的。试想，被骗过一次，谁还会再次上当呢？所以，这种人一旦身处困境，便没有人愿意出手相救，只有坐以待毙。

信誉是一笔无形的财富

有人说，一个人做的每一件事都是一张名片，一张张名片加起来就是世人对这个人的印象。一个讲信用的人，不会轻易向人许诺，只会在有绝对把握的情况下才去许诺，而一旦许诺，必然会努力去实现。像这种人，他的每一句话都掷地有声，每个承诺都有结果，谁还会不信任他呢？

秦末汉初有个叫季布的人，此人为人仗义，乐善好施，向来言而有信，赢得了很高的声誉。在楚国甚至流传着这样一句话——"得黄金百斤，不如得季布一诺"，可见他在世人心中的威望有多高。季布本是项羽阵营的人，多次击败刘邦军队，使刘邦窘迫不已。刘邦特别恼恨季布，待项羽败亡后，就立即悬赏千金缉拿季布，并下令若有人胆敢窝藏季布就灭其三族。

然而，季布的朋友们钦佩季布的为人，宁愿冒着杀头灭族的危险也要保护季布。于是，几经辗转，一直藏在朋友家的季布不但没有被交出去，反而被朋友好吃好喝地招待着。后来，季布的另一个朋友冒着生命危险去洛阳拜见夏侯婴，趁机对他说："做臣下的各受自己的主上差遣，季布跟随项羽自然要受项羽差遣，这完全是分内的事。项羽的臣下难道就该全都杀死吗？现在陛下刚刚夺得天下，仅仅凭着个人的怨恨去追捕一个人，这不是在向天下人显示自己器量狭小吗？再说，凭着季布的贤能，陛下追捕又如此急迫，这样一来，他不是向北逃到匈奴去，就是向南逃到越地去了。这种忌恨勇士而去资助敌国的举动，就是伍子胥要鞭打楚平王尸体的原因。您为什么不寻找机会向陛下说明呢？"夏侯婴知道季布的这位朋友是个侠义之士，也猜到季布一定躲在他那里，但他并没有向刘邦告密，而是等待时机向刘邦奏明，为季布脱罪。好在刘邦也是一个深明大义的皇帝，就赦免了季布，并任命他做了郎中。

季布诚实守信，自然能够赢得大家的尊重和赏识。正所谓"得道多助，失道寡助"，如果季布是那种为了一时安逸或者利益而失信于朋友的人，还会有这么多的人为他两肋插刀吗？食言而肥的人表面上是避免了麻烦，得到了点滴实惠，但毁掉的是自己的声誉，而声誉的价值并不是金钱所能衡量的。所以，人生在世要信守承诺，守护好这笔无形的财富。

6. 上善若水，求教于水的人生艺术

古往今来，诗人、哲人们对于水的称颂感叹世世不绝，尤其以老子"上善若水"的比喻最为生动全面。老子认为，水泽被万物而不争名利，甘心居于人们所不齿的卑下污浊之地，深沉宁静，与人为善，无言地包容着一切，柔软时纤弱无力，坚硬时滴水穿石，它的德行是最接近于道的德行。

在《老子他说》中，南怀瑾先生引用了几副对联来描写"水"，将水的"利他""与世无争""包容"等特性刻画得淋漓尽致。如"到江送客棹，出岳润民田"，是说只要是能做到且对他人有帮助的事，水就永不推辞；"人往高处走，水向低处流"是说水永远都不占据高位，不会把持要津，宁愿居于下流；"水唯能下方成海，山不矜高自及天"，是说古人拿水形成的海洋和土形成的高山作为人生修为的指标，意在赞美水能汇聚成海，包容万物。可以说，水作为人世间最平凡亦最珍贵的物质，浸染着古今"智者"博大精深的人文精神，蕴含着有修为的圣人所要坚持的处世准则，因此聪明的人懂得求教于水。

宽容有时是对敌人最有效的惩罚

水清净无私，默默地包容着一切。这世间，无论多么肮脏的东西，水都愿意敞开胸怀无悔地接纳，然后慢慢地洗涤净化，还世界以纤尘不染。智慧的人看到水这一优良品德，会潜心学习，择善而从，慢慢提升自己的修养，之后便会明白，有时候包容、接纳一个人的错误，远比惩戒、处罚更能达到教育的目的。

宋朝有个叫吴味道的书生，经过十余载的寒窗苦读，在州县考试中名列前茅，想去京都参加会试以博取功名。乡亲们知道他家境贫寒，拿不出去京

都考试的路费，于是纷纷慷慨解囊，赠送了百余贯钱作为他的盘缠。吴味道千恩万谢，准备上路。但他发现一百贯钱带在身上太显眼，为了不引人注意，便留了一些钱备用，将剩余的大部分钱购买了棉纱，想到京都后再换成现钱使用。但是还有一个问题，他带着大量棉纱进京，会被误认为是商人，如果沿途关卡的官吏向他乱收税费的话，他该怎么办呢？思考间，他想到一个主意，在行李上写上"封呈京师苏侍郎宅"的字样，落款"苏轼"，想要造个替苏东坡给其弟弟苏辙托运货物的假象。

一日，官吏上街巡视，发现了吴味道和他的行李，被他行李上的落款吸引了，心想，这落款和苏太守的笔法相差太多了，其中必有蹊跷，于是便将吴味道带到了衙门交给苏东坡查办。

那时候，苏东坡正好在杭州做官，他心系百姓，助人为乐，廉洁奉公，在当地有着很高的威望。吴味道一见到苏东坡本人，吓得双腿打颤，连忙磕头认错。苏东坡打量他一番，发现他并非坏人，且一脸书生气，便问他姓名籍贯，为何盗用自己的名字？

吴味道经不住盘问，只得如实作答。那时候，苏辙在朝中任门下侍郎，苏东坡在杭州任太守，这二人又都是当时有名的大文豪，吴味道之所以造假，只是想借着苏家兄弟的威望镇住沿途的官吏们，使其不敢敲诈勒索。苏东坡知道了他的本意后，说："事出有因，有情可原，然有欺蒙之嫌，理当诘责，下不为例。"随后，他命人把吴味道行李上的封条撕掉，亲笔重写一遍，又给弟弟苏辙写了一封信交代清楚原委，再交给吴味道，说："劳驾将此信转交吾弟。你放心便是，此行即使上天去也无妨。"吴味道喜出望外，再三叩谢才告辞。后来他金榜题名，特意回来拜谢苏东坡，苏东坡也十分欣慰，遂留下他畅谈为官之道，多日后才依依惜别。

被人盗用姓名，苏东坡本可以严惩吴味道，然而他心地善良，能够体谅吴味道的难处，不但宽容了他，还为他重新写了封条，并假借让他帮自己给弟弟带信之名助他顺利通过各地关卡，这种种举动不正是与人为善的品行的体现吗？

谦卑自处，不争故无忧

水从高处流下，遇方则方，遇圆则圆，遇到阻挡，则温和地避开。它上能幻化为云雾，下能幻化为雨露，高至云端，低入大海，总是那么从容淡然，与世无争。做人也应该如此，知方圆、懂进退才能避免过失，不树敌，在自然无为中长存下去。

张良是刘邦的重要谋士之一，与韩信、萧何并称为"汉初三杰"。他机智多谋，曾在鸿门宴上救刘邦于危难之中，后又多次为刘邦出谋划策，可以说他为刘邦在楚汉之争中夺取天下立下了不世之功。

天下大定后，刘邦要对所有的功臣进行封赏，韩信被封为楚王，萧何被封为鄼侯，并且食邑最多。封赏到张良时，刘邦让张良在齐国属地内任选三万户作为食邑。这时候，在座众人无不羡慕地望向张良，这种封赏和恩宠是他们梦寐以求的。然而，张良却婉言拒绝了，主动请封与刘邦最初相遇的地方——留地。张良此举，一是看到了历史上有功之臣的悲惨结局，明白"敌国破，谋臣亡"的道理，请封留地表明自己没有野心；二是借此感谢刘邦的知遇之恩。刘邦听了十分高兴，爽快地答应了张良的请求，并封他为留侯。

此后，张良便谎称身体不适，很少问及政事，一心修道，过着半隐居的生活，并扬言"愿弃人间事，欲从赤松子游"。面对世人皆难以舍弃的高官及厚禄，张良剪掉羽翼，隐藏光芒，像水一样选择了向下流动。他的谦卑自处及不争，使他避开了残酷的政治斗争，得以颐养天年。

7. 学会专注，意之所属着其行

南怀瑾先生曾多次在演讲中强调专注的重要性，他认为，如果精神专注在某一桩事上，其他一切一定会丢得开。所以，想要做成一件事情，专心致志是必不可少的条件。正如颜回向孔子请教游说专横独断的卫国国君的方法时孔子所说的，"若一志，无听之以耳而听之以心；无听之以心而听之以气。听止于耳，心止于符。气也者，虚而待物者也。唯道集虚。虚者，心斋也"。这就是要求人们做事情时要摒除杂念，使心境虚静纯一。

这其实很好理解，假如我们把成功的历程当做走一段人生路，不够专心的人很容易被路边的花鸟所吸引，为了满足好奇心而停止不前，只有做事专注的人才能顺利地走完这段路，打开成功的大门。然而，在认清专注重要性的同时，我们要挑选一下专注的目标，并不是所有的事情都值得专注，我们应该只在该专注的事情上专注，忽视那些坏的、不值得专注的事情。

专注是开启成功之门的钥匙

法国启蒙思想家卢梭说："当一个人一心一意想要做好一件事情的时候，他最终是会取得成功的。"事实就是如此，一个人想要得到什么样的结果，就要坚持做什么样的事，这样才能逐渐完成走向成功所需的资本积累。

有一次，一个青年很苦恼，他对昆虫学家法布尔说："我很努力地把自己的全部精力都用在我爱好的事业上，但是结果却差强人意，没有一个很精通的，全都是只懂得了皮毛，我很难过，也很迷惑。"法布尔听后赞许地说："能看得出来你是一个有志向的年轻人。"年轻人苦笑了："是啊，我一直不知疲倦地将我所有的经历都投入在我的爱好上，科学、文学、音乐、美术，我把能用的时间全都用在它们身上。"法布尔没说话，从口袋里掏出来一块凸透镜，对年轻人说："就像这块凸透镜一样，你试着将你所有的奖励放在一个焦点上试试看。"

年轻人若有所思地走了，3年之后，他再次找到法布尔："谢谢您，先生。多亏了您当年的指点，我才能有如此的成就。当时回到家之后，我开始思考您给我说的道理，我狠心地删掉了很多爱好，最终留下了一个我最喜欢的，并将全部精力都投入这一领域。后来我发现，一切好像都变得简单了，我也变得很轻松。现在我是一名优秀的科学家。"

是啊，很多失败的人并不是不够努力，只是他们没有专注地去做一件事，朝三暮四，将精力分散在太多的地方，在每一个领域都想插上一手，导致所有的领域都无法成功。专注地选择一件事情去做，将所有的精力集中至此，不懈地努力，很快便会在这个领域有所建树。可是在现实生活中，人们往往信奉"艺多不压身"，想要"十八般武艺"样样精通，谁知到头来却落得个"样样涉足、个个平平"的局面，导致"艺多不养家"的尴尬后果。对我们普通大众来说，专注是开启成功大门的钥匙。

选对专注的目标同样重要

我们要想获得成功，除了要专注之外，还要选对专注的目标，也就是选对坚持的方向。要知道什么是该专注的、什么是不值得专注甚至不值得去尝试的，不要因一时鬼迷心窍而做出利令智昏、自欺欺人的事。

《列子·说符》中记载了一个《齐人攫金》的故事，讲的是一个齐国人特别想得到一些金子，有一天早上，他穿好衣服、戴好帽子，走到集市上一个专门卖金子的地方，也不顾当时有很多人在场，径直抓了一把金子就走。后来巡官抓住了他，好奇地问他："大庭广众之下，你怎么敢动手抢人家的金子呢？"那个人想都没想，直接回答说："我抓金子的时候，根本没看到人，只看到金子。"

可以看得出，这是一个带有讽刺意味的小故事，意在嘲笑那些因贪图不属于自己的东西而失去了理智，不顾一切后果的人。这个拿别人金子的人，在抓金子的时候，眼中除了金子再无其他，虽然很专注，但是他的专注却不值得提倡，因为他没有选对专注的目标，如果他把专注用在通过合法途径努力赚钱上，那么结果可能就大不同了。

南怀瑾先生很赞同孔子"君子无众寡，无小大，无敢慢，斯不亦泰而不骄乎"的观点。他认为，真正的专注是在该专注的事情上，没有多与少的观念，如待遇的多少、利益的大小等，也没有什么职位高低的观念，对于任何事情都不轻慢，只要有任务分到手上，就持之以恒、全力以赴，只有这样才能如愿以偿。

8. 人生境界有大小：小知不及大知也

南怀瑾先生在《庄子·南华》中提到了一个因明学（佛教用来诠解哲学思想的形式方法）俗语，即"比量"，大意是"由推理而得的知识"。南怀瑾先生说："人类的见解、知识和生活经验都是'比量'，不是真实的。同样一个气候,同样一个空间、一个时间、一个颜色,因人而产生的感受各异。譬如说热,热到什么程度?每个人的感受都不一样。因此,冷热一切等等,都是比较的,不是绝对的真正的知识。"

所谓"井底之蛙,所见不大;萤火之光,其亮不远"。我们的知识和眼界都和我们的经历有关,并非事实的真相。因此,一个人要想在某方面取得成就,就要将自己的目光放长远,懂得高瞻远瞩、未雨绸缪,或者善于听从比自己更有见地的人的建议,开阔思路,将人生格局放大。

境界就是看淡得失

"是故甚爱必大费,多藏必厚亡。"这句话告诉我们,过分地贪求物质与名利的人,必定要劳心劳力,大费精神,结果反而失去得越多;贪求利禄的人,必定喜爱宝贵的珍品,但是珍品藏得越多,反而使人嫉妒怨恨,结果往往身遭横祸。诚如南先生所言,爱得越多,丢得越多;藏得再多,最后都是为别人所藏。所以,有时候得到了名利物质,反而会失去生命健康;反过来,失去了名利物质,反而会得到生命健康。

春秋末期著名的政治家、大商人范蠡在扶助越王勾践灭吴复国后,选择了激流勇退,辞官归隐。他之所以这样做,并不是因为不爱做官,而是能够根据前人的遭遇预测自己的未来,而且他深知勾践,能共苦不能同甘,知道再留下来只会给自己带来祸患,所以果断地做出决定,远离官场。这一点,在他写给同僚文种的信中就能看出,范蠡说:"飞鸟尽,良弓藏;狡兔死,走狗烹。越王为人长颈鸟喙,可与共患难,不可与共乐。子何不去?"遗憾的是,文种并没有听从范蠡的劝告,而是自恃功高,继续留在越国为丞相,最终被勾践赐死。

归隐后的范蠡隐姓埋名做起了生意,他善于选择经商环境,懂得把握有利时机和运用市场规律,坚持薄利多销,诚信经营,不盘剥百姓,堪称儒商的始祖。他在经商方面表现出的天赋使他很快累积了"巨万"家财,成为当时巨富。史书记载,"十九年中三致千金",外人送号"陶朱公"。这时候,他又做出一个惊人的举动:将家中钱财分散给乡亲及那些有需要的人。此外,逢年过节,他也总是不忘给困难的乡亲送去钱粮米肉,帮其渡过难关。遇到灾年，他也总是毫不犹豫地开仓放粮，救济乡亲，丝毫不吝啬金钱。乡亲们感念范蠡的乐善好施，专门为他修建了庙宇，并编造歌谣为他歌功颂德。

可以说，范蠡虽然因为辞官和散财失去了高位和财富，却换来了更加重要的东西，即生命的安稳、百姓的爱戴及后世的称颂。他的境界里面体现的是一种得失观，在很多时候，得到就是失去，失去就是得到。在南怀瑾先生看来，拥有这种境界的人，才是真正有大智慧的人。

智者改过不吝，从善如流

每个人的成长经历不同，所获得的经验和感悟也就不同。但是，聪明的人能认识到自身的局限，并将心态放低，从格局更高的人那里开拓眼界和学习经验，当比自己更有见识的人向自己提出诚恳的建议时，他们往往能够毫不犹豫地改正自己的错误，选择一条更合适的道路。

古时，在偏远地区有一户人家，喜欢邀请客人来家里做客。一天，一位客人看见他家的烟囱是直的，旁边又有很多干燥的柴草，于是对他说："你家的烟囱应改成曲的，柴草也必须移到一边去，不然很可能会发生火灾，酿成大祸。"主人听罢，嘴上答应了，却并没有付诸实际行动。

不久后的一天，这户人家果然失火了，周围的邻居看到后赶紧跑来救火，经过一番折腾后，大火终于被扑灭了。为了表示感谢，主人杀猪宰羊犒劳四邻，但是并没有想起当初那个给他建议、让他防患于未然的人。

这时候，他的一位比较明智的邻居说："如果你当初听了那位先生的话，今天也不会发生火灾，若要论功行赏的话，救火的人并不是最有功劳的，而之前给你建议的人才最应该被感谢。"主人听了，登时明白了其中的道理，立即去邀请当初那个给予建议的客人，并深表谢意。

一般来说，当自身的经验和眼界有限时，听取别人的劝告无疑是一种最直接有效的开拓眼界、少走弯路的方法，关键就在于你能否认识到自身眼界的狭隘，是坚持做那只坐井观天的蛙，还是愿意勇敢地跳出井口，拥抱蓝天大海，把自己的世界扩展到最大？

第二章

君子淡以亲，小人甘以绝

1. 名利上，不争天下先

世人大多爱慕虚荣，喜欢追求显贵、铺张，在名利上争先争高，自私排他，又贪心不足，所以终年忙碌不止，身心皆为名利物欲所累。然而，一个遵循大道的人，明白"不争天下先才能先天下而治"的道理，因为在名利上不争天下先的人，更容易获得成长的机会，赢得他人的信服和拥戴。

南怀瑾先生说："想领导大家，自己必须把本身的利益摆在后面。有好处时，领导人要让被领导的人先得，剩下来才自己去拿；如果没有剩下来也没有关系，我就不要了。假使遇到困难时，我先去面对，你们在后面一步，这就是领导的原则，也是领导人的道德。"

不争，也有属于你的世界

古往今来，那些因争夺名利而头破血流，在口舌上逞一时之快的人最终都得到了什么呢？恐怕除了狼藉的名声及千疮百孔的良心之外，再无其他。相反，面对诱人的名利，那些心态淡然、不争不抢的人反而无失无虞，无往而不利。

北宋时期的陈瓘就是一个为人谦和、不争名利、矜持自尊的人。在陈瓘出任越州通判期间，越州太守——奸相蔡京的胞弟蔡卞因为爱慕陈瓘的才华，想要拉拢他为自己所用。但是陈瓘知道蔡卞心术不正，耻于与蔡氏兄弟为伍，多次婉拒了蔡卞，因此得罪了蔡卞。

有一年，陈瓘被任命为科举主考官。身为王安石女婿的蔡卞想要找机会陷害陈瓘，就故意借朋党之言对外宣称："这次的主考官是陈瓘，他一定会徇私枉法，全部选取史学学士，而拒录精通经学的学士，他的根本目的是抵制王安石所倡立的学说，破坏朝廷现有体制。"

洞明世事的陈瓘早就看出了蔡卞想要挟私报复，待科考过后选取学士时，他默不作声地将推崇王安石学说的学士以及研究经学的学士录取为前五名，但五名之后，录取的都是研究史学的学士。这下蔡卞以及想要看陈瓘笑话的人都找不到诋毁他的借口了。

后来有人问陈瓘为何如此？陈瓘说："我之所以刻意忍让，是因为我深知退让可以避免正面冲突，从而保全史学，若不顾后果只为一争高下，史学早就被废了。"

陈瓘不争一时之名、不逞一时之勇，不但免去了一场纠纷，而且达到了保全史学的目的，这正是值得世人学习的智慧。

推功揽过得人心

诚如南怀瑾先生所言，当领导是一门艺术，一个真正成功的领导十分懂得笼络人心，也只有那些不把过错全部推给别人、不把功劳全部揽给自己的领导才会让人心甘情愿地跟随。否则，下属就算表面上谦卑恭顺，内心也不一定真的信服，一有合适的机会，就会另投明主，而领导只能落得一个孤家寡人的下场。

孙权是三国时期的大英雄，连曹操都很敬佩他，说"生子当如孙仲谋"，江东的文臣武将之所以愿意为他冲锋陷阵，和他会做领导不无关系。建安二十四年，在孙权的带领下，江东成功收回了荆州。之后，庆功设宴，犒赏三军时，孙权把上将军吕蒙请到上座，对大家说："荆州久攻不下，今天能成功夺取，都是吕蒙大将军和诸位将士的功劳啊！"孙权把胜利的功劳全部归功于大家，令众将士甚为感动。后来，孙权与曹操的手下张辽决战时，大败而归，他很诚恳地自我剖析说："这次失败，全是我轻视敌人所致，和大家无关，以后我定当改正。"孙权推功揽过的做法深得民心，使得江东上下一心，齐力抗敌卫国。

反观袁绍，与孙权的为人处世之道完全相反，他喜欢把功劳归在自己身上，而把过错推给别人。有一次打了胜仗，他毫不谦虚地吹嘘道："这次胜利，全靠我料敌如神，采取侧击包围的战术，否则怎么可能这么快就攻下来？"将士们听了，心中很不是滋味，却也不敢多说什么。官渡之战中，袁绍被曹操打得大败，再无翻身之力，他却不从自己身上找原因，反而把过错都推给谋士，说是错听谋士之言才有今日之祸。他争名利、揽功劳、推过错的行为很快令其失去了人心，最终众叛亲离，成了孤家寡人，为曹操所灭。

在一个团体中，将功劳推给别人展示的是一种难能可贵的人生境界，一个肯将功劳推给别人的人一定是厚德载物、有宽容心、大智若愚的人，这种行为传递的是一种荣辱与共的信念。因此，身为领导，尤其应该如此，当团队做出成绩的时候，要将成绩分予众人，激励大家一起进步，让团队中的每个人都劳有所得，以后更加踏踏实实地干事情。这样才能鼓舞士气，赢得民心，提高大家工作的积极性，形成"千斤担子众人挑，齐心协力共提高"的良好工作氛围。

2. 善言无瑕，滴水不漏

语言是人际交往中必不可少的工具，在人类历史的发展进程中起着至关重要的作用。可以说，几乎每个人都会说话。然而，并不是每个会说话的人都善于说话。说话是一门艺术，也是一种智慧，善于说话的人总能恰到好处地通过语言改变自己的命运，而不善于说话的人却会因说了不得体的话而让自己陷入窘境之中。

那么，怎么才算是善于说话呢？真正的善于说话并不是滔滔不绝，而是在关键时刻说该说的话。就像南怀瑾先生说的那样，"真正话说得好，毫无瑕疵，就没有一点毛病可挑剔，没有一点可责难的地方，随便哪一句话，都合乎情合乎理"，亦即滴水不漏。

言而当，知也

一个人是否明白事理，不在于他有没有说话，也不在于他说了多少话，而在于他的言语是否得当，是否恰到好处。如果他准确地把握了说话的时机，并且内容充实、措辞恰当，那么他就是一位能说会道的人才。

朱元璋从小家境贫寒，曾经有过一群患难朋友。他做了皇帝之后，有一天，他的一个幼时好友从乡下来到京城找他。可是，日理万机的朱元璋似乎已经忘记了这位朋友，为了帮助朱元璋回忆起往事，这个朋友说："我主万岁！当年微臣随驾扫荡芦州府，打破罐州城，汤元帅在逃，拿住豆将军，红孩儿当关，多亏菜将军。"他这话说得很委婉，朱元璋听了既亲切又不失面子，细细回想，似乎真的有那么回事，于是立即将这位朋友留下并委以重任。

不久，这个消息传到朱元璋的另一个幼时好友那里，他想："同样是光屁股玩大的朋友，既然他去了就能做官，看来皇帝还是念旧情的，那我去了应该也可以弄个一官半职吧。"想到这里，他也满怀期待地去了皇宫。

此人一见到朱元璋，立即下跪道："我主万岁！还记得吗？从前，我们两个都替人家看牛。有一天，我们在芦花荡里把偷来的豆子放在瓦罐里煮。还没等煮熟，大家就抢着吃，罐子都被打破了，撒下一地的豆子，汤都泼在泥地里了。你只顾从地下满把地抓豆子吃，不小心把红草叶子也一起吃进嘴里了，叶子哽在喉咙口，噎得你哭笑不得。还是我出的主意，叫你把青菜叶子放在手上一并吞下去，这样红草叶子才一起下肚了……"

这一席话说得朱元璋面红耳赤，周围的大臣想笑又不敢笑，憋得十分难受，朱元璋见他如此不顾体面，不等他说完就叫人将他推出去斩了。

同样是朱元璋的旧友，讲的还是同一件事。一个说话委婉真切，顾全别人的颜面，又将一件小事讲得很有趣；另一个笨嘴拙舌，说话不分场合，把一件原本有意义的事情说得十分低俗。结局可想而知，一个做官，一个被杀头。由此可见，说话时能否"善言"，能否选准合适的时机，效果可能会截然不同。

说话一定要谨慎。古人云:"君子道人以言而禁人以行,故言必虑其所终。"意思是,君子用言语告诉别人,什么事情可以做,什么事情不可以做,所以说话时一定要顾忌到最终的结果。要知道,无论任何时候,一个善于说话且三缄其口的人都比一个不会说话且滔滔不绝的人更受人尊敬。

无声之声,其响如雷

正所谓,"言而当,知也;默而当,亦知也"。真正聪明的人会在该说话的时候说话,该沉默的时候沉默。有时候,擅长辞令的外交家也会说错话,那就不如适当地保持沉默,有意地隐藏智慧、实力以及自己内心真实的想法。

相传,冒顿当了单于之后,东胡屡次来犯。第一次,他们派出使者对冒顿说:"我们想要得到千里马。"群臣皆反对,让冒顿不要给,冒顿却说:"怎可吝惜一匹马呢?"于是没有争辩什么便将千里马送给了东胡。又过了一段时间,东胡首领见冒顿如此沉默,以为他怕自己,于是再次派出使者索要一个阏氏(汉时匈奴单于之正妻的称号)。大臣们又是极力反对,说:"东胡越来越过分,竟然想要阏氏,请出兵攻打他!"冒顿又是什么话都没有说,便把自己喜欢的女子送给了东胡首领。东胡首领见冒顿如此软弱,越发骄横,不断向西进犯,竟第三次派出使者来向冒顿索要东西。这次他要的不是别的,而是东胡与匈奴之间一块无人居住的空地。就在大家以为冒顿又会像前两次一样答应东胡首领的时候,冒顿却勃然大怒,说:"土地是国家的根本,怎可给他们!"于是冒顿杀掉了那些说给东胡空地的人,又命令大家出击东胡,如有后退者就杀头!就这样,冒顿带领大军攻打东胡,毫无防备的东胡兵挫地削,溃不成军。

冒顿前两次的沉默看似没有声音,实际上却产生了不同凡响的效果,不但隐藏了自己的实力,成功麻痹了敌人,让敌人失于防范,同时又激怒了国内的将士,让大家对东胡的仇恨情绪增长到最大,战争一开启,匈奴就一举制服了东胡。

3. 安时处顺，哀乐不能入

老子曰："人法地，地法天，天法道，道法自然。"意思是说，人们的生活劳作、繁衍生息都是效法大地的；大地的寒暑交替、孕育万物是效法上天的；上天的排列时序、运行变化又是效法大"道"的；大"道"的存在规律又是依据自然之性的。所以，在道家的哲学中，世界上最大的法则是自然法则，任何人都不可能越过自然法则而生活，顺其自然才是人类长久的生存之道。

既然自然法则无法改变，我们还去追求自然法则之外的东西不是在自寻烦恼吗？所以，不如学会安时处顺，过好每一个我们能够把握的今天。就像南怀瑾先生所说："这个生命活着的时候，把握现在的时间，现在就是价值，要回去的时候就回去，所以一切环境的变化、身心的变化都没有关系，都是自然本来的变化。"

忧虑明天不如活在当下

生活中，很多人都容易犯一个错误，就是为了并不一定会发生的事焦虑不安、患得患失，企图在某个时间段就能把今后人生中会遇到的烦恼提前处理掉，以便将来可以轻松快乐。其实，很多时候，对于明天是否会发生什么事我们并不确定，即便确定了也不一定能提前解决，所以与其过早地为未来担忧，不如过好每一个当下。

从前，寺庙里的一个小和尚由于年纪小，庙里的住持就没有分派比较重的活儿给他，只让他负责清理寺院里每天落下的树叶。虽然打扫落叶本身并不累，可是到了深秋，天气转凉，落叶满地，在冷风飕飕的清晨做这些活儿可真让人吃不消。尤其是在雨雪天气，树叶被雨水或雪水打湿之后粘在地上，很难被扫起。

对此，小和尚十分头疼，他总希望有一个好办法能让他扫一次地干净两天，这样他就可以借机休息一天了。后来，他的想法被一个年长的大和尚知道了，大和尚就告诉他："你在明天打扫之前先用力摇树，把落叶统统摇下来，后天就可以不用辛苦地扫落叶了。"

小和尚一听，觉得这个主意不错，于是第二天早起，他在扫地之前使劲儿地摇树，希望尽量多摇些叶子下来。然后，小和尚把摇掉的叶子统统打扫干净，想着明天就不用干活了，十分开心。

然而，第二天天亮，小和尚跑到院子里一看，不禁傻眼了，院子里依旧是落叶满地，他还要继续打扫。住持知道了这件事，意味深长地对小和尚说："傻孩子，无论你今天怎么用力，明天的落叶还是会飘下来啊！"

暑去寒来，叶荣叶落，这本就是不可避免的事，小和尚妄图改变这个规律，想让叶子提前掉下来就是为了明天可能遇到的麻烦而怀着忧愁度过今天，这样是于事无补的，只会徒增烦恼。与其如此，不如等明天烦恼来了，再去解决也不迟。李白说"明日愁来明日愁"，真正得道的人会努力过好现在，坦然面对未来。

不管你是否同意，该发生的总会发生

南怀瑾先生在《庄子·南华》中说："人到了老年，孔子讲'人之老，戒之在得'。人老了那个思想抓得越紧，那个手抓得越紧，因为日暮途远，来日无多，太阳就要下山了，前途茫茫，所以都想把握住。那些平时不爱钱的人，老了特别爱钱，平时特别大方的，老了以后，儿子也是我的，孙子也是我的。这就是不懂这个生命了，不知道'处顺'。"仔细想来，确实是这个道理，既然青春留不住，何不坦然地接受这一切呢？

我国唐代著名的禅宗大师惟俨就是一位将一切看得十分透彻的人。他不但自己活得超脱，还喜欢从生活中点点滴滴的小事入手，启发弟子们的悟性。有一次，惟俨禅师带着两个弟子下山修道，途经一片树林，惟俨指着林中的一棵快要枯死的树问两位弟子："你们说，这棵树是枯萎好还是茂盛好？"

两位弟子都不知道惟俨禅师什么意思，其中一位未加思索地就答道："当然是茂盛好啊。"惟俨摇了摇头，说："繁华终将消失。"另一位弟子以为惟俨认为枯萎的好，于是转口说："我看是枯萎的好。"没想到，惟俨依旧摇了摇头，说："枯萎也终将成为过去。"

茂盛也不好，枯萎也不好，那到底怎样才算好呢？这时候，有一个小沙弥从旁边经过，刚才惟俨禅师及其两位徒弟的对话他都听到了，于是他走到惟俨禅师身边说道："枯萎的让它枯萎，茂盛的让它茂盛好了。"惟俨禅师这才满意地点了点头，赞许道："小沙弥说得对，世界上任何事情，都应该听其自然，不要过分执着，这才是修行的态度。"

世上万物都有自己独自的生命轨迹，草的荣枯、花的开谢、月的圆缺都不会因为人的哀乐而改变，自然的法则就是这么强大且不容置疑。不管你是否同意，该发生的总会发生。说它冷酷也好，说它残忍也好，随着时间的流逝，除了自然法则本身，一切的东西包括人的感情都会随之消失。既然如此，人活短短一世，为何还要为美貌、权力、财富、名誉以及生命的长度而患得患失呢？为什么不学着顺其自然，轻松地度过每个能掌控的当下呢？

4. 君子之交，亲疏有度

人与人之间的交往要亲疏有度，过于亲近会给生活和工作带来困扰，而过于疏远又会显得不近人情。正所谓"君子之交淡如水，小人之交甘若醴"，在世人眼中，互相宽怀，互不苛求，不妒不黏，无利益之争，志同道合，始终如一，看似像白开水一样平淡无味，却让人感到舒服的交往才是君子之交；而抱着实用主义的心态交友，有利益时则亲密无间，无利益时则过河拆桥，这种交情就是小人之交。

南怀瑾先生认为，真正有修为的人，既不会让别人特别想要亲近自己，也不会让别人特别想要疏远自己；既没有特别的蒙利，也没有特别的受害，永远站在真正的中庸之道上。总结起来，就是没有亲疏，没有利害，既不清高也不卑下，既不骄傲也不自卑，永远是中和之道。

君子不以权贵决定亲疏

君子之间的交往，不含功利心，不会相互利用，纯属在志同道合的基础上建立起来的高雅纯净、清淡如水的友谊，因此不需要刻意讨好。即便平日里没有密切的交流，但是当一方需要帮助时，其他人总会及时地出现在他面前；而当他富贵时，其他人却不会像小人一样去攀附。

薛仁贵是唐朝名将，他在功成名就之前，曾经过过一段贫苦的日子。那段时间，他与妻子无处可去，只能住在一个废弃的破窑洞里，衣食都没有着落，然而却没有人肯帮助他们，直到有一天薛仁贵有幸结识了王茂生夫妇，才靠他们的救济勉强度日。后来，薛仁贵应征入伍，征战数十年，立下了赫赫战功，被封为"平辽王"。一朝显贵，那些从前不把薛仁贵看在眼里的人纷纷过来巴结奉承，送礼之人络绎不绝。然而，薛仁贵都一一回绝了。他只从众多的礼物中选出普通百姓王茂生送来的酒留了下来。手下人打开美酒让薛仁贵品尝的时候，才发现坛子里装的并不是酒，而是清水。下人们大怒，立即上禀薛仁贵说："王爷，此人以水代酒送礼，如此明目张胆地糊弄王爷，请王爷重重地惩罚他！"薛仁贵却不以为然，命令下人拿来一个大碗，从坛子中倒出清水，一饮而尽，说："我过去落难时，全靠王兄弟夫妇经常资助，没有他们就没有我今天的荣华富贵。如今我美酒不沾、厚礼不收，却偏偏要收下王兄弟送来的清水，因为我知道王兄弟贫寒，送清水也是王兄弟的一番美意，这就叫君子之交淡如水。"此后，两家的关系更加亲近了。

在薛仁贵落难时，王茂生夫妇对他的帮助是无私的、不图回报的。当薛仁贵富贵时，王茂生夫妇依然没想过从薛仁贵那里得到什么利益。这种情谊才是难得的真情，薛仁贵正是明白其中的道理，才视王茂生送来的清水胜过一切金银珠宝。

别让亲情凌驾于道义之上

真正品德高尚的君子，不会将亲情凌驾于道义之上，因为他们明白，越是亲近的人，越是要尊敬，而不能依仗着自己与他人之间的亲密关系而做出违反道义、让对方为难的事。

唐朝大将郭子仪就是一位善于掌握"亲疏度"的人。在平定叛乱、保卫大唐江山社稷方面，他居功至伟，唐代宗欣赏他的为人，作为回报，将自己的女儿升平公主嫁给了他的儿子郭暧。如此一来，郭子仪的地位就更加显赫，从大臣变成皇亲国戚。

　　郭子仪并没有因为自己成了皇上的亲家而骄傲自满。相传，他在驻守汾州时，曾经奏请任命一名州内的县官。然而，他左等右等，朝廷迟迟没有给予答复。这时候，他的幕僚们沉不住气了，对郭子仪说："凭着令公的功绩，奏请任命一个小小的属官竟然不从，朝廷怎么这样不识大体！"然而，郭子仪却不怒反笑，平静地对大家说："自从兴兵平定叛贼以来，各方藩镇武官大多飞扬跋扈，大凡他们有什么要求，朝廷常常委曲求全而顺从他们。朝廷这么做没有别的意思，只是对他们不放心啊。现在我奏请的这件事，皇上认为不能办而搁置下来，这表明皇上不把我看得同一般武官一样，这是亲近厚待我啊。你们应该恭喜我呀，还有什么值得奇怪的呢？"

　　相比较别的官员，郭子仪和皇帝的关系更为亲密，但郭子仪心里明白，国事是国事，家事是家事，不能因为自己和皇上之间的亲戚关系而破坏朝廷的规矩。所以，他不认为皇上这么做是冷落他，反而认为是厚待他，足以看出郭子仪的智慧。

5. 开拓眼界，由观身到观天下

　　在道家看来，天下的大道都是相通的，原理都是一致的，善于观察的人可以由此及彼、推己及人。古代传统知识分子所尊崇的"修身，齐家，治国，平天下"的信条，彼此之间也是由小见大、逐渐递进的关系。因此，在一个团队中，合格的领导可以由一个人的修养水平推知整个团队的修养水平，由一个组织的管理水平推断出其他组织的管理水平，进而根据这个思路了解整个行业。

南怀瑾先生在解读"故以身观身，以家观家，以乡观乡，以国观国，以天下观天下"这句话时，说："读《老子》是读活的书，上古人们的智慧，是从生活经验来的。现在讲到'以身观身'，这个'观'不是荣观，荣观之'观'和这个观身之'观'是不同的。观身是观察的'观'，是省察的意思。"所以，无论是观身还是观天下，最重要的是做好"观"的动作，学会推断和自省。

有时候小细节可以预知事物的发展

古人云："一叶落而知秋至，一水凝而知冬寒。"很多时候，细微的东西往往代表着事物的发展方向，如果用心观察，就可以通过细微的迹象来预测事物未来的发展趋势与可能产生的结果。因此，无论什么时候，我们都应该注意观察细节，避免"差以毫厘，失之千里"的悲剧的发生。

箕子是殷商末期人，商纣王的伯父，与微子、比干齐名，史称"殷末三贤"。他在辅政期间，特别善于观察。有一日，他看到商纣王命工匠用象牙为他制作筷子，十分担忧。他认为，既然纣王用了稀有的象牙做筷子，就不会再用从前的陶制土烧杯盘碗盏，而会换成玉石打造成的精美器皿。餐具一旦换成了配套的象牙筷子和玉石碗盘，自然就不肯再吃从前的普通食物，而是要千方百计地享用山珍海味。既然开始吃山珍海味了，那么在住的方面，他肯定也不愿再将就，要把原来的茅草屋换成富丽堂皇的琼楼玉宇。吃住都开始奢靡之后，穿的也必然由原来的粗布衣裳变成绫罗绸缎。果不其然，纣王身边的侍从告诉箕子："大王正准备盖楼阁呢！"

箕子说："以小见大，见微知著，由纣王自身的表现可以推断，商朝不会长久了，亡国之祸即将到来。"箕子越想越害怕，在多次劝谏纣王不要太奢靡均无济于事之后，自觉无力回天，干脆披头散发，装疯卖傻，归隐山林。

后来，事情的发展果然如箕子预想的一样，不出几年时间，纣王就荒淫无道到了人神共愤的地步。他多方收集新奇的玩物，填满整个皇宫，把鹿台堆满银钱，把大到可以划船的酒池倒满美酒，又扩建园林，捕捉野兽飞鸟，把肉悬挂起来当树林，让男女赤身裸体在其间追逐玩乐。结果可想而知，国家灭亡，纣王不得善终。

机遇更偏爱善于推理的人

生活中，很多事情是可以通过了解某一事物的变化、趋势和规律来推出同类其他事物的变化、趋势和规律的，也就是我们所说的触类旁通。因此，聪明的领导者能够透过事情复杂的表面，找到其简单的本质，再细心观察，严谨推理，即便只求诸于己，也能抓住机遇。

田忌是战国时期的齐国名将，后来因为与齐相邹忌不睦而投奔了楚国。有一次，楚王问计于田忌："齐国和楚国交战，楚国如何才能取得胜利？"田忌想了想，回答说："齐国如果派申孺为将，楚国只需要出动五万兵马，派上将军率领即可获胜。齐国如果派田居为将，楚国就要出动二十万人马，派上将军率领，才能获胜。齐国如果派眄子为将，楚国就要出动全国兵马，由大王您亲自率领，我跟随上将军担任左司马，这样才能使国家幸免于难。"

后来，齐国和楚国之间果然爆发了战争。齐国先是派申孺为将，攻打楚国。楚王按照田忌此前的说法，由一名上将军率领五万兵马出城迎敌，不久就提着申孺的首级凯旋了。第一战，齐国败。

齐王本不将楚国看在眼里，现在派去的大将居然被楚军所杀，不禁恼羞成怒，立即派大将眄子率军征讨楚国。楚王按照田忌之前的说法，亲自率领全国兵马，携田忌及上将军，全力拼杀，最终才勉强抵挡住眄子的进攻。

战后，楚王向田忌请教："先生，为何你很早就知道战争的结果呢？"

田忌笑道："我是根据对齐国将领的了解推理出来的。申孺是一个傲慢自大、嫉贤妒能的人，他轻敌又毫无组织能力，因此调动不了士兵的积极性，失败是必然的。田居略好一点，他尊重贤能的人，却鄙视无才能的人，在他的领导下，有才能的人可以发挥自身作用，并对其信服，而才能低的人却会因不受重视而消极抗战。因此，他们的战斗力会折损，用二十万兵马来对付即可。但眄子不一样，他知人善任，尊重和信任下属，往往能让士兵团结一致，共同抗敌，因此战斗力强，需要我们举国兵力才能抵挡。"楚王听了，十分佩服。

田忌能够根据对齐国诸将军的了解推理出战胜他们需要的人马及战争的结局，是一个难得的将才。做领导也要如此，要善于观察团队中每个成员的性格及工作能力，推理出他们做成某件事的概率，然后把每个人分配在自己能够胜任的岗位上，让团队的能力发挥到最大。

6. 不尚贤，则民不争也

有人认为老子"不尚贤，使民不争"的主张太过消极，不利于贤良人才的选拔。其实，并非如此。老子的本意是让执政者不过分推崇贤能之人，以免引起人们对名利的争夺。从这层意义上来说，就是希望执政者不以贤能为标准来决定好恶亲疏，要从长远考虑，顺其自然，让人们回归到简单质朴的生活状态。

南怀瑾先生说："实际上，我们晓得，'尚贤''不尚贤'到底哪一样好，都不是关键所在。它的重点在于一个领导阶层，不管对政治也好，对教育或任何事，如果不特别标榜某一个标准、某一个典型，那么有才智的人，会依着自然的趋势发展；才能不足的人，也就安安稳稳地过日子。倘使标榜出怎样做才是好人，大家为了争取这种做好人的目标，很有可能在过程中不择手段。如果用手段而去争到好人的模式，在争的过程中，反而使人事起了紊乱。所以，老子提出来'不尚贤，使民不争'，并非是消极思想的讽刺。"

上有所好，下必甚焉

管理者应该明白一个道理：居于领导地位的人如果有一种爱好，为了投领导所好，下面的人必然会爱好得更厉害。这就是我们常说的上行下效。所以，居于高位的人不要被某种欲望迷失心智，刻意推崇和标榜某种言行，否则，很容易让事情发展到难以掌控的地步。

"楚王好细腰"的典故就是一个很好的例子。相传，楚灵王曾多次公开表示喜欢看到臣子们如杨柳般纤弱婀娜的细腰，认为这样才赏心悦目，而那些生得苗条的大臣也因此得到了楚灵王的赞美和重用。于是，满朝文武大臣为了讨好楚灵王而开始减肥，拼命地节食，有的一天只吃一顿饭，经常饿得头昏眼花。有的大臣每天早上一起床就挺胸收腹，把气息憋住，再用腰带将腰部束紧，以展现自己的苗条身姿。

长此以往，宫中的很多大臣都饿得面黄肌瘦、弱不禁风，看起来病恹恹的，连走路都困难，更别说处理事务了，还有一些大臣活生生地把自己饿死了。最终，楚国的政局跟着混乱起来，国力也远不如从前了。

"楚王好细腰"是一出闹剧，更是一出悲剧。楚灵王身为一国之君，凭借个人的好恶去树立"贤能"的标准，就是过分的"尚贤"行为，这就必然导致楚国官员们的刻意逢迎和邀宠献媚，最终只会酿出大祸，危害到整个国家的利益。所以，时至今日，这个历史故事对管理者来说，仍然是一个深刻的教训。

有才不等于贤

南怀瑾先生说："贤而且能的人才，又具有高明晓事的智慧，不炫耀自己的所长，不标奇立异，针对危难的弊端，因势利导而致治平的大贤，实在难得。以诸葛亮之贤，一死即后继无人，永留遗憾。虽然魏延、李严也是人才，但诸葛亮就是怕他们多作怪，因此不敢重用，此为明证。"可见，有才不等于贤，尽管怕被别有用心的人利用而不能明确"贤才"的标准，但是在用人之前仍然要擦亮眼睛，不要被有才无德之人钻了空子。

就拿南宋的著名奸臣秦桧来说，他就是典型的有才无德之人。秦桧早年做过私塾先生，因不满意自己靠微薄的学费度日的处境，曾作诗抱怨："若得水田三百亩，这番不做猢狲王。"政和五年，他进士及第，任太学学正，后虽经历了很多波折，但官运亨通，直至权倾朝野，封侯拜相。这也足以看出，无论是在学问还是权谋手腕上，秦桧都是出类拔萃的人才。

另外，在书法方面，秦桧也颇有造诣。他擅长篆体，字体工整，书写平稳，现存书法作品有《偈语帖》《深心帖》等，也有作品被南宋的曾宏父收录在《凤墅帖》中。我国民间传言，宋体字也是秦桧发明的，虽然并不能确定，但是也足以看出世人对秦桧书法成就的认可。

然而，就是这样一个有才的人，在任期间，把持朝政，结党营私，排除异己，大兴文字狱，极力贬斥抗金官员，将民族英雄岳飞残害致死。他还任用李椿年等推行经界法，丈量土地，重定两税等税额，又密令各地暗增民税十分之七八，使很多贫民下户因横征暴敛而家破人亡。这样的人，对国家和人民有用吗？

南怀瑾先生说："此处之贤，是指何种贤人而说？真正所标榜的贤人，又贤到何种程度？很难有标准。至于人，也是如此，有时候大奸大恶的人，看起来却像个大好的贤人。"很明显，正因为"贤"与"不贤"难以鉴定，而"贤"的标准一旦被提出又会被人利用，所以老子才提出"不尚贤"的主张。

但是，真正对国家有用的人依然是那些德才兼备的人，不能只看中才能而不看重品德，否则，就会像重用秦桧一样后患无穷。孔子曾言："才德全尽谓之圣人，才德兼亡谓之愚人；德胜才谓之君子，才胜德谓之小人。凡取人之术，苟不得圣人、君子而与之，与其得小人，不若得愚人。"说的也是这个道理。

7. 大道无为，无为而治

南怀瑾先生在《老子他说》中讲述了一个简短的故事：明朝的一个年轻人在做官之前去拜访他德高望重的老师，请教怎么样才能把官做好，这位老师告诉他要去好好做官，可千万不要作怪。做官的人，的确往往会作怪。什么是作怪呢？南先生举了一个例子，前任建立了一种制度，实施得很有成绩；而后来人接任之后，为了要自我表现一下，要胜过前任，于是他作怪了，乱出主意，乱订办法。就像一栋房屋，本来好好的，他偏要拆掉另行建造，这中间就出乱子了。

在南怀瑾看来，为政少玩花样，不要乱出什么新招，社会自然就富庶、天下太平了。也就是说，善于管理的人，在适当的时候做个"甩手掌柜"，依然能把自己管辖的区域治理得井井有条。其实，不只是做官如此，个人立身处世也是如此，大道无为，切莫作怪。

以正为本，天下归心

老子曰："以正治国，以奇用兵，以无事取天下。"意思是说，以正道治国，以奇巧用兵，以无为而治理天下。此前老子多次提出反对战争的观点，这里讲到"用"的时候，就主张在军事上应该有充分的准备。就是你可以不去伤害别人，但是要做好防御，不能受人欺负。南怀瑾认为，老子这是在告诉我们，对于社会、国家、天下事，要以正道治之。真正的政治，就是"以正治国"，不能用权术，不能用手段，而是用真正的道德，不能虚诈，不能作假。

三国时期，蒋琬继诸葛亮之后成了蜀国丞相，此人持重老成，待人宽厚，是以德行服人的典型。相传，蒋琬手下的官吏杨戏性格孤僻，不好相处。有一天，蒋琬来了，大家纷纷起立以示恭敬，只有杨戏依旧坐在桌边并不多看蒋琬一眼，即便蒋琬主动上前跟他说话，他也是爱搭不理，态度非常冷漠。

有人看不惯杨戏这种傲慢无礼的作风，向蒋琬提出应处罚他，蒋琬却说："每个人都有自己的个性，杨戏没有回答我的问题，总比说违心的话好。杨戏不回答我的问题，是有他的为难之处。若表示赞同我的话，他心里却不同意；若公开表示不赞同，又顾及我的尊严，因此只好沉默不语。这倒是他爽快的地方，我不能责怪他。"事后，他不但没有非难杨戏，反而因为看重杨戏的才能更加器重他。

还有一次，大家在朝中闲聊，有个叫杨敏的官员在背后批评蒋琬说："新相做事糊涂，一点儿也比不上诸葛丞相。"有人将这话告诉了蒋琬，蒋琬说："杨敏说得对，我确实不如诸葛丞相，杨敏并没有说错什么。"主管法纪的人不服，就问蒋琬哪里做事糊涂了，蒋琬坦然道："假使不如古人，那么政事就办理不好，政事办理不好，那自然就糊涂了。"后来，杨敏因为犯事入狱，大家都认为他先是得罪了丞相，现在又犯罪了，一定活不成了。可是蒋琬内心并没有什么偏见，所以在处理杨敏的案子时没有任何偏颇，而是秉公处理，最终，杨敏被免了死罪。

蒋琬很重道义，器量宽宏，以正直的道德感化他人，在蜀国百姓心中的地位颇高，人们纷纷称赞他"宰相肚里能撑船"，就连诸葛亮都曾经评价他"社稷之器，非百里之才也"。所以，蒋琬即便不用什么权谋和手段，但百姓受到了道德的感化，依然信服于他，愿意服从他的管理。

无为而治，管理的最高境界

当领导的最忌讳乱指挥，下达无数让人记不住的政令，这些都容易让下属感到无所适从。老子曰："我无为，而民自化。"意思是说，不妄为息，不做太多干涉，而民心自然归化。所以，无为而治才是管理的最高境界。但是，这里的"无为"并不是指什么也不做，而是不做过多的干预，顺其自然，充分发挥百姓的创造力，做到自我实现。

提到"无为而治"，很多人都会想起西汉的开国功臣曹参，他也是西汉的第二位丞相。汉惠帝任命曹参为丞相后，见曹参整日不理朝政，十分不满，疑心他是瞧不起自己。然而，曹参认为，汉朝刚刚建立不久，人民饱受战乱之苦，眼下最需要的就是休养生息，发展经济，恢复生产。因此，实施仁政，轻徭薄赋，让百姓们自行安定的管理方法很符合当时的社会大环境，于是他审时度势，继续使用第一任丞相萧何的治国策略，也因此留下了"萧规曹随"的佳话。

曹参治理国家的要领就是采用黄老学说，无为而治，使百姓的生活不被打扰，自然能过上安乐富裕的生活。就像南怀瑾先生所说的："多忌讳、多利器、多佐巧、多法令，这一切都是有事，是有为法。有为法太过分了，社会就更乱，问题就更多；如果是无为法，就会清静、道德，社会自然安定。"

8. 天下有道，故知足之足

有句俗话说得好，"广厦千间，夜眠不过六尺；家财万贯，一日不过三餐"。实际上，每个人一生中所需要的东西并不多，可是总有人在欲望的泥沼里越陷越深，被名利左右，失去生命的主宰，离简单的快乐越来越远。

就像南怀瑾先生说的那样，"虽然老子写了五千言，孔子和释迦牟尼佛以及几千年来的圣人，还有黄帝等几个上古的圣人，都在教化人应该知足，可是人就是不知足"。是的，物质财富无边，人的欲望无限，清心寡欲、淡泊名利的境界只有知足的人才能达到。

贪财而取危，贪权而取竭

贪婪是一种容易让人失去理智和判断力的危险心态，不知道满足，就像往气球里吹气而不愿意停下一样，随着气球的膨胀，危险随时都可能出现，如此只会得不偿失。所以，要学会遏制贪婪的欲望。

智伯又叫荀瑶，是春秋末年晋国四卿之一，他本是一个智勇双全的将领，却因为贪得无厌，将自己家族的领地及晋国的领土拱手送给了敌人。相传，公元前475年，智伯担任正卿后，率领晋军南征北战，多次立下功勋，而这一次次的胜利，也将他的野心喂得越来越大。

智伯先是联合韩、赵、魏三国侵占了中行氏的领土，灭掉了中行氏，接着又派人向韩国和魏国索要土地，韩国和魏国自知不是晋国的对手，害怕被晋国围攻，只得答应了他的无理要求，均献出一块有万户人家的土地给晋国。智伯食髓知味，尝到甜头后如法炮制向赵国索要蔡和皋狼这两个地方，本以为会很容易得手，可赵襄王却坚决拒绝了他。智伯恼羞成怒，开始联合韩国、魏国攻打赵国。赵襄王奋力抵抗，并采用谋士的计策，迁都晋阳，和智伯做殊死之争。三年过去了，智伯依然没有办法攻下晋阳。这时候，赵国的粮食已经快要吃完了，赵襄王知道再这么打下去也不是办法，于是派人游说魏国和韩国，想要与他们联合起来反抗霸道的晋国。韩国和魏国本就因为上次智伯向他们索要土地的事而对智伯心存怨恨，见赵国如此提议，便爽快地答应了。于是，三家联合起来打败了智伯，瓜分了智氏家族的土地，屠杀了智氏两百余人。智伯死后，晋国无人能与韩、赵、魏三家抗衡，三家又分割了晋国领土，也就是历史上有名的"三家分晋"。

晋国灭亡后，天下的人不但没有同情智伯，反而讥笑他"贪得无厌"，认为这一切都是他应该得到的报应。正所谓"贪财而取危，贪权而取竭"，这个故事告诉人们一定要懂得克服自身的贪婪本性，安分守己，以免落得个身败名裂的下场。

心足则物常有余

道家思想常告诫世人知足常乐，这并不是让我们消极处世和安于现状，而是希望我们认识到放纵欲望和贪婪的危害，明白何时该终止自己的欲望，哪些欲望是与"大道"背道而驰的，以及怎样终止那些不合理的欲望，如此才能由知足而获得长久的富足。

相传，古时候江西金溪有个叫胡九韶的人，家境十分贫寒，他却一点儿也不觉得生活艰辛，反而觉得很快乐。由于请不起教书先生，他只能自己教儿子读书，一边教儿子读书还要一边耕田，总是忙得不可开交。然而，他却一点儿不觉得辛苦，总是乐呵呵的。靠种田一年到头也赚不了多少钱，所以他家的收入只能勉强维持全家人的温饱。但是，他却每天都焚香感谢上天，说是又让他享了一天的清福。他的妻子听到之后十分不解，嘲笑他说："一日三餐全是菜粥，这叫什么清福呀？"然而，胡九韶却说："我们有幸生活在太平之世，没有战乱。一家大小有吃的有穿的，没有饥寒。家中没有人病在床上，也没有人被关在监狱里，这不是清福又是什么呢？"可见，胡九韶的精神之乐观、境界之高，不是一般人能企及的。

古人云："贪之与足，皆出于心。心足则物常有余，心贪则物不足。"对于贪婪的人，就算四海之内的财物皆属于他，他也会因为别的不能满足的欲望而感到苦恼；对于知足者，就算一日三餐只有简单的菜和粥，也依然能够知足安乐。胡九韶就是深谙"知足常乐"之道的人，他拥有充足的知识和高超的智慧，能透过对"清福"的理解，看到自身所拥有的财富，及时终止超出自身条件的欲望，从而获得了长久的平安富足和快乐。

第三章

祛病延年，有道可修

1. 静的艺术：致虚极，守静笃

《神经科学百科全书》中说："从广义上讲，任何一种疾病都是由应激反应引起的，或因为应激反应而加重。而松弛反应则是减轻应激反应的一种有效方法。"其实，这里所说的应激反应就是人体兴奋状态下的着急上火，松弛反应就是人体恬淡状态下的虚无入静。所以，老子提出的"致虚极，守静笃"既是提高自身修养的重要方法，又是保持身体健康的养生原则。

诚如南怀瑾先生所说："求'静'是养生与修道的必然方法，也可以说是基本的方法。在养生（包括要求健康长寿——长生不老）方面来说，一切生命功能的泉源，都从'静'中生长，那是自然的功用。在自然界中，任何动物、植物、矿物的成长，都从'静'中充沛它生命的功能。尤其是植物等等的种子，都在静态中成长，在动态中凋谢。人的生命，经常与活动对等的便是休息。睡眠是人需要休息的一种惯性姿态，人生往复不绝的生命动能，也都靠充分的休息而得到新的生机。"

人体入静能养生保健

"致虚极"就是要做到空到极点，没有一丝杂念与污染，空明一片，湛然朗朗；"守静笃"讲的是修炼功夫，要一心不乱、专一不二地"守"住心。

南怀瑾先生说："'致虚极，守静笃'这六字真言，已经把所有修道做功夫的方法与修道的境界、层次都说完了。世界上各宗各派、各式各样的修道方式，都是为了达到这个目的。"

对此，我们可以简单地理解为，静就是人在思想安静、意念集中、摒除私心杂念的基础上出现的清醒、轻松、舒适的清修境界。它既不同于我们兴奋时所处的清醒状态，又不同于我们熟睡时陷入的"无知"状态，而是在只有一种意念状态下的身心安静，并且要保持一段时间。就像中国宋元之际的史学家胡三省在注《资治通鉴》时所说："入静者，静处一室，屏去左右，澄神静虑，无私无营。"入静也称虚静，所以汇集三教历代精义的总结性著作《性命圭旨》也为入静下了定义，"心中无物为虚，念头不起为静"。

随着科学的进步，对于人体入静能否养生保健已经有了一定的结论。20世纪50年代以来，大量的研究表明，当人体进入入静状态时，不但主观上会产生一些舒适的感受，身体上也会发生很多客观的变化。比如，当人体入静时，身体对于能量的消耗减少，人的副交感神经处于兴奋状态，使身体在安静的状态下保持生理平衡。这种平衡能促进肝糖原的生成，帮助身体储蓄能量，使心跳减慢、血压降低、支气管缩小，以节省不必要的消耗。因此，很多高血压初期患者，可以通过入静把血压降下来。另外，对于情绪不畅引起的身体疾病，入静时的平和心态也能够起到很好的缓解作用，像由心情"不顺畅"引起的胃肠痉挛就可以明显减轻。所以，中医理论认为，人体入静能够养生保健和治病。

此外，就精神状态而言，南怀瑾认为，静是培养接近于先天"智慧"的温床。人类的知识，都是从后天生命的本能，利用聪明，动脑筋而来。"智慧"是从"静"中的灵光一现而得的。所以，佛家"戒、定、慧"的三无漏学，也是以静虑——"禅定"为中心，然后达到"般若"智慧的成就。可以说，入静是一种对身心都有好处的养生方法。

静并不需要刻意求方法

静是一种清修境界，很多人在一开始锻炼的时候并不能顺利达到这个境界，所以总是希望能有些方法和技巧帮助自己迅速达到这种境界。其实这和真正的静是相违背的，因为这个寻找方法和技巧的过程就是"求静"的过程，是一种欲念，本身就是心不静的一种表现。

南怀瑾先生在《静坐修道与长生不老》中说："'静'便是'静'，用心去求'静'，求'静'又加上方法，那岂不是愈来愈多一番动乱吗？若在禅宗来说，便可直截了当地答，'君心正在闹，且自休去'。这样说来，'求静'根本便错了。或者说，'可以不必求静'啰！那也未必尽然。"

然而，南先生也明白，在实际锻炼中，一般人的心理和生理状态都习惯于"动"而非"静"。如心理方面，我们的意识、思想、知觉、情感等都是在变化运动之中的；生理方面，血液的通行、神经的感受、气息的运行，时时刻刻都会发生苦乐的感受。另外，还有一些身体早已有病根的人，在静坐时会发生酸、痛、冷、热、痒等感觉，以及那些初学静坐的人，私心杂念过多，比起动时更加烦躁不安。

面对"入静"过程中这些诸多可能会产生的问题，南怀瑾先生认为，首先我们要认清自己的心，不要逃避，从根本上去克服。了解自己为什么要静坐，找到自己静坐的目的，承认这些纷扰的思绪只是"静坐"的第一功效，就像南怀瑾在《静坐修道与长生不老》中举的一个例子：一杯浑浊的水，当它本来浑浊的时候，根本就看不见有尘渣。如果把这一杯水安稳地、静静地放在那里，很快便会发现杯中的尘渣纷纷向下沉淀。这杯水不是因在安静的状态下而起了尘渣，实在是它本来便有了尘渣，因为静止才被发现。所以，我们可以把入静过程中产生私心杂念当做一个修炼的目的，不必过分苛责自己。其次，学会体察自己，找到问题的来源。比如在安静的时候想睡觉，或许是身心疲惫造成的，不妨干脆放身而眠，等待睡足了，精神爽朗时，再来"静坐"。

总之，入静是一个由浅入深的阶段，身体状态的各项指标也会因入静状态的深入而出现有益的改变。做事贵在坚持，入静也是如此，千万不要被初期的困难吓得不敢前进，要踏实地完成这个从心理到生理、从精神到形体、从局部到全身的变化过程。

2. 养生至简：睡眠养生，少睡不困

人的一生几乎有三分之一的时间在睡觉，所以睡眠是养生的头等大事。睡眠好了，人会神清气爽，身体自然也就好了。战国时期的名医文挚对齐威王说过："我的养生之道是把睡眠放在头等重要的位置上，人和动物只有睡得好才能养生长寿，睡眠还可以帮助脾胃消化食物。"所以，睡眠是养生的第一大补，人如果一个晚上不睡觉，对身体的损伤要很久才能恢复。

睡眠养生，睡对时间

南怀瑾先生认为，人的睡眠大有学问，与天地、自然之法则融为一体，所以虽然有些人需要熬夜完成工作，但只要睡对了时间同样可以达到延年益寿、神清气爽的效果。他做过细致的体验观察，发现一个人真正睡着觉的时间最多只有两个钟头，这两个钟头里人体是在真正地放松，而其余的时间不过是躺在枕头上做梦。

南先生说，"打坐做功夫的人都知道，正午时分只要闭上眼睛，真正睡着三分钟，就等于睡了两个钟头，不过重要的是对好正午时间。"可见，睡眠养生的关键是把握睡眠的时间。正午时分小憩片刻，就能起到养神安心的作用。

南先生建议那些需要熬夜工作的人，到了正子时（晚上12点）的时刻，即使只有20分钟的时间也一定要睡一会儿。睡眠是可以训练的，一开始可能会睡不着而感到焦虑，但不要轻易放弃，而要不断训练自己，直到能在正子时入睡。按照人的生物钟，一般时间过了正子时，大约12点半以后，睡意就逐渐消减了。时间一点点过去，到了天将亮未亮的四五点或五六点时，困意又会渐渐袭来。这时候如果你倒头睡下去，接下来的一天头都会昏昏沉沉的。因为每晚21点到次日凌晨5点之间，人体会进行细胞分裂，并把能

量转化为新生细胞。这段时间里，人体细胞要完成休养生息、推陈出新的任务。但过了这段时间，即使睡觉，人的身体也很难分裂新细胞了，反而会打乱生物钟。这就是睡觉没睡对时间的典型表现。

所以，就像南先生反复强调的那样，"那些从事熬夜工作或是失眠的人，正子时，哪怕你手里头还有天大的事情也要停下来，睡半个小时，但到了卯时千万不要再睡，这样一天的精神就足够了"。

睡眠养生，顺应天时

人的生物钟与地球运动、昼夜更迭息息相关。睡觉也要顺应天时，才能起到养生的效果。每天晚上23点至凌晨3点的子丑时是人睡眠的黄金时间。南先生主张顺应天时而眠，他说："23点至凌晨3点是人体胆肝经最为活跃的一段时间，这段时间肝胆要回血。正所谓'躺下去回血，站起来供血'。如果每天晚上22点左右就能躺下，静静地躺着不要说话，到了23点左右，就能安然入睡了。"23点后肝胆开始回血，能把有毒的血液都过滤掉，并产生新鲜的血液，所以有些老人到了一百岁也没有受胆结石、肝炎或者囊肿一类病的困扰，这就是因为他们顺时而眠，很好地养护了他们的肝脏与胆经。有些人每天熬夜到凌晨1点多，肝脏回不了血，有毒的血液排不掉，新鲜的血液形成不了，胆也无法更新胆汁，这类人就容易得胆结石、囊肿、大小三阳等病症。此外，需要注意的是，入睡前半小时最好不要说话，因为一说话肺经就动了，继而牵引了心经动，人就会进入兴奋状态，很难入睡。

南先生主张的顺时而眠不仅要早睡，还要早起。即使是冬天，起床也不要超过6点，春、夏、秋三季则应该尽量在5点之前起床。因为如果人在寅时（即凌晨3点到5点肺经正旺的时候）起床，就能够让肺气得到舒展，以便顺应接下来一天阳气的舒长，帮助人体完成新陈代谢。在这个时间起床，可以帮助肺部肃降浊气，不仅能够养肺，还能够顺应太阳的天势升起人体内的阳气，让人体在接下来的一天里都阳气充足。否则一旦错过了这段起床的黄金时间，就好像发动机失灵了，很难再发动人体的阳气。

另外，每天早晨5点到7点是人体大肠经活动最为旺盛的时间，人体需要在这时代谢，将浊物排出体外。如果这时候不起床，大肠就得不到充分的活动，因而不能很好地完成排浊功能。浊物停留在体内会形成毒素，对人体的血液和脏腑都有很大危害。

少睡也能不困

南先生认为，其实我们每天睡4小时就已经足够了，可为什么还是会困呢？其实这并不是我们身体的需求，而是我们的习性使然。超过了黄金睡眠时间还在睡觉，多睡的时间都是在做梦，这时候再醒过来就觉得特别疲惫。因为那段时间里人虽然躺在床上，但其实脑子已经开始活跃了，并没有处于休息的状态，所以有时候会觉得比白天还累，所以南先生主张，"睡一觉就起来，睡醒了就起来，不要贪睡赖床"。

睡多了，梦就会多，人就会觉得疲劳，这对人体是有害的。此外，南先生指出，多睡的另一个坏处是会压迫肾脏，对五脏六腑都会有或轻或重的压迫现象，长此以往会导致身体肌肉松弛和关节僵化。南先生非常生动地举了一个例子，"你平常可能走个十几二十里地都没有问题，但如果让你躺下五六个月都不怎么动弹，半年以后让你走个三五里地都很困难。因为这时候你的肌肉松弛了，没有力量；你的关节僵化了，不能灵活运动；你的呼吸也弱了，心情更加不好"。

所以，养生三大事，即睡眠、便利和饮食，至于其他的起居、运动和服装等都是养生的辅助手段。三件事情中，睡眠为头等重要。睡以安神为主，神以安心为主，睡眠应该顺应天时，讲究方法，切不可贪睡多睡。

3. 学会笑，以自得为功

"以恬愉为务，以自得为功"是《黄帝内经》提出的精神养生的重要原则之一，旨在告诫人们要重视乐观心态对养生的重要作用。生活中，我们要以恬静快乐为根本，以悠然自得为目的，不要让思想有太多顾虑。如此，精神就不易耗散，年寿可达百数之限。

事实上，古往今来，但凡能够健康长寿的人，无不是"爱笑"的人。很多时候，"笑"不但是人心情愉悦的催化器，还是治病的良药。正如南怀瑾先生在《小言黄帝内经与生命科学》中所说："学佛有四个字，叫'慈、悲、喜、舍'。这个'喜'很难，但是人只要一笑，整个脸上肌肉拉开，脑神经马上松了，病不医也自然好了，所以学笑很有道理，大家都需要。"

笑是一种特殊的医疗行为

中医理论认为，恼怒、悲伤、焦虑等负面情绪容易暗耗气血，甚至影响气血的生化，同时损伤脏腑，让人气机不畅，导致很多疾病莫名其妙就找上门来。因此，乐观积极的心态和充沛昂扬的精神对人体健康的维持显得尤为重要。近代医学早已证明，时常开怀大笑能清除负面情绪，使人体内的很多器官得到短暂的锻炼，调节大脑神经，使易怒者的紊乱心理趋于正常。

中医文化博大精深，用笑治病的例子不胜枚举。其中，金代大医学家张子和"三笑治病"的故事最为有名。张子和在医学理论上有很多创见，对后世有很大影响，他治病最常用的一大手段就是"幽默逗笑疗法"，即用诙谐风趣的方法让患者病愈。

当时有个举人老来得子，待孩子十分金贵。但是，孩子不到一周就夭折了，失去爱子的举人夫人万分难过，整日以泪洗面，由于悲伤过度，竟然一病不起。举人找到张子和，请他为夫人看病。张子和一口答应了下来。但是，在为举人夫人诊脉时，张子和忽然脸色一沉，站起身就要走，边走边说："大事不妙，大事不妙啊，我老伴让我买油豆腐嵌肉，我还没有办好，得马上回家，不然，老伴一定会打我的。容我今日先走，明日一定上门送药来。"举人夫人听完，不觉一笑，随他去了。

到了第二天，张子和带着药就来了，他故意将药放在一个口很紧的袋子里，在里面摸索很久也没有掏出药来，手上却被袋子里的红丹绿粉染成了五颜六色。无奈之下，他一脸抱歉地对举人夫人说："请夫人原谅，药丸忘在家中，明天一定送到！"说着，无意中抹了一把脸上的汗水，将脸涂成了大花猫，夫人见状，忍不住笑出声来。

又过了一天，张子和穿着长袍来到举人家，一路走来有点热，他便脱下外衣，露出了里面红绿色的女人衣衫，张子和看了看自己，羞愧地对大家说："又让夫人见笑了，我真糊涂，怎么把老伴的衣服错穿在身上了呢？"举人夫人这次笑得更加厉害，前俯后仰的，很久才止住。

张子和走后，举人夫人不解地问丈夫："官人，你这是请的什么医生？第一次说怕老婆，第二次涂了个大花脸，第三次穿了他夫人的花衣裳，这能治好我的病吗？"说完，又忍不住大笑一通。此后，举人夫人又把这些事当做笑料和别人讲了几遍，奇怪的是，她的病竟渐渐地好了。

事后，张子和解释道："喜可治悲，以谑浪亵狎之言娱乐之。"也就是利用幽默诙谐的语言和滑稽可笑的表演，使患者开怀大笑，以达到治悲的效果。正所谓"一个小丑进城，胜过十个名医"，有时候，乐观开朗的情绪对人体健康的好处比药所起的作用还大。

你的心态决定你的身体状况

随着医学的发达，人们把疾病与人的性格之间的关系研究得越来越透彻，可以毫不夸张地说，我们身上的很多病都是为我们的性格"量身定做"的，心态决定着我们的身体状况。

正所谓"百病皆生于气"，如果一个人性格抑郁，比较爱生气，无论是"显性"的雷霆大怒，还是"隐性"的暗自伤感，都会在每天里悄然消耗着气血。如果此时不重视，等到它对气血的损害逐渐加大的时候，或许已经没有了转机。《红楼梦》中的林黛玉就是典型的因长期抑郁而暗耗气血的例子。根据中医理论的说法，思伤脾、怒伤肝、悲伤肺，七情分属五脏，七情过度则必然会损伤脏腑，而脏腑受到伤害之后，气血的生化和运输功能会减弱甚至消亡，人也会随之气血虚、阴虚、阳虚乃至死亡。其实，身体就像是一个蓄水池，有出水的时间，也有进水的时间，才能保持收支平衡。如果一直情绪抑郁、劳心伤神，不仅延长了出水的时间，而且逐渐减小了进水的流量，如此下去，蓄水池肯定会在不知不觉间干涸的。

而积极乐观的人，会以明月入怀的心态对待生活中的每一件小事，不会让不良情绪扰乱机体的正常运行。他们体内的气血一直都是充足和畅通的，因此呼吸顺畅，血液循环通达，全身放松，免疫力增强，如此，即便不吃任何营养品，依然六脉调和、神采奕奕。

那么，怎样才能成为一个心态乐观、精神内守的人呢？从根本上来说，需要培养自身的价值观和修养。一个价值观健全、有修养的人，一定是个善于调节自身情绪的人。所以，南怀瑾先生说："人生的价值观，人生的修养，都在这个医学里头。我们普通把它当医学看，其实一切都通通包含在内了。"

4. 身病易治，心病难医

南怀瑾先生在《小言黄帝内经与生命科学》中提到一副对联，上联是：有药能医龙虎病；下联是：无方可治众生痴。这副对联是南怀瑾先生自己写的。当时，他在美国看到一幅日本人画的中国画，觉得非常好，画的是唐朝大医师孙思邈，他有感而发，就写下了这副对联。意思是说，像孙思邈这样的神医连龙王和老虎的病都能医治，却不能把世人思想意识上的毛病给治好。

正所谓"身病易治，心病难医"。随着医疗水平的进步，人身体上即使是过去视为绝症的疾病，如癌症、肺结核等，医生还是有办法治疗和缓解的，但是心理上的疾病，像欲望、贪念、愚痴、烦恼等则很难医治。所以，佛家认为，一切疾病皆以"心病"为主。

心病还须心药医

近些年来，心病对人们健康的影响越来越大，人们对心病的重视程度也越来越高。像心理医生、心理咨询师等都能通过对心理疾病患者的咨询和了解，为他们提供有效的帮助。然而，心病还需心药医，对一些不知道病因的心理疾病患者，再高明的心理专家也会感到束手无措。

我国历史上曾经有过这样一个医治心病的小故事：我国"四大名著"之一《水浒传》的作者施耐庵因为懂得"心病终须心药医"的道理，曾用几副简单的对联就治好了一位心病患者。据说在施耐庵居住的地方,有一位叫顾斐的人,已经患病很长时间了,整日里精神恍惚,嘴里念念有词。他的家人请过很多郎中为他诊治,均没有什么效果。这病生得太奇怪,大家都一筹莫展,只有施耐庵不急不慢地坐在病人窗前观察他的病情和神态变化。这时候,病人又在念叨"五月艳阳天",施耐庵立即对了句"三春芳草地",令人想不到的是,病人突然有了精神,接着又说了一句"丁香花,百头、千头、万头"。施耐庵对道:"冰(氷)凉酒,一滴、二滴、三滴。"病人欣喜地看着施耐庵,接着又说:"山石岩前古木枯,此木即柴"。施耐庵稍加思索,随即对上:"白水泉中月日明,三日是晶。"至此,病人便痊愈了。

施耐庵了解到,原来顾斐爱慕一位才女,但是才女要求必须对上三副对联才肯与他成亲,顾斐思考很久,依然想不出下联,就这样患上了相思病。施耐庵通过细心观察和认真分析,猜测顾斐患的是相思病,于是帮其对出下联,治好了他的心病。

所以,想要治疗心病,就要先解开致病的心结,若是心中有恨,就先想方设法消除仇恨;若是心中有贪念,就要千方百计消除贪念。正所谓"心病终须心药医,解铃还须系铃人",想要治疗心病,从源头上找到原因是关键。

最好的心理医生是自己

每个人都有不愿被别人触及的私密领地,而这块领地又是特别容易产生心病的地方。所以,我们身体上千奇百怪的毛病都可以找医生治疗,而心病只能靠自己医治。

那么,有心病时,我们该怎样自救呢?在《小言黄帝内经与生命科学》一书中,南怀瑾先生给出了一个办法,就是研究老庄。他说:"我们这两天也在讲《庄子》,实际上就是医学的课。中医出在传统文化的道家,同《易经》《老子》《庄子》有密切的关联。这几天讲的《庄子》,里头许多都是医学,所有思想病、政治病、经济病,各种病,在《庄子》里头提得非常多了,只看大家如何去研究。释迦牟尼佛的佛法、老庄以及《易经》,都是治心的药,也是治心的方法。一般医生能够治身体的病,却不能治心……换一句话说,《庄子》是医心的,不管西医、中医,都只是医身体的。心是个什么东西?思想情绪这个心很难医。"

南怀瑾先生认为,真的能治心病的是佛家、道家、老庄,这是中国文化中最高层次的。特别是《庄子》是医心病的良药,甚至比孔子的《论语》还有用,想要医治自己心病的人可以好好研究一下。

所以,我们不能只简单地把道家学说看做是国学的一部分,而应该认识到,它是集结了古代圣贤的大智慧,总结了接人待物应该懂得的道德伦理,是能够帮我们解开心结、医治心病的哲学体系,值得每个人认真学习和研究。

5. 阴阳四时,万物之始终,死生之根本

成书于春秋战国时期的《黄帝内经》,是中国传统医学宝库中的瑰宝,它从整体出发,强调人体本身与自然界是一个整体,自然界气候的变化对人体生理、病理有着很大的影响,千百年来,它以此为依据,指导人们趋利避害,其中的养生智慧早已成了人们追求健康和品质生活必不可少的法宝。

人法自然,顺应四时

中医养生讲究效法自然、"天人合一",其中,顺应四时是养生的第一要理。正所谓"逆之则灾害生,从之则苛疾不起",所以南怀瑾先生在《小言黄帝内经与生命科学》中明确指出:"违反这个原则就要生病,整个地球人类,身体也是一样。顺着这个四时的变化,则不会生病。拿生理医理来讲,'是谓得道'。这个'道'是什么意思?就是守住那个原则、那个法则。道者路也,这是人生的大道,一条路。顺随这个法则生活,你就得道了。"

那么,怎样才算是顺应四时呢?总的来说,就是根据一年四季气候的变化合理安排自己的饮食起居以达到阴阳平衡、脏腑协调的目的,并在此基础上遵循"春夏养阳,秋冬养阴"的养生原则。正如南怀瑾先生所说:"这个阴阳四时,春夏秋冬,一年四季气候的变化,实际上是两个东西:一个冷,一

个热。这个要懂得天文，懂得阴阳，因为半年属阴，半年属阳。一年分阴阳，冬至一阳生，夏至一阴生。"

春天是一年中最舒适的季节，草长莺飞，万物复苏。在这个季节里，大地开始焕发生机，人们若想效法自然，就要晚睡早起，穿宽松的衣服，散开头发，放松心情，多到自然中散步，感受这欣欣向荣的时刻，让身体内的阳气与万物一同生发起来，以保证身体在夏天茂盛生长时所需要的能量。如果违背这一季节的养生规律，就会伤害到肝气，到了夏天还会因身体虚寒而生病。

夏天的三个月是万物生长最为旺盛的季节。在这个季节里，天地之气已经完全交会，万物在阳光的照耀下蓬勃生长。人们应该晚睡早起，不要压抑自己的心情，更不要无端生气发火。同时，由于夏天特别炎热，人们本能地喜欢坐在空调屋里喝冷饮、吃雪糕，但这样是十分损伤阳气的。夏季阳气外附，脾胃阳气虚，若再用寒冷的东西刺激它，无疑是雪上加霜。若阳气发散受阻，就会伤害到心神，到了秋天，身体所需的收敛之能量不足，就会发生疟疾。

秋天的三个月，天气肃清，果实成熟，树叶已有飘落的迹象。这时候，人们应该早睡早起，让心态平和安静，不要受秋天肃杀之气的影响，收敛外散的元气，适当地添加衣服。同时，要注意对肺的养护，可以多喝点滋阴润肺的汤水。不要再让情志外泄，以免身体的收敛机能在秋天不能正常完成，影响冬天的闭藏功能。

冬天是一年中的最后一个季节，最明显的特征就是冷。这个季节，水面结冰，大地冻裂，很多冬眠的动物早已钻进自己的洞穴里藏了起来。这时候，人们要做的就是不扰动自己的阳气，要早睡晚起，最好等到日出之后再起床。要收敛自己的情志，不要随意宣发，不要超负荷运动以免损伤阳气。所以，顺应冬气，就应该做好闭藏工作，保护好自己的肾脏，以免来年春天缺少焕发生气的能量。

谨守阴阳，顺应节气

节气是指一年中的二十四时节与气候。人们将自然界气象、物候的变化细致地分布在二十四时节中。随着农业的发展，节气更多地被作为传统科学依据用来指导农事，其中积聚着我国劳动人民千百年来的生活智慧和农桑经验。然而，在中医理论中，人与自然是"形神合一"的整体，人类身体的变化、疾病的发生发展与二十四节气同样联系密切。在人类与疾病的漫长斗争中，人们逐渐将二十四节气的特点运用到养生保健上。如今，人们已经摸索出二十四节气应该注重的养生规律，能通过养精神、调饮食、练形体等方式达到强身益寿的目的。

就像南怀瑾先生所说："一年三百六十天，分十二个月，一个月三十天。再重复一次，五天叫一候，三候叫一气，所以一年七十二候，二十四个节气，都有变化。中国的这些科学与医学都是相通的，像季节变化等等，通了以后才知道其中有个原理的。一年来讲，冬至一阳生开始，白天慢慢长起来了。到了夏至一阴生，夏至也叫做长至，白天开始短起来了，这个道理要配合天文。"

那么，我们该如何谨守阴阳、顺应节气呢？举个例子，一年中的第二个节气"雨水"时节，对于农民来说，正是天气渐暖、雨水送肥、春耕管理的关键时期，对于我们来说也是一年中最重要的时期。联系到养生上，这段时间气温回升、冰雪融化、降水增多，人体内的湿气就容易加重，湿困脾土，我们就需要加强对"脾胃"的养护。

南怀瑾先生也在一段话中点出了两个节气应该注意的养生问题，他说："冬至一阳生，夏至一阴生，是地球的物理。我们的身体，冬天吃火锅，什么都不怕，消化力很强；夏天就不行了，胃是寒的。所以这就是天地阴阳的道理。阴阳两个字是代号，它是古人对科学东西的浓缩。"从中我们可以看出，自冬至起，白昼一天比一天长，阳气回升，天地阳气开始渐强，人的脾胃消化能力强，吃点肥甘油腻的食物并不难消化；而从夏至之日起，阳极阴生，阴气都潜伏在体内，脾胃都是寒的，消化力不强，在饮食上就要以温和清淡为主。

总的来说，在天地之间、六合之内，一切事物都是由不停转换着的阴阳二气结合而成，人生于天地间，自然也不例外——阴阳平衡，健康无病；阴阳偏离，众病丛生；阴阳离绝，精气乃绝。因此，我们只有顺应四时、顺应节气，才能跟得上阴阳消长的规律和变化，维持正常的生命活动。

6. 喜怒哀乐，心态也，情态也

在南怀瑾先生看来，"喜、怒、哀、乐"这些表达心情的字只能勉强称得上心态，或许称它们为"情绪的作用"更为合适，因为它们是配合情绪而来的。那么，什么叫情绪呢？先生说："情绪是生理影响，换一句话，就是气的作用，生理的因素。"当我们遇到顺心的事情时，会忍不住产生"喜、乐"的心情；难过时，看到什么都能产生"哀、怒"的感受。这些都是受情绪的影响而产生的正常心理。

不可否认的是，人活一世，总会遇到这样那样的事情，进而产生或悲或喜的情绪。此时，正确的做法不是压抑它、否定它的存在，而是要承认它、接纳它，进而采用合适的方法疏导和管理它。就像南怀瑾先生说的那样："这四种东西我们理智上都知道要控制，不要随便发脾气，也不需要傻乎乎地就笑，但是心理情绪的变化，带上生理的关系，气的作用，你理性禁止不住，它自然就发，勉强地禁止反而变成一种病态。"

可以有情绪，但是不能被情绪左右

心理学上有个名词叫"情绪管理"，之所以用"管理"一词，是为了避免走入"压抑"的误区。相信很多人都被一种错误意识洗过脑，认为情商高的人善于用"意志力"压抑情绪，不轻易表露情绪。其实并非如此。情绪不会凭空消失，"压抑"只是消极逃避的方式，会造成情绪的累积，甚至爆发。真正善于管理情绪的人会了解自己情绪的来源，并从根源上疏导和化解它。

美国第十六任总统林肯就是一位善于疏导和管理情绪的人。相传，有一天，一位陆军部长怒气冲冲地来到林肯的办公室诉苦，称一位少将用侮辱的话指责他偏袒一些人。

林肯看他情绪很激动，就提议他写一封言语犀利的信来回敬那个骂人的家伙。林肯说:"把你能想到的刻薄的语言全部写上,狠狠地羞辱他一番。"这位陆军部长正怒气填胸,巴不得有个方法来发泄自己的情绪,于是立即采用了林肯的建议,动笔写了一封言辞激烈的信。林肯鼓励道:"对了,对了,就是这样,要的就是这样的效果,好好地骂他一顿,保证他哑口无言。这封信真是写绝了!"

这位陆军部长在信中发泄了情绪,再加上得到了总统的鼓舞,气已经消了大半。当他把信装进信封,准备寄出去的时候,林肯却叫住他,问道:"你干什么?"陆军部长说:"寄出去啊。"林肯赶紧拦住他,说:"这封信不能发,快把它扔到炉子里去。凡是生气时写的信,我都是这么处理的。这封信写得好,写的时候你已经解了气,现在感觉好多了吧?那么就请你把它烧掉,再写第二封信吧。"

林肯作为一个国家的总统,遇到的麻烦要比平常人更多,然而他并没有因这些烦恼而情绪失控,就是因为他善于管理自己的情绪。拿破仑说:"能控制好自己情绪的人,比能拿下一座城池的将军更伟大。"古往今来,能成大事的人都是善于掌控自己情绪的人,我们可以有情绪,但是不能被情绪左右。

内心强大的人敢于直面自己的失败

内心强大的人,心态端正,遇到挫折时不会一味地自怨自艾,而是会积极地寻找失败的原因并探索解决问题的办法,这样的人才能逐日进步并获得最终的胜利。美国著名的社会心理学家马斯洛说:"心态若改变,态度跟着改变;态度改变,习惯跟着改变;习惯改变,性格跟着改变;性格改变,人生就跟着改变。"很多时候,我们赢的原因不是能力,而是心态。

曹操就是一个心态乐观、内心强大的人。

建安十三年,曹操在赤壁之战中惨败,八十三万大军被孙刘联盟的五六万军队聚歼,心痛之余,曹操把将士们召集到一起,分析了此次战败的原因。他首先自我剖析,说:"我们八十三万大军挥师南下,却败于孙刘五六万军队,为何?我看最根本的原因就是最近这些年我们胜仗打得太多了,兵骄将怠,文恬武嬉,轻敌自负,尤其是我,居然连一个小小的苦肉计都未能识破，致使东吴火攻得手。由此看来，我们是到了该吃败仗的时候了。失败是个好事，失败能教会我们如何成功，失败能教会我们如何取胜，失败能教会我们如何取天下。一个人要想成事，就要拿得起放得下。"

看到将士士气低落，他话锋一转，盘点起了自己的优势，他说："我们虽然在赤壁受到重创，但是我们根基仍在，天下州郡，我们仍然掌握着青幽并冀四个州，我们的城池、兵马、子民、赋税仍然数倍于孙权、刘备，朝廷仍然在许昌，仍然在我们的手中。反观孙权、刘备则不然，危难的时候，他们会抱成一团，同仇敌忾，一旦取胜，他们就会明争暗斗、尔虞我诈。若周瑜和诸葛亮能同心同德，我们怎么能在乌林道突出重围？孙刘之辈，先前如此，今后更会如此。总之，他们早晚分裂，早晚必败。"

就这样，虽然遭遇惨败，曹操却没有气馁，没有过分自责，而是带领将士回到南郡认真分析失败的原因，分析当前的局势及自己的处境，一贬一褒间，既打击了将士们此前的嚣张气焰，又鼓舞了士气。若非有良好的心态，曹操怎么会在该"怒"和"哀"的时候如此豁达和清醒？也正是因为他有良好的心态，保存了自身的实力，为曹魏的建立打下了坚实的基础。

7. 相濡以沫，不如相忘于江湖

"相濡以沫，不如相忘于江湖"是出自《庄子》中的一句话，原意是河里的水枯竭了，鱼儿露在了陆地表面，它们与其用湿气相互滋润，用唾沫相互沾湿来相依为命，不如彼此相忘，各自在大江大海里畅游更自在。千百年来，庄子的这句话一直被人们引用，用来比喻处在同一困难的处境里，与其用微薄的力量相互帮助以换取暂时的生存，不如勇敢地放弃这份执着，以全新的自我拥抱新的可能。

然而，面对曾经同甘共苦过的人，面对那丝丝缕缕牵扯不清的情愫，当确定不能一起走下去的时候，只有真正洒脱的人才能做到适时止步，转身相忘。所以，南怀瑾先生说："'相忘于江湖'常常被后人引用。在江湖里怎么'相忘'呢？就是忘记了有江有湖，不受任何的管束了。所以我们所有的人都是离开了水的鱼，都是靠一口口水来滋养生命的，只有真得道的人，才是江湖里的鱼。"

无意义的执着是一种浪费

正所谓"穷则变，变则通，通则久"，当事情到了窘困穷尽的时候就应当有所变动，变动之后才会使事物的发展畅通，畅通之后才能长久发展下去。如果过于刻板，执着于无意义的事情，只能浪费时间和精力，最终还是会走向失败或消亡。所以，无论是在工作还是生活中，我们都要积极培养自己灵活变通的能力。

陈宫是吕布帐下的首席谋士，他正直有远见，智谋过人，深藏韬略，刚正不阿，对吕布更是忠心耿耿。然而，吕布却是一位有勇无谋、目光短浅、爱憎不分、喜欢别人奉承的人。

当年吕布夺了刘备的立足之地徐州之后，中了曹操的离间计，以为刘备和曹操联手想要夺取自己的徐州。当时吕布身边有两个小人，即陈登、陈珪父子。陈登、陈珪父子知道吕布爱憎不分，喜欢听好话，于是邀功讨好，极尽谄媚，很快赢得了吕布的欢心和信任。而吕布的谋士陈宫是一个聪明人，他一眼就看出了陈登、陈珪父子的谦卑作态是居心不良，知道他们一直奉承吕布是有所图谋，于是请求吕布将陈登、陈珪父子赶出徐州。然而，已经听惯了恭维话的吕布哪里肯听陈宫的劝告，他不惜得罪陈宫也要留下陈登、陈珪父子，并对他们委以重任。后来，事情果然不出陈宫所料，吕布率军攻打驻扎在小沛的刘备，随行的陈珪却悄悄地逃走了，而留守徐州的陈登也背叛了吕布，当吕布大军返回徐州的时候，陈登命令将士们不准打开城门，不让吕布进城。就这样，号称勇猛无敌的吕布只能领军败逃下邳。

到了下邳之后，曹操大军来袭，吕布十分恐惧，打算投降，陈宫却劝说道："曹操远来，势不能停留过久。将军如果率领步兵、骑兵屯驻城外，由我率领剩下的军队在内守城，如果曹军进攻将军，我就领兵攻击他们的后背；如果曹军攻城，则将军在外援救。不过一个月，曹军粮食吃光，我们再行反击，就可以破敌。"

吕布当时同意了陈宫的建议，可他是个没有主见的人，回到家中听了妻子的一席话后，又取消了之前的计划。他的妻子说："陈宫与高顺一向不和，将军一出城，陈宫与高顺必然不能同心协力地守城。万一出现什么问题，将军要在哪里立足？而且曹操对待陈宫犹如父母对待怀抱中的幼儿，陈宫还舍弃曹操来投靠我们；你待陈宫并未超过曹操，就把全城交给他，抛别妻儿家小，孤军远出，如若有变，我难道能再做你的妻子吗？"

就这样，屡次不听陈宫劝告的吕布最终兵败下邳，大事休矣，而忠勇无双的陈宫却为了这个无能的主子慷慨赴死，一代英杰就此陨落，后人无不扼腕叹息。

陈宫明珠暗投却又不知变通，在一次次失败的经历中，他早看出吕布难成大事，却仍然与他风雨同舟、患难与共，甚至不惜一死来成全自己的忠心。在后人看来，这种无意义的执着实在是浪费人才，于国家、百姓及陈宫个人都是一文不值的。所以，世人无不惋惜地感慨道："何物曾奴董太师，原陵青草正萋萋。一时翔集多知处，独恨公台不择栖。"

转身或许有另一番天地

古人云："高鸟相良木而栖，贤臣择明主而佐。"弃暗投明从古至今都是值得称赞的明智之举，那种不受小恩小惠束缚，果断选择有前途且适合自己阵营的人，才算得上是南怀瑾先生口中的得道之人。

相比愚忠的陈宫，韩信则是一个识时务、知变通的人。可以说，韩信之所以能成就一番事业，和他果断离开项羽投奔刘邦有很大的关系。

韩信早年生活坎坷，既无经商谋生的头脑，又没有可以依赖的亲人，无奈之下仅带着一把宝剑投奔了项梁，开始了默默无闻的从军生涯。后来项梁失败，韩信归于项羽。然而，胸有大志的韩信绝不甘心只做军队里的无名小卒，于是他多次献计项羽，渴望得到重用；而项羽骄傲自大、目中无人，一次次地否决了韩信的提议，仅让他做一个执戟郎中。才智超群的韩信深知，为人主者，刚愎自用是大忌，仅凭自身之勇是万万成不了大事的；而项羽自恃有勇，听不进任何人的意见，很难取得最后的胜利，与其跟着他一辈子一无所成，不如择明主而佐。于是，在刘邦入蜀后，韩信果断地离楚归汉。

相传，齐国失守、龙且战死后，项羽非常恐慌，曾派人游说韩信与自己联合对付刘邦，并许诺他三分天下。然而韩信却谢绝了，说："我事奉项王多年，官不过是个郎中，位不过执戟之士。我的话没人听，我的计谋没人用，所以才离楚归汉。汉王刘邦授我上将军印，让我率数万之众，脱衣给我穿，分饮食给我吃，而且对我言听计从，所以我才有今天的成就。汉王如此亲近、信任我，我背叛他是不会有好结果的。我至死不叛汉，请替我辞谢项王的美意。"

韩信由当初的执戟郎中到后来位居齐王，成为西汉开国功臣及享誉全国的军事家，与萧何、张良并称"汉初三杰"，与彭越、英布并称"汉初三大名将"，全是因为他在关键时刻的一个转身，他与项羽的相忘于江湖，给了自己一片更广阔的天地。

8. 难作于易，大作于细

南怀瑾先生在《老子他说》中引用了古人的一首诗："自小刺头生草丛，而今渐觉出蓬蒿。时人不识凌云木，直待凌云始道高。"这首诗讲述了小松刚出土时小得可怜，只能被淹没在深草里。然而，它不因自己的小而自卑，坚持吸收天地精华，努力生长，终于超过小草，成为被人顶礼膜拜的参天大树。南怀瑾先生想要借此诗告诉我们，事物的发展总是循序渐进的，不可能一步登天。所以，我们不要好高骛远，要从点滴的小事做起，再艰难的事情，只要坚持不懈就必有所成。

古往今来，能够取得成功的人都是在立下了宏远的志向后朝着目标一步步迈进的人，懂得从大处着眼、小处入手的人才是真正的智者，如果志存高远，但是不付出行动，那么志向也只能是空中楼阁。

千里之行，始于足下

苏联伟大的革命导师列宁有这样一句名言："人要想成就一件大事，就得从小事做起。"我们都知道，做小事到成大事是量变引起质变的过程，就像想要建成一座最伟大的建筑就要从地基垒起一样，伟大事业的做成，也要从做好每一件小事开始，一个不将小事放在眼里的人，是很难成就大事的。

东汉时期的名臣陈蕃少有大志，他在15岁时，曾经住在一间肮脏的房子里无事可做。有一天，他父亲的朋友薛勤来他家看望他，见他屋里如此脏乱，简直难以下脚，就很疑惑地问他："小子，你在家没事做，为何不把屋子打扫干净来迎接客人呢？"本以为陈蕃听了后会感到羞愧，谁知道他却不以为然地回答说："身为男子汉大丈夫，我的志向是治理好天下，扫除天下的垃圾，哪能将时间浪费在打扫自身住的这一间小小房子上？"薛勤知道他有澄清天下的志气，非常赞赏，可是又对他的眼高手低感到不满，于是反问道："你连打扫自己屋子这件小事都做不好，若真的把天下交给你，你能治理好吗？"陈蕃听了薛勤这句话，才从狂妄自大中醒悟过来，从此开始脚踏实地、认真地做好每一件小事，终于成了东汉时期清正廉洁、不避强权、犯颜直谏的重臣。

少年陈蕃胸怀"扫天下"的远大志向并没有什么不对，但是他没有意识到"扫天下"正是从"扫一屋"开始的，"扫天下"包含了"扫一屋"，而不能"扫一屋"的人是断然不能实现"扫天下"的理想的。正所谓"不积跬步，无以至千里；不积小流，无以成江海"，无论何时，想要做一件大事，都要先做好身边的小事。

小事上不注意有可能酿成大祸

正所谓"千里之堤，溃于蚁穴"，可见，很多成败只在一个细节上，也许不经意的一个小失误，就会导致一场大的失败，历史也将因此而改写。

一个关于英国国王查理三世的战败传说就说明了细节的重要性。1485年，英国国王查理三世要和亨利决一死战，这场战斗将决定由谁来统治英国。在战斗开始前，查理三世让马夫去给自己最喜欢的战马钉掌，马夫找到钉掌的铁匠后，得知铁匠的钉子不够了，而砸新的钉子需要一点时间。然而，马夫急切地说来不及了，于是铁匠只在马掌上钉了三个钉子，马夫便匆匆牵走了国王的战马。在战斗开始前，马夫将这个情况报告给了查理三世，可是查理三世压根儿来不及注意这些细节，急忙骑上战马赶赴战场了。

两军交战时，查理三世正领着士兵们冲锋陷阵，英勇杀敌，突然间他胯下战马的一只马蹄铁脱落了，战马跌倒在地上，查理三世也因此掉下马来，那匹受惊了的战马跳起来逃走了。大军一见国王倒地，战马逃走，吓得纷纷后退，整支军队瞬间成了一盘散沙。这时候，亨利的军队趁机包围了上来，并将查理三世俘虏了。而直到此刻，查理三世才意识到一颗钉子的重要性，在被俘的一刻高喊："钉子，马蹄钉，我的国家就倾覆在这颗马蹄钉上！"就这样，查理三世因一颗钉子而失去了整个国家。

英国的一首民谣很好地还原了这场战争的成败与一颗小钉子之间的关系："失了一颗铁钉，丢了一只马蹄铁；丢了一只马蹄铁，折了一匹战马；折了一匹战马，损了一位国王；损了一位国王，输了一场战争；输了一场战争，亡了一个帝国。"所以，无论何时，我们都要注意细节的重要性，不要因一个轻率的决定而悔恨终生。

| 第六篇 |

南怀瑾的易经杂说

第一章

五十以学易，可以无大过

1. 变易与变通

南怀瑾先生讲《易经杂说》，说《易经》有三个重要的大原则，分别为变易、简易和不易，其中排第一位的就是变易。"这个宇宙间的万事万物，随时都在变化之中。天地间没有不变的事，没有不变的人，没有不变的东西。就是因为我们不懂得这个道理，凡是好的大家都希望它不要变。像人类的感情，我们都希望爱河永浴，希望它不要变，年龄也希望不要变，永远青春等等。"但是希望不变只是人类的一厢情愿，南怀瑾先生说，不管活的还是死的东西，都在时刻发生变化，这种变易是无法阻止的。既然如此，就应该懂得变通的智慧，他说："《易经》的智慧广博渊深，变通实在是我们应该时刻谨记的道理。"

知变通，制而用之

《系词》上说："易之为书也不可远，为道也屡迁，变动不居，周流六虚，上下无常，刚柔相易，不可为典要，唯变所适。"这段话的意思是说，《易经》这部书不可不读，因为它是一部讲客观规律的书籍，它其中讲述的一些根本规律，表现形式变化多端，阴阳刚柔相互变动，充满了整个天地宇宙。我们不能把这些规律看成是固定不变的，这些规律在不同的时期、不同的地点、不同的条件下，表现出不同的形式与作用。天地间的变化，能看得见的东西叫

"象"，也就是现象，现象中有固定的物体，叫做"器"。《易经》说"见乃谓之象，形乃谓之器"，而懂得变化之道，把"象"和"器"变成有用的东西，"制而用之谓之法"，由无而生有，由"无用"变做"有用"的财富，就能获得巨大的成功。因此，只有理解了"变化"二字，才算把握住了《易经》的精髓。

南怀瑾先生讲了一个真实的故事：他有一位朋友穷困潦倒，走投无路之际准备跳海自杀，这时候看到一则广告，上面讲美国人要做一个生化实验，需要人身上生的虱子，但美国人身上都很干净，根本找不到虱子，于是发广告重金购买。这位朋友本来穷得没有衣服换，身上长满虱子，一看到广告，知道机会来了，于是干脆养虱子，一瓶一瓶高价卖给美国人。最后他变成了养虱子的专家，因卖虱子而发了大财，成为一个有钱人。

这个故事正说明"制而用之谓之法"，南怀瑾先生感慨道，一些没有用的东西，如果动一动脑筋，变通一下思维，可能就会变成有用的，给人带来意想不到的财富。正因为一变就通，所以变通对成功来说很重要，这也正是"往来不穷谓之通"的道理。

变通是一种宽容

《易经》解释变易的道理，引导人们在日常交往中懂得变通。但是变通说起来容易，付诸行动却非常困难，一些心胸狭隘、睚眦必报的人，对他人过于苛刻挑剔，无法宽容，不懂得变通，在做大事的时候就会困难重重，很难成功。

变通在人际交往中体现为宽容，有海纳百川的胸襟，对一些微不足道的小事睁一只眼闭一只眼，就像南怀瑾先生所说的，"不要太精明，尤其做一个领导人，有时候对下面一些小事情要马虎一点"。

《易经》中的智慧让我们了解到，世界上的事，世界上的人，乃至宇宙万物，没有一样东西是不变的，矛盾可以化解，意见可以沟通，就算敌人也能成为朋友，因此应时刻谨记宽容变通，海纳百川，有容乃大。

美国总统富兰克林年轻时，认识议会里一个议员，那人非常有钱而且能干，也很有威望，但他却不喜欢富兰克林，经常在公开场合为难他。

富兰克林感到非常烦恼，开始的时候和议员争锋相对，但情况越来越糟糕。最后富兰克林决定改变自己，努力使对方喜欢自己。有一次，富兰克林听说这位议员的图书室藏有一本非常珍稀的书，就给他写了一封信表示想看一看这本书。议员虽然不情愿，但碍于面子，仍把那本书借给他一个星期。一周之后，富兰克林把书还给他，还附上一封表示谢意的信，非常诚恳地感谢对方。

结果因为这封信，议员对富兰克林的态度有所改变，当他们在议会再次相遇时，富兰克林主动跟议员打招呼，并且极为有礼貌，议员对他的印象又扭转了一些。自那以后，两人经常碰面交流，最后变成很好的朋友。

南怀瑾先生说，在生活当中，摩擦和矛盾不可避免，有的时候我们不必将其看得多么严重，多一些宽容和爱心，生活中就多了一些温暖。事实上，宽容别人就是释放自己的胸怀，远离嫉妒和纷争，也就远离了痛苦和伤害。《易经》的智慧告诉我们，世上的人和事都在不断变化，如果自持己见，一味固执地看问题，眼下对自己有利，也许未来的某时就会产生不良结果。同时，世上没有永远的敌人，也没有永远的朋友，成大事者应懂得海纳百川、有容乃大。朋友是一条通往成功的道路，敌人是一堵阻碍前进的高墙。所谓的宽容为怀、化敌为友，就是要将"一堵墙"变成"一条路"，这样才能使人生走向辉煌的巅峰。

2. 守规矩而成方圆

秩序和规矩是一个社会得以进步的必要条件，《易经》中师卦曰："初六，师出以律，否臧凶。象曰：师出以律，失律凶也。"意思是说，一个团体必须有严明的纪律和秩序约束众人的行为，不然的话，这个团体只能称之为乌合之众。如果一个军队纪律松弛，有令不行，有禁不止，有规矩不遵守，则易生出败军之祸。南怀瑾先生认为，大到国家，小到家庭和个人，不能没有规矩，不能不守规矩。一个人在外面做事情，一言为定，到处合宜，言而有信，规规矩矩，懂得自律是做人的重要原则之一。

行不出轨，动不越位

我们都知道，候鸟是一种很守纪律的鸟类，天上飞的雁群队形严密，要么排成"一"字形，要么排成"人"字形，领头雁按规定的迁徙路线飞行，身后跟着一群浩浩荡荡的大雁，如果哪只雁不守纪律独来独往，就容易遭遇不测。动物界都懂得遵守规则和纪律，作为高级生物的人类更应该守纪律。孟子曰："不以规矩，不能成方圆。"墨子也曰："执其规矩，以度天下之方圆。"万事万物都有自然运行的规律，行不出轨，动不越位，一个人先要遵守游戏规则，才有资格进行游戏。

哈佛大学流传着一个故事：哈佛先生去世之前，向学院捐献了几百本图书。哈佛先生捐献的图书被存放在藏书楼里，允许学生在楼内阅读，但不能把书带出去，违规者开除学籍。一天夜里，藏书楼发生火灾，所有图书都被焚毁。很巧的是，有一位学生偷偷把两本哈佛先生的捐书带回宿舍，想看个通宵，因而避过了这次火灾。因为哈佛先生的捐书是哈佛大学的某种象征，所以师生们都感到十分沉痛惋惜。当这位学生得知自己带出的两本书是仅存的两本时，就毫不犹豫把书还给了校方。哈佛大学校长召开学生大会，一方面赞扬这位学生诚实做人的态度，以及敢于承认错误的勇气，说他不愧为哈佛学子；但另一方面也当场宣布将他开除，因为他违背了学校的规矩，私自将书带回宿舍。校长说，他想用学校的规矩来教育学生，而不是由人的情感去左右它。

规则的制定目的不是为了限制自由，而是为了让社会有秩序有条理地发展。这就好比红绿灯的设置，不是要阻止汽车前行，而是为了让所有车辆和行人都能有秩序地前行。如果车辆和行人都不遵守交通规则，随心所欲闯红灯，就会破坏交通秩序，结果就是一团混乱，不仅无法前行，还有可能危及生命安全。所以说，行不出轨、动不越位不仅是一种理性选择，也是个人的修养和大智慧。

规矩不能轻视

规矩既然订立了下来，就不能随意破坏，轻视规矩只会带来更严重的后果。南怀瑾先生研究《易经》指出，世间万物变化多端，看起来很复杂，但是万变不离其宗，而这个"宗"就是规矩。

从前有个书生进京赶考，经过一个村子，一条大狗突然从远处向他冲过来。书生心想逃跑肯定是不行的，乡下有句俗话叫"狗怕蹲下"，当人蹲下时，狗以为他要捡地上的石头打自己，因为狗是很怕石头的，所以会落荒而逃。书生想到这里，就赶快蹲下，大狗一看他蹲下了，转身就跑了。

书生很高兴，正要继续赶路，旁边突然过来一位老年儒者，从地上捡起一块石头，使劲朝狗扔过去，正好打在狗腿上，狗"汪汪"叫了两声，跑得更远了。书生不解地问道："狗都被我吓跑了，你还扔石头干吗？这不是多此一举吗？"

"真的是多此一举吗？"老年儒者有点生气地说，"你蹲下就应该打狗一下，老是不打，狗就不信你了，规矩岂不是乱套了。"他接着又说："狗之所以怕人蹲下，就是因为人会捡石头打它，这是长期以来形成的条件反射，也算是人与狗之间的一个协议。你要是打破了这个协议，蹲下了却没打它，它就会无所适从，一次两次没事，次数多了狗就不再相信你了，不管你蹲下是不是真打它，它都会扑过来咬你，吃亏的最终还是你。"

书生听了觉得很有道理，连忙感谢儒者，儒者摸一摸长胡子，点头说："我表面上是在帮你打狗，其实是在维护一种秩序。很多时候，不守规矩比暴力更可怕。暴力只是破坏表面的东西，而不守规矩却是破坏一种秩序，把根基都动摇了。"

孔子曾说："《易》之为书也，原始要终，以为质也；六爻相杂，唯其时物也，其初难知，其上易知，本末也。"意思是说，《易经》这本书讲的卦、爻、变等看起来很复杂，但实际上它的规则很简单，守住规则，就可以指导人生，求证宇宙万物。六爻相杂，阴极则阳，阳极则阴，它的要点就在于把握时空规则，可以转祸为福，转败为胜。要想人生长治久安，全在于守规矩而成方圆。

3. 小事着手，成就大业

世上无小事，简单的事情做起来并不容易，所有的事情都从迈出第一步开始，"不积跬步无以至千里"，专注小事情，不断积累小的成绩，才能增加成功的机会。《易经》有坎卦曰："九二，坎有险，求小得。象曰，求小得，未出中也。"这个意思是说，人生的路上处处有陷阱和危险，如果从小事情着手，慢慢地扭转局势，最终就能产生巨大的变化，化险为夷，有所成就。

南怀瑾先生认为，对于想要成功的人来说，每天经历的都是小事，但事实上，成就事业的过程中没有任何一件是小事。很多时候，一件事看起来微不足道，或者毫不起眼，却能影响一生，成为成功的关键。因此，从小处做起，慢慢积累经验和能力，再小的溪水也能汇成大河。反之，如果在小事上马马虎虎，毫不在意，以为犯点小毛病无关大局，最终极有可能功败垂成，因为"千里之堤溃于蚁穴"，小事不注意，大事也难成。

专注生活中的点滴

世上没有小事，对于有智慧的人来说，成功的机会往往蕴藏在别人不注意的小事当中。美国石油公司曾经有个青年工人，他每天的工作是检查油罐盖是否完全焊接，确保石油存储安全。他的工作非常枯燥无聊，每天盯着机器翻转落下，每天几百遍地重复一个动作。以前的工人都不愿意做这种简单而无意义的工作，所以纷纷离开，而这个青年工人的态度却非常认真。他发现油罐每翻转一次，都会漏出来一滴焊接剂，浪费无用，他就想，一定有办法能把这一滴省下来。于是他开始研制新型焊接机，但多次失败，经过反复研究琢磨，终于研制成功，每桶油为公司节省一滴焊接剂。公司很多人对他的钻研不以为意，认为一滴焊接剂没什么大不了，结果慢慢地才发现，这"一滴"能给公司带来每年 5 亿美元的新利润。别人都忽略的小事，这个青年却认真对待，因此他后来能成为掌控全美国制油业的大亨，他就是美国石油大王——约翰·洛克菲勒。

海尔 CEO 张瑞敏说："什么是不简单？把每一件简单的事情做好就是不简单。什么是不平凡？把每一件平凡的事情做好就是不平凡。"很多人一生志大才疏，好高骛远，总想着做"大事业"，对生活中的平凡小事不屑一顾，最后往往两手空空，一事无成。

坚持不懈做好一件事

邓亚萍童年立志要做一名优秀的运动员，但是她个子矮，手脚粗短，根本不符合体校的要求，所以体校的大门没能向她敞开。于是，年幼的邓亚萍跟父亲学起了乒乓球。邓亚萍虽然只有七八岁，但为了能使自己的球技更加熟练，基本功更加扎实，便在自己的腿上绑上了沙袋，而且把木牌换成了铁牌。付出总有回报，由于邓亚萍的执着，十岁的她便在全国少年乒乓球比赛中获得团体和单打两项冠军。

进入国家队后，邓亚萍都是超额完成自己的训练任务，经常加时训练。邓亚萍为了训练经常误了时间，就自己泡面吃。邓亚萍长时间从事大运动量、高强度的训练，从颈到脚，身体很多部位都有伤病。

邓亚萍先后获得十四次世界冠军头衔；在乒坛世界排名连续八年保持第一，是排名世界第一时间最长的女运动员；唯一一位蝉联奥运会乒乓球金牌的运动员，并获得四枚奥运会金牌。她的出色成就，改变了世界乒坛只在高个子中选拔运动员的传统观念。

南怀瑾先生说，想做好一件事，就要把精力集中在一个目标上，不能轻易被其他的事情所诱惑，如果经常改变目标，或者把精力分摊到许多事情上，最后往往不会有满意的结果。对于追求成功的人来说，见异思迁和四面出击都是不明智的，把有效的时间和精力集中在当前所做的一件事上，集中解决问题和困难，就能提高效率，获得成功。

因此，如果做一件事不竭尽全力，而是三心二意的话，就好像挖井一样，花了很多时间挖很多的井，倒不如花同样的时间挖一口井，最后一定能喝到甘甜的井水。

4. 刚柔相摩，八卦相荡

《易经》中讲："是故刚柔相摩，卦相荡，鼓之以雷霆，润之以风雨，日月运行。"古人解释道："日月为易，刚柔相当。"南怀瑾先生说，我们看古文"易"字时，它的象形字是上面一个日，下面一个月亮，上下相结合就是"易"字。因而《易经》所讲述的，实际上是宇宙系统中日月运行、阴阳并生、刚柔相济的一个法则。

"易"中所讲的"刚柔相摩"，是一种不断磨合的宇宙法则。南怀瑾先生讲了《易经》"卦相荡"的含义，他说卦相荡，就是指先天六十四卦的一来一往，就像荡秋千一样，彼此相荡出来。假设我们从卦的方位来看，阴阳一动，刚柔交加，乾卦变动引起兑卦雷霆相碰，因而产生风雨，各种天象开始运行。这就好比古代一个朝廷，文武官员两股力量相辅相成，相生相克，帝王发出命令，引发一系列政策施行，然后产生相应效果，百姓生活随之运转起来，国家进而蒸蒸日上。

刚柔相摩，阴阳兼得

所谓的刚柔相摩，用现代语言来形容，就是坚硬的和柔软的相互摩擦，刚柔并济，能量就可以互相转化。老子曾提到过世界上最柔的东西是水，水的形态是一滴一滴的，表面上看起来是软的，不坚硬也没有骨头，可以到处流淌，风一吹就干了。但从另一个角度看，水也是世上最刚强的，因为利刃难摧，水滴石穿，不管是铁板还是石头，时间长了，都会被水滴穿，所以老子说水是世上最厉害的武器。因而水是刚柔并济的，也可以在刚柔之间互相转化，再坚硬的冰块终归会软化成水，而水也可以变成虚无的蒸汽。

在宇宙当中，刚柔时刻都在相摩，大到一个国家，小到一个家庭，必然都有刚柔相摩在发生作用。纵观中国的历朝历代，统治者的手下都有一群文官和一群武官，文武官员如同一柔一刚，一阴一阳，共同协助帝王执掌朝廷。文官虽然不擅长习武布军，征战沙场，但是他们的治国思想和口才文笔都是利器，就好像水一般柔软而多智多谋。而武将拥有强健的体魄，驰骋沙场，金戈铁马，所向披靡，是国家中最刚强的武器，是保卫国家领土和百姓安居乐业的重要保障。正因为朝廷中刚柔相济、阴阳兼得，一个国家才能正常运转。

治理一个国家，偏重刚柔任何一方都不行。秦王朝以武力打天下，强兵严法，以刚猛为主，对柔的政策嗤之以鼻。因而秦始皇登基之后，不但不大力发展文化，反而焚书坑儒，杀害很多文人策士，将柔的一面全都扼杀。这样一来，秦朝刚柔之道失调，无法让国家真正强大兴盛起来，最后到了秦二世，秦朝就灭亡了。

宋朝则是相反的例子，赵匡胤打天下登基之后，担心武官掌握军权谋反，因而杯酒释兵权，大力扶持朝中文官，打压武官的力量。文武不能相济，刚柔不能协调，造成宋朝的军事管理十分柔弱，常年被四方少数民族欺压，最后偏安南方，直至灭亡。

因此，一个国家想要管理好，要懂得刚柔相融的策略。我们都知道廉颇和蔺相如的故事，一个文臣，一名武将；一个对外，一个对内，方能保证国家的长治久安。而一个家庭想有和谐的气氛，夫妻双方都要担负各自的责任，懂得调和阴阳，刚柔并济，才能获得幸福。

以柔处世，以刚为人

刚柔并济的道理其实就像一架天秤，这一头重，那一头就会翘起来；而如果这一头翘起来，那一头就会沉下去，因此均衡是最好的。刚柔并济虽然很难做到，但这是一个成功者必须具备的素质。对于进入社会的成年人来说，亦刚亦柔是趋于平衡的理性态度，也是一种很巧妙的处世方法，一方面要刚正不阿，保持正义的态度，另一方面又要能跟周围的人和谐相处，增进感情，既不盛气凌人，又能坚持原则。

南怀瑾先生说，人与人之相处，不管是在一个团体或一个家庭，不可能永远没有摩擦，因为"刚柔相摩，八卦相荡"属于宇宙的法则，是两个彼此不同的现象在矛盾、在摩擦，才产生许许多多不同的现象，一切人事也不能离开这个道理，关键是要看如何处理摩擦和矛盾。

清代才子纪晓岚不仅才华横溢，而且为人正直幽默。在乾隆年间，和珅权倾朝野，受到皇帝宠爱，但纪晓岚对他毫无畏惧，态度始终不卑不亢，时常以聪明才智对抗和珅的嚣张跋扈，成为"以柔处世，以刚为人"的典范。

有一次和珅新宅落成，想请纪晓岚题写匾额，纪晓岚对和珅贪婪敛财的行径早已痛恨不已，根本不想迎合吹捧他，但和珅深受皇帝宠信，直接拒绝也不妥当。于是纪晓岚假装答应，非常爽快地题写了两个大字"竹苞"，并且解释道："这两个字出自《诗经·小雅》'如竹苞矣，如松茂矣'，正是颂扬和大人华宅落成，家族兴旺之意。"和珅一听非常高兴，立刻命人装裱成匾额，挂在楼阁最显眼的地方，逢人就炫耀一番。乾隆皇帝驾临和府，听说纪晓岚为和珅题写了匾额，觉得十分好奇，过去一看是"竹苞"两字，当场哈哈大笑，对和珅说："纪学士写的这两个字，是嘲笑你家人个个如草包，这个纪晓岚啊，果然有过人的聪明才智。"和珅气得满脸通红，却不敢发作，因为皇帝赞扬纪晓岚聪明，他即便恼怒，也不能拿纪晓岚怎么样。

从这个故事可以看到，刚和柔并不是对立的，可以在同一个人身上相辅相成。这两个看似互不相容的东西，融合在一起反而会相得益彰。历史上不懂得刚柔并济的帝王到最后都自取灭亡，真正的成功者擅长将刚与柔巧妙结合，就好像冰和水一样，看着一硬一软，其实是同一种本质。所以，太刚则必折，太柔则必缺。只有刚柔并济，才是做人的上上之道。

5. 至简至易，得天下之理

《易经》系辞第一章中讲道："乾以易知，坤以简能，易简而天下之理得矣。"意思是说，宇宙的功能简单平易，很容易被人所认识和了解。然而我们总是习惯于将天地间的事情高深化、神秘化，自行地给它们蒙上一层神秘的面纱，从而阻挡了我们探索的步伐、前进的脚步。而事实上，当我们真正熟悉并懂得了这些我们之前认为很困难的事情时，才会发现原来也不过如此，并没有想象中的那样困难。《易经》中最高深的道理，恰恰是最平凡的道理。

熟能生巧，巧能生精

南怀瑾先生曾说过：对于未知的事情，我们的认识学习是一个发展的过程，刚开始可能困难重重，但是一定不要被它本身的神秘袈裟所吓倒，它并没有那么可怕，着手开始学习，就可以由无知到了解，由了解到熟悉，由熟悉到精通。这与《易经》中的"渐卦"很相似，"渐卦"讲的就是循序渐进的智慧。生活中我们要勇于尝试未知的事物，同时做每件事情都要讲究技巧，循序渐进，从而达到熟能生巧，巧能生精。

北宋时期有个叫陈康肃的人，看到别人精湛的射箭技术觉得很羡慕，也想要学习。但是他想到自己从来没有接触过射箭，也没有什么天赋，就犹豫不决，不知道该不该去学习。就在这个时候，他遇到了一个卖油的老人，看着老人笔直地将油从钱孔倒入葫芦里，并且葫芦口处的铜钱还不沾上一滴油，他十分惊讶，这么高超的水平，这个老人怎么达到的？他便去询问老人："您是如何做到这样的，太不可思议了？"老人看着他说道："在我没接触倒油的时候，看到别人如此娴熟地将油像线一样倒进瓶子里，也很惊讶，就和你现在的想法一样，但真正接触它的时候，我才发现，这并不是一件很困难的事，这只是一件手法熟练的平常事而已！我倒油已经将近二十年了！"

陈康肃听后若有所思：那些射箭技术高超的人应该也和这位倒油的老人一样，从不会开始，然后长时间练习，最终具备了人人艳羡的高超本领。想到自己想要学习的射箭，他一下子不困惑了——自己也可以这样，从头开始慢慢来，何必想那么多呢？回去之后，他开始准备东西，然后开始了日复一日的学习。最终，他真的拥有了高超的射箭本领，也真正体会到了那种"原来并没有很难"的感觉。面对无数人的夸耀、羡慕，他并没有觉得自己有多了不起，由衷地觉得自己的技能也只是"手法熟练了而已"。倒油老人的故事深深地印在了他的脑海中，他知道，人外有人，天外有天，没有最好，只有更好，自己继续努力，一定还能再上一个台阶。事实上，他的确在熟练射箭的基础上，研究出独属于自己的一套射箭技术。

南怀瑾先生也曾殷切地教导他的学生：学习不是一蹴而就的事情，它需要花费大量的时间和精力去认识、了解和钻研。我们都知道，人的大脑记忆功能有一个遗忘的过程与规律，学到的东西如果不及时复习的话，很快便会忘记。所以，学习中不断重复也是一个不可或缺的环节。读书学习还有一个把书变薄再变厚的过程，抓住重点，加以思考、深化、升华，掌握其中的要义，逐渐转化为自己的知识与理论。多次重复之后，我们便可以熟练地运用这个知识点或者这项技能了。

勇敢迈出第一步

世界上很多事情都需要有人勇敢地去迈出第一步，世界上存在太多我们无法了解的问题，天地间"有其理无其事"和"有其事不知其理"这两种现象，从不同角度说明了我们的经验和智慧不够用，所以导致很多事情我们无法了解。也就是说，世界上的任何事物，有其事必有其理，只是因为我们的智慧、经验不够用，暂时找不出它的原理而已。而《易经》的"简易"是最高的原则，宇宙间无论多么奥妙的事物，当我们的智慧、经验足够了，了解它以后，它就变得平凡了，而最平凡也是最简单的。

常言道：千里之行始于足下，道德修炼始于点滴。勇敢地迈出第一步，才会发现很多我们没有见过、没有听过、没有做过的事情，才能呈现未知的精彩；勇敢地走出第一步，尝试第一步，才能取得成功。

香港 TVB 前董事局主席邵逸夫就是一个善于审时度势、勇敢走出第一步的人。他是香港电影的领头人，先于同行率先看到无线电视业的商机。事实证明，他勇敢踏出的第一步是完全正确的，这样的第一步帮助 TVB 坐稳龙头宝座之位，至今无人可取代，他也从而开创了属于邵逸夫的时代。假如他因之前没人这样做过而踌躇不前、进退不定，又怎么会有之后一马当先、蒸蒸日上的业绩呢？的确，迈出第一步，可能会存在风险，但是若因为风险而永远去走别人走过的道路，那么永远也不会取得很大的成功，永远只能是缩在角落里的尘埃，最终会淹没在历史的长河中。

小时候学习走路，总要勇敢地迈出第一步，否则，永远也学不会走路。

现在，我们逐渐长大，生活中有更多的第一步需要我们去迈出。遇到困难，勇于前进，只有这样，我们的人生之路才能充满生机与活力，我们的生命才能更加丰富多彩。就像南怀瑾先生说的那样，勇于起步，敢于起步，勇于发现、探索未知的世界，一定可以收获别样的幸福。

6. 千变万化，非进则退

"变化者，进退之象也。"这句话包含的意义很多。"变化"，《易经》告诉我们宇宙间任何事情、任何物体，随时随地都在变化，没有不变的东西。"进退"是大原则，是动态，是一进一退之间的现象，所以变化是进退的现象，非进则退。

打破陈规，与时俱进

《易经》强调变化，世间一切都在变化，随着变化，旧的东西与新的环境不相适应，那么改变就势在必行。革卦、鼎卦强调的就是对过去的、旧的事物进行合理、合适的改变。

南怀瑾先生也有很多观点在强调变化。他认为，时代在不断发展进步，社会生活也随之发生了翻天覆地的变化，我们要根据眼下的条件和环境，因地制宜，与时俱进，用发展的眼光看待问题。

有这样一个故事，一个山村里的木匠去城里找活干，虽然他手艺不差，但他使用的工具只有一把斧子和一把铁锯，结果生意很不好。后来他发现别人都在使用电锯，不仅节省时间，还节省精力，快速高效。于是他虚心请教如何使用电锯，最后舍弃原来用的铁锯，换了新式的电锯。从那以后，找木匠干活的人越来越多，他也逐渐富裕起来。

从这个故事可以看出来，时代在变化，墨守成规并非一个好的生存之道。对于国家来说，亦是如此，故步自封并不是强国之路，要有敢为天下先的精神。就像当年的孙中山先生，眼见清朝统治腐朽落后，无法与时俱进，便率先领导民主革命运动，推翻封建王朝的腐朽统治，发表"民族、民权、民生"三大主义，为老百姓谋求福利，为国家谋求出路。时代不同了，环境也在发生变化，无论任何时候，我们都需要因地制宜、因时制宜。

南怀瑾先生认为，不要用停滞不变的眼光看问题，更不要目光短浅，故步自封，只局限于眼前的利益。为人处世、管理企业、治理国家都是如此。就拿治理国家来说，一定不要使用头痛医头、脚痛医脚的办法。古代帝王在遇到凶荒年的时候，通常就只想到移民和输粮的办法。虽然可以解一时之困，但不是长治久安之法。如果不从根本上去解决这些问题，找到彻底的应对之法，这样的国家很难长治久安。

中国经历了那么多次的朝代更替，每一次都是一场改革，究其原因，就是各个朝代或多或少都存在问题，需要变革。要想国家长治久安，百姓富裕安康，就要根据时代浪潮对治国之道进行合理的改变，并发展出适合本时代的强国之道。只有打破陈规，懂得变通，方能使国家长治久安。

坚持创新，坚持前进

古人云："穷则变，变则通，通则达。"这句话形象地说明了创新的真正意义。《易经》中"鼎卦"的中心意思就是告诫我们一定要勇于革新，出奇制胜。这也与南怀瑾先生的思想不谋而合，面对不断变化的世界，我们要积极适应，及时改变，从容应对，打破一直束缚我们的思想，从而获得更大的发展。如果谁能用心发现不断变化的需求，然后率先利用自己的能力适应这种变化，谁就会率先尝到因创新而带来的喜悦，这是从古至今都不变的道理。

古时候，有一年，鲁班奉命修筑一座宫殿，需要大量的木材。于是，鲁班每天都带着自己的徒弟们上山伐木，但是他发现，一天下来他们砍不了多少木头，效率非常低。他一直想着怎样才能高效率地砍到需要的木头。这一天，像往常一样，他与徒弟一起上山。在路上，鲁班的手不小心被一株草割破，他很好奇：一株草竟然能将手割破？有这么锋利吗？这样想着，他便开始仔细观察那株草。他发现，那株草的叶子两边长满了细齿，用手轻轻触摸这些细齿，能感觉到它们很锋利。他猜测，应该就是因为这些细齿，手才被割破的。他若有所思。之后又有一次，他无意中看到一条大蝗虫吃草，两排大板牙，一开一合，很快就吃了一大片。鲁班也觉得奇怪，就抓住一只蝗虫，发现蝗虫的大板牙上同样有很多细齿。经过这两件事情，鲁班受到很大的启发。他在一片竹片上刻了很多的小锯齿，然后到小树上去做实验。果不其然，一来二去，很快，小树就被划出了一道口子。鲁班非常高兴，就这样，他开始用竹片锯木头。可是，用了不久，竹片就不能用了，他左思右想，怎样才能长久地使用呢？于是，他想到了质地较硬的铁片，便立马请铁匠师傅帮忙制作了带有小锯齿的铁片。完成之后，鲁班就带着徒弟上山尝试锯树。他和徒弟一人拉住锯子的一边，俩人一来一往，很快就把树木锯断了，又快又省力。这样伐木的方式很快被人效仿，锯就这样被发明出来。

相信在鲁班之前，也会有很多人有相同的遭遇，但是为什么只有鲁班一个人能够从被草划伤的经历中受到启发，发明了锯呢？这非常值得深思。大多数人会认为这只是一件小事，不值得大惊小怪，在伤口好了之后就很轻易将这件事情忘记了，而鲁班却有比较强的好奇心，有积极思考的心态。他对生活中的琐碎小事进行观察、思考、分析、钻研，勇于开拓创新，最终取得了创造性发明。

在高速发展的今天，更需要创新意识。无论是国家、企业，抑或是个人，都需要有创新精神，只有勇于创新的国家，才能屹立于世界强国之林。

遵从《易经》的教导，了解千变万化的世界，知道非进则退的道理，积极应对生活中出现的一系列变化，才能永远保持前进的姿态。

7. 无咎者，善补过也

《易经》当中除了"吉凶悔吝"这四个现象以外，还有一种叫"无咎"的现象。然而，正如南怀瑾先生所参悟的那样，"天底下的事情既没有绝对的好，也没有绝对的坏，你认为好了，就出毛病"。说到底，人生在于一个"悔"字，要做到"悔"这一点是很困难的,只能无限接近"无咎"的状态,而不可能达到真正的"无咎"。所以,并非卜卦卜到了无咎,就可认为没有问题了,就一味地认为这是好卦,那就大错特错了,而是要警醒自身,善于补过。

闻过则喜,人生之大幸

南怀瑾先生告诫世人,"若想真正达到没有毛病的境界,就要'善于补过',要随时随地反省自己,要随时随地检查出自己各个方面的错误,才能尽可能向无咎靠近"。

一般而言,人们犯错后面对他人的指责,常会表现出两种截然不同的态度。第一种是虚心接受,就像孔子教导世人的那样"闻过则喜";第二种则会觉得有失颜面,会为自己辩解,以洗清自己所受的"冤屈"。这两种态度体现的正是接近无咎和远离无咎两种人生境况。所谓的"闻过则喜"体现的是一种谦逊、理智和大度的人生修养,千百年来为人们所传颂。

说起来,孔子是"闻过则喜"这方面的表率。有一次,陈国的司寇问孔子,鲁国的昭公是否懂礼数,孔子不假思索地对司寇说,昭公是个懂礼数、有修养的人。听了孔子这番话,司寇陷入了沉默,等孔子离开后,司寇马上对巫马期说:"古人常说,君子从不会偏袒人,莫非现在这世道,就连君子也开始偏袒人了吗?"

巫马期听了一头雾水,虽然知道司寇话里有话,但仍不明就里。于是,司寇向他解释了事情的原委。原来,这位鲁国的昭君娶了一位来自吴国的夫人,二人是同姓,所以讳称她为吴孟子。这位陈国的司寇认为,鲁君这一做法根本不合乎礼法,并且公然违背了同姓之间不可通婚的规矩。

听了陈国司寇的这一番话,巫马期也觉得很在理,便将这番话传达给了孔子。孔子听后非但没有生气,反而坦然地说道:"这真是我孔丘的幸事啊,一旦我犯了任何过错,就会有人来提点我啊!"而自此以后,孔子在评价他人时更为严谨、更加客观。

听别人公然指出自己的缺点,孔子非但没生气,反而很高兴,并反省自身,这正是他闻过则喜的表现。然而,对大部分人而言,要达到闻过则喜的境界是很困难的。当别人指出自己的缺点或错误时,能忍住不当场翻脸就已经很有修养了，能像孔子那般觉得这是一件幸运之事的人则少之又少。然而，如果我们仔细想想孔子的所作所为，就会觉得他所倡导的"闻过则喜"是很有道理的。面对他人指出的错误不羞不恼，反而将之视为一件幸事并接受，这体现的是一种圣人的胸怀和修为。

随时改正自己的过失

如何理解"无咎者，善补过也"这句话的内涵呢？南怀瑾先生为我们讲了一个生动的例子，譬如你做生意，三点半钱要进账，你卜到了无咎，就认为没有问题了，事实上这是靠不住的。你要去找钱才行，钱不会自己长着脚跑到你的兜里去，不然你迟早会被这种不思进取的思想拖垮的。总而言之，要善于补过才行。

古语有云，"从善如流"，说的就是对真理采取服从态度，如同水向低处流淌一样。这句话告诉人们，面对他人对自己过错的指责时，一定不要急于辩解，要保持冷静，虚怀若谷，反复思考后服从于真理。如果真的是自己做错了，就要及时改正，以免造成更大的损失或犯更大的错误，这就是古人常说的"从善如流"。

然而"从善如流"的关键在于"善"，只有听从正确的建议，才能向积极的方面发展，才能弥补自己的过错。历史上，因"从善如流"而兴国、误国的例子比比皆是，其中齐桓公就是典型的例子。

为了争夺王位，年轻的齐桓公与自己的兄弟公子纠你争我斗。当时管仲是公子纠的老师，为了帮公子纠夺取王位，曾派出杀手前去追杀齐桓公，并向他射出了致命的一箭，幸运的是，带钩挡住了这一箭。为了让管仲麻痹大意，齐桓公故意咬破舌头，假装吐血而亡，才逃过了这一场劫难。

经此一事，在齐桓公眼里，管仲成了仇人。齐桓公登上王位后不久，就打算将管仲杀掉，但他的恩师鲍叔牙却再三劝阻他，希望他能对管仲委以重任。齐桓公思索再三，最终接受了鲍叔牙的建议，不计前嫌，拜管仲为相国，后来又尊称他为"仲父"。当了相国之后，管仲果然能力超群，在国内推行"富国强兵"的政策，在国外推行"尊王攘夷"的政策。在管仲的辅佐之下，齐桓公最终称霸于诸侯。

令人遗憾的是，齐桓公一世英名，到了晚年却不思进取，忠奸不辨，不顾管仲等一众老臣的规劝，重用了易牙、竖刁、开方等奸佞小人。三人心怀不轨，后来齐桓公病重，他们假传圣旨，将齐桓公与子女和大臣隔离开，后来又不为齐桓公提供饮食。最后，齐桓公被活活饿死了。更令人发指的是，齐桓公死后，这三人秘而不宣，桓公的尸体被放置在偏僻之处整整67天而无人问津。其间，他们派人去追杀太子昭和其他旧臣，最后还拥立了新的太子。

虽然太子昭后来复位除奸，但是齐国从此一蹶不振，最终灭在了秦国手中。早年时，齐桓公从善如流，善于接受正确的意见，甚至大度地重用仇人，国力富强，称王称霸。而到了晚年，他却忠奸不分，不听忠言，最终误国误己。这就是鲜明的对比。

正如南怀瑾先生所说，在逆境中接受他人意见或许难得，更为难能可贵的是在顺境中也能够警惕自己，从善如流。

8. 刚柔相推，而生变化

《易经》中讲："是故刚柔相摩，卦相荡，鼓之以雷霆，润之以风雨，日月运行。"古人解释道："日月为易，刚柔相当。""易"字的象形字是上面一个日，下面一个月亮，上下相结合就是"易"字。因而，"易"所讲述的实际上是宇宙系统中，一个日月运行、阴阳并生、刚柔相济的法则。

"易"中所讲的"刚柔并济"，是一种不断磨合的宇宙法则。南怀瑾先生讲解了《易经》中"卦相荡"的含义，他说卦相荡，就是指先天六十四卦的一来一往，彼此游荡出来。假设我们从卦的方位来看，阴阳一动，刚柔交加，乾卦变动引起兑卦雷霆相碰，因而产生风雨，各种天象开始运行。这就好比古代一个朝廷，文武官员两股力量相辅相成，相生相克，帝王发出命令，引发一系列管理政策的施行，然后产生相应效果，百姓生活随之运转起来，进而蒸蒸日上。

刚柔并济文武兼得

什么最柔？什么最刚？天地间没有绝对的东西，老子曾提到过世界上最柔的东西是水，水一滴一滴，都是软的，没有骨头，风一吹就干了；但同时水也是最刚强的，利刃难摧，水滴石穿，是世上最厉害的武器。因而，水是刚柔并济的，可以在刚柔之间互相转化，再坚硬的冰块，终归会软化成水，最终消失在空间里。

纵观历朝历代，统治者的手下都是一群文官，一群武官。文官似水一般柔软，虽然他们不擅长征战沙场，但是他们的治国思想、口才文笔都是利器，能够产生管理策略和计划。而武将拥有强健的体魄，驰骋于沙场战斗中，金戈铁马，他们是国家中最坚强的武器，是国家领土和百姓生命的重要保障。正是这一刚一柔、一阴一阳，才确保了一个国家的正常运转。

治理一个国家，偏重刚柔任何一方都不行。秦王朝以武力打天下，强兵严法，以刚猛为主，对柔的政策嗤之以鼻。因而秦始皇登基之后，不但不大力发展文化，反而焚书坑儒，杀害了很多文人策士，将柔的一面全都扼杀。这样一来，秦朝刚柔之道失调，无法让国家真正强大兴盛起来，最后到了秦二世，秦朝就灭亡了。

宋朝则是相反的例子，赵匡胤登基之后，担心武官掌握军权谋反，因而杯酒释兵权，大力扶持朝中文官，打压武官的力量。文武不能相济，刚柔不能协调，造成宋朝的军事管理十分柔弱，常年被四方少数民族欺压，最后偏安南方，直至灭亡。

因此，一个企业或者一个国家想要运行良好，就得有懂得刚柔相融的管理者，应调和阴阳，刚柔并济。我们都知道廉颇和蔺相如的故事，他们一个文臣，一名武将，保证了国家的长治久安。

真正的管理是刚柔相融

南怀瑾先生认为，刚柔并济的道理其实就像一架天秤，这一头重，那一头就会高起来；而如果这一头高起来，那一头就沉下去，因此均衡是最好的。

刚柔相融虽然很难做到，但这是一个管理者必须具备的素质。对于领导者来说，亦刚亦柔是趋于平衡的理性态度，也是一种很巧妙的管理方法，一方面要刚正不阿，另一方面又要能跟属下增进感情，既不傲慢，又坚持原则。

日本著名企业家松下有这样一个故事：有一次他的属下犯了一个严重的错误，使得公司蒙受损失。松下大发雷霆，一边用教棍敲着桌子，一边严厉地批评属下，最后把教棍都敲弯了。训斥完之后，他看着属下说道："你看我骂得多激动，竟然把教棍都弄弯了，你能不能帮我把它扭直了？"属下当然遵命，很快把它恢复原状，松下夸奖他："你的手真灵巧啊。"之后露出亲切的笑容，属下原本一肚子的不满情绪，顷刻间就消散掉了。等属下回到家，发现妻子面带笑容，做了一大桌的饭菜，他问是怎么回事，妻子说："松下先生来电话，说你今天回家的时候，心情一定非常差，所以要准备一些好吃的东西，让你解开烦闷。"属下听后非常感动，从此工作变得更加认真踏实。

从这个故事可以看出，刚和柔并不是对立的，可以在同一个人身上做到相辅相成。这两个看似互不相容的东西，融合在一起反而会相得益彰。历史上不懂得刚柔并济的帝王到最后都自取灭亡，真正的管理是将刚柔巧妙结合，就好像冰和水一样，看着一硬一软，其实是同一种本质。所以，太刚则必折，太柔则必缺，只有刚柔相推所生的变化，才是统治者与管理者想要实现的上上之道。

第二章

君子以成德为行

1. 忠信，所进德也

《周易·乾·文言》中言："子曰：君子进德修业，忠信，所以进德也。"意思是说，君子每天都会努力进取，增进自己的道德学问。为人忠信，便可以立德、立言、立功，最终成就人生的"三不朽"。

忠义之信，至死不负

季札是春秋时期吴国国君的公子。季札在一次出使鲁国时路经徐国时拜会了徐君。徐君初次见到季札便被他的涵养与腰间佩戴的佩剑所深深吸引了。在古代，剑不仅是饰品，也是一种礼仪。无论是士臣还是将相，身上通常都会佩戴一把宝剑。不过，季札的这柄剑剑身魄力非凡，几颗宝石嵌于其内，华丽而不失庄重。徐君很喜欢这把佩剑，但又不好意思说出口，只是羡慕地盯着看。季札看在眼里，记在心里，他想，等完成国君交付的使命之后定要回来将这把佩剑赠给徐君。

不料途遇不测，季札出使回来后，徐君已经过世。季札来到徐君的墓旁，内心的悲戚难以言说。他仰望苍天，将佩剑挂在树上，心中祈祷着："您虽然已经逝去，但我心中对您曾经的诺言依旧还在。希望您在天上看到这棵树时，还能看到我赠予您的这把佩剑。"他对着墓碑鞠躬叩拜后，默然离去。

季札的随从不解地问他：徐君已经逝去了，您将这把剑放在这里，又有何用呢？季札回道："始吾已心许之，岂以死背吾心哉？"意思是说，虽然人已经远走，但我曾对他有过许诺。我知道他很喜欢这把剑，本想回来后就将佩剑送给他。君子讲求的是诚信与道义，怎能因为生死过世而背弃为人应有的信与义，违背原本的初衷呢？

自古以来，先贤一直教育我们，高尚的道德和人品是一种内在的坚守，内心的诚挚和信念最能呈现出一个人的品格。尽管季札只是在心里许诺徐君，并没有开口答应他，但在徐君过世之后，季札仍然坚守自己的承诺，没有违背做人应有的诚信。这种"信"到极致的行为，让后人非常感动，可谓做到了真正的"大信不约"。孔子曰："人而无信，不知其可也。"没有信用，就如同车子无法走动一样。《中庸》云："不诚无物。"如果缺乏真诚的心与应有的信义，那任何事业都很难成就。

尽信尽义，忠信为德

"忠信，所进德也。"什么是"进德"呢？在孔子的传统道德观念中，始终以"忠信"为本，"忠"是为人处事无不尽心尽力，"信"是言而有信、信己信人，只有做到"忠信"，才会在道德上取得进步。因此，"忠信"是"进德"的前提和基础，没有忠信，一切德行都是虚伪的。

南怀瑾先生认为，"忠"是"仁之实"，而"仁"的本质也就是"忠"。上"为人君"者，要"止于忠"；而下"与国人交"时，又要"止于信"。曾子曾言："吾日三省吾身：为人谋而不忠乎？与朋友交而不信乎？传不习乎？"其中所谓的"为人谋"，其实就是"为君谋"，因此"忠"是对于上而言；而"与朋友交"则是指在下交友时要讲究信用。

东汉朱晖是南阳人，《诗经》中有句："朱晖信心，以待知己，张堪既亡，赡其妻子。"说的便是他。朱辉在太学念书时，为人处事非常有气节，因品德高尚、尊师重友而受到同学老师的尊重。虽然早年丧父，但这些并没有影响他的发展。他的同乡张堪研究儒学，曾在太学见过朱晖，两人彼此欣赏，结为忘年之交。后来，张堪重病，有一次在太学里又见到朱晖，便拉着他说："今后我若逝去，想把妻儿托付给您照顾。"朱晖听后深感责任重大，便不敢做出回答。张堪去世后，家中妻儿生活凄苦，朱晖便亲自探望，不时地周济他们。朱晖的儿子朱撷问道："父亲往日不曾和张堪做朋友，为什么突然这样周济他们呢？"朱晖答道："张堪曾经说过将我视为知己的话，我心里已认定他是我的朋友，他家人有难，我一定会帮。"

南怀瑾先生认为，忠信是修养个人道德的阶梯，如果一个人处事为人无不尽心，对工作有忠心，对朋友有仁义，一生言而有信，尽信尽义，那么便无愧于天地，无愧于自身，他的德行也必定超越常人，正像古代儒者所赞誉的"进德修业，便为君子"。

2. 积善之家，必有余庆

《易经·文言》中曾言："积善之家，必有余庆；积不善之家，必有余殃。"意思是说，修善积德的人家，肯定会有更多的吉庆；作恶坏德的，也定会有更多的祸殃。这里阐述的是道德从循序渐进、一点点积累，到最后量变引起质变的现象，同时也是在向人们发出警告，当一些小的不良现象滋生后，要及早看到并提高警惕采取相应措施，若不加以管制任其发展下去，后果将非常严重。

积善之家的熏陶

积善之家的潜移默化，是祖辈父母留给后人最好的礼物，这样的道德熏陶是一种长远的教育方式，势必对子孙后人产生重大影响。

梅兰芳是闻名于世的中国戏曲大师，著名的京剧表演艺术家。他生于梨园世家，祖父梅慧仙是一位德艺双馨的京剧艺人，曾做过"四大徽班"之一的"四喜班"班主。在旧社会的戏班里，班主通常有苛待学徒的恶习，但是梅慧仙不同，不管是名角还是普普通通的学徒，他都以礼相待，仁慈宽厚。"国丧"期间，戏班无法演出，没有了收入，别的戏班都不给工钱，但他不惜借钱，也要给与自己一同在戏班奋斗的学徒发放工钱。

梅慧仙有位朋友叫谢增，是清朝道光年的探花，官至御史，但终生廉洁清正，两袖清风，生活有时很窘迫，梅慧仙总会送钱帮助他渡过生活的难关。谢增不愿白受恩舍，因此每次都会亲笔写一张借据给梅家，几年之后，谢增共欠了梅家三千多两银子。后来谢增病逝，梅慧仙前往吊祭，见过谢家的人后，拿出一叠借据。谢增的儿子们惶恐地说："我们知道父亲借了您许多钱，但现在实在无力偿还，等我们有了能力，一定会如数归还。"梅慧仙便摇头说："我不是来向你们要钱的，我和令尊是多年至交，今天知己亡故，十分伤痛，我是特意来了结这件事情的。"说完，他便将借据放在灵前的白蜡上焚烧。他知道谢家后人凑不够丧葬费，于是赠予三百两银票，帮助谢家，在场之人无不被他的义举感动。梅兰芳的老师曾对他说："你祖父待戏班里的人实在太好。每到过年过节，都会根据每个人的生活状况给予相应的照顾。"梅慧仙经常助人，为人好慈重义，厚待他人，因此有"义伶"之称。他胸怀宽广，乐善好施，一举一动都成为后人的楷模。梅兰芳自幼深受祖父影响，不仅传承了祖父高超的戏曲才华和造诣，而且受到祖父高尚道德的熏陶，立志成为像祖父一样的义人。

积善之家，必有余庆。南怀瑾先生认为，为人所付出的，总会有因果轮回，将来从上天那里得到回报。日本侵占中国的时候，梅兰芳蓄起胡须，拒绝给日本人扮装唱戏，年复一年靠卖画和典当度日。上海的几家戏院老板见他生活窘迫，邀他出来演戏，都被他婉言谢绝。而当时的汪伪政府闯入梅兰芳家，让他率领剧团轮回演出，庆祝所谓"大东亚战争胜利"一周年。梅兰芳拒绝说："我已经上了年纪，留了胡须，也不再吊嗓子，早已退出舞台了。"

梅兰芳之所以被称为戏曲界的艺术大家，不仅是因为戏曲技艺高超，更重要是他的德行和人品被人赞誉。这也正是梅家祖辈留下的祖训，是梅慧仙对子孙后代潜移默化的影响和教育。

积善积不善，教育使然

古代中国人很重视家庭教育，儒家思想倡导孝悌仁义，很多道德观念都是在家庭生活中培养出来的，祖辈和父母对儿女的日常监管和教育，直接影响到后代能否成为一个有德行的人。

南北朝宋废帝刘子业15岁登基当皇帝，虽然是家中长子，但自幼缺乏家庭教育，结果成为一个荒唐残暴的皇帝。《宋书》中这样评价他："虽曰嫡长，少禀凶毒，不仁不孝，著自髫龀。"意思是说，刘子业自幼性情十分凶狠，不仁不孝，猪狗不如。历史上记载，刘子业登基之后，到祖庙里批判戏谑老祖宗的牌位画像，"詈辱祖考，以为戏谑"，给画像中的父亲加了一个酒糟鼻子。他对几个叔叔也不尊敬——长相不好看的，封之"贼王"；脾气暴躁的，封之"驴王"；喜欢习武的，封之"杀王"；还有一位体型偏胖的叔叔，封为"猪王"，而且赐下猪食给"猪王"食用。他生性残暴，滥杀无辜，而且荒淫无道。《资治通鉴》记载这位皇帝的荒唐事："游华林园竹林堂，使宫人倮相逐。"就是说刘子业闲来无事，命令宫女脱光衣服在宫里捉迷藏，以图淫乐。如此荒唐失德的皇帝，为天下臣民所不容，登基不到两年，他就被叔叔反叛所杀。

刘子业的不善，为他积来了杀身之祸，正是"不积善者，必有余殃"的例子。而一个家庭如果忽视子女教育，没有让后人养成积善之德，那么即便是祖辈积累下来的善德，也会顷刻间瓦解崩塌。

狄仁杰是唐代著名法官，他刚正廉明，执法不阿，兢兢业业，在唐高宗年间，曾一年之内处理了大量积累的冤案，为1.7万人洗清冤情。武则天时期，他是朝野推崇备至的断案如神、摘奸除恶的大法官，才干与名望受到武则天赞赏，做了宰相。狄仁杰在职期间，老百姓对他十分爱戴，送了一块"德政碑"给他，以表彰他谨慎自持，从严律己。但是狄仁杰常年在外办案，忽视了子孙的家庭教育，使得他的第三子狄景晖嚣张跋扈，最终惹来民愤。

新旧唐书中都记载狄景晖做官时名声很不好，不仅贪婪，而且残暴，让当地百姓民不聊生。狄仁杰知道之后非常生气，主动罢掉儿子的官职，并且要严惩不贷。后来朝中大臣为他求情，狄景晖也跪在父亲面前，表示愿意改过自新。但是此后他还是秉性不改，并且变本加厉，对百姓残暴无比，被欺压的老百姓无比痛恨他，直至迁怒于狄仁杰，最终忍无可忍，将狄仁杰的"德政碑"给砸了。

"德政碑"是因为狄仁杰体恤民生，百姓给他立的碑，然而因为他的儿子，这块碑又被百姓砸毁。从这一立一砸两个举动，可以看出狄仁杰家庭教育的失败，在他一生的功绩上涂抹了污点。

因此南怀瑾先生说，"臣弑其君，子弑其父，非一朝一夕之故，其所由来者渐矣，由辩之不早辩也。易曰：履霜坚冰至，盖言顺也。"由积善积不善的问题，可以看到因果观念的推演，从而发展出中国几千年一贯的教育目标——如何教育后代做一好人，做一完人。如果只注重知识和生活技能的传授，怠于品德的培养，迟早是要出问题的。

3. 功在天下，而不傲慢

"劳、谦。君子有终，吉。"这是《易经》中谦卦九三爻的爻辞。南怀瑾先生认为，谦卦是地山谦，山最高了，但它却处在平地的下面，而这块平地呢，却又在山顶上。谦卦的道理就是这样，你到了最高处，就要平实，不要认为自己有多高，这就是谦的含义。

不傲才以骄人

山顶的上面是平地，达到最高处时也要有最平凡的心态，对人谦恭有礼。诸葛亮在《将诫》中有这样一句："不傲才以骄人，不以宠而作威。"意思就是，不倚仗自己的才华在别人面前表现出骄傲的神情，不能因为自己受宠，就到部下那里作威作福。这和南怀瑾先生所解释的谦卦有着异曲同工之意。

楚霸王项羽是贵族出身，他英雄盖世，力拔山河，又拥有雄兵百万，故而恃才傲物，从不把别人放在眼里。项羽率领大军杀入秦都咸阳后，杀了秦王子婴，焚烧阿房宫，甚至杀了很多贫民。司马迁在《项羽本纪》中记载："居数日，项羽引兵西屠咸阳，杀秦降王子婴，烧秦宫室，火三月不灭，收其货宝妇女而东。"

就在项羽打算引军向东的时候，有一个叫韩生的谋士劝说他："将军，您应该在咸阳建都，因为这里是关中地区，易守难攻，而且土地肥沃，财物丰富。如果在此建都，一定能实现统一霸业。"但是项羽骄傲自大，根本听不进韩生的建议。他觉得咸阳的都城已经残破不堪，以前是秦国的都城，在这里建都很不吉利，而且西部的条件太艰苦，不如家乡繁荣。另外，他还想率领大军回到家乡去，向乡亲们炫耀一下自己的财富和威风。所以他对韩生说："一个人富贵了，就应该回归故乡。如果富贵不归故乡，就好像穿着华丽的衣服在夜间行走，谁能看得见呢？"

韩生听了项羽的这番话，感到非常失望。他离开项羽的军帐，摇头说道："人家说楚地的人是'穿衣戴冠的猴子'，以前不信，今天听了这些话，果然没错！"韩生的话传到了项羽耳朵里，项羽勃然大怒，立刻把韩生抓起来，将他烹杀了。

这件事情说明项羽傲慢自大，他在鸿门宴上放走刘邦，也是因为骄傲轻敌，瞧不起一个小小的亭长刘邦，最后导致失败和乌江自刎。对比之下，刘邦不骄傲自满，善于招揽人才，重用张良、韩信、萧何等人，最终由弱转强，得了天下。

南怀瑾先生认为，骄傲的兔子和缓缓前进的乌龟，如果兔子认为自己跑得很快，等等乌龟也没关系。如果兔子在乌龟追上的时候醒了，那还是不晚的，但是骄傲的兔子一直认为乌龟不会赶上来，因为太过骄傲，它就安心地入睡，以为胜券在握，却被乌龟赶超了。一个人具有优秀的才能而被别人羡慕不已时，一定不能因为才能过人而骄傲，只有谦虚谨慎，才会走得更远。

身有功名而知谦

子曰："三人行，必有我师焉，择其善者而从之，其不善者而改之。"我们都知道，要向身边的人学习，也就是说学无止境。但是当一个人有了功名后，往往会碍于面子而不知谦逊，或是目空一切，不可一世。张廷玉说，"盛满易为灾，谦冲恒受福"，有功名的人在学习处世的过程中，仍需怀有一颗谦虚的心。南怀瑾先生认为，身负功名而不忘知谦，才有真正的大家风范。

物理学家爱因斯坦在世的时候，已经是一位声誉显赫的物理学家，深受人们的敬仰。纽约河滨教堂设立世界上最伟大的学者塑像，当时爱因斯坦是唯一尚在世的人。但是作为全世界顶级的科学家，爱因斯坦并没有被荣誉冲昏头脑，而是始终保持一种谦逊待人的态度。当人们把他当做偶像时，爱因斯坦感到难以理解，而且很反感报刊杂志上的宣传，记者、画师来找他拍照、画像，更让他难以忍受，直言说不想变成行业模特。

很多人说爱因斯坦是天才，是超人，但他自己从来不这样想。他知道自己小时候比普通孩子更笨一些，他所走的路都是从前道路的延伸，而且科学创新也是在前人的基础上开辟出来的，所以他总是抱着感恩的心态赞赏前人的贡献。有一位记者赞美爱因斯坦为物理学做出独一无二的贡献，他却说："在科学的道路上，有许许多多人在共同奋斗，各人有各人的工作，各人有各人的贡献，所以我对同行的工作非常尊重，他们每个人的贡献都是独一无二的。"就算是对待自己的下属和学生，爱因斯坦也没有丝毫的傲慢，凡是和他接触过的人，都因他的和蔼可亲和平等待人而感动。他还总结了一个成功公式：成功 = 艰苦的劳动 + 正确的方法 + 少说空话。他认为自己不是天才，仅是一个忠实而勤勉地追求真理的人。

南怀瑾先生说："万事退一步就叫谦，不傲慢就叫谦，让一步就叫谦，多说一声谢谢、对不起，就叫谦。"无论是做人还是做事业，无论是平民百姓还是领袖人物，有了功劳而不傲慢，身负才华而能自谦，这便是《易经》上"劳而不伐，有功而不德，厚之至也"的道理。

4. 知至至之，知终终之

"知至至之，知终终之"出自《易经》，曰："知至至之，可与几也。知终终之，可以存义也。"意思是说，一个聪慧的人，要能从纷繁复杂的社会现实中看出事情的征兆，预感出人生机遇是否到来。一旦时机成熟便伺机而动，抓住机遇，做该做的事，这就是"知至至之"。而一个人敏锐地知道事情将要结束，就立即停止，不做过分的事情，他的行为就不违背仁义，即是"知终终之，可以存义也"。南怀瑾先生曾语重心长地说："人最高的智慧要达到对己、对人、于事，机会到了，就要紧握机会，该做的就去做。"

抓住机遇，万事俱起

人在一生中，总有无数的机遇擦肩而过，有的人及时抓住了，便能飞跃龙门，从此改变人生，而有的人对于机遇却不敏感，即便拥有一身才学，也很难施展出来。

孟浩然是盛唐著名的山水田园派诗人，世称孟襄阳。他早年并未曾入仕，在当地是有名的隐逸田园的大诗人。盛唐时代人才济济，很多人到京城游历，因诗歌写得好而一举成名，朝为田舍郎，暮登天子堂。孟浩然四十多岁时也到京师游历，在太学作诗受到满座宾客的赞叹与佩服，几乎无人能及。一次，唐代著名诗人王维邀请他到内署，刚好皇帝唐玄宗也来到这里。这本是一个极好的大展才华的时机，但孟浩然却满面惊慌，躲到了床底下。王维一心想推荐孟浩然，于是把事情的原委告诉玄宗后，玄宗大喜道："我以前听说过这个人，但并没有见过，他为什么这么怕我，还躲起来呢？"于是便下令叫孟浩然出来面圣。当时玄宗的心情极好，所以这又是一次能令孟浩然平步青云的好时机。当皇帝询问孟浩然作过什么诗时，孟浩然朗诵了一首悲天悯人的诗，说到"不才明主弃"一句时，唐玄宗脸色大变，不悦地回道："是你自己不想做官，我又何曾抛弃过你，为什么要如此作诗诬蔑我呢？"于是孟浩然被放逐，此后一生未受重用。

孟浩然的事例说明，一个人空有才华却不懂得抓住机遇，不采取相应的行动，那么他的才华终究难以施展出来。即便是一颗钻石、一块金子，也要适时地向人们显露出闪亮发光的本色，以及自身独特的价值，如果面对机遇而无动于衷，将会永远掩埋在深土里。

与孟浩然没有把握好机遇的事例相比，历史上的毛遂则更懂得"知至至之，知终终之"的道理。正所谓抓住机遇，便可万事俱起。

战国时期，秦国出兵攻打赵国，包围了赵都邯郸，情况紧急，赵王便派平原君前往楚国请求援救。平原君想选20名门客随他一起前往楚国。选了19人后，还有一人空缺，毛遂便主动请求前往。平原君见他平时未曾崭露头角，便心生轻视，问道："先生来我这里几年了？"毛遂说："三年了。"平原君说:"我听说,锥处囊中,就会脱颖而出。你来了三年,为什么还没有名气呢?"毛遂便回道:"问题在于你没有把我这把锥子放在囊中。只要给我一次机会,我定会脱颖而出。"平原君听了,认为说得有道理,于是便带毛遂出使楚国。果不其然,毛遂不负期望,抓住机遇,在楚赵会盟中立下头功。

毛遂在平原君的门客中是一个人才,但是人才没有机遇施展,就犹如锥子没放入囊中,始终无法脱颖而出。而楚赵会盟是一个展露才华的大好时机,毛遂自我推荐,及时抓住了这一机遇,不仅给赵国立下汗马功劳,同时也使自己的才华不至于被埋没,让自己的人生获得更多成就。

知终终之,知晓自己的能力

"知终终之",是说一个人看到事情该结束了,这时就应该及时收尾,立即告退,若下次遇到机遇,可以再尝试,不能硬留在舞台上不肯退场。所以南怀瑾先生认为,一个人懂得说"下次再会,谢谢",及时下台,这是一种大智慧,因为他留在台上的以及给人的印象,永远是非常美好的。老子曾劝言"功成、名遂、身退",就是这里说的知终终之。

不过,"知终终之"的境界很难达到,若是懂得这个道理,则会做到"居上位而不骄",也就是说,即使坐在最上的位置,都不会觉得有什么可自豪的,那么在下位也就无忧。因为任何时代早晚都会过去,一旦时机已过,舞台很可能就不再属于自己,所以这时候人要懂得"知终终之"的智慧,及时功成身退,才能得以善终。

在中国古老的历史版图上,曾有几位著名的变法人士。第一位是春秋时的商鞅,他因变法使秦国强大起来,但却没有及时功成身退,而是继续在朝中参政,超越了自己的能力限度,最后闹得怨声载道,落个被五马分尸的下场。秦朝李斯也是一代名相,辅佐秦始皇建功立业,统一六国,但他在秦始皇死后没有及时放弃朝中权位,功成身退,结果落得个满门抄斩的悲惨下场。宋朝王安石变法也有相似之处,王安石本是伟大的政治家,他的很多思想都走在时代的前沿,但他的一生也没做到"知终终之",最后凄凉地离开朝廷,而他的变法之道最终也没能贯彻到底。

正所谓乾乾因其时而惕,要知晓自己的能力和限度,如果机会来临,那就拼力施展一番；但是如果时机已过，就要及时退场，不要贪恋权位，不要死守着位置不离开。这样的话，不仅无法施展得更好，而且还会对自身造成危险，正所谓过犹则不及，水满则溢。人生做到不盈不溢，进退自如，才是具有"知终终之"的大智慧。

正如南怀瑾先生所说，一个有智慧的人，知道应该怎样从社会现实中找到自己的人生机遇。一旦时机成熟便伺机而动，抓住机遇，做自己应做的事，而后知晓自身能力，适当的时候能做到功成身退，这便是"知至至之，知终终之"的真正意义。

5. 利贞者，性情也

《易经·乾》有言："利贞者，性情也。"孔颖达疏曰："性者，天生之质，正而不邪；情者，性之欲也。"在中国文化中，性代表人本身，情后来衍生为人的情绪。中国人把人的心理叫做七情六欲，七情象征着喜、怒、哀、惧、爱、恶、欲，六欲则属于佛家之道。

南怀瑾先生认为，"利贞者，性情也。人就要有点自己的脾性，方为一个真正的人。"这里说的"利贞"两个字，所代表的一个是性，一个是情，其中贞是性，利是情。以现代人的观念来看，性是非常理智的，当我们遇到一件事情，心里总觉得不应该骂出去，但由于自身情绪不好，一有不对就开骂，骂出去的时候自己理性上是知道不应该生那么大气的，但情绪上还是忍不住。当然，情和人的生理也有很大的关系，生病感冒抑或是因为肠胃不好，身体不舒服，情绪也会坏许多，这也是一种性情。

适时拒绝，率性之情

所谓"利贞"的性情，就是一个人拥有祥和之性，贞正坚固。2012年，品格温润、长相普通的法国总统候选人弗朗索瓦·奥朗德，在选举中击败了高傲的萨科奇，一举成为法国第七位总统。在隆重的就职典礼中，他一把抱住自己的挚爱瓦莱丽再不松手，感动了在场的很多人。有人说，如果把法国的第一夫人比做品牌的话，法国前第一夫人布吕尼是顶级品牌"迪奥"，她被赋予如太阳般的热情，微微透露出些许性感，奢华而高调。而奥朗德的"第一女友"瓦莱丽则更像品牌"阿玛尼"，平和低调，智慧与美貌并重，她出身平民家庭，却依靠着自己的努力，一步步走到法国政治记者的顶端，并帮助男友奥德朗成功当选法国总统。

但就在这样万事俱备的时刻，瓦莱丽却迟迟不肯接受法国"第一夫人"的国母称号，一直坚持要与奥朗德继续维持恋人的关系，拒绝跟奥朗德回家，做"第一夫人"。那么，为什么她拒绝做法国的"第一夫人"呢？

瓦莱丽出身平民，在家里排行老五，下面还有一个年幼的妹妹，一家六口曾为生活所迫，挤在政府的廉租房内艰苦地生活。父亲因战争而失去一条腿，再也无法工作，全家平日里只能依靠政府微薄的残疾人补助金过活。母亲则是滑冰场里的小小收银员。面对家庭的困难，瓦莱丽并没有对生活失去希望，在这种环境下，她更早懂得了人生的艰难与不易。正因为生活赋予了她克服困难的勇气与坚强，她很清楚地知道自己该要什么，不该要什么。她要为自己的人生而继续奋斗，如果她选择做了法国第一夫人，虽然衣食无忧，享受荣华，但那毕竟不是真正属于自己的，而是借用别人的光环照耀自己的人生。她不想成为摆设，更不想成为男友的附庸，她要自己活出属于自己的精彩，等到自己的能力、智慧、财富和地位都能够跟男友真正平等时，她才考虑婚姻问题。

由此可见，瓦莱丽不仅是个有智慧的女人，而且也拥有着一份属于自己的真性情。她懂得适时拒绝，懂得追求真正的自我幸福，而不是以找到一位如意郎君，结婚生子作为人生成功的目标。她的美丽可爱之处，以及令人敬佩的地方，也正在于此。

性情之人，谨守原则

《中庸》里讲"天命之谓性，率性之谓道，修道之谓教，道也者，不可须臾离也，可离者，非道也"。就像男女之间的爱情一样，爱到最痛苦的时候，人们很想把痛苦的回忆忘掉，但伤感却总是剪不断，理还乱。《中庸》告诉我们："喜怒哀乐之未发"，情绪还未发出来的时候，一切都刚刚好，处理事情时性情发挥得恰到好处，就会"发而皆中节"。

人们都有自己的性情，真性情是自由自在，不违背本心所愿，也不委曲求全，在原则和底线的面前不低头妥协。这样的人生，正是由心出发，"发而皆中节"，生活得合乎自然性情。

魏晋时期，嵇康和阮籍位列竹林七贤之首，在历史上，两人都以真性情闻名于世。王戎与嵇康交往二十年，从没见过他发怒，因此赞美他"意趣疏远，心性放达"，但是嵇康的性情更表现出"刚肠疾恶，轻肆直言，遇事便发"的一面。他曾与向秀在树荫下打铁，贵公子钟会前来拜访，带来大批的随从官员。嵇康一见这样的场面就十分反感，并没有因为钟会地位高就去巴结，相反，他根本不理睬钟会，只当做没看见他。钟会很丢面子，只得败兴离去，从此嫉恨嵇康，常在司马昭面前搬弄是非，最终嵇康被处斩。

而阮籍与嵇康的性情类似，他对于司马氏政治集团不满，因此整天宁可喝酒烂醉，也不愿意跟朝廷合作。当司马氏来向他提出两家联姻时，阮籍一连大醉六十天，每次都以醉酒加以推辞。后来司马氏又逼他做官，他只挑了一个小官，在"步兵尉营"做一个"步兵校尉"，因为营中有人会酿酒。做小官没多久，他又去云游四方，司马氏也拿他没办法。有一次阮籍的嫂子回娘家，阮籍去送行，按照当时的礼法，小叔子跟嫂子不能打交道，可阮籍并不以为然，在他看来，给嫂子送行是真正的合乎礼法。他不效命天下，不避男女之防，这样的真性情，虽然不为当世的陈腐观念所容，但阮籍只求问心无愧，认为自己只需遵循内心的原则，不管外人如何评价。

嵇康和阮籍在所生活的时代没有显赫的功业，但是他们生活得悠闲洒脱，超乎礼法与教条，也超越了狭隘与污浊。他们活得真实、自然，展现出个人的真性情，同时又坚守个人的原则，藐视虚伪腐朽的官场生活。

正像南怀瑾先生所说，真正活过的人，生命应是自主的，精神应是自由的，人格应是独立的。真性情的人，他们只做自己认为该做的，做自己认为无愧于心的事。真实的性情就是自我的立场和原则，不去冒犯他人，但不因为讨好别人而放弃自己的真实想法。在大是大非面前，要坚守自己的原则，这样才能"倾听自己内心的声音，有自己的性情，成为一个真正有性情的人"。

6. 居上位而不骄，在下位而不忧

《易经》乾卦九三曰："君子终日乾乾，夕惕若，厉无咎。"孔子曰："君子进德修业，忠信，所以进德也；修辞立其诚，所以居业也。知至至之，可与几也。知终终之，可与存义也。是故居上位而不骄，在下位而不忧，故乾乾因其时而惕，虽危无咎矣。"南怀瑾先生对孔子的这段话是这样理解的：一个人欲进德修业，无论处在高位上，还是居于下位，都要战战兢兢地的。人最高的智慧就是要做到对自己、对人、对事的全面把握，知道机会到了就要抓住，去做应该做的事情。

上者不忘初心

中国古人常赞叹具有梅之傲气的人，但是这里的傲气并不是骄傲，而是傲骨，是不肯摧眉折腰事权贵的傲气，而非昏了头脑的傲慢。

说起隋炀帝，人们的印象里只有厌恶和暴力，殊不知此人也是学问渊博，才高八斗，曾创立科举制，但是这样一个皇帝却在后期压迫子民。唐太宗李世民是历史上善听谏言的人，与此一起出名的还有谏臣魏征。唐太宗读完隋炀帝的文集，对左右大臣说："我看隋炀帝这个人，学问渊博，也懂得尧、舜好，桀、纣不好，为什么做的事那么荒唐？"

魏征接口说："一个皇帝光靠聪明渊博是不行的，还应该虚心倾听臣子们的意见。隋炀帝自以为才高，骄傲自信，说的是尧舜的话，干出来的却是桀纣的事，直到后来糊里糊涂，就自取灭亡了。"

不得不说魏征的分析十分准确，南怀瑾先生解释"居上位而不骄"就是"虽然居于最上的位置，也不觉得有什么可骄傲的"，时刻保持着平常心去学习和进步，这也就十分接近我们所说的不忘初心，一个人无论达到怎样的高度，都要知道自己的身份是什么，应该做的是什么事，不要有点成绩就开始自满傲慢。中国有句古话"月盈则亏，水满则溢"，是在比喻事物盛到极点就会衰落。上位者也有下来的一天，一定要守好本心。

居于上位者最难的就是保持平常心，有些人总喜欢端个架子，总是觉得扫了面子，旧时有皇帝，今朝有领导。现在一些人总是喜欢用经验来管教后辈，总认为他们太年轻，没有经验，什么也不懂。这就是过于自满了，也就是上位者骄。这些人不应忘记中国还有一句话叫做"青出于蓝而胜于蓝"。

下者各司其职

南怀瑾先生认为，时代在不断变化，上位与下位之间的关系并不固定，有可能随时会换位。但是一个下位者如果不好好了解自己，摆正自己的位置，做好自己的事情，那么很可能无法安分守己，虽好高骛远，最终一事无成。

古代有一位地主，家有良田数百亩，家财万贯，他自认为是当地的富豪，因此态度十分傲慢，接人待物不可一世。有一天，邻居前来谒见他，地主心中有些疑惑，纳闷地想："邻居家里也很有钱，来我家到底是为了什么呢？"他接待了邻居，发现邻居衣着朴素，身上也没佩戴值钱的饰物，因此有些瞧不起他，便盛气凌人地问道："你来我家究竟有什么事，不会是来借钱的吧？"邻居笑着说："我从院子走进来，一路看到许多亭台楼阁，果然是大富之家。"地主得意地说："我家共有良田二百余亩，房产数十，一辈子享受不尽。"

邻居微笑着说："我眼下变卖了家中所有的良田宅邸，进城去做生意。家中只剩这一座老宅子，如果你想买下，就便宜些卖给你。"地主听了一愣，忙问邻居做什么生意，邻居说做绸缎珠宝生意，都是一本万利的买卖，城中无比繁华，比乡下地方强多了。如果赚到了钱，一年就可以买下数十亩地，几代人也不愁吃穿。有钱之后，还能捐个官当，那就更威风八面了。

邻居走后，地主对做生意的事有些心动，心想家中的田产都是祖辈留下来的，一代一代经营了上百年，才有如今的规模。如果做生意的话，一年就能暴富，而且还能做官，那岂不是光宗耀祖的事情？

于是，地主也进城做绸缎珠宝生意，结果卖了良田房产，花了大笔的银子，铺子生意却不好，几年内连本钱都赔光了，只得灰溜溜地回到乡下，守着剩下的几亩地过日子。

这个故事说明，每个人都应该清楚自己属于什么位置，无论做什么，都应先守住自己的本分，那么事情就会变得简单轻松。做到忠于自己，忠于责任，即便身处下位，也能过得悠然自得、无忧无虑。

上位者"信"，下位者"忠"。不骄不忧，才会走得直、行得远。就像南怀瑾先生所说，"每一个人把自己安排对了，整个大我也安排对了，有许多事往往是因为这个'我'安排得不好，才把整个事情砸烂了"。

7. 学、问、宽、仁，领导人的修养

在《易经》中，古人将学、问、宽、仁作为君子修养的四德。《易经》曰："见龙在田，利见大人，君德也。"意思是说，君子要努力学习聚集知识，要深入探讨研究明辨是非，以宽容的态度实施自己的权力，要以仁爱之心对待百姓，那么就会得到百姓的拥护和爱戴。南怀瑾先生说，《周易》里提出"如果看到舞龙并敲大鼓，很快就会看见大人物到来"，百姓为迎接大人物而敲锣打鼓，这正是领导者对民众实施恩德的影响和结果。

以问求学

南怀瑾先生认为，一个身居高位的领导人必须精于学问，而在"学问"二字中，"学"和"问"是分不开的。《论语》中孔子说："敏而好学，不耻下问，是以谓之'文'也。"孔子是我国伟大的思想家、政治家、教育家，儒家学派的创始人，他的学问影响了后世无数人，因而人们都尊奉他为孔圣人。然而孔子认为，无论什么人，包括他自己，都不是生下来就有学问的。

孔子做学问不耻下问，而且也赞赏跟他一样的人。当时卫国有一个大夫叫孔圉，一生为人正直，虚心好学。他死后，卫国君授予他的谥号为"文"，后来人们便把他称做孔文子。孔子的学生子贡知道这件事后，有些不服气，他认为孔圉并非完人，身上也有不足的地方，而"文"这个字是对德行完美的赞誉，孔圉不配用"文"做谥号。于是，子贡就去问孔子："老师，孔文子为什么被称为'文'呢？他到底有什么资格呢？"孔子回答说："敏而好学，不耻下问，是以谓之'文'也。"意思是说，孔圉这个人聪敏又勤学，经常向地位比他低的、学问比他差的人学习求问，而且并不以为耻辱，这是一种高尚的品格，因而可以用"文"字作为他的谥号。

一个人的学识无论有多深，都需要从他人那里学习新的知识，正如韩愈在《师说》中写道："人非生而知之者，孰能无惑？惑而不从师，其为惑也，终不解矣。"人不可能生下来就什么都知道，想学到知识，想成为学问大家，必须要不耻下问。要问的不仅是渊博的学者，普通人也可以成为我们的老师。正如韩愈所说："是故无贵无贱，无长无少，道之所存，师之所存也。"

南怀瑾先生认为，领导者的学问一点点提升，最重要的是要不耻下问，在求问求知的时候，无论出生早晚、地位高低贵贱、年纪大小，只要道理存在的地方，就是老师存在的地方。

宽仁为治

《中庸》里有一章写到路哀公问政，也就是向孔子讨教治国之道。孔子以周文王和周武王为例，告诉鲁哀公一个领导者所需要具有的品格。

孔子对鲁哀公说："周文王、周武王的各项政教，都被人记载在木板和竹简上。他们因为有贤臣的辅助，所以这些政教能得以实施，一直延传到后世。但如果没有贤臣的辅助，周王推行的政教和措施就会被废除。君王努力执政，才能管理贤臣，就像治理土地努力种植一样。一个君王想要获得贤臣的辅助，就要修养自身的品德，遵循天下的大道，富有仁义之心。而所谓的仁义之心，就是要求君王爱护百姓，尤其要尊敬贤人。这种仁义之心又有远近亲疏之分，尊敬贤人时也有贵贱等级之别，礼就由此而产生。一般来说，臣民如果得不到君王的信任，那么君王也无法治理好臣民，所以君王必须修养自身品德，知贤爱人，达到礼的要求。"

孔子认为，天下通行的关系一共有五条，即君臣、父子、夫妇、兄弟、朋友，而君子需要具备三种美德——智慧、仁爱、勇气，才能圆满处理好这五种关系。有的人生来就知道这些道理，有的人遇到困惑之后去学习，然后才知道这些道理。但不管是先天知道的，还是后天学习的，最终只要努力，都能掌握这些道理，并且修养出宽仁的品格，这一点对于领导者来说非常重要。

南怀瑾先生认同孔子的说法，认为宽仁的品格和学问一样，都是领导者必要的修养。世上没有人生来就会当领导人，想懂得许多道理和知识，不一定非要有天赋，只要后天学会积累，敢于求问，那么自然会获得一些知识储备。作为一个领导者，无论有没有聪明的天赋，"宽"和"仁"的修养是必不可少的，对待下属要有博大的胸襟，还要有"仁义"，这不仅是儒家一直追求的品德，也是《易经》中强调的必胜之道。

因此，南怀瑾先生总结道，学、问、宽、仁这四德，领导人一定要做到，这是走向成功的条件和修养，只有做到这四德，才会达到"见龙在田，利见大人"的境界。

8. 学以聚之，仁以行之

《易经》有言："君子学以聚之，问以辨之，宽以居之，仁以行之。"意思是说，君子要通过学习来积累知识和学问，通过研究讨论来明辨事理，并且用宽容的胸襟对待他人，用仁义的态度做事。南怀瑾先生认为，"学以聚之""仁以行之"是在教导我们做人做事。他进而解释道，"学以聚之"就是将学问和经验积累起来，而"仁以行之"就是将学问施行出来，普爱天下人。

没有积累，不以成学

古人有云，不积跬步无以至千里，古今中外无数事例证明，成功无法一蹴而就，更不是无所作为等待幸运降临。南怀瑾先生阐释"学以聚之"时认为，世上没有唾手可得的机遇，也没有轻而易举的成功，无论是学问、经验，还是才能、财富，都需要一个积累的过程，没有积累，不以成学。

曾经在美国和日本有两个年轻人，他们原本都是普通人，但为了获得成功而不懈努力，持之以恒地进行积累。

日本人认为创业需要资金，而资金需要积累才会变成财富，于是他每月把工资和奖金总数的三分之一存入银行，而且一直坚持存钱，雷打不动。很多时候他手头拮据，但也咬着牙照存不误，宁愿借钱度日，一个月一个月硬熬过去，也从来不动银行存款。

美国人则是另外一种情况，他在证券公司上班，每天花费大量时间和金钱研究证券市场发展的规律。虽然他生活十分艰难，住在狭小的地下室里，经常靠朋友接济度日，但他认为积累知识和研究经验很重要。他把自美国证券市场有史以来的记录搜集到一起，将数百万根的K线一根根地画到纸上，然后贴到墙上，每天对着这些K线静静思考，试图在杂乱无章的数据中寻找规律。

很快6年过去了，日本人靠自己的勤俭节约，共积蓄了5万美元存款，他的坚持和毅力打动了一名银行家，后者为他提供了1百万美元的创业贷款。于是日本人创立了麦当劳在日本的第一家分公司，成为麦当劳日本连锁公司的掌门人，他的名字叫藤田田。

而美国人则研究了古老数学、几何学和星象学与美国证券市场走势的关系，并发现了有关证券市场发展趋势的预测方法，命名为"控制时间因素"。他成立了自己的公司，并在金融投资中赚取了5亿美元的财富，成为华尔街上靠研究理论而起家的神话人物。他的名字叫威廉·江恩，是世界证券行业"波浪理论"的创始人。

藤田田和江恩的国籍、职业、工作领域各不相同，而且他们的创业方法也不同，一个靠节衣缩食攒钱起家，另一个靠研究K线理论致富，但他们有一个共同点，都是依靠不断积累而获得成功。

南怀瑾先生认为，许多成就大事业的人，正是从一点一滴的努力和积累中得到机遇的。积累不一定就会成功，却有成功的可能性；但是如果不积累，那就一定不会成功。无论是学识、经验还是财富、技能，都是靠积累才会逐渐增长，也许增长速度缓慢，时间持续较长，但这些都是获得成功和机遇的基础，不可急功近利、急于求成。

施行仁义，重于财利

孔子解释《易经》中的九二时说："宽以居之，仁以行之。"仁以行之的含义是，对百姓施行仁义，时常用仁义来行事。

《战国策·国策》里有这样一个故事，战国时期齐国的孟尝君为人慷慨好士，门下养食客数千，其中有一个人名叫冯谖，很有学问和本领。有一天，孟尝君询问府里的食客："哪位精通算账和理财，帮我去薛地收债？"冯谖自报奋勇去收债，辞行的时候，冯谖问："如果债款全部收齐了，用这些钱买些什么东西回来呢？"孟尝君回答说："你看我家里缺少什么东西，就买什么吧。"于是冯谖到了薛城，召集那些应当还债的百姓，将借约核对完毕，冯谖就假传孟尝君的命令，把借款全都烧掉，百姓齐声欢呼，对孟尝君感激涕零。

冯谖回来后去见孟尝君，孟尝君奇怪他为何回来得这么快，问他是否把债款全收齐了，冯谖说收齐了。孟尝君又问他用这些钱买了什么东西回来，冯谖回答说："我见您府里堆满了珍宝，好马挤满了牲口棚，堂下站满了美女。您府里缺少的东西就是'仁义'了，因此我替您买了'仁义'。"孟尝君很奇怪，问他："买仁义怎么个买法？"冯谖说："您只有一块小小的薛地，却不能爱护那里的百姓，反倒用商人做生意的手段向百姓收取利息，我私自传您的命令把借据都烧了。百姓齐声欢呼感谢您，这就是我给您买的'仁义'啊。"孟尝君一听很不高兴，但又无法反驳冯谖，只好不了了之。

过了一年，齐湣王将孟尝君贬回他的封地薛城去住。孟尝君十分落魄，心情苦闷，但是他刚走到离薛城还有一百里的地方，就见当地百姓扶老携幼，都在大路左右迎接他。孟尝君非常感动，回头对冯谖说："先生当初替我买的仁义，如今我终于看到了。"

儒家思想认为"仁义重于利"，仁义虽然不像财物一样看得见、摸得着，但它能获得人心。就像孟尝君一样，虽然损失了一点钱财，但在他潦倒落魄的时候，百姓们却热烈地欢迎他、爱戴他。这正是冯谖帮他施行的"仁义"结出的善果，昔日失去的钱财在他需要的时候获得了加倍的回报。南怀瑾先生解释《易经》时，认为"仁以行之"是领导人应该具备的修养和德行，一个人不仅要积累学问和经验，还要积极付诸实践，并以仁义之道对待他人，这才是一名成功的领导者的作为。

第三章

过中道生活，是非不挂于心

1. 韬光养晦，假痴不癫

《象》曰："明入地中，明夷。君子以莅众用晦而明。"古人将太阳西沉看做隐入大地之中，他们认为此时的太阳将光明存于地中而非显露于外，故而将此卦视为外晦内明之象，也因此有了君子"莅众用晦而明"的说法。

南怀瑾先生将此视为韬光养晦，假痴不癫。他认为这种人虽然表面装糊涂，但实际很清楚，假装不行动实际上是在暗中策划。有些有智慧的人表面看来往往有点傻，但其实他们装傻是对自己的保护，正所谓"木秀于林则风必摧之"，懂得装傻的人，一定是个胸中有大丘壑的人。

计谋于心，痴示于人

人有时候真的不需太过于明白，每个人都怕自己不够清醒，都希望自己能够心明如镜，可是人生又何必太清醒？把所有的事情都看破了、说破了，又有什么意义？世界很大，个人很小，没有必要把什么事情都看得那么重要。南怀瑾先生认为，人这一辈子活在世间，显得太傻气不行，显得太聪明也不行。所谓"不智不愚"，事实上就是借助糊涂的表面来体现自己最为高明的智慧。

据传，郑板桥考科举时，试卷上写的字体并非官方指定的台阁体，因而没被选上翰林，外放当了一名七品知县。郑板桥在山东潍县做官时，同情百姓的疾苦，结果被上级逼迫，同僚排挤，百般无奈之下，他弃官而去，成为一介布衣。因此，他一生所做的诗赋书画中，总有一种愤愤不平的气息，他也因过于刚直而始终壮志难酬。

有一年郑板桥专门去看山东莱州的云峰山郑文公碑，一时间流连忘返，误了下山的时辰，只能借宿在山间茅屋之中。恰好屋主是一位儒雅老翁，自命"糊涂老人"，而且出语不俗。他的室中放了一块方桌大小的砚台，石质细腻，镂刻精良，令郑板桥十分叹赏。于是，老人就请郑板桥在砚背题字。板桥认为这个老人一定有来历，所以就题写了"难得糊涂"四字，用了"康熙秀才雍正举人乾隆进士"的方印。这时砚台尚有许多空白，郑板桥便邀老人写一段跋语。老人提笔写下"得美石难，得顽石尤难，由美石而转入顽石更难。美于中，顽于外，藏野人之庐，不入宝贵之门也"。而后用了一块刻着"院试第一，乡试第二，殿试第三"的方印。郑板桥一看大惊，才知道老人是一位隐退的官员。有感于糊涂老人的命名，见砚背上还有空隙，他便又恭敬地补写了一段话："聪明难，糊涂尤难，由聪明转入糊涂更难。放一著，退一步，当下安心，非图后来报也。"

世人只知做一个聪明人难，想要看穿一切难，可谁又曾真正体会，想要糊涂更难？人生难得糊涂，看破不说破方是人生的真智慧。有时候放开一些，后退一步便能看到海阔天空。

假痴不癫，重点在一个"假"字。这里的"假"，意思是伪装。装聋作哑，痴痴呆呆，而内心却特别清醒。此计作为政治谋略和军事谋略，都算高招。虽然自己具有相当强大的实力，但故意不露锋芒，显得软弱可欺，用以麻痹敌人，骄纵敌人，便可伺机给敌人以措手不及的打击。

谋略在心，难得糊涂

一个拥有大智慧、大谋略的人，便该知道要适时"藏拙"的道理。有时候，外表上表现出来的愚笨，实际上是一种保全自我的大智慧；还有些时候，适时的糊涂反而会引导人们走出困境。

中国历史上有名的贤后长孙皇后就是一个会"装糊涂"的人。

有一次，唐太宗因为一匹心爱的骏马突然无病死掉了，因而要杀养马的宫人，长孙皇后假装糊涂地问道："皇上杀养马的官当然可以，但是得给他列出罪状才行，他究竟有什么罪过呢？"想了一会说道："臣妾帮皇上给他列出罪状，他养的马死了，这是他的第一条罪；让皇上因马死而杀人，老百姓知道了必定埋怨，因为皇上觉得人命还不如一匹马，这是他的第二条罪；各国使臣听到这个消息，必定轻视我们大唐，连百姓的命都不爱惜，怎可与大唐结交，这是他的第三条罪。有了这三条大罪，他真的很该死。"太宗听后，便赦免了养马人的罪。

长孙皇后从始至终都是不糊涂的、清醒的，甚至聪明的，可是她却没有直接指出唐太宗的不对，而是用了一种看似糊涂，却十分委婉，让唐太宗能够接受的方式来劝谏夫君，也就是假糊涂、装糊涂。假糊涂在于睁一只眼，闭一只眼。不是每件事都非对即错，不是每件事都需要分得一清二楚，少一些计较，多一些糊涂，也就多一些快乐。

人生在世，难得糊涂。对于聪明的人来说，在人前收敛自己的智慧，韬光养晦，让人以为自己无能，让人忽视自己的存在，而在必要时，能够不动声色，以自己的智慧，先发制人，让别人失败了还不知是怎么回事。

正如南怀瑾先生所言，做人当做一个假痴不癫的人，要懂得韬光养晦，要沉得住气，耐得住寂寞，并适时地装糊涂，为自己积攒能量，若是时机成熟，便可拔地冲天。

2. 无妄也，无贪妄之念

《象》曰："无妄，刚自外来而为主于内。动而健，刚中而应。"意思是说，无妄，阳刚从外卦来，成为内卦的主宰。运动不息而又刚劲强健，阳刚居中而又应合于下。《象》辞说：无妄就是不妄自非为。不妄自非为就是一定要分辨清楚外界的客观条件，把这些客观条件作为自己做事的准则，如果能够做到这些，那么一切都将变得顺利，世界上的一切都会与你有所感应，从而能够得到自然的承认，获得天命的庇护。

一个人的运气总是按照一定的规律而发展，人类要依据这个规律不断地改变、调整自己的行动才可以得到全面的发展。但是如果行为不正，贸然行动，那么就什么也得不到了。上天不会保祐行为不端的人，他的行为一定不会有什么好的结果。

贴近实际，尽心做事

南怀瑾先生说：无妄讲的是实事求是和脚踏实地，而我们往往说理想只是可能而不是现实，是目标而不是必然。只有从实际和现实出发为之奋斗才有可能实现，只有从现实做起才能逐步接近，离开实际和现实那就叫幻想和空想。

因此，我们要分清局势的变化，从现实出发，不要做没有目标或期望过高的事，因为只有这样才能达到预期的目标。如行为不正、妄自非为就会带来灾难和麻烦，即所谓的"是以不利有攸往。"

《象》辞说：天下雷动，顺天应时，从而形成了一片绿叶葱葱、欣欣向荣的春色，这是"无妄"之象。以前的先祖观察到了这个景象，考虑到了世间的万物只有服从时序的变化和规律才能蓬勃发展，因此就研究各类事物的生长规律，并颁布相应的条文，让各种植物能够在适合的时候生长，天下开始变得繁盛起来。

皮尔自少年时期就喜欢舞蹈，成为一名出色的舞蹈演员则是他一直以来的理想，可惜，因为家境实在太贫寒了，他的父母没有钱送他去舞蹈学校学习，只能将他送到缝纫店，希望他能够学会这门手艺，然后顺利工作，为家里减轻负担。

在缝纫店里，皮尔每天要工作十多个小时，他觉得在这样的环境下自己会离理想越来越远，而且这种没日没夜的机械式工作简直就是虚度光阴，浪费生命，所以他厌恶极了这份工作，一度甚至有了"与其这样痛苦地活着，还不如早早结束自己的生命"的想法。

重重压力之下，不堪一击的皮尔准备跳河自杀。那天晚上站在小河边的时候，他突然想起了自己从小就崇拜的"芭蕾音乐之父"布德里，觉得也许布德里会明白他这种甘愿为艺术献身的精神，能够成就自己的理想。于是他决定给布德里写一封信，希望布德里能收他做学生。

不久之后，皮尔收到了布德里的回信。激动不已的皮尔在打开信封之前还以为布德里被他的执着打动了，答应收下他这个学生，所以才给自己回了一封信。谁知，在信中，布德里丝毫没提收他做学生的事，也没有他预料的被他对艺术的献身精神所感动的痕迹。

布德里只是对皮尔讲了一下他自己的人生经历，说他小时候的理想是当一名科学家，同样因为家境贫穷，他只得跟一个街头艺人过起了卖唱的日子。信的最后，他告诉皮尔一个道理："人生在世，现实与理想总是有一定的距离，在理想与现实生活中，人首先要选择生存，只有好好地活下来，才能让理想之星闪闪发光。而一个连自己的生命都不珍惜的人，是不配谈艺术的。"

读完布德里的回信，皮尔幡然醒悟。后来，他努力学习缝纫技术，终于从23岁那年起在巴黎开始了自己的时装事业。很快，他便建立了自己的公司和服装品牌，他就是在服装行业鼎鼎有名的大师——皮尔·卡丹。

所谓的无妄就是要求我们要顺应天时，顺应实际，从实践出发。如果皮尔·卡丹没有意识到自己的错误，那么他的艺术生命就在那时失去了。但是他及时想通了这一切，并且及时改正，最后实事求是，从自身实际出发，制止住了非分之想，消除贪念，让自己的欲望回到现实之中。

挫折是磨砺，坚持是关键

对"妄"这个字，《说文解字》中解释道："妄，乱也。"这样看来，无妄就是不乱的意思。南怀瑾先生认为，这里的乱指的是人的内心，内心的混乱会让人的行为也受到影响。眼睛是窗户，心是指挥中心，每一个动作都受到心的影响。

"天降大任于斯人也，必先苦其心志。"对于心的历练，可以说是极其重要的。那么对于心的考察和锻炼又是什么呢？就是磨掉它的棱角，让其杂乱的欲望都散去。

1832年，在美国的一家公司里有一个普通员工不幸失业了，面对如此打击,这个年轻人下定决心要从政。他觉得比起做一个公司职员,州议员可能更适合他,可惜,糟糕的事再次发生了,他没有竞选上州议员。对此,年轻人依旧没有灰心,他决定开办企业,自己当老板,干一番大事业,然而还不到一年,他所创办的企业倒闭了。不幸的事并没有就此止步,依旧排山倒海一般发生在他的身上。1835年时,这个年轻人订婚了,可是在离结婚还差几个月的时候,他的未婚妻又不幸去世了。接二连三的打击之下,他的精神崩溃了,极度抑郁之下的他病倒了。

朋友见他憔悴得不成样子,便安慰他说,这没准是上帝对他的考验,那么多次不幸之后没准他就要转运了。在朋友安慰之下,他渐渐地又找回了信心,身体状况好转之后,他决定去竞选州议会议长,结果失败了。过了三年,他又去参加竞选美国国会议员,这次仍然没有成功。直到1846年,他再次参加竞选国会议员时幸运地当选了。两年任期过后,他想争取连任,结果很遗憾,他落选了。最终,这个连续参选十一次、落选九次的年轻人变成中年人,可他依旧坚持每一次参选。1860年,奇迹终于出现了,这一年他当选为美国总统,他的名字就是林肯。

由此可见,无数的苦难会让人得到充分的磨砺,等到身上的各种棱角都被磨平之后,成功便离得不远了。正如南怀瑾先生所说的那样,心态决定一个人对事物的看法,也决定了一个人到底能走多远。如果一个人始终将自己放在很高的位置上,高傲无比地认为没有什么是自己办不到的,那他注定不会走得太远。

"无妄"的心态是极其重要的,不能说它可以让人完全没有贪念,但它会尽可能帮人们消除那些焦躁、傲慢,让人冷静下来,可以用一个平常的心态来看问题。"无妄也,无贪妄念也。"无论如何,请记住南怀瑾先生说的这句话:"去骄戒躁,命运的指挥棒自然会到你自己的手里。"

3. 困中生智，以困解困

所谓困中生智，指的是能够在紧急状态下出现灵感，使事态向着特别有利的方向发展。忙中出错，则是在紧急状态下乱了章法，使本来能够顺利发展的事物出现了阻滞和错乱。

至于为什么有的人急中生智，有的人忙中出错，好像没有既定的章法和概率。正如南怀瑾先生所言："临危不惧，大气凌然，沉着冷静，机智灵活。"通常情况下，一个人面对紧急状态的态度、处事经验、个人智商情商、素质修养、气度等，是决定生智或出错的重要因素。

以忍待困，困自消矣

《易经》中有一句话："困于石，据于蒺藜，入于其宫，不见其妻，凶。"其中所表达的卦象意思是，有一个人出了事，被困在了乱石之中，周围遍布荆棘，好不容易回到了家中，却发现自己的妻子不见了，这样的凶险接二连三地降临到一个人的身上，岂不是很惨？南怀瑾先生认为这种境界便是人生极致的困境了。

那么面对人生的困境到底该怎么办呢？天才幽默大师卓别林便曾经遇到过一个困境。当时他被一个歹徒用枪指着头打劫，卓别林知道自己处于劣势，不能做无谓的抵抗，就十分配合地奉上了自己的钱包。劫匪见自己的目的达到了便要离开，而卓别林却灵机一动拦住了劫匪，说："这些钱不是我的，而是我老板的。现在你把这些钱拿走，老板会认为是我在为自己私吞公款找借口。这样吧，麻烦你在我帽子上开两枪，证明一下我的确是被打劫了。"那歹徒想着，反正自己已经有了这笔钱，帮个小小的忙倒也可以，于是便对着卓别林的帽子开了两枪，而后又在卓别林的要求之下在他的衣服和裤子上再各补了一枪。等到六发子弹全部打光时，卓别林一拳上去打昏了劫匪，取回了自己的钱包。

南怀瑾先生说，临危不惧，沉着冷静，才能够在困境中想到解决的方法，就能够战胜任何困难。卓别林面对歹徒时的所作所为便是一个很好的例子。当你在面对困难时，四周便是乱石荆棘，要想突破这个困难并非没有办法，只要你有自己的立场，哪怕脚下荆棘再多，乱石再多，也能站稳脚跟。所以，在面对困难时要冷静，要去思考，让自己的头脑发挥它应有的价值。

从困中领悟解困法则

孔子说："非所困而困也，名必辱；非所据而据也焉，身必危。既辱且危，死期将至，其妻可得见邪？"南怀瑾先生认为，这里的困难是指，自己不与时代一起前进，而是坚持自己的观点，原本是没有必要忍受这些困难的，但是因为自己有个性、有主见，最后导致了失败，这些是由自己造成的，与其他人没有关系。南怀瑾先生说，这种困境并不是无法挽救的，反而是非常容易解决的，只需要自己沉下心来，多多听取其他人的意见，然后再和自己的行为以及思想联系起来，做到全面思考，接下来的困难就会相应地一一解决了。

2013年7月3日，福布斯中文版发布"2013年中国最佳CEO"榜单，共有50人入选"2013中国上市公司最佳CEO"，其中，TCL集团董事长兼CEO李东生榜上有名。对此，福布斯给出的当选理由是："面对竞争激烈的电子信息产业，TCL通过优化产业链投资，实现主导产业快速成长，通过国际化战略和品牌建设，综合竞争力持续增强。在整体产业环境不理想的情况下，李东生带领TCL集团连续三年保持稳健的增长态势。"

如今，电子产品领域竞争激烈，特别是经过了IT和互联网的渗透变革之后，彩电及智能手机领域能有这样的成绩也是颇为难得。而TCL今天能拥有这一切，靠的便是在始终如一坚守原则的同时不断进行理念和技术上的变革。2004年时，李东生便开始了海外并购，但他没有想到的是，电视机平板化的速度实在是太快了，这对李东生来说简直就是巨大的灾难，以至于从2004年开始直到2006年上半年，TCL都处于巨额亏损的状态，并且痛失了在彩电和手机业务上已取得的优势地位，甚至到了不得不出售部分非核心业务来筹集资金的地步。

"企业的国际化是一项长跑，而不是冲刺，所以一定要有耐力和坚韧的意志。前几年虽然我们在美国和欧洲的业务都先后出现了巨额亏损，也几乎将我们压垮，但好在我们咬紧牙关坚持下来了。也正因为我们的坚持，才有了今天移动通讯业务国际化的成功，才有了彩电业务在欧美市场的坚守，才有了液晶全产业链的成功打造。"这是李东生先生在面对记者采访时的原话。

"鹰的重生已经实现了，我们海外销售比例占整个销售大约40%，在中国家电企业当中也是最高的。总体来讲，海外业务盈利和销售比例也差不多，有40%的盈利贡献是来自海外业务。从这个意义来讲，TCL从一个中国企业变成一个国际化企业，取得了阶段性的成功。"诚如李东生所言，雄鹰已然重生，而它靠的便是困境里那番坚守与变革。因为困中生智，方能以困解困。

南怀瑾先生也说过，当对手把你围困在井里时，他们就像汪洋大海，而此时你只需采取一个很简单的行动，那就是把井打破，只要将你和海水融到一起，你的困难也就解除了，但是如果你非要把自己封闭起来，关在井里，那么，凭谁也救不了你。

4. 家和万事兴，治家"读"家人

《礼记·大学》中说："古之欲明德于天下者，先治其国；欲治其国者，先齐其家；欲齐其家者，先修其身。"意思就是说，要想在天下弘扬光明正大的品德，就要先治理好自己的国家；要想治理好自己的国家，先要管理好自己的家庭；要想管理好自己的家庭，先要修养自身的品性。即"修身齐家治国平天下"是一层一层的，只有每个环节都做好，才能最终达到大的目标。

这与南怀瑾先生的思想有共同之处。南怀瑾先生曾在《原本大学微言》中举过"郑伯克段于鄢"的例子，因为"庄公寤生，惊姜氏"，所以母亲姜氏偏爱二儿子共叔段，讨厌大儿子庄公，甚至想要违反宗法传统，劝说郑武公将王位传给二儿子。在劝说没成功的前提下，母亲姜氏暗中帮助二儿子想要夺取哥哥的王位，但最终结果却是，政变失败，弟弟共叔段逃亡他国，与母亲也是"不复黄泉，不相见也"。对这个例子，南老先生指出：每个人的自身修养都不够，母亲没有尽到母亲的责任，弟弟没有尽到尊敬兄长的责任，哥哥也没有尽到哥哥应尽的职责。这样长此以往，必然不会有好的结果。

摆正位置，扮演正确的角色

《易经》中第三十七卦是治理家庭楷模的"家人卦"，卦辞：利女贞。《象》曰：家人，女正位乎内，男正位乎外。男女正，天地之大义也。家人有严君焉，父母之谓也。父父、子子、兄兄、弟弟、夫夫、妇妇，而家道正。正家，而天下定矣。意思就是，家人，女人正位在内，男人正位在外，男女贞正行事，是天经地义的事情。有严格的君主，就好像一家人有严父慈母一样。父亲像父亲，儿子像儿子，兄长像兄长，弟弟像弟弟，丈夫像丈夫，妻子像妻子，这样的家道才贞正，家道贞正，天下才能太平安定。

南怀瑾先生在讲解《易经》家人卦中提到"家和万事兴"。一个家庭想要"万事兴"，最根本的就是"家要和"。如何才能"家和"，这就涉及治理家庭的智慧。男人女人、主外主内摆好位置，孩子们也扮演好自己的角色，一家人各守其职，齐心协力，这样的家庭才会和谐。家庭和谐之后，万事都能好起来，国家也才能安定和谐，繁荣富强。

历史上，刘邦与吕雉结婚初期，生活并不富裕，但是二人生活得很幸福。刘邦在外忙公务，妻子吕雉就在家养儿育女，奉养父母，织布耕田，二人分工明确，家庭其乐融融。在夫妻二人共同的努力之下，刘邦的事业越来越大，生活也越来越好。最终，吕雉辅佐刘邦登上了皇帝之位。然而，家庭的和谐却戛然而止，登上皇位的刘邦开始沉迷美色，大量选妃纳妾。吕后以及其他的妃子都想要得宠，都想要争权夺利，于是各种明争暗斗，数不胜数。为了自己的利益，女人们都忘记了为人妻子的责任，抛弃人本身的真善美，整个后宫变得污浊昏暗。试问，有这样混乱无道的家庭，这样昏庸的君主，国家怎么可能走向繁荣富强？所以，刘邦死后，吕后夺权，诛杀功臣，杀人立威，还导致自己的孩子因母亲的惨无人道而不愿处理政事。最终，吕后全面掌管朝中大小事情，皇帝也变成傀儡。为了保全自己的地位，吕后不断提拔自己族中兄长子侄，整个王朝都差点变成吕家的天下。

从这里可以看出，刘邦在没有当上皇帝之前，与吕雉生活和谐，吕雉也一心一意对待刘邦及其家人，二人合作一步步夺取了天下。可是当刘邦做了皇帝之后，却不能管理好自己的后宫、自己的家庭，丈夫没有丈夫的样子，妻子没有妻子的样子，致使国家关系混乱，家庭关系混乱。最终的结果就是，妻离子散，物是人非，连国家都可能易主。

南怀瑾说过：大家庭就像是社会的小群体，一个小国的雏形，注重"礼治"，时刻摆正自己的位置，各司其职，同心协力，家庭才会和谐，国家才会进步。

治家先育人

"家人卦"初九爻辞讲道："闲有家，悔亡。""闲"，约束、限制之意。这句话的意思就是说，治家从一开始就应该给家人立下规矩，防患于未然，这样就不会有大的过失了。南怀瑾先生的思想与这一爻辞有着紧密的联系，他曾经专门探讨过"儿童读经问题"，并且鼓励、推广这个活动。之所以"儿童读经"这个问题在他的心中会如此重要，就是因为，经典中有很多为人处事的道理、规矩，通过让孩子诵读，能够让孩子从小确立正确的人生观、世界观，这样孩子长大后才不会有大的过失。如果每个孩子都能被教育得很好，那么这个家庭也必然和谐幸福，蒸蒸日上，有很好的未来。

"家训"是中国家庭教育中的重要组成部分，是中华民族的优良传统，在我国已经有三千多年的历史。"家训"是祖先拟定的行为规范，以约束家人，约束自己。家训在国法不齐全之前，发挥着稳定社会秩序的重要作用，对个人的修身、齐家发挥着重要的作用，是国家更加富强必不可少的一点。

清末湘军首领曾国藩是清朝历史上有权有势、地位显赫之人，不仅为国家培养了大批人才，同时，他在教育子女方面也有其独到之处，值得现在很多年轻家长学习。在曾国藩看来，"富不过三代"，要教育孩子立足社会，并让这个家庭能够一代一代地延续下去，关键就是两个字，勤与俭。因而，他从小就为孩子们立下家训，并要求他们一生铭记16个字：家俭则兴，人俭则健，能勤能俭，永不贫贱。除此之外，他还为孩子们从小定下许多规矩：不许自己的孩子住在北京、长沙这些繁华的地方，而要他们住在县城老家，并告诫子女，饭菜不能过分丰盛，衣服不能过分华丽，门外不准挂"相府""侯府"的匾，出门要轻车简从，考试前后不能拜访考官。对于女子，曾国藩也告诉孩子，女人无需缠足，同男人是一样的，不能只做男人的附庸，要自立自强……受这诸多家训规则的影响，曾家的第三代、第四代，无论男女，绝大多数留学海外，潜心做学问，都有很高的学术造诣。最让曾家引以为豪的就是，曾家那么多代人，找不出一个坏人。

曾国藩不仅为孩子立家训、立规则，而且自己以身作则，为孩子树立好的榜样，潜移默化地以正确的行为规范影响着孩子，因而曾氏后代皆有成就。

5. 安土敦仁，而恒爱

《周易》讲究阴阳美学智慧，这种智慧具有鲜明的回归于现实大地的精神。《易传》曰："安土敦乎仁，故能爱。范围大地之化而不过。"南怀瑾先生指出：天地像父母一样爱护我们，给我们一切的恩惠，我们对大地却只有破坏，没有一样可以还给大地。以热切、诚恳的效仿大地的精神来做人，实践我们仁爱仁慈的精神，才能够博爱。所以说，仁者爱人，像大地一样地爱人，像天地一样地付出，不求回报。

重情重义，感天动地

《列子·汤问》中有个"高山流水"的故事。春秋战国时期，楚国有个叫俞伯牙的人，精通音律，琴艺高超，但他总觉得自己还是不能够淋漓尽致地表达对各种事物的感受。他的老师知道后，带他乘船到仙岛上，让他欣赏自然的景色，倾听大海的涛声。俞伯牙只见波涛汹涌澎湃，浪花四处飞溅，海鸟灵活飞翔，各种声音听起来就像是大自然和谐动听的音乐。他不由自主地取琴弹奏，音随意转，把大自然的美妙融入了琴声之中，但是之后，他发现没有人能够听得懂他的音乐，因此他内心深感孤独寂寞，忧伤无比。一天夜里，俞伯牙乘船游览，面对清风明月，思绪万千，取琴弹奏，琴声悠扬。忽然，他感觉到有人在听他的音乐，却见一个樵夫站在岸边。他随即请樵夫上船，弹奏起赞美高山的曲调，樵夫能够听出雄伟高山的感觉；当伯牙弹奏表现奔腾的波涛时，樵夫能够赞叹宽广浩荡的滚滚流水。俞伯牙不禁激动地说道："你真是我的知音啊！"这个樵夫就是钟子期。但不幸的是，之后钟子期早亡。俞伯牙知道后，十分悲痛，在钟子期的坟前最后弹奏了一遍高山流水的曲子，之后便尽断琴弦，终不复抚琴。俞伯牙的重情重义感动了世世代代无数的人，"高山流水"的故事也一直被人们所称颂。

"高山流水"的故事，就如同南怀瑾先生在《易经系传别讲》中讲到的那样，"安土敦仁"并不仅仅指的是古时候的安土重迁，也可以指朋友、知音之间的重情重义。正是因为世界上有那么多有情有义的故事、重情重义的人们，我们的生活才得以丰富多彩，我们的世界才得以充满欢声笑语。

讲仁爱

"临"卦，下兑上坤，兑为泽，坤为地，泽水之上有陆地，象征着君子也应该像泽水与大地一样互相临近，永无止境地包容和保护百姓。《序卦传》中说道："临者，大也。"这就说明了居于上位的统治者只有亲临百姓，保护百姓，讲求"仁爱"，其发展前途才会远大。

南怀瑾先生也常常教导人们要注重"仁义"，常常将孔子和孟子极为推崇的品德、仁爱等通过各种方式教给学生。在他看来，即使不是所有的学生都能够成为国家的栋梁，但只要这个人具备"仁爱"的品德，他就一定不会成为无用之才，必将在社会上有所作为。

作为国家的最高统治者，更应该有仁义之心，有了仁心才能够从思想上爱护自己的民众，才能够施行仁政，最终使国家得以安宁。

有一天，孟子前去拜见梁惠王。梁惠王问他："先生，您不远千里来到我这里，肯定是有了对我国有利的想法了吧？"孟子说道："大王，为什么总是提到'利'呢？我觉得只要有'仁爱'就行了。"梁惠王却坚持自己的观点：

"别说其他的,你快说出有利于我的国家的方法吧。"孟子回答道:"人们通常会询问'怎样使我有利',结果为了利益而不断相互斗争,最终把国家推到了危险的境地。如果一个国家拥有一万辆兵车,那么杀害国君的,一定是那个手中掌管一千辆兵车的大夫。其实,这些大夫拥有的已经不少了,但是多方衡量利益关系,他们很难感到满足,他们想要拥有所有的兵车,甚至想要变成国君。但是,假如这些人拥有'仁义、仁爱'之心,他们就不会这么做了。从来没有见过讲'仁义'的人将自己父母抛弃,也从来没有见过讲'仁义'的大夫将国君取而代之的。所以说,'仁义'就是对国家有利,对您有利,何必非得强调'利'呢?"

在这里,孟子清楚地强调了"利益"关系,所以劝导一国之君要讲仁义,不要只重功利不讲信义,只有这样,国家才不会混乱。

国家的根本是人民,因此治理者要以百姓安居乐业为宗旨,这样才能获得长远的发展。可是,近些年来,随着经济的高速发展,很多人只看到眼前利益而忽视长远利益,贪污腐化的现象日盛一日。现在很多人已经不懂得礼义廉耻,这无疑是令人痛心的。所以,南怀瑾先生审时度势,大力倡导《易经》文化中的"安土敦仁,而恒爱"的道理,这无疑是在为我们的正确发展指明一个方向,一个讲仁爱的国家领导者,才会是百姓爱戴、拥护、支持的对象。

6. 安心不易,安身更难

我们学习《易经》是为了什么?是为了探究宇宙的起源,探究世界的奥秘?这是科学的范畴。是为了了解自己,了解人生?这就属于人生哲学的范畴了。正所谓"安心不易,安身亦难,安生活更难",万事万物都是随时在变的,但却不是乱变。无论是做事业也好,还是做别的也罢,第一要知道自己怎么改,第二要知道已经变到什么程度。

南怀瑾先生说:"一个君子所处的日常生活,君子的人生,能够得到安心的，亦即佛教禅宗常说到的安心。"如此可见，安心是很难的。而真正的安心，不必要求什么，就非常满足。换句话说，无欲无求，才是真正的安心。

安身源于安心

南怀瑾先生认为，安身源于安心。一个人要想获得些许成就，就必须做到一心不乱才可以。即使像世间的各种学问技艺，一样讲求聚精会神，心无旁骛，否则便很难有所成就。

有这样一个小笑话，一位老太太在家中诵经念佛，嘴里阿弥陀佛的念个不停。可是她的儿子在一旁看电视，她感觉烦躁，便斥责儿子，屋外有孩童玩耍嬉闹，她也觉得心烦意乱。老太太一心求佛，因此非常烦恼，想要去安静的寺庙里念佛。她去寺庙中询问老禅师，是否可以住进庙里念佛，老禅师回答她，施主若一心不乱，在哪里念佛都是一样的。佛家一切皆空，红尘也好，喧嚣也罢，万事万物皆虚无，关键要看你的心。

老太太顿时领悟了这个道理，回家后专心念佛，尽力做到一心不乱，不被其他事情干扰，果然可以做到聚精会神，渐渐地平心静气，即便旁边人说话嬉闹，她也不受干扰影响。

在南怀瑾先生看来，"心"有时代表圆满无缺的真知，一心包括所有法界，一念涵盖整个宇宙。所以，真正的一心不乱，不仅是心情平静，更是一心法界。正如佛家常说的："心即是佛，佛即是心。"《华严经》也说："心、佛、众生，三者没有差别。"领悟了这样的深刻含义，就能排除干扰，专心一意，做到真正的一心不乱。

安身源于安心，无论做什么事情，只有专心投入，才能不受诱惑干扰，将全部时间和精力投入其中，专心致志，聚精会神，不断取得进步，也就容易在某一领域获得成功。

把握规律才能安身

安身、安心如此之难，那么有没有能够达到它的途径呢？答案是肯定的。孔子认为，一个人平常所居想要安心，只需真正读懂《易经》，明白《易经》中所讲的万物变化的规律就足够了。

正如南怀瑾先生所言："依照《易经》的法则，宇宙万事万物随时在变，但不是乱变，也没有办法乱变，是循一定的次序在变。"如果能够弄懂变的次序，那就真的可以预见未来，也许就真的会安贫乐道度光阴了。

说起安贫乐道，庄子实在是这方面的典范。相传庄子在涡水边垂钓时，楚王派了两位官员来请他去楚国做官。那两位官员对庄子说："我们楚王久闻先生贤名，想要把国家大事交托给您，望先生能够出山，上可以为君王分忧，下可以为百姓谋福。"庄子拿着钓竿，淡然答道："我听说楚王有只神龟，已经活了三千多岁，楚王杀了它，把它装在最珍贵的箱子里，用最锦绣的绸缎盖在它身上，把它供奉在庙堂之上。那么我想请问二位大人，这个龟是想死后待在这么尊贵的地方呢？还是想活着待在脏兮兮的泥水中潜行呢？"两个官员异口同声回答道："那当然是愿意活着在泥水中潜行了！"庄子听后一笑说："如此，便请两位大人回去吧，比起做官，我也更愿意在这脏兮兮的泥水中潜行。"

这就是庄子的智慧，如他所言："树不成材，可以免祸，人不成才，方可保身。"由此可见，庄子已经深谙自然规律，因此才无论如何也不出仕，以此来保全自身。

所以说，欲安生活，必先安身，欲安身，必先安心，而欲安心，则必先把握规律。这样说来，如果能够读懂《易经》，那确实离安心、安身、安生活就不远了。

7. 天之道：功成，名遂，身退

老子有句话说得好，"物壮必老，老者必倒"。这与《易经》不谋而合，讲究的是自然的法则。正如南怀瑾先生所说，"天地间万事万物，壮大了，茂盛了，必定走向衰老。衰老了，就变化了，历史的阶段就过去了"，也就是说，人老了，就应该退让，将位置交给下一代。而对于曾经叱咤风云的上一代来说，要遵循"功成，名遂，身退"的天道之法，尤其需要为自己的生命注入一些洒然、豁达之况味。

及时隐退，生命之大智慧

生命生生不息，在于进退之间，其实万事万物都是有进有退的，所谓"进退"只是一个问题的两个面。"逆水行舟"说的是一种进的艺术，"激流勇退"则是一种退的艺术。南怀瑾先生认为，那些功成名遂后能及时隐退的人，是懂得适时放弃的人，这种放弃并非懦弱，而是出于更大的勇气和洒脱。人生有数十载，何不洒然放下，轻装上阵，进入生命的另一个层次呢？

韩世忠是南宋的大将军，他生性耿直，忠诚于朝廷与国事，在抗击西夏和金国的战争中立下赫赫功勋，还在北宋平定各地的叛乱中立下了汗马功劳，平定了建安范汝、广西曹成、淮南李横、淮阳刘豫等反叛。正因为有了他，摇摇欲坠的南宋才得以偏安一隅，又苦苦支撑了几十年。因为战功累累，宋朝廷对韩世忠一路提拔，建炎十三年，他被册封为咸安郡王。

虽然韩世忠身处荣华富贵之中，却能在富贵中保持清醒的头脑。南宋当时深陷于内忧外患之中，一心想求和媚外，但韩世忠深知一味地求和只会导致亡国，便多次上书弹劾奸臣误国，渐渐地，那些投降派开始容不下他。后来，岳飞蒙冤，举朝上下的文武百官敢怒不敢言，只有韩世忠一人敢当面质问秦桧。因为个性刚正不阿，他最终失去了手中的兵权。

至此以后，韩世忠的所作所为也让人大出所料。他闭门谢客，一心在家里钻研经典，再也不跟他人提起带兵打仗的事情。他还时不时地骑着一头毛驴，身边跟着一两个小童，在西湖畔漫步，或者干脆泛舟湖上，饮酒游玩，并自封为"清凉居士"。曾经显赫一时的大将军不见了，只留下了那个泰然自若的文人骚客。就这样，韩世忠远离了朝堂上的纷争，也得以善终。宋绍兴二十一年（1151年），韩世忠去世，宋朝皇帝对他极为推崇，拜他为太师，并追封为义郡王，后来又追封为蕲王，谥忠武，配飨高宗庙廷。

《易经》有云，"肥遯无不利"，其中"遯"通"遁"，也就是退避，意即当人生处于隐退避让之中时，既无牵累，也已远离，就如远走高飞了一般，无论何时何地这么做，都会酣畅人生。要知道，荣华富贵背后往往潜藏着危机重重。人生就是在这样的高峰与山谷间起起伏伏，功成名就后激流勇退是对生命自然规律的一种尊重。

功名利禄，身外之物

功成名就之后，若想更深入地体味那一份生命的真味，实在少不了一份淡泊的心境。正如南怀瑾先生所说，"人世间有一件非常厉害的东西，那就是无求。任何人做任何事情，如果他能忘我，达到无欲无求的境地，并且不奢求自己能获得成功，那么用渐变的方法就好了"。

宋熙宁年间的周敦颐是一位著名的理学家，他就是因为淡泊名利而在此后千百年的岁月中为世人所牢记的。周敦颐十分喜欢莲花，在江西九江任"星子军"知军时，曾在军衙东侧开挖池塘种植荷花。当时，周敦颐已经进入暮年，傍晚时分，他或者独自一人，或者邀请三五好友，在池畔赏花品茶，并由此写就了为世人口口相传的《爱莲说》一文。

正如《爱莲说》中的名句，"出淤泥而不染，濯清涟而不妖"，这是周敦颐对自身淡泊名利的高远志向的一种隐喻。他认为，官场就如同一个黑暗的大染缸，想在这浑浑噩噩里保持自己的高洁，其困难程度就如同莲花出淤泥而不染一般。所以，纵然世界上百花盛开，他最爱的还是"濯清涟而不妖"的莲花。人们常说，"常在河边走，哪有不湿鞋"。而周敦颐虽然身在官场，但正因为那份山高水远的隐士情结，才保留了精神上的隐退。浩浩汤汤的历史长河奔流而去，那些当年与他同台竞技的英杰们都已经隐退于历史舞台之下，而那位独善其身的隐士仍闪闪发光。

正如南怀瑾先生教导大家的，功成，名遂，而身退，并非对生命轮回无可奈何的妥协，而是出于对生命循环的一种尊重。任何人都会败给时间，但要知道，那些能够在历史长河中闪闪发光的人始终是站在巨人肩膀上的。

8. 所谓运气，就是阶段

在大多数人眼里，《易经》就是一本简单的算卦书，可以用来占卜吉凶祸福，算算八字，解解姻缘。对于一部国学经典而言，这样说虽然有些"大材小用"，但却也占了其中一隅。既然人们都想算八字、讲运气，便该明白何为运气。

"祸兮福之所倚，福兮祸之所伏，孰知其极？其无正。"这是老子的话，按南怀瑾先生的解释，老子讲的"福"就是走运，"祸"就是与之相背的倒霉。那么，这句话的意思便是说，走运总是蕴藏在倒霉之中，一个人经历过倒霉的人生，才会体味到什么叫做运气。而这运气便是一个阶段，所谓的运气来了，也便是这个阶段的运气好的意思。

福祸相依

老子认为，福祸相依，变化莫测，这便是告诉世人，身当鸿运时，应当谨慎，因为福中也许包含着祸的种子；倒运时应当保持一颗平常心，笑对人生，也许好运就在前方。对此，南怀瑾先生也颇为赞同，在他看来，既然运气就是阶段，那便该做好福祸相依的准备，正所谓塞翁失马，焉知非福，谁又能确定这个阶段的运气不会变成下个阶段的祸患？或者说，谁又能确定此一时的祸患对于彼一时而言又是一段运气？

在北方边塞，有一位叫塞翁的老人走失了一匹马，乡邻们都来安慰他时，他却并没有如乡邻们所想的那样伤心不已，反而对乡邻说这也许会变成好事。果然，过了不久，塞翁的马自己跑了回来，不仅如此，还从胡地引来了一匹骏马。乡邻们知道后又来向他道贺，可是塞翁却并没有因此而高兴，因为在他看来，这也许会是坏事。时隔不久，塞翁的儿子在骑马时摔断了腿骨，面对乡邻们的好心慰问，塞翁叹息道："恐怕这件事情的福祸还是难以预料的。"

过了一年后，边境发生了战争，官府在民间征兵，塞翁的儿子因为腿跛而免去了兵役，邻居家的青壮年们则都被征调去当兵并且大多都战死沙场了，而塞翁的儿子却安然无事。从此以后，世人就常以"塞翁失马，安知非福"比喻好事坏事的相倚相生。

在这个故事中，塞翁口中所说的祸福都是等来的，他并没有主动积极地避祸求福，而是乐观地承受着命运赐予他的一切，而故事中福祸的转机也全依靠自然的安排，并没有丝毫人力的引导。不过，这种做法显得有点消极，在生活中一个人完全有可能也应当洞察福祸转化的情况，用平常的心态去对待祸与福。既然明白好运与否都只是一阶段的事情，那么当灾祸到来时，我们要做的就不是等待，而是应该想办法避免灾祸，努力把坏事转变为好事，积极促成福的光临。人是万物之灵，其心智的力量能够适应自然规律，转败为胜，逢凶化吉，化祸成福。

看清运气

学习了"福与祸"这对矛盾之后，我们应该明白，不论你身处运气一端也好，背运一端也罢，均是由主客观两方面的原因铸成的。祸患来时要经受得起，把持得住，顺其自然；幸福降至时要冷静对待，淡然处之，方能乐极不生悲。南怀瑾先生认为，对于一个人而言，最重要的就是能看清运气，要知道，一个人无论处于哪一阶段，都只是一个阶段罢了，人的一生断然没有停在那一阶段的道理，而是否能得运气眷顾，也并非表面所见那么简单。所谓福祸相依，看清运气，需要的依然是一个正确的态度。

孔子周游列国，走到沧浪水边的时候听到一个小孩正在那里唱歌，歌中唱道："沧浪的水清啊，可以洗我的帽缨，沧浪的水浊啊，可以洗我的双脚。"孔子听后大为感慨，在一番思索感悟之后对他的学生们说："你们听听看，正如那小孩子所唱的那样，水清的话可以用来洗帽缨，水浊的话就只能拿去洗脚，而这些水的用处都是由它们本身的质量决定的啊。"的确，这些水的舍取用度，全是由水本身的清浊决定的，而看清了这些之后你便会发现，一个人的得福与招祸、取誉与遭辱，也全都由人自己的性格和行为处事所决定。

俗话说："天有不测风云。"这话说得很有道理，即便科学如此发达的今天，人类也仍然无法准确无误地知道雪落霜降、雨来云去，人之福祸同样也是难以预料的。今日之祸也许会化作明日之福，而今日之福后面也可能潜藏着明日之祸，是福是祸无法一言以蔽之。只有看清这点，学会以理智的心境面对福祸，正确分析，才能够趋利避害。

　　南怀瑾先生说，八字算命是准确的，可是这个准确并不是说精准无差。就算是有大神通的人，算准了百分之九十八，那也还是不准的。所有的算法，都是根据既定的来推测的，事物瞬息万变，稍微一小步的差别，那就是天差地别。

　　人的一生会遇到很多次的偶然，有的带来不幸，有的带来好运。不幸也好，好运也罢，都要坦然处之，"不以物喜，不以己悲"，才是人生的最高境界。幸与不幸这两端之间也只不过隔了一层纸的距离，正面是运气，反面是祸患，而哪时哪刻身处哪个阶段又岂是人言可以预料的？

　　灾祸与幸福是相通的，生存与死亡是相邻的，而当灾祸发生的时候，就不要再怨天尤人了，最好能够换一个角度去想问题，眼光放长远一些，视野放开阔一点，无论如何，那都只是一阶段的事情罢了。

| 第七篇 |

南怀瑾的中庸之学

第一章

中庸内涵：不勉而中，不思而得，从容中庸

1. 君子中庸，小人反中庸

朱子曾言："中庸者，不偏不倚、无过不及，而平常之理，乃天命所当然，精微之极致也。惟君子为能体之，小人反是。"《中庸》里有句话，叫做"君子中庸，小人反中庸。君子之中庸也，君子而时中；小人之中庸也，小人而无忌惮也"。意思是说，君子是中庸的，而且"时中"，能依随外界情况的变化而做相应的调整，时刻居于中的位置上，时刻保持中庸的状态。小人则反中庸，无所忌惮。

中庸即是自省之道

南怀瑾先生认为，君子的中庸之道，在于慎独、自省。孟子强调现世之命，即所有的一切都是命中注定，我们不能怨天尤人。另有一句话，"不迁怒，不二过"，是指我们怨不得天，也怨不得人，不能迁怒他人，但是也要避免再一次犯错。真正的君子修养，是可以自查，同时能正视错误的。学会慎独、自省，避开社会中的陷阱，反思自己曾经的过错，做到无二过，坚定自己的思想，成为一身正气的真君子。

在遥远的先秦时代，君子的气节蕴含着礼义与和谐，有一套为人处事的标准，就是君子的立身准则。《左传》中曾言："圣达节，次守节，下失节。"

意思就是说，古代君子贤士注重礼乐，礼的精神是"节"，而乐的精神是"和"，君子的生活准则中有节也有和，这就是儒家的中庸之道，君子以气节为基础，便成就了儒家的礼义道德。

为什么说"君子中庸，小人反中庸"呢？"君子之中庸也，君子而时中。"一个真正明道、见道、悟道、修道的人，无论身在何处都在道中行；对于学佛的人来说，随时随地都在定中，都在那个境界里头。"小人之中庸"是说小人怎么样反中庸呢？小人无所忌惮，没有一种正的心理，即严肃自我的心理。用禅宗达摩祖师的话来说就是，"一念回机，便同本得"。

小人之反中庸

与君子相反，小人（这里指普通人，佛家叫做凡夫）反中庸，违背了道，一切行为、修养同道相违背。正所谓，"从其大体者为大人，从其小体为小人"。君子之道——中庸，随时都在道中行。孔子曾说过，不能中行而与之，必也狂狷。那么狂狷之人岂不就是"小人"之意吗？孔子在这里还是欣赏狂狷者的，但这反而就和《中庸》批判小人肆无忌惮的旨趣冲突了。

孔子曾言："君子有三畏，畏天命，畏大人，畏圣人之言；小人不知天命而不畏也，狎大人，侮圣人之言。"君子知天命而畏天命，小人不知天命，所以也不会敬畏天命。同样，唯有君子才能体察和践行中庸之道，小人不知何为中庸，又如何能反中庸？中庸之道不会成为被反的对象。这其中也蕴含了知行合一的思想，知之真切笃实即是行，"知"中庸必然也能"行"中庸，小人反中庸其实是不知中庸。如孟子曰："行之而不著焉，习矣而不察焉，终身由之而不知其道者，众也。"

既然小人不识中庸，也不能反中庸，那么为什么说"君子中庸，小人反中庸"？孟子曰："从其大体为大人，从其小体为小人。"所谓"小人反中庸"，是指小人被欲望、习气、势利等驱使，唯利是图，言行举止不合仁义之道。这是站在君子中庸的立场上审视小人之行为，而说小人反中庸。郑玄说"'反中庸'者，所行非中庸，然亦自以为中庸也"，显然也是错误的。而下文说"君子之中庸也，君子而时中；小人之中庸也，小人而无忌惮也"，论述的角度已经从"君子"转移到"中庸"，就不必再加一个"反"字而说"小人之反中庸也"。南怀瑾先生认为，做事应当中庸行事，不偏不倚，欲速则不达，物极则必反。不守住自己的位置，而想去抢占别人的地位，这样也是一种不明智的做法。因而，做人做事，要行君子的中庸之道。

中庸行事，不偏不倚

古往今来各个朝代，都有许多违反中庸之道的例子。譬如历史上著名的商鞅变法使秦国逐渐强大起来，秦始皇时期的李斯仍然建议以法家思想治国，焚书坑儒，倡导耕战，摒弃思想文化发展，最后将秦国变成一个极端尚武的战争机器，在治理国家的时候专恃暴力，不重仁德，到了秦二世时，国家便已灭亡。

南怀瑾先生认为，人生好像在大海中航行，时时遇见波涛阻力，因此船头不能做成方形，而做成尖圆形，就为了减少阻力。遇事时斤斤计较，不行中庸之道，很难与人相处，更难成就大事。

人们自然不会朝夕都需要做出这么极端的选择，可毕竟鱼和熊掌不可兼得，面临问题的时候我们总要去下定决心来做一个抉择。至于究竟该如何取舍好，不能人云亦云，自己要有个是非价值观，看清楚事物的本质，懂得事事难做到圆满，常保持一颗平常的心态，便不难处理生活中一些棘手的问题。

南怀瑾先生说："这两个人的思想，一个是奉行君子中庸之道的绝对无我为公，忘己为人；一个是小人反中庸的绝对为己的个人主义、自由主义。这是属于哲学思想的大问题。"只有绝对为公的理念，而没有绝对的公，同时也不可能存在绝对的私，你的东西我不拿，我的东西你也不要碰，这是做不到的。所以，保持君子的中庸之道，才可于人间大道中慎独、自省。

2. 戒惧谨独，执中之道

《中庸》写道："道也者，不可须臾离也，可离非道也。是故君子戒慎乎其所不睹，恐惧乎其所不闻。莫见乎隐，莫显乎微，故君子慎其独也。"南怀瑾先生认为我们每个人都有道，但是我们生下来以后离开了道——不是离开，而是蒙蔽住了，因为道是永远跟着我们的，是后天的情、识、观念把这个道挡住了，所以我们要见道、修道。

戒惧谨独，修道之途

我们要见道、修道，在行为上讲，就是指我们每一天做事都要小心，要谨慎，在别人看不见的地方也要约束自己的行为。曾子在《大学》中上讲："小人闲居为不善。"一个人平常很讲道德，很严肃，当独自一个在房间时，却什么事情都做得出来，这就不是修道人的规范。

有一天深夜，卫国的国君卫灵公和他的夫人南子在宫中对坐闲谈，后来听到王宫外面的路上传来一辆马车行驶的声音，由远及近，渐渐清晰。

当这辆马车经过王宫门外时，这个声音稍稍停顿了一下，然后又重新响起，但是现在的声音和刚才的明显不同，可以推测出车速已经减慢，而且车身承受的重量一下子减轻了不少，也就是说，原本坐在马车上面的那个人已经下车步行了。当马车走过王宫大门之后，又重新恢复为先前响亮的马车声，可见马车的主人又回到了车上。

南子对卫灵公说："那辆马车上面坐着的人一定是蘧伯玉。"卫灵公问她为什么这么肯定，她回答说："按照礼制，臣子在乘坐马车经过君主的宫门前时，应该下车步行并减慢车速，表示对君主的尊重。虽然现在是夜深人静的时刻，但凡是君子都不会在没有人看见的地方就废弃礼仪。蘧伯玉是个君子，他平日对上恭敬，一定不肯在暗昧的地方失礼。"于是，卫灵公派人前去打听，得知刚才经过的人果然是蘧伯玉。

作为当时一位贤德的士大夫，蘧伯玉并没有因为自己的行为处在别人视线之外就放松对自己的要求，依然做到了慎独。慎独是一种高度的自觉，在古代一直是君子修身的一条重要原则。现在，我们在遵守社会公共道德时就要努力做到这样，不管在什么场合，都能用严格的标准约束自己的行为。

私下的道德要求是难能可贵的

南怀瑾先生认为修道人应该"戒慎乎其所不睹"，在任何人都看不见的地方，行为却和在佛堂里、在教堂里、在孔庙里、在父母的前面、在祖宗的前面完全一样，这是修道的行为。表面和背后完全一样，那还不算数；看见与看不见的地方一致，这是道德的标准、行为的标准。但是现实生活中，我们总是在私下放松了对自己的要求，存在侥幸心理，做出和平时不一致的行为，这样违反了自己天性上的道德。

即使没有人听见，乃至没有鬼神听见，可是一样要恭敬而严肃，这是行为的标准，也是一个人有没有教养的标准。现实生活中，我们也要严格要求自己，为了达到中庸之道，时时要求自己。

3. 人性本善，天命之谓性

南怀瑾先生详细解释了"天命之谓性"中的"天"，他说《中庸》所讲的"天"是抽象的，代表形而上的道，也可以把它当做宇宙之间万事有一个不可知的力量。有时候这个天代表人的善心，同佛家"明心见性"这个"心"是一样的。譬如学佛、禅宗的境界里有一个词"性天风月"，就是说本性里头的、人的自性里头那个天地、那个宇宙，有它的境界，有它的风光，所以叫做"性天风月"。而天命这个命是当成禀赋给予我们的，生命当中自然有这股力量给我们，这就是"人性"。"天命之谓性"，就是老子所讲的"人法地，地法天，天法道，道法自然"，就是上天自然而然给你的本性。

人性本善

《中庸》中所讲的人性的来源、自然的禀赋，这个就是"性"。儒家认为人性本来是至善的，就如一块晶莹剔透的宝玉一般，是不坏的，坏是后天造成的。所谓"赤子之心"，指的是刚刚出生的小孩的内心是纯洁无瑕的。性善派认为《中庸》"天命之谓性"中的"性"是本来干净的、纯洁的、善良的、无私的天性，总而言之，是至真、至善、至美的，也就是西方哲学观念中真、善、美的天性。孟子讲："人之异于禽兽者几希，庶民去之，君子存之。"君子是谓君子，保留得恰好就是人之所以为人，人和禽兽差别的这个差距，就这么一点点，所以我们说儒家，特别是孟子以后推崇性善论，孔子则认为人的本质是善。

明代时期，有名的思想家王阳明曾经与一个盗贼发生了一个小故事：有一天，阳明讲学直至深夜，一个学生始终都不明白什么是良知。突然，房顶发出一些声音，没一会儿就有人大喊抓贼。之后，小偷便被卫兵押了进来，等候阳明处置。于是阳明让卫兵散去，对小偷说："把衣服脱了。"小偷惊惧交加，但是自己被抓住，也不得不听从阳明的话，便把衣服脱了。接着，阳明一直让小偷脱衣服，最后只剩下一条裤衩，阳明却仍然让小偷脱了。这次小偷却死活不肯脱了，大声喊道："你打我也好，杀我也罢，但是不能再脱了。"

王阳明问小偷为什么。小偷支支吾吾半天，最后不好意思地指了指还在一旁的众人。于是，阳明便对自己的学生说："这就是良知。在情感上来说，就是羞耻之心；上升到理性就是是非之心。在外人面前，不能一丝不挂，这说明你还有良知。"小偷听了十分感动，哭着给阳明跪下，说："我迫于生计当了小偷，从来没有人尊重过我，从来被人抓到都是打骂侮辱，从未有人说过我还有良知。您今天这么说，我以后绝不再偷。"阳明叹道："愚不肖者，虽其蔽昧之极，良知又未尝不存也。苟能致之，即与圣人无疑矣。"

南怀瑾先生十分赞同王阳明的说法，认为人人都是有良知的，每个人天生都有一颗向善之心。也就是说，世上没绝对的恶人，即便有些人作恶，也可以通过教化将其导入正途，恶中有善，存善去恶，这正是中庸之道的教化观念。

违背天命的是"伪"

因为"天"在古人眼中是神圣的、崇高的，具有不可猜测的力量，所以天所赋予人的天性也被认为是宝贵的、神圣的。古人讲究顺天应人，讲究天理伦常，就是要告诉我们顺天而行，不要违背自己的本性。我们都应该孝顺父母、爱护家人、尊重长辈、爱护幼小，做一个顺天性而行的人，做一个真、善、美的人，而不是虚假的人。

在现今这个物欲横流、思想纷杂的物质社会，总有各种违背天理人伦的事情或者人出现。这种违背天性的行为就是伪，他们带着自己的目的做出种种伪装，违背自己的天性，这样的人是不可深交的。我们要在遵从自己内心的同时，远离这些伪的人或者事。

4. 庸德之行，不敢不勉

《中庸》说："庸德之行，庸言之谨，有所不足，不敢不勉。有余不敢尽，言顾行，行顾言，君子胡不慥慥尔。"意思是说，按照道德要求去做事，小心谨慎地说话，有缺点和不足之处要自我勉励，有优点和长处也不要完全显露出来，做到言行一致，这就是一个稳当持重的君子。《中庸》的这一番话对人的道德行为要求极高，想做到言行一致，知行合一，成为一名守道行道的君子，是非常不容易的。南怀瑾先生认为，即便行道艰难，我们也该迎难而上，因为修道的人就是这样，专门攻克苦难，不去贪图享受。他用古代的菩萨圣人来举例，菩萨有慈悲心肠，圣人都渴望救世，苦难的事情由他们去承受，他们却从不抱怨，也从不回避艰苦。

求道要受得了寂寞清贫

一个修道者在修道的过程中难免会遇到各种困难险阻，面对花花世界的诱惑，我们要保持内心的宁静，坚持自己的操守，敢于忍受寂寞和清贫，来实现自己的道。孟子说过："故天将降大任于斯人也，必先苦其心志，劳其筋骨，饿其体肤，空乏其身，行拂乱其所为，所以动心忍性，曾益其所不能。"

范仲淹出生于贫苦人家，两岁丧父，母亲由于无法维持生活，不得不带着他改嫁别处。

范仲淹童年读书就非常专心。十多岁时，他住在长山醴泉寺的僧房里，昼夜苦读。他每天煮一锅稀粥，等它凝成冻子以后，用刀划成四块，早晚各取两块做主食。副食更简单，切几根咸菜就行了。后世传为佳话的"断齑划粥"的故事，就是从这里来的。

范仲淹有个同学，是南都留守的儿子。他看见范仲淹每天只吃点稀粥，却不以为苦，只顾埋头学习，觉得很稀奇，回去讲给他父亲听。他父亲就让他送些食物给范仲俺。

当南都留守的儿子奉了父命送来东西的时候，范仲淹再三推辞才勉强收下。可是，过了几天，留守的儿子发现他送的食物并没有被吃掉。他自然不高兴，问范仲淹道："家父听说你生活清苦，特地让我送了些饭菜，而你却不肯下筷，莫非认为这样做，就污了你的品行吗？"

范仲淹解释说："我并非不感激令尊的厚意，只是多年吃粥，已成习惯，如今骤然享受佳肴美馔，恐怕将来吃不得苦了。"

范仲淹做官以后，提出了许多对劳动人民有利的改革弊政的主张，还写下了"先天下之忧而忧，后天下之乐而乐"的名句。

在修道者眼中，一时的清贫困苦只是修道路上的一种考验，他们在乎的只是自己的操守德行是否完美，自己的内心是否强大，他们对这些困难不会逃避，更不会去贪图享受。连孔子都说自己"不聪明"，他直面这些艰难困苦，来实现自己的道。南怀瑾先生又何尝不是如此呢？

修道贵在持之以恒

孔子说："人皆曰'予知'，择乎中庸，而不能期月守也。"这讲的就是修道之难,他说我们想把中庸境界保持一个月都做不到。孔子对他的第一学生颜回极为赞赏,颜回大概能坚持三个月都在仁的境界。孔子自己现身说法,用难以坚持中庸境界来说明修道行道的困难之处。所以,他下面又赞叹他最喜欢的学生颜回。孔子说:"回之为人也,择乎中庸,得一善,则拳拳服膺而弗失之矣。"

欧洲文艺复兴时期的著名画家达·芬奇从小爱好绘画。父亲送他到当时意大利的名城佛罗伦萨,拜名画家佛罗基奥为师。老师要他从画蛋入手。他画了一个又一个,足足画了十多天。老师见他有些不耐烦了,便对他说:"不要以为画蛋容易,要知道,从来没有两个鸡蛋是完全相同的;即使是同一个蛋,只要变换一下角度去看形状也就不同了,蛋的椭圆形轮廓就会有差异。所以,要在画纸上把它完美地表现出来,非得下番苦功不可。"从此,达·芬奇用心学习素描,经过长时期勤奋艰苦的艺术实践,终于创作出许多不朽的名画。

修道贵在持之以恒、贵在坚持,在这个过程中我们要戒骄戒躁,保持始终如一,三天打鱼两天晒网是追求不到道的。NBA马刺球队的更衣室有一句名言:"我无助沮丧的时候,看到了小石匠在不停地敲打石头,似乎敲打了上百次也没能在石头上留下任何裂痕,但就在他敲第一百零一下的时候,石头突然裂成了两半,我知道,不是那一下击碎了石头,而是前面的努力共同作用的结果……"这就是著名的小石匠精神。

5. 素隐行怪,不要哗众取宠

子曰:"素隐行怪,后世有述焉,吾弗为之矣。"孔子的意思是,世间有人喜欢探索隐僻的事理,做奇异怪诞的事情,后世虽有所称述,我也不去做那样的事。在这一点上,南怀瑾先生与孔子的思想不谋而合,在南怀瑾先生看来,每天行为怪异,求索隐暗,做些不符合中庸之道的事情,那其实是在哗众取宠,他是极为反对的。

在其位，谋其政

南怀瑾先生认为，做事应当中庸行事，不偏不倚，欲速则不达，物极则必反。做人做事，千万不要过了头。

古往今来各个朝代，都有很多不在其位却妄图谋其政而造成物极必反的例子。

南怀瑾先生告诫我们，如果想要安稳度日，就要在做任何事情的时候，警惕自己不要走上极端，不要做过了头，不要偏离中庸之道，只有这样，才不会产生巨大的变化。换句话说，在其位谋其政，不在其位不谋其政，遵循适可而止的道理，凡事有度，过犹不及，不要把事情做得过头了，也不要做和自己身份不符合的事情，否则当事情超出控制之后，后果便很难控制了。

少争论，少辩驳

语言作为一种沟通的桥梁，是人与人之间联系的纽带，我们通过语言来表达内心的想法。我们可以根据时间、场合、对象的不同，表达出复杂多样的信息和各种不同的思想感情。而有些人动不动就与人争论、辩驳，只要别人与自己的观点有所不同，他们就会不停地进行争辩，直到别人无话可说。也许，在他们看来，他们胜利了，然而在他人眼中，这种咄咄逼人的争论是很滑稽可笑的。别人不再继续说话，并非是认同了他们的观点，更多的可能是不屑于继续与他们讲话。

南怀瑾先生认为，从说话言语中可以看出一个人的内涵和素质。一个说话有水平的人说出的话，常常在理，进退有余地，让人听后有一种身心愉悦的感觉，令人产生一种敬佩之情。职场上，每个人、每天都要和同事、领导以及各种各样的人交往相处，你会因为意见不合而争论不休、咄咄逼人地与人争吵吗？只有傻子才会这样做，而真正智慧的人会运用谈话的技巧，巧妙地避免使双方陷入难堪的局面。

南怀瑾先生作为一个智者，从来不会和其他人吵得面红耳赤。"谁都会为尊严而自卫，说话不要妨碍对方的尊严。"每个人都有自己的立场、看法，我们不能因为其他人的想法与自己不同，就不分青红皂白地强迫别人信服我们自己的观点，这是在强人所难。换位思考，如果别人因为我们的观点与他们不一样，就不顾一切地与我们争论，想必我们自己也会非常厌烦。

　　古人非常崇尚一种大智若愚的人，这类人达到的境界，是一般人无法比拟的，他们从来不会乱讲话，不会像个疯子似的与人大吵大闹。只有那些喜欢哗众取宠、惺惺作态的人，才会自以为是，不知道天高地厚，不分场合、不分时机地信口开河、大放厥词，这样的人只会让人唯恐避之而不及，也很容易招致祸患。

6. 修身则道立，尊贤则不惑

　　人生不过是一场不断前行与修行并存的过程，人们在其中完善自我，确立观念，逐渐进步。人可以误入歧途，可能有所迷惑而颓废、犯错，但是只要冲破阻碍，改过自新，终归会成为一位生活中的佼佼者，生命原本就是由平凡走向伟大的过程。《中庸》提过："修身则道立，尊贤则不惑。"南怀瑾先生就此解释道：修养自身品德就能树立道德楷模，尊敬贤人就能不被假象迷惑，通俗一点就是修身就道正，尊贤就不会头昏。

择其善者而从之

　　修身、尊贤，最重要的一点就是要择其善者而从之，只有这样才能树立道德的楷模，尊敬贤人就能不被表象所迷惑。子曰："三人行，必有我师焉。择其善者而从之，其不善者而改之。"孔子所说的方法，其实就是一个修身、尊贤的方法。南怀瑾先生就此谈道："照孔子的态度，对比自己好的人要尊敬，向比自己好的人靠齐。但是孔子这几句话看起来很平淡，没有什么难处，仔细研究起来，若说在人群社会中，真发现了别人的长处，而从自己的内心、从根性里发出改善、学习的意念，是很不容易做到的。"

　　众所周知，我国的书法艺术源远流长，自古就有"颜筋柳骨"之说。颜体丰满遒劲，柳体则骨立挺健，一直被众人视为书法界临摹学习的楷模，是学习书法的范本。而柳公权作为柳体的创始人，最初是颜派的鼻祖颜真卿的后辈，早年更是师从颜鲁公。但是柳公权在学习颜体的过程中，发现了颜体虽然雄浑厚朴但是其中却有臃肿肥胖的弊端。所以柳公权不断地揣摩字体字意，在选择颜体中优点的同时，也摈弃了其中肥大的弊端，渗入了自身"骨立如嶙"的特长，终于创立了流芳百世的经典"柳体"。这不正是尊贤重道，择善而从的典范吗？由此我们可以猜想，如果柳公权一味地效仿颜体，不顾弊端，何来今日的"颜筋柳骨"？同时，如果柳公权心高气傲，对颜体不屑一顾，完全不学颜体，他也无法择优去弊，最终自成一家。

思古及今，尊贤重道会让我们依循传统，择善而从则是对传统进行升华改进。颜鲁公弟子百人，可被后人记住的寥寥无几，像柳公权那样有所建树、自创一派的大家，仅此一人。这正是因为柳公权博学而勤勉，注重锤炼"字外功夫"，比起书法所体现的笔法，他更重视的是自身品格的修养，虚心学习借鉴，与自身特色融会贯通，最终才有所超越。只有尊贤重道，柳公权才可以站得比别人高，望得比别人更远，能发现他人所不能发现的东西。

南怀瑾先生认为，一个人立身行道，只有接受前人的优点，同时也看到瑕疵，然后孜孜不倦地实践，予以扬弃，最终兼容并蓄，形成自己的优点，才能开创出独特的风格。

修身之本为反思

人生的旅途是一个不断修行的过程，而修身是人生中必不可少的一节课，从中，我们可以吸收到充足的水分——那些靠不断反思自我，促进自我行为的规范和道德的修养，修身的根本在于反思，反思同时也是人生的基石。

相传在很久以前，有两只猴子去摘取桃子，大猴子摘一个桃子扔一个桃子，即使很努力，但是最后到手里的桃子却只有一个；小猴子起初效仿大猴子，也是这么做的，直到它摘到了第九个桃子的时候，它停下来好好想了想，然后找了一片芭蕉叶，把第十个桃子和第九个桃子装在了一起，这样小猴子就比大猴子多了一个桃子，有了两个桃子，他发现这个办法可行，就继续按照这个方法摘桃子。经历几万年的演变，小猴子变成了猿人，也就是人类的祖先。从这故事我们可以知道：人与猴子之间的区别，往往只差一小步，就是在于行动、实践后，是否会停下来反思自我、思考并纠正自身行为上的不良方式与习惯。

反思，对于企业来说也是极其重要的，它可以打造一个成功的企业。20世纪80年代初期的海尔还只是一个名不见经传的小公司，业绩也十分惨淡。有一次送回来的76台冰箱严重不合格，工人们要求把这76台冰箱简单修理后作为工人的福利产品。而总裁张瑞敏却坚持将这76台冰箱全部销毁，因为他清楚地知道，反思才可以让人进步。只有当着那些一线工人砸掉自己亲手生产的产品时，他们才会反思自己的错误，反省自身的不认真、偷工减料而造成的严重后果。76台冰箱的全部销毁代表近10万元成本的损失，但是这却可以换来工人们的深度反省，对工作效率的提升有至关重要的作用。自此以后，工人们再也不偷工减料了，海尔的业绩直线上升，到了2005年资本已经达到760亿元。可以见得，反思可以置之死地而后生，在腐朽中创造奇迹。

《论语》中的"吾日三省吾身"，其实要表达的就是会不会自我反思的这个简单道理。对于君子来说，这是一个每日都要恪守例行的习惯。作为凡夫俗子的我们，在遭受了巨大的变故或者痛苦时，虽然也会进行反思总结，但也只是偶尔为之，距离君子的目标还是比较遥远的。

7. 知而修身，知而治人

"修身、齐家、治国、平天下"是《礼记·大学》中提到的话。修身是进行其他活动的首要条件，包括提高个人的道德水平以及思想素质，即内外兼修。然而修养内心的基础在于我们要有一定的知识才学，通过不断的学习来丰富和提高自身，达到修身的目的。这也就是南怀瑾先生所说的"知而修身"。

修身是谓修心

南怀瑾先生提倡中庸之道，在他的著作中也经常可以看到他对中庸思想的论述与研究。"中庸"一词出自于《论语》，作为儒家的道德标准，通常被解释为待人接物保持中正平和，因时制宜、因物制宜、因事制宜、因地制宜。而其中的修身思想则是儒家思想的重要组成部分，作为儒家伦理道德的核心内容，被当成是达到理想人格和实现人生价值的最根本途径。"中庸之为德也，其至矣乎"，由此可以看出孔子不仅十分重视中庸之道，而且还把中庸看做是道德修养的最高标准。《大学》一书中也曾讲道："自天子以至庶人，壹是皆以修身为本"，说的也是这个道理，希望天下的人都要把修身作为实现和完善人生目标的途径。修身的概念，一般情况下都会解读成对道德品质的修养，即提高人的内在道德修养的理论。所以，修身的本质也就常常被当成修德。不过，修身虽然注定不能与人的道德修养相割离，但其中所囊括的内涵却不应该仅仅狭隘地限于道德修养中。修身实际应当为修心，人内心精神世界的修养不应仅仅包含道德素养的提升，还应该包括自我人格的提炼，以及为人处世态度的省察，从而形成正确的人生观和世界观。

如果将中庸的修身思想运用到我们日常的生活和商业活动中，可以有意想不到的收获。曾经有人问李嘉诚的儿子："你父亲是怎样教你成功赚钱的？"李泽楷说，"赚钱的方法父亲倒是没怎么教，只是告诉了他一些基本的为人处世的道理。和别人合作，假如对方拿七分合理，八分也可以，那么李家拿六分就可以了"。

李嘉诚想要表达的是，适当的吃亏则可以争取到更多的合作伙伴。虽然他这次只拿了六分，但逐渐多了一百个合作人，他能拿多少个六分？但如果拿八分的话，一百个人说不定就会变成五个人，是亏是赚可想而知。甚至如果生意做得不理想，就什么也不要，宁愿自己吃亏。这是一种风度和气量，也正是因为有了这种风度和气量，人们才乐于与他合作，他的生意才越做越大。李嘉诚的成功也是得力于他中庸的修身思想以及处世经验。吃亏是福，是一种智慧，也是一种成功的处世经验。而中庸的修身思想则正是达到这样一种理想境界的有效途径，即对内提高自己的道德与精神素养，对外提高自身的行为准则与规范。

知而治人

如果说修身指的是自身，是小的层面，那么治人治国就上升到了另外一个高度。《中庸》谈到了儒家的中庸治国治人思想，"凡为天下国家有九经，曰：修身也，尊贤也，亲亲也，敬大臣也，体群臣也，子庶民也，来百工也，柔远人也，怀诸侯也"，说的就是治国所需要的九个要素，即修养自身、尊崇贤人、亲爱亲族、敬重大臣、体恤群臣、爱民如子、招纳工匠、优待远客、安抚诸侯。"九经"中提出的尊重人才、敬大臣、体群臣、子庶民、柔远人的思想放在当今依旧适用。

邓小平的"一国两制""两手抓，两手都要硬"就是用中庸思想治国的最好体现。在对待香港、澳门的历史遗留问题上，他既没有一味地强调采取武力统一的方式，也没有放任不管这些问题，而是采取了折中的方法，即儒家的和为贵思想。在具体的操作方式上，他大胆地提出了在一个国家的前提下，允许两种社会制度并存，也就是现在著名的"一国两制"政策。在当时来看，让港、澳、台地区由之前的资本主义制度转变为社会主义制度短时间内是不能现实的，而如果让整个大陆抛弃社会主义制度，实行资本主义制度也是根本不可能的。所以，邓小平采用了中庸的思想，采取了"两制"的道路，而港澳地区顺利回归后的高度繁荣与发展也充分体现了邓小平这一做法的可行性与正确性。"一国两制"是邓小平运用中庸思想解决历史遗留问题的成功典范，是中庸治国思想在当代的体现。

养浩然之气

孟子曰："吾善养吾浩然之气。"南怀瑾先生认为，在这里孟子所说的"气"，并不是物质世界的气，不是空气的气。这里的养气是一种修养自身的方法，诚如："必有事焉而勿正，心勿忘，勿助长也。无若宋人然。宋人有闵其苗之不长而揠之者，芒芒然归，谓其人曰：'今日病矣！予助苗长矣！'其子趋而往视之，苗则槁矣。天下之不助苗长者寡矣。以为无益而舍之者，不耘苗者也。助之长者，揠苗者也。非徒无益，而又害之。"这里说的就是一种养气的方法。

古往今来，对于养浩然之气都有不同的做法。庄子作为一代哲学家，其精神遗世而独立。当年楚国国君想用重金聘请庄子做相国，这可是楚国一人之下、万人之上的尊位，人人都渴望得到。但庄子却无丝毫受宠若惊之色，以楚国神龟"宁其生而曳尾于涂中"也不愿"笥而藏之庙堂之上"作为比喻，表达自己"死而留骨以贵"的决心，拒绝了这份楚王认为的美差。庄子一生阐释道家思想，可谓是博学多才、满腹经纶，他能够做到不追求名利，"屈才"而甘于平凡，正展现出他浩然高贵的气节。

"吾善养吾浩然之气"，为千古文人志士所传诵，只要能够做到非己之物莫取，非正义之利不谋，不断提高个人素质，不断加强道德修养，养其"浩然之气"，树立崇高理想，坚守高尚情操，诱惑在我们面前定会偃旗息鼓，失去它的威力。

8. 慎独中正，坦荡心安

中国的传统文化非常注重传承美德。美德是没有功利性的，真正的品德无需监督，是一种良知的自觉展示。保持内心的高尚和纯洁，是慎独修身的基本。

《中庸》上讲："莫见乎隐，莫显乎微，故君子慎其独也。"南怀瑾先生说，很多人认为修道要找一个隐蔽的地方，因为"隐"就是隐秘，但这是不对的。"莫显乎微"，道在哪里？庄子说："道在屎溺。"意思就是，生活中到处都是道，生活中的每个细节都体现了道，衣食住行处处都显示出道。

把这些道理运用到实际生活的话，就是"戒慎乎其所不睹，恐惧乎其所不闻"。南怀瑾先生说："我们修道，不要以为人看不到的地方就没有人知道，没有人知道就可以乱来，这是不对的，'君子慎其独也。'"那么，什么叫做"慎其独也"？就是单独一个人的时候，如对大宾。

慎独守身，中正不偏

古代有许多有修养的官员，即使在退朝之后，坐在自己的书房里，仍然穿着朝服，非常严肃。《左传》记载过这样一件事情，晋灵公不行君道，正卿赵盾多次劝谏，晋灵公很不耐烦，于是派了一个杀手去杀他。杀手到赵盾家的时候，看到赵盾早已穿好了朝服，时候还早，他就坐在那里打盹。杀手看到他一个人的时候还穿着朝服不忘记恭敬国君，这样的人实在不能杀，但是国君的命令不能违背，于是杀手便自杀了。正是因为赵盾此人慎独中正，才能感动杀手。

即使赵盾侍奉的晋灵公是一个昏君，但是赵盾在平常的生活中依然不忘记恭敬，在没有人的地方和在人前做的都是一样的，这样的人才会得到他人的尊敬和敬佩。

慎独，就是自律，即自己对自己的行为加以约束。

曹鼐是明代著名的大臣，他对自己的品行要求很高，希望自己成为一个善人。为了提醒自己，他在自己的家里放置了一个大瓶子，瓶子旁边放着两袋豆子，一袋是黄豆，一袋是黑豆。他每天都要向瓶子里放几个豆子，有黑豆，也有黄豆，没有定数。

他的朋友们看到以后，很是不解，于是就问他为什么这样做？曹鼐就回答说："我这样做是在监督自己的心。我每天做了一件好事，就扔一颗黄豆进瓶子，做了一件坏事，就扔进去一颗黑豆。可是一个月下来，我发现瓶子里的黑豆竟然远远多过黄豆，可见我平时做了许多不好的事情。"

他的朋友们都对他的这种行为很是敬佩。曹鼐坚持这样做，不到半年的时间，黄豆渐渐变多，曹鼐也成为远近闻名的君子。曹鼐的品德在这样的自我监督下日益完善，这就是君子慎独。由此可见，懂得自律的人更加容易进步，这和曾子所说的"吾日三省吾身"是一个道理。

南怀瑾先生说，"慎其独也"，独处时，如面对上帝、面对菩萨、面对祖宗、面对父母时那么严肃，这是"形"上。实际上，在见道方面，过去讲过曾子的"慎其独也"，超然之独立，孤零零地存在，那是独。禅宗百丈祖师说"灵光独耀"，孤零零的，所以才有修养到达了一定境界，可见，慎独也是一种功夫。

坦荡且心安

君子拥有一种不欺暗室的品行，对他人是坦荡，对自己是心安。人要诚实地面对自己的心，不要欺骗他人的眼睛，也不要欺骗自己的心。

庄子钓于濮水，楚王命两名大夫前去，请庄子来楚国做官。庄子看着眼前的濮水，问他们："楚国河水里的乌龟，它们是愿意去楚王那里，让楚王用精致的竹箱装起来，再用丝绸覆盖，珍藏在宗庙里，用死来换取'留骨而贵'，还是愿意在水里自由自在地游着呢？"两位大夫顿时明白庄子的意思，回答道："宁愿自由地在水中活着。"

对庄子来说，楚国的官位虽然诱人，但远不及自由自在珍贵，这才是他心里真正渴求的东西。他坦荡地面对自己的追求，从不欺骗自己的内心。这是庄子坦荡而心安的智慧。他持守中正之道，不蒙蔽自己的良知。

南怀瑾先生指出，虽然人人都渴望自由自在，但是面对巨大的利欲诱惑，大多人会习惯性地选择抛开自己的初心，偏离正道。即便疲惫苦累一生，也去追求权力和成就带来的安全感，无法坦荡，也不能心安理得。这样做的话，不仅欺骗了别人，还欺骗了自己，久而久之，自己的良知就会丧失。

中庸之道在于保持内心的安定中止，坦诚面对自己的内心。无论是在人前还是在人后，都要保持坦荡，做到真正的表里如一，才可成为有浩然正气的君子。

第二章

为人处世：庸德之行，庸言之谨

1. 忠恕之道，推己及人

南怀瑾先生说过："在历史上，有不少刻薄寡恩的政治领导人，都不得善终。所以古代的人，如尧、舜、禹、汤、文王、武王、周公、孔子及齐桓公、晋文公这些人，他们在思想上、功业上，之所以能够使他人望尘莫及，并没有什么其他特别的本领，他们不过是擅长推广他们的仁心，也就是孔子所说的那种推己及人的恕道。譬如你想吃好的、穿好的，也让别人吃好的、穿好的。从心理建设，形成恕道开始，行仁政就是这样去做的。"善待别人就是善待自己，古人推行此道，在当今社会生活中，我们更应该将此发扬光大。

推己及人的恕道

《孟子·梁惠王上》有言："老吾老，以及人之老；幼吾幼，以及人之幼。"这句话相信大家都不陌生，它的意思就是说，在奉养孝敬自己家的老人的时候，也要想到那些与自己并无血缘关系的老人；在抚养教育自己的小孩时，也要想到那些其他与自己没有血缘关系的小孩。南怀瑾先生经常用这一句话勉励自己，也教育他人。他认为，这不仅是推己及人的恕道的一种表现，也是自己修身养性的一个重要部分。在南怀瑾先生心中，恕道对于一个人来说非常重要。

春秋时期，一个冬季里接连下了三天的大雪，齐景公有一次穿着厚厚的貂皮外套坐在厅堂里欣赏雪景，心中觉得非常精致新奇，内心想着，就这样，再多下几天，肯定会更加漂亮。就在这时，晏子进宫奏事，一边看着齐景公欣然赏雪的情景，一边看着那翩翩下落的雪花，若有所思。这时，齐景公开口说道："一连下了三天的大雪，可是一点也不冷呢，很像是春暖时节，还能欣赏到这么美的雪景，真好啊！"晏子看着齐景公裹着又厚又紧的皮袍，又在室内烤着火炉，就意有所指地追问道："您真的感觉不冷吗？"齐景公点点头说："爱卿为何这样问，你不感觉很暖和吗？"晏子轻摇了一下头，知道齐景公并没有理解他话语中的意思，说道："我听闻古代的贤君，他们总是自己吃饱饭之后，还要想一下黎民百姓是否也和他一样吃饱饭了；自己穿暖之后，也会去想一下其他人是否也一样穿暖；自己安逸之后，他还会因为还有其他人在劳累而惴惴不安。大王，您也是这样吗？"齐景公听过之后，立刻明白了晏子话中的意思。他很是羞愧，一句话也回答不上来。他知道晏子是在说他不为他人着想，是在说他没有推己及人的恕道。

恕道不仅是衡量一个君王是否有仁爱之心的准则，更是一个国家是否长久的重要因素。只有拥有一颗推己及人的恕道之心，能时刻想着百姓安危的君王才能受人爱戴，才能受人支持，这样的国家才能让百姓拥护。

南怀瑾先生认为，恕道之心不仅在古代有着极其重大的意义，现如今，它的重要性也不容忽视。人与人之间，相互体谅，遇事换位思考，推己及人，仁爱待人，就可能得出不同的结果，改变已有的不正确的做法，这样就会多一份理解，少一份对立。

学会原谅，将心比心

"人非圣贤，孰能无过？"我们都是平凡人，每个人都可能因为各种各样的原因而犯错误。这个时候，如果我们一直紧紧抓住别人的错误不放，总是一直盯住别人的错误，而不是原谅，不是将心比心，那么未免就显得我们太过于苛求别人了。南怀瑾先生认为，无论什么时候，学会原谅别人，宽恕别人，学会将心比心地对待他人，就能够避免很多矛盾，我们也才能更好、更幸福地生活。

三国时期，蜀国有一个叫杨戏的官员，平时总是沉默寡言，不管对谁，他都一样，话很少。有一次，丞相蒋琬与他交谈，杨戏还是一如既往，偶尔说出几个字，有时甚至连几个字都不说。有人对蒋琬说道："你看杨戏，那么傲慢，一点也不尊敬您，您和他说话，他都爱搭不理的。"蒋琬听后，并没有记在心上，只是说道："我并不觉得他这是不尊重我，相反，我觉得他非常真实、非常爽快。每个人都有自己的处事方式，杨戏一直以来性格就是这样，他并不是故意针对我，他从不无故赞美别人，也很少与人交往。他的书信、指令，很少有写满一张纸的时候，这也是众所周知的事情。他什么时候都是将最真实的一面展现出来，不会违心地阿谀奉承，也不会无理由地对人妄加评论，所以有时候他的沉默，就是最真实的自己。我理解这样的人，也非常愿意与这样的人交往。"

后来，又有一次，督农杨敏曾经恶意诋毁蒋琬，对别人说："蒋琬做事总是糊里糊涂，还不如其他人。"之后，司法官将此话告诉了蒋琬，并说："仅凭此事，就可以治杨敏的罪，您要怎么处置他？"蒋琬笑着回答道："杨敏并没有做错事，他说的全是对的，我本来就有做事糊里糊涂的毛病，很多事情处理方式都不得当，所以他批判得很对，并不需要处罚他。"就这样，蒋琬并没有处罚杨敏一丝一毫。就连在之后杨敏犯了其他罪入狱，蒋琬也没有因杨敏曾经诋毁过自己而给他加罪，只是依法办理而已。从这里就可以看出，丞相蒋琬总是用一颗宽恕之心理解他人，为他人着想。他之所以被人称道，除了有极高的才能之外，还在于他有着一颗宽恕他人的仁爱之心。

南怀瑾先生认为，原谅别人的过错、将心比心地宽恕别人，这是一种高尚的情操，无论任何时候，我们都要做到这样。可是，生活中，我们大多数人都习惯于把自己的注意力集中在别人的过错上，一味地苛求别人，而对自己却总是给予极大的宽恕。这恰恰与忠恕之道完全相反。在南怀瑾先生看来，我们必须学会宽容，学会原谅，多给别人一次机会，也是多给自己一次机会，这对双方的益处都是非常大的。

2. 留下退路，有余不敢尽

《孟子》"寡人之于国也"中讲道："不违农时，谷不可胜食也，数罟不入洿池，鱼鳖不可胜食也，斧斤以时入山林，林木不可胜用也。"这句话的意思是，不违背农时的规律，粮食才不会缺乏；不用细密的渔网在池塘里捕捞小鱼，这样才会有更多的鱼；按一定的季节入山砍伐树木，木材就会用不尽。这段话告诉我们，不要向大自然无节制地索取，只有这样，我们才能可持续地发展下去。这与南怀瑾先生常常告诉我们的"留下退路，有余不敢尽"思想不谋而合。

给他人留下宽容，给自己留下退路

《吕氏春秋》中有这样一句话："处官大者，不欲小察。"意思是说，官位越大，越不会计较小事情。人的境界越高，越宽容他人，朋友也就越多，自己的人生之路也就越广阔。南怀瑾先生将儒家哲学中的仁作为自己的一个修行方式，用宽容济世，用宽容去善待世人。他也常常劝诫大家，当你想要发脾气的时候，试着让自己冷静，试着让自己宽容，那个时候，你会发现，发脾气并不是解决问题的最好方式，只有宽容才是正道。

小张是一家公司的广告部业务员。有一次，他们给一个客户安装一个宣传用的灯箱。安装当天，客户非常执拗，坚持要工人按照自己的理解来安装，工人操作不当，导致灯箱摔到地上碎了，这笔损失让小张很郁闷。

按理说，这种情况下小张其实可以与客户协商，双方各承担一部分损失，再重新做一个灯箱。但是小张当时的火气非常大，理直气壮地找到客户理论："安装是我们的事，你这么指手画脚的，弄成这个结果，怎么办？"客户是个比较温和的人，他态度很谦卑："的确是我非要按照自己的意思来，这样吧，咱们协商一下看看能否均摊损失？"小张听了客户的协商方案反而更加生气了："一人一半？你们就得负责全部损失！"之后，客户几经协调，但是小张一直得理不饶人,非要客户自己负责全部损失。客户最后无可奈何,只能自认倒霉,而小张则美滋滋地回单位复命去了。

没想到,小张一到单位,就被老板叫到办公室狠狠批评了一顿。小张很不服气:"明明是我给公司避免了损失,老板你为什么要骂我?"老板气得脸都红了,说:"这个客户因为你的得理不饶人,取消了在我们公司的所有订单,虽然你避免了一个灯箱的损失,但是公司损失了一千个灯箱都不止的订单。"最后,老板毫不客气地把小张开除了。

南怀瑾先生认为,用宽容作为为人处世之道,表现出来的不是软弱,而是自身的一种修养,是自己人格魅力的体现。给他人留下宽容,就是给自己留下退路。鲁迅先生说过,"渡尽劫难兄弟在,相逢一笑泯千仇"。相逢一笑的大度宽容是消除仇怨的良方。

话说三分留七分

南怀瑾先生曾在一次演讲中讲到过一句俗语:"人情留一线,日后好见面。"他告诉大家,生活中很多尴尬都是自己造成的。就像说话,你将话说得太绝,不给人留一点点余地,固执己见地将对方逼入绝境,这就像种下一颗仇恨的种子,迟早会害到自己。

大家都知道邹忌讽齐王纳谏的故事。这个故事主要是讲邹忌通过三件事情的对比,最终得知别人夸奖自己比城北徐公更美,是出于各自不同的立场、不同的目的,而不是自己真的就比徐公美。于是,他想到,齐王肯定跟他处于相同的环境之下,他便进谏齐王,说道:"我知道自己不如城北徐公美,可是,我的妻子偏爱我,我的妾害怕我,我的客人有求于我,所以他们都夸赞我比徐公更美。现在大王您的齐国,土地方圆千里,城池一百多座,后宫的妻妾,她们都偏爱你,朝廷大臣,他们都害怕您,齐国的百姓,他们全都有求于你。所以,这样看来,大王您也受到很大的蒙蔽呀!"邹忌把话说到这里就没再接着说,而是等着齐王自己想明白。他也深知,作为大臣,自己说话要有分寸,不能太过,不能爬到齐王头上。很快,齐王听明白了邹忌的话,立刻下令,广纳贤言,并且对进谏者给予不同程度的奖励。一时之间,很多人都纷纷来进谏,齐王也都虚心接受。于是,齐国越来越开明,国家也越来越强大。邹忌是个说话掌握分寸的人，他知道有些话点到即可，要给对方留面子，给自己留后路。假如他将话说得高人一等，好像凌驾于齐王之上，那么即使齐王知道邹忌是为自己好，他也很可能不会高兴地接受他的意见，反而很有可能惩罚他。

南怀瑾先生常常用古人的话教导我们："逢人只说三句话，未可全抛一片心。"他的意思很明白，他就是希望我们不要把话说得太满，最好是说三分，将剩下的七分留在内心，灵活地掌握说话的尺度，这是一种为人处世的智慧和说话的技巧，这也是给自己留退路，更是能为自己赢得他人信赖的途径。

3. 言顾行，行顾言

关于言谈，孔子大有见地。他曾说过，"讷于言，慎于行"。因为君子的一言一行都可能惊动天地，言行如此重要，岂有不谨慎之理？关于言谈，南怀瑾先生也主张秉持中庸之道，正如他所阐释的，"出其言善，则千里之外应之；出其言不善，则千里之外违之。"无论是我们这样平平凡凡的人，还是身为领导的人，哪怕是部队里的班长或是带领工人的领班，都要尤其注意自己的一言一行，要说到做到，能做到再说。因为一句话、一件事出乎于自己，但影响的却是对方，而且这种影响是深远的。

说话不可锋芒太露

一个有才有德的人，必然会被那些热衷于名利的人所怀疑；一个言行谨慎的真君子，必然会蒙受悭吝小人的嫉妒。南怀瑾先生教导世人，要"言顾行，行顾言"，并非让大家采取装聋作哑的消极态度，这也不符合现代社会的交际需求。日常交际中无论如何不可失言，就如南先生所说："与人交往时，我们有时无话可说，但又不得不说话。比如，你去拜访别人，十几分钟，光是大眼瞪着小眼当然不行，必须要想出话题来；要说话，但也不是开口胡说，毕竟这些话你要先谨慎考虑，不能说出不得体的话来。"

南怀瑾先生教导人们要秉持中庸之道，言谈举止要深思熟虑，并非让人们采取消极避世的态度，而是以更加圆融妥当的方式来达到自己的目的，实现自己的价值。

不可在他人面前失态

谈起"言顾行，行顾言"这一话题时，南怀瑾先生引用了《菜根谭》中很有意思的一段话："路径窄处，留一步与人行；滋味浓的，减三分让人食。此乃涉世一极乐之法。"通过简简单单的几句话，南怀瑾先生既教会了我们立身处世的从容姿态，也教给了我们安身立命最快乐而安全的诀窍。

廉颇和蔺相如都是战国时的名臣，廉颇是赵国最优秀的将领，而蔺相如完璧归赵，还在渑池会上立了大功，成了赵王眼中的红人，并被册封为上卿。一时之间，蔺相如风光无限，他的官职甚至超过了廉颇。

对此，廉颇很不服气，他说："我身为大将军，赫赫战功都是靠拼死杀敌得来的，你看那蔺相如，不过是靠着口舌之功，竟然位居我上，更何况他出身卑贱，我不甘心屈居于他之下，这让我感到很可耻。"他还扬言说："我见到了蔺相如，一定要侮辱他。"

有一天，蔺相如坐车出去，只见廉颇远远骑着一匹高头大马，一摇一摆地过来了，他赶紧叫车夫掉头，往回走。蔺相如的侍从看不过去了，纷纷议论蔺相如怕廉颇。蔺相如听到后，对他们说："廉颇将军厉害，还是秦王厉害？"一众侍从想也没想，答道："当然是秦王厉害。"蔺相如说："秦王我都不怕，我还会怕廉颇将军吗？大家都知道，秦国之所以不敢贸然进攻我们赵国，就是因为赵国武有廉颇，文有蔺相如，如果我们二人闹不和，赵国的实力就会削弱，秦国就会有机可趁。我之所以避让着廉颇将军，是为了赵国的江山社稷。"作为一位以江山社稷为重的名臣，面对与自己叫板的廉颇，蔺相如不仅要考虑一举一动不可失态，更要考虑一旦失态就可能失国，所以他最终冷静地选择了避让。后来，蔺相如的侍从将他的原话转述给了廉颇。听了这番话，廉颇羞愧难当，马上脱掉衣裳，赤膊背着荆条，在门客的陪同下前往蔺相如的府上请罪。他说道："我是一个粗鄙浅陋之人，怎料你宽容我、忍让我竟到了如此地步。"自此以后，赵国呈现出一派将相和睦的大好局面。

可见，安身立命于世，一个人的言行举止是最重要不过的。南怀瑾先生一生崇尚中庸之道，这种执中而行的处事原则并非让我们消极避世，而是要谨言慎行，说任何话、做任何事情之前，都要先考虑周全，以更加圆融的方式来处理人际关系。

4. 宽柔以教，注重文教

关于文教，早在春秋时期，孔子就已经提出"宽柔以教，不报无道，南方之强也，君子居之"的观点。对人要宽厚，要温柔，同时更要注重教化。无道是非常不对、极为不合理的，但是我们仍旧可以宽容和原谅他，并不马上采取报复的行为。这可以是一种做人的方式，同时是一种智慧的表现。南怀瑾先生认为这可以看做一种对百人、千人、万人甚至亿万人的教化，是一个标尺。

严而不厉，宽容和严格相统一

在教育上，南怀瑾先生和孔子的观点一致，都认为要采用中庸的哲学方法。教育上的宽容要有一定的限度，过度宽容就成了纵容。南怀瑾先生认同："一切最好的教育方法、一切最好的教育艺术，都产生于教育对学生无比热爱的炽热心灵中。"为人师者，要秉承"严在当严时，爱在细微处"的态度，即严格和宽容并存的中庸原则，只有充满宽容的严与表现严的宽容相辅相成，才能铸就一个身心健全的孩子。

我国著名的翻译家、文艺评论家傅雷对自己孩子所提的唯一要求是，事业上永无止境，思想上谦虚诚实。傅雷对孩子的教育就是严而不厉，宽容和严格并存的态度。他的儿子弹钢琴的时候，如果弹得很好，傅雷就表扬他，同时鼓励儿子再接再厉；如果弹得很随意、很应付，他就告诉儿子要端正态度，同时帮助儿子分析短处和缺点，有则改之，无则加勉。傅雷认为，对待孩子不能一味地严格或者宽容，二者要相统一，在孩子想要得到父母的赞美的时候，就要给予足够的鼓励，对孩子进行表扬；如果孩子做错事，又不懂得分析自己的缺点，父母可以适当严格地列出标准，给孩子树立一面明镜，这样做对孩子会有明显的提升作用。

无独有偶，苏霍姆林斯基作为一名苏联的教育家，一生把关爱孩子作为"生命的追求""教育的奥秘"，他认为"把整个心灵献给孩子们"是对教育者最根本的要求，而在他教育的基本观点中，如果缺乏一定的严格要求，放任自流，是一种极其不负责任的做法。严格是严爱，不是严厉，也不是一味地宽容。教育孩子应该严格和宽容并存，否则就像没有水的池塘一般。唯有做到宽严适度，宽容和严格高度统一，才能有效地影响孩子的思想品格和道德行为。

和而不同，柔中带刚

每一件事情都有两面性，强和弱往往相互统一，而不是完全对立。在传统的中庸文化中，刚中带柔，柔以克刚，都体现出一种克敌制胜的精神力量。正因为如此，古代文教上所讲的中庸之道，就是一种和而不流、柔中有刚的教化思想。

曾国藩在晚清时期不仅是朝中重臣，也是一位懂得教育的父亲，在他的家书里，字里行间所透露的皆是对子女的积极的人生观导向。身处高位的他，依旧追求高洁淡远的胸襟。做人要"惟志趣高坚，则可以柔克刚；惟襟怀闲远，则可化刻为厚"。为学求知，并不能一味追求刚强，应该以柔克刚，才为正道。

曾国藩对年时二十八九岁的儿子曾纪译评价道："禀气太清""天性淡于荣利"。那时候曾纪泽是翰林院的新科庶吉士，年轻骄傲，目中无人，不可一世。曾国藩曾经在家书里对儿子进行劝诫，认为他气质过于清，即性格柔弱，所以要树立高贵而又坚定的志向，才可以化柔弱为刚强；过于清，容易刻板和较真，薄情寡义，只有扩大心量，以闲适胸怀正视人生，才可以有化刻板为宽厚的气度。曾国藩让儿子阅读具有宽宏心胸的诗篇，如陆游的诗篇，多读一些就能够培养闲适的胸怀。他认为儿子在这两件事情上用功，就会终身受用。经过曾国藩的谆谆教导，曾纪译的性情逐渐变得踏实下来，历经半生的绚烂之后，最终磨砺出平淡的真性情，晚年的曾国藩对儿子的淡泊之性十分赏识，并给予肯定，但也提醒儿子注意，没有哪种性格是十全十美的，再高贵的性格和志向也都有其负面性。对人过于宽厚则无原则和底线，如果太刻薄则又显得无情。曾纪泽虚心接受父亲的教导，恪守初心，性情淡泊而勤奋，待人宽容而坦诚。他曾刻苦学习外语，能人所不能，因而在中俄谈判中，赢得了晚清时期一次绝无仅有的外交胜利，可谓之能臣也。

宽柔，处世之道也

"宽柔以教，不报无道。"南怀瑾先生我们要用一种用宽宏、容忍的态度教育犯错的人，不报复他人对自己的无礼行为。通俗来说，就是以德报怨，用一种善良的德行，去回报他人对自己的仇恨。

东汉时期，光武帝刘秀与在河北自立为王的王朗进行了一场战争，但刘秀以雷霆手段迅速捉拿了躲避在邯郸城内的王朗，并且处死王朗，取得战争最后的胜利。但是在清缴王朗的书信时，发现了许多刘秀手下的官吏、平民私通王朗的信件，内容都以贬低刘秀、吹捧王朗为主。刘秀手下的官员很气愤，认为这样吃里扒外的人应该统一抓起来处死。而那些曾经给王朗写过信件的人，一直提心吊胆，寝食难安，十分害怕。刘秀知道这件事情后，立刻召集文武百官，当着所有人的面，把这些信件全都付诸一炬。

刘秀对朝臣道："有人在过去做错了事情，私通王朗。但是事情已经过去，我既往不咎，只要求那些做错事的人能够安心在朝廷供职，不愧对黎民百姓。"刘秀这样的做法，让那些心惊胆战的官吏大吃一惊，也在心里暗暗感激刘秀，以后便死心塌地地为他效劳。

与其把能人赶到敌方，成为自己的对立面，还不如对他们施加德行，收为己用。正如古人所述："大德容下，大道容众。盖趋避而利害，此人心之常情也，宜恕以安人心。"趋避利害本就是人之常情，应该以宽恕的态度使人心安定。

判断一个人是否能做大事，人们经常用他是否能够宽恕、容忍别人来判断衡量。只有用宽容和严格的态度，才能以柔克刚，才可以培养出能够宽恕、容忍他人的人。只有能够对别人容忍、宽恕，才能掌管和使用人。换句话说，宽柔不仅是一种教育方式，也是一种涵养，更是一种取得他人信任的重要方法，一种赢取拥护、发展自身事业的高明策略以及强大的力量。

5. 学而知之，困而知之

《中庸》有言："自诚明，谓之性；自明诚，谓之教。诚则明矣，明则诚矣。"这句话的意思是心怀诚恳而明白事理，这就是所谓的人性；因为明白事理而做到心怀诚恳，这就是教育的结果。心怀诚恳就会明白事理，明白事理就会更加诚恳。这段话论述了"诚明"与"人性"的关系，人因为明白事理，才可以明确自己的目标，并为此付出努力，这就是人性。而人性本善，便可以不断地反省自己的所作所为是否符合心中向善的本性，也就是"诚"，这样不断地自我反省，检讨自己，也就是"明"，因此"诚"与"明"相辅相成，成为人性。

明心见性

如何才能做到"诚明"？唯明心矣。只有坚持本心，心怀真诚，便能达到"诚明"。

春秋时期，管仲和鲍叔牙是一对十分要好的朋友。他们曾经一起做生意，但是在分成的时候，管仲总要多分一些。有的人见不惯管仲的做法，便替鲍叔牙打抱不平，鲍叔牙帮管仲解释："管仲不是因为贪财，而是他们家里真的穷呀！"之后，管仲有好几次帮鲍叔牙办事都没有办好，三次做官也被撤职，其他人都讽刺管仲没有才干。鲍叔牙又帮管仲说话："管仲并非没有才干，而是没有遇到合适的机会而已。"后来管仲三次被拉去参军，都逃跑了。别人嘲笑管仲贪生怕死，鲍叔牙再次帮管仲辩解："管仲不是因为贪生怕死才不去参军，而是他家有老母亲需要他侍奉呀。"

最后，鲍叔牙做了齐国公子小白的谋士，而管仲却成为齐国公子纠的谋士。两个公子在回国继承王位的过程中，管仲曾驱车拦截公子小白，拉弓射箭，射到了小白的腰带，小白佯装假死，然后骗过管仲，先一步赶回齐国，继承了王位。而管仲也因此成为阶下囚。公子小白，也就是齐桓公，在继位以后决定拜鲍叔牙为相，欲杀管仲报一箭之仇。而鲍叔牙却坚持推辞相位，向齐桓公推荐管仲。齐桓公最后重用了管仲，之后管仲的才能逐渐彰显，帮助齐桓公在春秋诸侯争霸中，成为春秋五霸之一。

鲍叔牙始终相信管仲是一个值得相交的人，并没有因为管仲的某些行为而误会他，也没有因为两人的立场曾经相对而对管仲的才能有错误的判断。这固然表现了两人坚固的友谊，但是更多地表现了鲍叔牙异于常人的"诚明"，也就是在面对流言蜚语时，能够心怀诚信，信任好友；能够清晰地判断是非，明白事理，没有因为流言蜚语而误会管仲，更没有为了自己的相国之位而杀害管仲，而是清楚地认识到管仲的才能。正是由于鲍叔牙始终心怀真诚，明白事理，一心向善，才能够成就自己，成就管仲。

人性本善

孔子曰："性相近。"这只说明了人性的相似性，却未说人性究竟是什么。而孟子则说："性本善。"在《孟子·告子上》提出："水信无分于东西，无分于上下乎？人性之善也，犹水之就下也。人无有不善，水无有不下。今夫水，搏而跃之，可使过颡；激而行之，可使在山。是岂水之性哉？其势则然也。人之可使为不善，其性亦犹是也。"意思是说，人性向善就如同水流向下流一般自然，水往低处走，人也一心向善。但是，水会因为石头的拍打而向上跃起，施加压力也可以让水爬上山岗，向上逆行，而人性也是如此，会因为受到压迫而变得不再向善。在这里，孟子明确地提出了"性本善"和"性本恶"的原因。但是荀子却十分明确地提出"性本恶"，认为人天性是恶的，只有不断地学习和修养自身才能摆脱恶。而告子又说："人性之无分于善不善也，犹水之无分于东西也。"

自古关于人性的问题一直备受争议，不知是"性本善"还是"性本恶"，大多数人便赞同了告子的人性无善恶之分的理论。对此，《中庸》提出："天命之谓性，率性之谓道，修道之谓教。"人的自然禀赋称为性，顺应本性的行为称为"道"，而按照道发展出的原则修养称为"教"。这里没有简单地将性分为善或恶，只是认为人的本性正如自然界的每一种事物一样，是与生俱来就存在的。但是顺应性的道和教确实能够体现一个人的善恶。

虽然我们不能说人性本善，但是可以明确地提出人性向善。因为我们的文化、我们所处的环境都是引导我们向善的。因此，在良好的道和教的基础上，人性必然是善的。

明代有名的思想家王阳明曾经与一个盗贼发生了一个小故事：有一天，王阳明讲学直至深夜，一个学生始终都不明白什么是良知。然后，突然房顶发出一些声音，没一会儿就有人大喊抓贼。之后，盗贼便被卫兵押了进来，等候王阳明处置。于是王阳明让卫兵散去，对盗贼说："把衣服脱了。"盗贼惊惧交加，但是自己被抓住，也不得不听从王阳明的话，就把衣服脱了。接着，王阳明一直让盗贼脱衣服，最后只剩下一条裤衩，王阳明却仍然让他脱了。这一次盗贼却死活不肯脱了，大声喊道："你打我也好，杀我也罢，但是不能再脱了。"于是王阳明问盗贼为什么。盗贼支吾半天，最后不好意思地指了指还在一旁的众人。于是王阳明便对自己的学生说："这就是良知。在情感上来说，就是羞耻之心，上升到理性就是是非之心。在外人面前，不能一丝不挂，就是良知。"盗贼听了十分感动，哭着给王阳明跪下，说："我迫于生计当了盗贼，从来没有人尊重过我，从来被人抓到都是打骂侮辱，从未有人说过我还有良知。您今天这么说，我以后绝不再偷盗。"王阳明叹道："愚不肖者，虽其蔽昧之极，良知又未尝不存也。苟能致之，即与圣人无疑矣。"

南怀瑾先生十分赞同王阳明的说法，认为人人都是有良知的，每个人天生都有一颗向善之心。世上没有绝对的恶人，可以通过教化使其导入正途，恶中有善，存善去恶，这正是中庸之道的教化观念。

6. 施恩，但要有度

"施恩，但要有度。"这种说法并不常见。施与恩情，要讲求标准，这仿佛与我们的传统美德不相符。传统美德提倡"路见不平拔刀相助"，或是"救人一命胜造七级浮屠",还有"滴水之恩,当涌泉相报",这些传统美德是值得我们传承并发扬的,在管理国家、企业上也同样适用。此外,在现实生活中,施恩是一件比较复杂的事情,也存在恩将仇报的情况。因此,对人施以大恩必须要把握尺度,正所谓中和得当,过犹不及。

虽然会有人认为这种说法有些消极,但把握施恩尺度的观点与南怀瑾解读的中庸理论在思想上是一致的。毫无疑问,根据《中庸》的仁爱观,当他人需要帮助时,我们应积极主动地给予帮助。《孟子》中有这样的说法:"爱人者,人恒爱之。"因此,我们对他人给予恩情,他人也是知恩图报的。《中庸》关注仁爱,包括对他人施予恩情。但是《中庸》的仁爱是有原则的。具体而言,对他人施予恩情,必须要有标准,要把握好一个度。

滴水之恩,当涌泉相报

给予他人一定的帮助,是应该被提倡的。南怀瑾先生在解读《中庸》时,尤其强调统治者和管理者要关爱他人。在历史上,因为统治者给予他人恩情,后来得到好报的例子有很多。

战国时期是七雄争霸的年代,当时七雄中实力最强大的是秦国。秦穆公是一个有气魄的君主,继位后,他团结和笼络了一批有用的人才,特别是任用商鞅进行变法,大力破除陈旧的陋习,这些举措很快使秦国强盛起来。为了能把天下有才干的人都集聚到秦国,秦穆公十分大度,这具体表现在他对一个冒犯自己的人施恩和宽恕上。

有一次,秦穆公丢了一匹心爱的马。秦穆公十分着急,赶紧派人四处寻找,最后找到几个人,是他们把马抓走了。发现时,那匹马已经被杀,这几个人正要吃马肉。查明后,秦穆公身边的人劝他要重罚他们。然而,秦穆公却没有生气,跑过去对这几个人说:"你们这样只吃肉,不喝酒,就没有乐趣了。现在,我送给大家美酒,大家一起畅饮吧!"

一开始,这几个人得知自己无意中杀了秦穆公的爱马,都吓坏了,以为肯定要被处以极刑这几个人。后来这几个人发觉秦穆公非但没有生气,反倒送来美酒,还与他们一起畅饮,于是对秦穆公的不杀之恩感激不尽。不久,秦晋两国交战,战争伊始,秦国接连胜利。为了一举消灭晋国,秦穆公提出擒贼先擒王,于是亲自带领几百人马,要抓晋国国君。不料,当他们将要到达晋军营地时,却遭到了伏击,被晋军包围。当时情势危急,若再不采取行动,秦穆公就会成为晋人的俘虏。

在这危急之时,有几个人从队伍中站了出来,对秦穆公说:"主公,您跟在我们后面,我们来掩护您突围。"秦穆公定睛一看,发现他们就是之前误杀马匹的那几个人。秦穆公看到他们,觉得有了希望。果然,在这几个士兵的拼死保护下,秦穆公才突出重围。更神奇的是,在帮秦穆公逃脱的时候,这几个人趁乱抓住了晋君。局势一下子就转变了,变得对秦国十分有利。为了营救晋君,晋国人不得不答应秦国的谈判条件,秦国因此获得晋国大片土地,国力大大增强。

通过这个故事我们可以知道,一个人要懂得宽容,要善于给予他人恩情。有时候,给予他人恩情,也许眼前的利益得不到保障,但从长久看来,施恩总会有好报。《中庸》提倡每个人都要关爱他人,尤其是作为一名管理者,施恩予人的同时也是在维护自己的利益,这样做不仅对自身、企业、国家有好处,也会鼓励手下人,让他们更有进取心。所以在南怀瑾先生看来,一个管理者关爱部下,在别人需要帮助时及时帮忙,是符合中庸之道的君子行为。

中庸之道,施恩有度

南怀瑾先生认为,凡事都要有个度。一旦过了头,失去了应有的度,就会出现一些不必要的麻烦。这同样适用于统治者和管理者的施恩,给予他人恩情的正确方式,是必须要有一定的度。俗话说:"恩能生怨,恩能成害。"给予人恩情为何会导致产生怨言,甚至有危害呢?究其原因,就是在施恩时,没有把握好一个度。

现实生活中,我们会碰到这样的事情,有人需要我们的帮助,我们伸出援助之手。我们可能会经常帮助这个人,久而久之,他会对我们产生依赖感,认为我们对他提供帮助是理所应当的。因此,在这种理所当然的思想影响下,一旦我们无法提供帮助时,他就会对我们产生埋怨的心理。

施恩无度,终成危害。这不仅在日常生活中是一个真理,而且对于管理者推行管理之道也有启发。俗话说得好:"给别人一斗米是恩人,给别人一石米是害人。"意思是说，我们在帮助他人的时候，一定要恰到好处。

有这样一个故事，古代有个善人，他每天给门口的乞丐一文钱，经年累月，从没断过。每天早上，乞丐都会守在善人家门口，伸手接来一文钱。开始的时候，乞丐感激涕零，但慢慢地就习惯了，觉得善人给钱是应该的。有一年闹灾荒，家家户户都吃不上饭，善人家里也十分拮据，拿不出钱来。乞丐还是每天早上到善人家门口等着，可是连续三天善人都没出来送钱给他，乞丐实在忍无可忍，就找善人理论，善人深感惭愧，对乞丐说："不好意思，家里没粮食，夫人用钱去买米了，所以没有多余的钱给你。"乞丐一听，勃然大怒，叫骂道："你这奸恶之徒，竟然拿我的三文钱去买米，用我的口粮钱去养活你们家人，简直岂有此理！"

这个故事说明，一个人快要饿死的时候，我们给他一碗饭，让他活了下来，这是对他天大的恩情。但如果一次一次不停地伸出援手，就会让对方养成伸手的习惯，并产生一种错觉，认为你对他的恩赐都是应该的，这个人就会吃完上顿想下顿，一而再再而三地索取，最终变成一个赶不走的贪婪之人。正因为如此，孔子有言："君子周急不济富。"这句话的意思就是说，真正的君子，只会在他人危急之时提供帮助，一旦他人走出了困境，就不必再给予帮助了。

对管理者来说，施恩更要适度，一方面避免让对方产生贪婪和惰性，另一方面施以太大的恩情，也会让手下人产生不安，既怕恩情还不上，又怕你让他偿还，在工作中背负着道德和心理的双重压力。因此，在一个企业里，管理者给手下施恩太多，会让受到大恩的人心里不舒服，因而产生偏激举动，有的人不但不报恩，甚至还可能加害恩人。在历史上，恩将仇报的例子比比皆是，君王身边最宠信重用的人，往往也是最后坏大事的人。在一个企业里，类似情况也大多出现在那些得到恩惠的员工身上。因此，不要施人以过度的大恩，否则，大恩会遭来灾祸。

正如南怀瑾先生所提倡的，施恩也要遵循中庸之道，依照中庸思想办事。我们在帮助他人的时候，要积极主动地给予他人恩情，但是一定要恰到好处，不能过了头。

7. 时中而立，摆正自身

每一个人都是不同的。人与人之间的不同不仅仅表现在外貌和衣着上，更重要的是内心是否独立和强大。人格上的坚韧是自我的修养，与其衣着华丽，不如内心卓尔不凡；相比喉咙中发出的声音来说，内心的呐喊更引人深思。

南怀瑾先生认为，真正的强者也许是"泯然众人"，也许是"大隐隐于朝"，但是从处世为人的视角来看，他们通常都能够保持自身的正位，和而不流，又能独善其身。尤其是作为一名管理者，虽然要平易近人，跟众人打成一片，但在思想和人格上却要保持独立，不偏不倚，摆正自身。

和而不流，立而不俗

《道德经》中提到一种君子之像："挫其锐，解其纷，和其光，同其尘；是谓玄同。"也就是老子所提倡的"不露锋芒，消解纷争，混居在众人之中"。君子可以适应变化，融入变化，但是又在变化中保持一份气节和立场，不与世俗同流合污。

唐代徐有功在做官时期，正值武则天当政，当时国家酷吏、奸臣当道，徐有功作为一名专司审案的官吏，虽然在朝廷地位极低，但仍然严格守法，敢于直谏，一身正气，平反了成千上万例的冤案，匡正的著名大案有六七百件，拯救了多达数万人的性命。他因正直判案得罪朝中大臣、皇亲国戚、富豪名流，屡次遭到陷害和弹劾，但反对者找不到他贪赃枉法的证据，所以徐有功三次被控死罪，三次被无罪释放，两次被罢官又两次复位。尽管一生的为官道路坎坷崎岖，但徐有功仍然矢志不渝，执法守正，成为历史上罕见的正义"法官"，被人誉为"自古无有"的清官。

徐有功的处世方法就是和而不流，他身在官场，遵守官场的一系列规则。

他做司刑寺官员的时候，跟一众同僚相处融洽，是一个温和可亲的人。但同时，他不认同朝廷官场结党营私的风气，也不愿意跟贪赃枉法者同流合污。他对自己身负的责任十分看重，作为一名"法官"，凡是他经手的案子，绝不让一人冤死受屈。即便得罪权贵，屡次被诬陷被罢官，他仍然摆正自身，持中而立，不偏不倚，坚持依照国家法律做正义之事。他无法改变世俗，但可以远离污浊，独善其身。生活在俗世中，混居在大众中，他也能出淤泥而不染。

真正的和而不流是很难做到的。不仅要有坚定的心立足于波涛之中，还要有宽广的胸怀来接纳、包容不同的意见。《中庸》记载："故君子和而不流，强哉矫！中立而不倚，强哉矫。"也就是说，君子与人平和相处，而又不丧失自己的原则立场，这才是真正的强大。国家政局混乱，社会动荡不安，至死也不改变自己的道德节操。南怀瑾先生也说："此所谓真正强。一个人做到如此，真正是大丈夫顶天立地。"

此外，作为一名管理者，想要做到和而不流，不仅需要强大的信念，还需要有充足的学识来明辨是非，才能立好"和"的根基。

随波逐流，不如逆流而上

南怀瑾先生在讲解《中庸》时提到："孟子说：尤故国外患者，国恒亡。一个社会没有别的刺激了，人的享福惰性来了，是非常糟糕的事。"现实生活也是如此，平静的生活磨灭了斗志，滋长了惰性，很难让人充满激情。

如今的社会知识普及度高，人们的个性思维也强，对于"强"的概念有着很多解释，但是没有人会否认内心强大的强者。

时代变了，人也在发生改变。生活变得残酷了，于是人变得更现实了。很多管理者目光短浅，只注重眼前的现实和利益。身处当前这个时代，我们很难摆脱时代赋予的缺点，但管理者应该做的是，努力去找一个立足点，摆正自身，坚持本心，逆流而上，寻到机会追逐更远的未来。

明朝的海瑞在青年时期，对当时出现的社会问题十分关注，当他考上科举，在户部任职的时候，嘉靖帝昏庸无道，耗尽国库财力求仙建坛，重用奸佞小人。虽然海瑞只是一个六品小官，但也为国家的兴亡日夜担忧。朝中的官员大多都随波逐流，不敢进谏皇帝，但海瑞却逆流而上，抱着必死的决心毅然上疏。该疏被后人称做《治安疏》，即历史上有名的"直言天下第一事疏"。奏疏呈给嘉靖皇帝之后，海瑞被罢官打入监狱，一直到嘉靖驾崩，才得以获释，不仅官复原职，此后一路升迁，最终成为明代官场的中流砥柱。

在那个时代，海瑞是真正的强者，也是一名合格的管理者。即使他身处旋涡之中，备受轻蔑和冷眼，也不忘尽自己所能，尝试扭转乾坤，坚守为国为民的正义之道。他将自己放在与国家共存亡的位置上，竭尽所能地散发热量。既然获得了做官的权利，他就终其一生为之担负起责任。所以海瑞在朝中一生刚正不阿，严肃法纪，历经嘉靖、隆庆、万历三朝，多次冒死进谏，除暴安良，维护百姓，成为历史上著名的清官之一。

南怀瑾先生说过："国家政治清明的时候，不改变自己未做官前的操守，在富贵中，假使一个人得意了，能够不忘本，还是书生本色，英雄本色；国家政治黑暗，一个社会到达紊乱的时候，一个时代到达紊乱的时候，自己有人格思想的中心，自己站得非常端正至死而不变，这个才是真正的强。"

因此，在动荡的环境下，一个优秀的管理者不与众人一同随波逐流，而是尽力逆流而上，保持自我本色，坚守持中的信念，担负起自己的责任，有所为有所不为，这才是真正的强者，真正履行了中庸之道。

8. 无信不立，威望源于以德服人

《论语》写道：子贡问政。子曰："足食，足兵，民信之矣。"子贡曰："必不得已而去，于斯三者何先？"曰："去兵。"子贡曰："必不得已而去。于斯二者何先？"曰："去食。自古皆有死，民无信不立。"从孔子与子贡的对话中可以看出，孔子认为治国之道最重要的在于统治者要立信于民，只有人民能够充分相信自己的君主，这个君主的治国之道才能顺利施行。

在南怀瑾先生看来，立信于人不仅适用于治国之中，也适用于为人处世和企业管理之中。管理者在管理企业时做到言而有信，立信于人，则会得到更多人的追随。管理者若总是出尔反尔，就会失去员工的信任，企业也会走向衰落。所以，用德行来使人信服，才是最长久的治理之法。

大道惟诚，无信不立

诚信，即诚实守信的意思。《说文解字》中是这样说的："诚，信也。信，诚也。"由此可见，诚和信的意思是一样的。春秋时代齐国名相管仲曾提出"中情信诚则名誉美矣"，"贤者诚信以仁之"，"先王贵诚信。诚信者，天下之结也"。在他看来，要想让天下人的心凝聚在一起，首先是要让大家的精神信念凝聚起来，而诚信则是让大家团结一致最好的办法。

周幽王是一个十分残暴的昏君，常常为了达到自己的目的而不惜付出任何代价。在他的后宫有一位叫褒姒的妃子，"眉清目秀，齿白唇红，花容月貌，倾国倾城"，周幽王非常宠幸她。

可是，尽管褒姒非常美丽，却从来不曾露出笑颜。为了博美人一笑，周幽王便发出命令，谁能想出办法让褒姒一笑，便赏他金子千斤。这时，有人献上了一条计谋。

那天傍晚，周幽王把褒姒带到城楼之上，命人点燃烽火。不久，离得近的诸侯看到烽火后，以为西戎攻打过来，率领士兵前往城下救援，却未曾见到敌军。经过打听，方才知道这不过是周幽王为博美人一笑做的荒唐事。看到各诸侯狼狈不堪，却又敢怒不敢言的样子，褒姒果然微微笑了一下。

然而，过了没多久，西戎真的攻打过来时，城墙上再次点起烽火，诸侯却以为这又是周幽王故计重施，便没有赶去救援。最终，西戎攻破了都城，周幽王被杀，西周灭亡了。

南怀瑾先生也曾讲到，诚信是人生在世的立足之本，其理念更是企业能否生存的根本之所在，我们常说儒家讲究的是"正心、修身、齐家、治国、平天下"，而做到这些的先决条件就是诚信。诚以待人，立信于人，才能够让企业在某一领域中立足，这是每个管理者在经营企业时必须遵守的，这样才能让企业有更长远的发展。

德行有修才能使人信服

《孟子·公孙丑上》中说道："以力服人者，非心服也，力不赡也；以德服人者，中心悦而诚服也，如七十子之服孔子也。"这段话的意思是，用武力使他人服从的人，并不能让人完全服从，不过是因为力量弱罢了；以德行使人归服，那才是真心诚意的服从，就如同孔子的七十弟子服从他一样。德行并没有实际存在的实体，而是一种无形中的力量。管理者如果能够做到以德服人，那么他的员工也会在其影响下，自发地对自己有同样的要求，尽职尽责地做好自己的工作。

三国时期的曹操是个有雄才大略的人。一次，曹操带兵去打仗，正赶上收麦子的季节。因为害怕士兵，沿途的百姓都躲了起来，不敢去收割小麦。曹操听说这件事后，立刻下令，让所有的士兵不能踩踏麦田，如有犯者，立刻斩首。不仅如此，他还派人挨家挨户告知那些村民，让他们放心出来收麦子。得知消息后，村民都出来了，纷纷赞颂曹丞相的美德。然而，这时候，一只突然过来的飞鸟惊了曹操的马，马一下子就冲进了麦田里，大片的麦子都被踩坏了。看到这个情形，曹操立即要求官员治自己的罪行。官员不肯，说道："我不能给丞相治罪啊！"

曹操说道："我自己下的命令，自己却违背的话，那么谁还会听从我的命令呢？如果连我自己都是一个不守信的人，我的士兵怎么能听从我的号令呢？"

说完，曹操就要拔剑自刎，却被众人赶忙拦了下来。于是，曹操削掉自己的一缕头发，以示惩戒。从此，三军流传着这样一段话：丞相踩踏麦田，罪应当斩，因其肩负天下重任，故削发替罪。这就是后世流传很广的曹操削发的故事。

南怀瑾先生说过，德行能够给人带来一种信任感，更能让人产生一种好的预期和荣誉感。故而，我们即使看不见也摸不着它，却能够感觉到它的存在，并能受到影响，更好地管理自己的员工。《大学》开篇的第一话是，"大学之道,在明明德"。正如曹操在士兵中德行的树立,明德可以让人对你产生更多的信任,威严也由此而来。可见"德"是属于"大"的知识与学问。在这里,"大"指的是管理者的心胸,指的是管理者的目标,指的是管理者在实践中的理念。

第三章

进退智慧：中规中矩，知进知退

1. 以静安身，才能自我更新

无论是古代还是现代，都存在三种处事态度：第一种，聪明而张扬；第二种，遇事犹豫不定；第三种，以静安身。当然，选择怎么样的处事原则是个人的选择，但南怀瑾先生提倡第三种，倡导修静。他认为："修养要达到什么境界呢？……不思而得，不勉而中。随时没得妄念，随时内心是清静的，没有贪嗔，平时喜怒哀乐中和的境界，既无欢喜也无悲，对人只有仁慈、爱护，没有怒、没有喜，没有喜怒哀乐。慢慢地，你内在达到这个中庸的境界以后，外面人都变了，整个的气质起了变化。"

把这种标准放在当今的社会来看，很多人可能会觉得这种退缩和保守的落后思想已经不再适用，然而真的是这样吗？要知道"枪打出头鸟，树大招风"是自古传下来的道理。南怀瑾先生认为，"无为而成"代表的是一种智慧的至高境界，但前提是必须在静的境界中，至静才能至诚，至诚才能神通。因而，至静，内心中保持安宁平静，对于人生是十分重要的。

大智若愚才是真聪明

大智若愚的人才是真正的智者，他们往往都不显山，不显水，不卖弄聪明，看似愚钝，实则拥有大智慧。有大智慧的人，通常做人低调，安静处世，从来不向别人夸耀自己，吹嘘抬高自己，有着海纳百川的境界以及心态。

大智若愚是中国人多年来所信奉的一句话。战国末期秦国大将王翦奉命出征，出发前他向秦王请求赐给良田房屋。秦王说："将军放心出征，何必担心呢？"王翦说："做大王的将军，有功最终也得不到封侯，所以趁大王赏赐我临时酒饭之际，我也斗胆请求赐给我田园，作为子孙后代的家业。"秦王大笑，答应了王翦的要求。王翦到了潼关，又派使者回朝请求赐予良田，秦王也爽快地答应了。手下心腹劝告王翦不要这么贪心，王翦支开左右，坦诚相告："我并非贪婪之人，因秦王多疑，现在他把全国的部队交给我一人指挥，心中必有不安。所以我多求赏赐田产，名为子孙计，实为安秦王之心。这样他就不会疑我造反了。"

王翦深知秦王心性，知道韬光养晦，不露锋芒，才能免遭猜忌。

大智若愚是中国人特有的做人的心态，也是中国几千年所凝聚的特有的大学问、大智慧，是中国人追求的人生境界。大智若愚与道家的"上善若水任方圆"有异曲同工之妙，是大勇若怯，以柔克刚；是藏锋露拙，明哲保身；是无所为，而后无所不为。

保持正确的心态，善待世间的一切，居闹市仍心静，无论何时何地都保持一颗平常心，做到宽仁待物，处事从容。

以静守身，清醒自持

人是一种情绪复杂的生物，在繁华富贵和贫穷困厄中往往能看到人的本性，在放纵和坚守之间最能表现出人最真的本质。人还是要保持清醒的头脑，静守己心，清醒看淡世间浮华，这才是中庸之道。

范蠡是越国名臣，被后人尊称为"商圣"，也是"南阳五圣"之一。在帮助勾践灭掉吴国之后，范蠡上书给勾践说："听闻主忧臣劳，主辱臣死。昔日大王在会稽受辱，臣之所以还活着，就是为了今日，如今国家已定，该是我为会稽之辱而死的时候了。"勾践不愿意让他死，并许以朝中高位，但范蠡婉言拒绝了，并提出了隐退之意。在一个深夜，范蠡带了金银细软和家人乘船离开了。他知道君臣之间，往往可以共患难，无法共富贵，自古以来都有"鸟尽弓藏，兔死狗烹"的事例，退隐民间才能保住身家性命。

范蠡来到齐国，与家人齐心合力经营产业，成为当地的大富豪，齐国的国君请他做齐相，范蠡叹道："当官能做到宰相，经营产业能赚到很多钱，这是我一个布衣百姓能做到的极限了，但是长久地活在盛名中，终归不是好事。"于是他拒绝出任相国，然后把家财都分给亲邻，只带了一点钱离开，去了陶地隐居，改名为陶朱公。他曾经劝说对自己有知遇之恩的文种要急流勇退，尽早离开朝廷。文种犹豫再三，后来称病不上朝，但是没有退隐。没过多久，文种遭人诬告，无法逃脱罪过，被越王赐死了。

对比范蠡和文种两人，前者不贪恋荣华富贵，始终保持清醒，以静守身，从官场退出来，进入到商界当中，达到了自我更新的境界，成为大富豪。在极度富贵的时候又能放下一切，宁愿做个籍籍无名之人，得以安享晚年。但文种做不到以静安身，最后被越王忌惮，成为朝中势力争斗的牺牲品。

南怀瑾先生认为，一个人清静到极点，就有自我反省的能力，这才是至诚之道的境界，以静安身，自己检查自己，是非、善恶、好坏一点不能欺骗自己的时候，才是真正的内省，才能达到自我更新的程度。人生在世，即使再怎样辉煌，终会有落英缤纷的一天，以静安身，即便默默无闻，也能在自我反省和外界事物的影响下，不断更新自我，做到心若沉浮，浅笑安然。

2. 顺逆安危，万物相辅相成

老子《道德经》载："祸兮福之所倚，福兮祸之所伏，孰知其极？其无正。"这句话说的就是，坏事可以引出好的结果，好事也可以引出坏的结果。换句话说，在一定条件下，福能变成祸，祸能变成福，二者相辅相成。南怀瑾先生也强调，顺逆安危，万物是相辅相成的，大家一定要明白这个道理。

福祸相依，平衡心态

司马迁在《太史公自序》中说："昔西伯拘羑里，演《周易》；孔子厄陈、蔡，作《春秋》；屈原放逐，著《离骚》；左丘失明，厥有《国语》；孙子膑脚，而论兵法；不韦迁蜀，世传《吕览》；韩非囚秦，《说难》《孤愤》；《诗》三百篇，大抵贤圣发愤之所为作也。"南怀瑾先生对司马迁的总结非常赞同，他认为很多的文学大家，都是在经历了祸事之后，才创造出不朽的著作。像李白、杜甫、韩愈、苏轼、李清照、辛弃疾等大家，没有一个不是这样的。

所以南怀瑾先生教导我们，有时候，我们眼中的祸事，未必就一定是祸患，这些不好的事情能够让我们时刻保持清醒的头脑，以清醒的状态去做正确的、有意义的事情。有时候，正是不好的事情促使我们变得更加奋发向上。由此看来，祸事是生命中的一件必备品。面对命运中的磕磕绊绊，我们要乐观勇敢，要始终相信福祸是相依的，彩虹总是出现在风雨后。

《每日镜报》曾经登载了一个小故事，故事的主人公名叫约翰·莱恩，是一个英国人，被称为"世界上最倒霉的人"。从记载来看，他的一生中危及生命的事故至少出现了17次。但同时，他也是"世界上最幸运的人"，因为每次遇到这些危险，他都能够绝处逢生，化险为夷。

1岁时，因为家长看护不周，约翰将浴室里一个塑胶瓶中的消毒水当饮料喝光，多亏及时被送到医院洗胃才捡回一条命。12岁时，因为在马路上贪玩，遭遇严重的车祸。之后，雨天树下，被雷电击中，被烧得面目全非，又侥幸逃生。14岁时游泳溺水，勉强得救。之后，他又在爬树的时候，在很高的地方跌到了地上，将腿摔断，身体多处骨折，在医院住了一段时间。出院当天，又遭遇到车祸，原本受伤的身体，伤上加伤。20岁的时候，他成为一名矿工，在矿井中工作的时候，被跌落的石块砸到头部。之后，他与人运送一车石块时，因同伴疏忽松手，一整车石块撞到他身上。41岁时，从地下室入口直接掉了下去，摔断8根肋骨。44岁时，他不小心触碰到一根高压电线，差点被电死。49岁时，他去希腊桑特岛度假，搭载的出租车冲下了悬崖。50岁后，他不小心从敞开的下水道口跌下，背部、双腿和膝盖全都摔断。伤好之后，他前往希腊度假，所乘坐的飞机被闪电击中，差点机毁人亡。

对于这些倒霉事，约翰在报纸上说道："我是世界上活着的人中最幸运的，不管多么残酷的现实，都不会打垮我。"约翰活得如此乐观，后来他向各类人群讲述自己的经历，开办各种成功学讲座，成为知名的成功学大师，他的人生开始向上行走,人人都为他鼓掌。

南怀瑾先生告诫我们:"当有好事情发生在自己头上,千万不要得意;当有不好的事情降临,也万万不要一蹶不振。"万事万物相辅相成,福祸相依,始终用一种平和的心态看待万物,生活会更加美好。

强者诞生于磨难之中

孟子说:"天将降大任于斯人也,必先苦其心志,劳其筋骨,饿其体肤,空乏其身,行拂乱其所为也,所以动心忍性,曾益其所不能。"由此可见,对每一个人来说,要想成就一些事情,就必须要经受一些磨难与锻炼。磨炼是每一个人成长所必须的条件。即使是南怀瑾先生,也不例外。

南怀瑾先生早在抗日战争期间,就遭受了很多的磨难。当时关于南怀瑾先生有这样一则报道:"有一南姓青年,以甫弱冠之龄,壮志凌云,豪情万丈,不避蛮烟瘴雨之苦,跃马西南边陲,部勒戎卒,殚力垦殖,组训地方,以巩固国防。迄任务达成,遂悄然单骑返蜀,执教于中央军校。只以资禀超脱,不为物羁,每逢假日闲暇,辄以芒鞋竹杖,遍历名山大川,访尽高僧奇士。复又辞去教职,弃隐青城灵岩寺,再遁迹峨嵋山中峰绝顶之大坪寺,学仙修道云云。"从这里不难看出,南怀瑾先生遭受磨难是在大坪寺内闭关阅藏的三年中,他身穿僧衣,伴着青灯古佛,斋戒素食,潜心苦读经书。之后,他又批阅《永乐大典》《四库备要》等经史典籍,收获了很多知识。1945年,南怀瑾先生还远赴西藏、西康,拜访各宗各派。多年来,他历尽各种艰难困险。但是,功夫不负有心人,他最终修得大成。用先生自己的话来说:"云水萍飘岂偶然,九年足迹遍西川。管他鬓到秋边白,落得人间月似烟。"南怀瑾先生最终成为一代学贯东西、博通古今,修兼内外、德并文武的宗师。

复杂的生活阅历是南怀瑾先生多元化价值观形成的基础,诸多的艰难困苦使南怀瑾先生看尽人世沧桑,正是这些,成就了一代大师的博学多闻,成就了南老先生思想的深邃。所谓"宝剑锋从磨砺出,梅花香自苦寒来",说的也是逆境顺境相辅相成的道理,很多时候,往往就是逆境、磨难促成了人的成长。

3. 盛极必衰，物极必反

《易经》中讲道："物不可以久居其所，故受之以遁，遁者退也。"意思是说，一个物品、一件事情不可能永远维持原状，迟早会发生变化，而人也一样，不能一直待在高位上，适时退隐离开才是正确的做法。南怀瑾先生说，儒家学派的中庸思想很多都和《易经》中的思想有异曲同工之妙。"物壮必老，老者必倒"，这是自然现象，人不会永远存在，成长到一定程度就会慢慢退化，直到老去，花草树木也一样，成长到最繁盛的时刻，就会开始渐渐凋零枯萎。万事万物也是一样的道理，阴极阳生，阳极阴生。懂得这个亘古不变的道理，才能更好地存活于世。

急流勇退是一种智慧

南怀瑾先生曾教导我们，一个人，无论任何时候，都要有一种急流勇退的智慧。既然世间万物都遵循着"盛极必衰、物极必反"的原则，那么一个人的地位达到最高，也就开始走下坡路，倒不如及时急流勇退。很多历史上的政治家们，功成名就，及时隐退，最终结果都是很好的；而那些始终不肯放弃权位及时隐退的人，到头来收获的反而是一堆祸患。

春秋时期，吴王阖闾登上王位，任命伍子胥管理国家大事，又任命精通兵学的大军事家、齐国人孙武为将。从此，吴王阖闾励精图治，手下文武双全，伍子胥、孙武齐心协力，辅佐吴王。一段时间下来，吴国的政治、经济和军事力量得到了很大的提高。为了吴国更好地发展，伍子胥根据吴国与周边各国的强弱形势及利害关系，与孙武等一起制定攻打楚国的争霸方略。最后吴王阖闾亲自率领兵将，攻打楚国，占领楚国的首都，取得巨大胜利。这样的结果，一方面帮助伍子胥报了当年的流亡之仇，另一方面为国家做出了巨大的贡献。战后，吴王对伍子胥和孙武大加封赏。对两人来说，此时已经算是处于人生的巅峰。面对这种情况，孙武和伍子胥的选择出现了分歧，孙武感觉自己已经功成名就，便决定辞官退隐，潜心修著《孙子兵法》。伍子胥却留在朝中继续辅佐吴王夫差。最终，伍子胥在越王勾践忍辱负重、意图雪耻复仇的时候进言，却被奸佞谗言所害，惨遭身死。

孙武功成身退，伍子胥却惨死吴国，正是应了《易经》所说的道理，"物不可以终壮"。人生不会有恒久的辉煌，一个人一旦达到了顶峰，就一定要注意，适时走下来，否则，就很有可能走向末路。南怀瑾先生认为，如果人人都能学习到中庸智慧，将盛极必衰、物极必反的道理落实到生活当中，那么很多的悲剧都可以避免。

不懂分寸，没有良机

南怀瑾先生认为，遇事不走极端，见好就收，把握分寸，谨慎行事，这一准则对任何一个人都是非常重要的。光芒的背后就是黑暗，山顶的下面就是悬崖，事情做得恰如其分，就会否极泰来，如果做得过分了，就会陷入万劫不复的深渊。

魏国曹芳当政的时候，掌控国家大权的已经变成司马集团。司马师就是其中一人。司马师可以带剑入宫，可以一个人决断所有政事，完全不把当时的魏主曹芳放在眼里。这令曹芳非常恼怒，经过考虑，他准备秘密诛杀司马师。但是，消息败露，结果司马师反而将他的皇位废除了，之后司马师立曹髦为新的皇帝。在司马师死后，司马昭自封天下兵马大都督，处处挟制魏主曹髦，篡权的野心日益显露，几乎所有人都能看出来。眼见司马昭的专横，曹髦恨在心里，于是写了一首《潜龙诗》，发泄心中的不满。诗曰："伤哉龙受困，不能跃深渊。上不飞天汉，下不见于田。播居于井底，鳅鳝舞其前。藏牙伏爪甲，嗟我亦如然。"写完这首诗后他也没有好好收藏，反而拿给很多官员看。一位名叫贾充的官吏知道后，马上向司马昭告发了此事。司马昭看见诗中将他比喻成鱼鳅黄鳝，非常生气，一怒之下立刻拿着剑，带着随从进宫找他。当着百官大臣，他厉声责骂曹髦，公然威胁说："你曹髦是不是想做第二个曹芳！"曹髦回到后宫，越想越气，发誓要除掉这个司马昭，便召来王经、王沈、王业三位大臣合谋。王经见他不懂进退的分寸，便劝告他，不要像鲁昭公讨伐季孙氏一样，没有成功反被流亡了，一定要以史为鉴呀。可是，曹髦不听，表示宁死也不能放过猖獗的司马昭。于是，他草率地召集兵士三百人，毫无章法地叫嚣着要去诛杀司马昭。最终，还不用司马昭动手，曹髦就被司马昭的手下杀死，而他率领的三百名兵士也全都惨遭杀害，血流遍地。

这个故事说明曹氏后人曹芳、曹髦的做事不讲分寸，进退无据，因而注定他们是无法成功的。司马师、司马昭身为人臣，虽权倾天下，功高震主，但按道理来讲，他们篡权的时机并没到来，并不一定能够成功。但是曹氏将事情做过了头，物极必反，反而给司马师、司马昭提供了造反的良机。在南怀瑾先生看来，不管什么时候，一定要懂得把握分寸，只有这样，才能等待良机，成就事业。

4. 执满之道，过于圆满，得不偿失

南怀瑾先生认为，很多时候我们抱怨怀才不遇、命运不济、生活坎坷，总是认为自己理想中的生活应当是无可挑剔、完美无缺的，但是真正的生活却总是充满失望和不顺心。俄国短篇小说巨匠契诃夫曾说："完美是种理想，允许你十次修改也不会没有遗憾。"仔细想来确实如此，就算让你重新再活几次，你都不会觉得你的人生是圆满的、了无遗憾的。

人生少有真圆满

南怀瑾先生在《缺憾的人生》里写道："人生，永远是缺憾的，佛学里对这个世界叫做娑婆世界，翻译成中文就是能忍耐许多缺憾的世界。本来世界就是缺憾的，而且没有缺憾就不叫做人的世界，人的世界本来就有缺憾，如果圆满那整个人就完了。就像男女之间，大家都求圆满，但中国有句老话，吵吵闹闹的夫妻，反而可以白首偕老；两人之间，感情好，一切都好，就会另有缺憾，要不是没有儿女，要不就是其中一个人早死。"然而，人生的缺

憾不仅仅存在于感情上，还包括生死、升学、工作等方面。这么多的事情，总是会有缺憾的。但若事情早有定论，就不要再想太多，顺其自然就好，就算所有的一切都尽善尽美，那么随之而来的也会有其他问题。

科学家霍金在21岁时患上了不治之症，医生预测，他最多还可以活两年。这个消息对他来说就像晴天霹雳，他不知道该怎么办，消沉、暴躁、痛苦，任谁劝说都没有用。直到有一天，他突然想明白了：我并不算那么倒霉，老天并没有一下子夺走我的生命，他还给了我两年的时间，两年的时间，说短也短，说长也长。所以，我不应该就这样放弃。与其一直痛苦地等死，倒不如与病痛为伍，为家庭，为理想，果断地"站起来"，继续自己的研究。至于自己什么时候倒下，自己不能决定，就顺其自然吧。他努力让一切重归原位，继续自己之前的学习和研究。在一次演讲中，他曾讲道："是的，病魔将我永远固定在轮椅上，但我不认为命运让我失去太多，我的手指还能活动，大脑还能思考，我有终生追求的理想，我有爱我和我爱的亲人和朋友，我已经觉得非常满足。人生在世，总会有一些狂风暴雨向你袭来，这都非常正常。很多人问我，为什么我能如此坦然面对疾病，那是因为，在我看来，我并不觉得疾病对我有多大的影响，我每天沉醉在自己的世界里，每天都在努力地像正常人一样生活。既然病魔注定要与我为伴，那么我为什么不乐观地接受呢？当你真正能够看开这一点，你就不会再觉得痛苦。"的确，用霍金自己的话来说，每个人都会遇到生命中的一些挫折，有的大，有的小，只不过自己刚好遇到的就是疾病而已。无需过度担忧或者痛苦，看淡它们，让一切顺其自然，坚定地走自己的道路，这样的一生未必就是不完满的一生。

在南怀瑾先生看来，"完满"只是人看待问题的一个方面。或许有人将身体的一种缺憾看做人生的不完满，但是换一个角度，因为身体的缺陷，你得到了别样的经历和体会，这何尝不是人生中的一种完满。换句话说，真正的人生，很多都是充满了缺憾的。

不完满才是人生

南怀瑾先生认为，世间万物都是十分精彩的，但是因为有了不完美的缺憾，万物才可以变得更加光彩夺目。例如人生，有过成功或失败的经历，才能从不同的视角感受人生，才能让人生更加丰盈、有韵味。南怀瑾先生每次给青年学生授课时，都会讲到这些。他认为，现在的青年太过于追求完美，以至于丢掉了很多机会，耽误了很多事情。作为一个长者，他殷切地希望大家都能够明白，真正的人生都是由一些不完美的片段组成的。接受这些不完美的因素，才能使自己朝更美好的未来前进。

季羡林早年在德国留学时，曾经与一名才女相知、相恋、相爱、相惜，然而残酷的事实却摆在他的面前：他要报效国家，要在国家需要他的时候，毅然回到祖国的怀抱。忍受锥心的痛苦和不舍，季老回到了国家，离开了他心爱的人。这一去，两人便再也没能见面，只是在世界的两端，两颗孤独的心默默地回忆着曾经的幸福。后来，季羡林经历了许多，这种生命中的不完美，并没有将他打倒。由此可见，季羡林先生愿意接受不完美的爱情、不完美的经历，他不后悔回国，不后悔选择离家读书，不后悔成为教授，各类生活经历是一段不完美的缺憾，但正是那段痛苦的经历成就了他，因为若没有经历这种不完美，也许他永远不会有如此大的思想起伏，平淡无波的人生是缺乏深度的，是极度肤浅的。

唐太宗说："以铜为鉴，可以正衣冠；以人为鉴，可以明得失；以史为鉴，可以知兴替。"缺憾在生活中发挥着重要的作用，小到对个人，大到对国家、对社会，都起到了很好的借鉴和警醒作用。虽然我们的国家曾经软弱无能，任人欺凌，但最终还是一步步崛起了，这与过往的缺憾不是没有关系的。正是因为中国曾经被人欺凌、百姓生活困苦，国家领导人、民众才渐渐意识到崛起的重要性，他们从以往的失败中总结经验教训，从失败的痛苦中激励自己，不断地寻求强国、富国之路。中国曾经的屈辱，就像一面明镜似的时刻提醒着我们，勿忘国耻，自立自强。可以说，这些曾经的缺憾，对当今我们国家的强大有着至关重要的影响。

南怀瑾先生用无数的事实告诉我们，人生中总是充满了不完美，但正是不完美才造就了真正的人生。因而，面对人生中的不完美，不要怨天尤人，去接纳它，定会发现另类的精彩。

5. 欲速则不达，合理把握节奏

西方有这样一句话：如果你想走得更远，就得走得更慢。这和中国的谚语"欲速则不达"说的是一样的道理。在南怀瑾先生看来，"慢"是一种智慧，"慢"是为了更好地把握节奏，就好像一个人学习到的知识不是由看书的速度决定一样的，每天慢些看书，将看到的东西都消化掉，并且每天坚持下去，这远远比那些一下子翻很多页，之后就不管不顾，效果要好得多。所以，让自己的心平静下来，在平静中稳步前行，不在乎快慢，重点在"坚持"二字上。

一次做好一件事

荀子曾说："锲而不舍，金石可镂。"这句话不仅强调了坚持不懈的重要性，还告诉了我们做人做事要沉稳的道理。南怀瑾先生说，世间万物都是在变化的，有的变化大，有的变化小，有的变化明显，有的变化不明显。但是，不管变化是大、是小、是快、是慢，归根到底，都是在缓慢中一步步变化的。所以说，不管做什么事，都不能操之过急，正所谓"欲速则不达"，认真做好当下的每一件事情，就是朝成功迈进了一大步。

有一则很著名的寓言故事。一只猴子下山去玩，它来到一处玉米地，看玉米又大又甜，于是它掰下来很多玉米，抱在怀中，高兴地上路了。很快，它又来到一片桃园，见树上结了鲜美的桃子，猴子心想："玉米没有桃子好吃，我要桃子。"于是，它赶忙扔了玉米，爬上桃树去摘了很多桃子。紧接着，猴子又看见西瓜，心想："西瓜更大更甜，我要西瓜吧。"它把桃子扔了，抱起一个西瓜往回走。途中突然看见一只白兔，跑得非常快，猴子很不服气，想要去追白兔，因此把西瓜也扔了。到最后它也没有追上白兔，但已经精疲力尽，只好两手空空回家了。

动摇不定，三心二意，都是成功的大忌。歌德曾经说道："一个人不能同时骑两匹马,骑上这个,就得丢掉那个。聪明人会把分散精力的事情抛到一边,只专心致志做一件,做一件就要把它做好。"的确是这样,很多人不能成功的原因,就是难以专注一件事,尤其是面对小事,更不愿花费时间精力去认真做。

南怀瑾先生说,一次做好一件事,把精力集中在一个目标上,不要轻易被其他的事情所干扰,如果经常改变目标,那就是在把自己有限的精力分解到一些无关紧要的事情上。你越是想要一下子抓住很多东西,越是什么也得不到。对于追求成功的人来说,见异思迁和四面出击都是大忌,把有效的时间和精力集中在当前所做的一件事情上,集中解决问题和困难,才能提高效率,获得成功。因此,当我们做一件事不能竭尽全力,而是三心二意的时候,就好像挖井一样,花了很多时间挖很多的井,倒不如花同样的时间挖一口井,才有更大的可能喝到甘甜的井水。

敬畏自然,慢慢发展

南怀瑾先生曾指出,在农业文明时代,人们为了生存,大面积毁林开荒,长期下来,最终造成了水土流失、土地沙漠化等一系列不可恢复的生态灾难。为什么会出现这种情况呢?归根到底,就是因为人们在肆意破坏自然规律,为了自身快速发展,满足自己眼前的狭隘利益,不惜大面积砍伐森林,一棵棵树木被放倒,但最终的结果并没有让人们如愿以偿,反而导致很多地方荒芜,人财两空。进入工业文明时期,人们依旧没有吸取前阶段的教训,不择手段地破坏自然,不断地向大自然过度索取,造成了大气污染、温室效应、臭氧层空洞、酸雨等无数的生态灾难。结果可想而知,大自然在不断地"回馈"着我们,各种疾病、各种自然灾害层出不穷,我们的生命一次次处在危险的边缘。假如我们依旧不能正确认识自然,遵从自然之道,而是自以为是地想要为了获得个人发展、社会发展,不顾一切地利用大自然,那么后果必然是难以想象的。

近些年来,我们国家一次次提出"建设环境友好型社会""不能将经济快速发展建立在污染环境、破坏自然的基础上"的口号,政府开始严惩一个又一个严重污染环境的工厂,归根到底,就是因为我们慢慢认识到了发展的循序渐进性，懂得了"欲速则不达"的道理。任何事情的发展都不是一蹴而就的，一味地拔苗助长，不遵从自然之道，破坏自然，这样下去，结果必然是可怕的。就像南怀瑾先生所教导我们的那样，放缓经济发展的速度，合理把握发展的步伐，落实保护环境的措施，调整自己与大自然的关系，一步一个脚印、一步一个阶梯，慢慢向前走，是当前非常重要的事情。

6. 素位而行，乐天知命

《中庸》中写道："君子素其位而行，不愿乎其外。"说的是道德修养的道理。《中庸》的修道原则，基础前提就是一个"素"字，所谓的"素位而行"，就是保持天生自然的朴素和无瑕，不受外界的影响和刺激，坚守自己本心的立场，不轻易变动，那么生命就显示出本来的价值。

南怀瑾先生认为，素，就是朴素的素，就是白净。所谓素，就是非常平常、本分，所以修道的道理与法则非常简单，就是能够保持其平素而朴素。"素位而行"的目的，是为了"不愿乎其外"，也就是说坚守质朴的初心，不受外来的影响和刺激，也不受外界环境的干扰。

坚持本心的立场

对每个人来说，生命都是可贵的，因为它只有一次。生命的结果都是死亡，可生命的过程是属于自己的，每个人的人生体验都不尽相同。生命是一个无法回头的旅程，只有坚守本心的立场，选择一条属于自己的人生道路，这样的生命才有意义和价值。

司马迁是我国著名史学家，出生于西汉时期，自小便羡慕那些英雄豪杰，当他在黄河岸边看见波涛从龙门呼啸而下时，立志长大后要做出一番大事业。司马迁的父亲司马谈，在汉朝是专门掌管修史的官员，一心想要编写一部通史，司马迁受父亲的影响，也以纂修史书为己任。他努力读书，四处游历,大大充实了自己的历史知识,积累了大量的历史资料。父亲司马谈临终时,拉着儿子的手说:"我死了之后,你千万要记住,一定要完成我平生的心愿,编著一部通史。"司马迁继任父亲的官职,每天研读历史文献,整理史料,就是为了完成他和父亲两人的志向。

正当他专心致志撰写《史记》的时候,却飞来一场横祸。司马迁因为在朝中替李陵将军辩护,得罪了汉武帝,遭受了严酷的宫刑。司马迁受到极大的羞辱和伤痛,悲愤交加,几次想自杀了此残生,但一想到《史记》还没有完成,梦想也没有实现,他便忍辱负重,坚持下去,并告诉自己:"人的一生总是要死的,有的人重于泰山,有的人轻于鸿毛。我如果自尽而亡,岂不是比鸿毛更轻吗?我要守住本心,勇敢地活下去,写完这部史书!"司马迁把个人的耻辱和痛苦全都埋在心底,就这样,他发愤著书,用了整整18年的时间,终于完成了一部辉煌巨著——《史记》。

《史记》前无古人,后无来者,被称为"史家之绝唱,无韵之离骚"。这部著作几乎耗尽司马迁毕生的心血,是他用生命写成的。当《史记》完成的时候,司马迁将生命的价值定格在了灿烂辉煌的一瞬间,虽然这部书耗费了他大半生的精力和时间,但他并没有后悔,因为无论遭遇什么样的坎坷,他始终坚守了自己的意愿,使生命具有了不朽的意义。

人总有一死,有的重如泰山,有的则轻若鸿毛,虽然结果都是一样的,但是生命的价值却完全不同。"素位而行",意味着坚守自己的生命价值和意义,而不是跟随其他人,或者受制于外界环境。比如盐的价值是给食物调味和保鲜,灯光的价值是给人照明,火柴的价值在于燃烧。如果盐没有鲜味,灯光不明亮,火柴无法点燃,即使它们永不腐坏,保存了几千几万年,那又有什么价值呢?

乐观豁达的人生意义

《中庸》中所说:"君子素其位而行,不愿乎其外。"即让人坚守本心不变,轻易不受外界环境的影响。但是俗世纷乱繁杂,人们生活在凡尘之中,总会遇到各种烦心的琐事,面对无数的挫折和困难,有些人甚至会"沉浸"其中,愁容满面,失去自我。比如,有些人拥有了财富,就开始担心失去,于是想尽一切办法去保存它，这种高压力的状态，给自己的生活和工作带来了很多麻烦和烦恼。

南怀瑾先生认为，大体上，一个修行的人依照世间规律进行修行，等到功德圆满，机缘成熟，稳定心态之后，之前对于凡尘俗事的牵挂和心魔障碍自然也就消失了。心中没有了牵挂和障碍，也就不再为凡尘俗事所烦恼，远离虚幻之境，达到超脱的境界。要真正做到"素位而行"，只有乐观豁达，本心不动。普希金曾说："阴郁的日子里需要镇定。"那么面对人生中的挫折或难题时，积极的心态便是，"人生狭隘之处要乐观豁达"。

明朝大儒王阳明是历史上罕见的立德、立功、立言的三不朽之人，他所创立的心学，对后世产生了重大影响。有一年春天，王阳明同朋友一起游山玩水，寻春踏青，朋友指着岩石间一朵红花对王阳明说："你经常说，心外无理，心外无物，天下的一切都在你的心中，都由你的心来控制。那么你看这一朵花，它在山间自开自落，无人能干涉它，你说你的心可以控制它绽放的自由吗？难道你的心让它开，它才开了，你的心让它落，它才落了？"

王阳明微微一笑，回答道："你没看见这朵花的时候，这朵花跟你的心同归于沉寂，对于你而言，花并没有绽放，也没有这红彤彤的亮丽颜色。当你看到这朵花的时候，这花的颜色才在你心中明丽起来。由此可知，此花不在你的心外。"

花朵当然自开自落，但是能不能搅动一个人的心，那是由人来决定的。王阳明认为，哪怕人生中经历天崩地裂、电闪雷鸣，只要心中安然不动，便永远是艳阳天。

这不仅是"素位而行"的真实写照，也是乐观豁达心态的表现。世间的一切问题，归根结底都在于自己的心。人世无论经历怎样的艰难险恶，只要我心不动，保持豁达，那么挫折也奈何不得我分毫。

在《鲁滨孙漂流记》中，鲁滨孙独自一人流落至荒岛，没有人与他相伴，也没有衣物，甚至没有一个可以歇脚的地方，但是鲁滨孙还是乐观豁达地面对一切。他自己建造小屋，自己播种子，自己动手创造各种器具……凭借着乐观豁达的心态和坚韧不拔的毅力，鲁滨孙最终在这个荒岛上生存了下来，并且等到救援，回到了自己的家乡。

试想一下，如果鲁滨孙在荒岛上怨天尤人，感叹命运坎坷，时运不济，那他肯定会饿死或渴死在荒岛上。但是，他十分清楚健康心态的重要性，面对恶劣的生存环境，他选择用乐观豁达的心态去面对，最终让自己的人生重新燃起希望。

总而言之，我们应该学会"素位而行"，乐观豁达地面对生活。只有坚守本心的立场，拥有宽广、豁达的心境，我们的人生之路才能够走得更加顺利，更加富有意义。

7. 平衡，极端与中和之间的智慧

人们常讲"平衡"，从大的方面来看，平衡可以是一个哲学范畴。古人云："国家虽强，好战必亡；国家虽大，忘战必危。"这就是平衡的道理，关乎着社稷。在生活中，我们常说要量力而行或者量体裁衣，其实说的也就是平衡的问题，这是从小的方面看，是一种生存的智慧。要使人们在生活和正义的天平上保持平衡，这需要一门艺术——外圆内方，深浅有度。

处治世宜方，处乱世宜圆

南怀瑾先生很认同这句话："处治世宜方，处乱世宜圆，处叔季之世当方圆并用；待善人宜宽，待恶人宜严，待庸众之人当宽严互存。"倘若我们生活在太平盛世，就应该以严正刚直待人接物；倘若生活在乱世纷争中，就要随机应变，待人接物圆滑点；对待善良的人我们要宽厚，对待邪恶的人则要严厉。

"方圆"最早于老庄的道学思想中有所体现，与此有异曲同工之妙的还有儒学的中庸之道。外圆内方是老谋深算、老于世故的人的处世哲学吗？不是，圆是方法，是为了减少阻力；而方是本质，是立世之本。船头往往是尖形或圆形，这样才能劈波斩浪，减少阻力，行驶得更快，所以船头不是方的。

万事都讲求个度，掌握了度，就把握好平衡，而过度就是破坏了平衡。方圆同样讲究深浅有度，圆滑过头，就是狡猾厚黑。庄子讲方圆，他说："然则我内直而外曲，成而上比。"就是说我内心是崇尚道义的，保持着真情和真心，但行为处事上也是圆润的。可见老子的方圆是有着一定的尺度的，并不会无原则地任人摆布。待人处世的最好方法就是要有一套自己的原则，比如与人交往，你可以与他亲近，但不要过于亲近，随和但不随便。

南怀瑾先生不是没有机会踏入仕途，只是远离政治是他一贯的行事标准，这就是他处世中的"方"。但另一方面，南怀瑾先生虽然远离政治，不想过于亲近当权者，但他从不反对和政要往来。方圆处理得好，把握好度，坚守本心而不为名利所动，这便是南怀瑾先生的处世大智慧，这样他才能左右逢源，路途平坦。

方圆之道

懂得方圆之道的人，往往是大容忍与大智慧的结合体，他们有沉静蕴慧的平和，也有勇猛斗士的威力，不为情感所左右，但又不是无情之人。这样的人，思想极为理性，行动迅速干练，处于大喜悦与大悲哀之间而能够泰然自若。

可见，方圆有度是一门处世艺术，这门艺术既微妙又高超。南怀瑾提到历史上有一个精通方圆之道的人，他的名字叫冯道。在唐末五代时期，国家动荡不安，而冯道每次在朝代变动中都会成为辅佐大臣，帮助皇帝处理政事，直至73岁去世。他是那个时代的"不倒翁"，也是一个奇迹般的存在。南怀瑾先生这样看他："读了历史之后，由个人的人生经验和读史的体会得出了结论，冯道绝不是个简单的人物。如果说太平时代，冯道能够在政坛不倒或许不稀奇，但在乱世中不倒就是本事。"为什么说他有本事，这就是南怀瑾先生赞叹他的地方，"可以想见此人，至少做到不贪污，使人家无法攻击他；而且其他的品格行为方面，也一定是炉火纯青，以至无懈可击"。说白了就是他内在方直，外面圆融。

如庄子所言，方圆刚柔之道，静默无声，冯道修道的功夫不着痕迹，外面看似曲成，内在实则方直。但南环瑾先生也感叹道："时人不要去学冯道，也学不来，因为缺乏冯道的修养。冯道甚至可以去包容和感化自己的敌人，试问又能有几人有此涵养？"可见，冯道不是人人都做得来的，普通人的境界或许无法升华到冯道的地步，只需要量力而为，在生活的点滴中把握好平衡，不极端，不冒进，一步一步朝着好的方向迈进。

在生活中要能屈能伸，懂得争取，更懂得退让，实践好方圆之道。南怀瑾先生认为，古今中外的伟大人物，要能够审时度势，才可保全身而退。面对挫折保持沉默，因为来日方长，无论顺利或坎坷，把握平衡才是中庸和谐之道。